数字信号处理及应用

韩 磊 李月琴 ◎ 编著

DIGITAL SIGNAL PROCESSING AND APPLICATIONS

北京理工大学出版社
BEIJING INSTITUTE OF TECHNOLOGY PRESS

图书在版编目（C I P）数据

数字信号处理及应用／韩磊，李月琴编著．－－北京：
北京理工大学出版社，2023.9
　　ISBN 978 - 7 - 5763 - 2954 - 4

　　Ⅰ．①数…　　Ⅱ．①韩…　②李…　　Ⅲ．①数字信号处理
Ⅳ．①TN911.72

中国国家版本馆 CIP 数据核字（2023）第 185347 号

责任编辑：刘　派　　　　文案编辑：李丁一
责任校对：周瑞红　　　　责任印制：李志强

出版发行 ／ 北京理工大学出版社有限责任公司
社　　址 ／ 北京市丰台区四合庄路 6 号
邮　　编 ／ 100070
电　　话 ／（010）68944439（学术售后服务热线）
网　　址 ／ http：//www.bitpress.com.cn

版 印 次 ／ 2023 年 9 月第 1 版第 1 次印刷
印　　刷 ／ 保定市中画美凯印刷有限公司
开　　本 ／ 787 mm × 1092 mm　1/16
印　　张 ／ 19.25
字　　数 ／ 481 千字
定　　价 ／ 68.00 元

计算机技术和大规模集成电路技术的飞速发展，使数字信号处理技术已发展成为一门独立的学科和工程领域，并成为信息科学的重要组成部分。集成电路技术的快速发展使很多传统的由模拟方法执行的信号处理任务，现在都可由更廉价和更可靠的数字硬件来完成。人们借助软件的可编程操作可以更容易地修改由数字处理硬件执行的信号处理函数，为数字信号处理在系统设计方面提供了更大的灵活性；同时，与模拟电路和模拟信号处理系统相比，数字硬件和软件具有更高的精度。虽然并不是所有的信号处理问题都适合用数字信号处理来解决，但对于可以用数字电路并且具有充分速率执行信号处理任务的场合，人们通常优先考虑使用数字电路。因此，在过去的几十年里，数字信号处理理论和应用得到了迅猛发展，数字信号处理技术已广泛应用于通信、语音、雷达、地震预报、声呐、遥感、电视、控制系统、故障检测、仪器仪表等领域。

本书是作者近几年在为本科生和研究生讲授《数字信号处理》的基础上编写的，目的是介绍数字信号处理所用的基本分析工具和技术。本书在阐明数字信号处理技术基础理论的同时，参考国内外相关经典教材和实际应用，对数字信号的分析处理以及应用进行了详细的介绍。由于数字信号处理的目的是利用计算机计算信号的频谱以得到信号的频域信息，但计算机只能处理离散信号，而现实世界中的信号多为连续信号，因此，我们首先介绍一些基本概念，然后讨论怎样将连续的模拟信号转换成适合数字处理的离散的数字信号，并介绍该过程中所涉及的重要操作。由于在实际的数字信号处理过程中，对连续的模拟信号进行离散化的数字处理会造成信号精度的下降，这主要是因为模拟信号转换为数字形式是通过对信号进行采样和量化来完成的，会产生信号的失真，从而影响量化后的采样信号重构原始模拟信号的精度，但这个缺陷可以通过适当地选择量化过程中的采样率和量化精度对这种失真量进行控制。因此，对量化的采样信号进行数字处理时，必须考虑其有限精度效应。对于这些实际的应用所涉及的内容，本书都有所介绍，但重点是数字信号处理系统的分析、设计以及计算技术等。

本书阐述了数字信号处理的基本理论、算法和实际应用，主要内容包括离散时间信号系统和现代数据处理的基础知识，以及数字信号处理在电子工程、计算机工程和计算机科学等专业方面的应用。本书涵盖了数字信号处理学科研究的基本内容、基本理论和工程实现方法，包括离散时间信号和系统的时域及频域表示、有限长序列的离散傅里叶变换（DFT）、快速傅里叶变换（FFT）算法、数字滤波器的设计及实现、数字谱分析及数字信号处理的实际应用等数字信号处理与系统分析的时频域分析方法以及数字滤波器设计和工程应用等。本书通俗易懂地讲解了数字信号处理的基本理论、基本概念、基本分析方法和处理技术，并提供了大量精心设计的例题，以利于学生理解相关理论与工程实践之间的联系，使学生更好地掌握课程内容。本书以工程应用为核心，可以作为电子与通信专业的本科生及研究生学习数字信号处理的教材，也可以为相关工程开发人员提供必要的参考。

全书共分 8 章。

第 1 章、第 2 章作为数字信号处理的基础，介绍时间信号与系统的时域和频域分析方法，离散时间信号和系统的时域、频域和 z 域分析的基础理论，以及信号抽样与重建的基本概念。

第 3 章主要介绍线性时不变系统的频域分析方法。

第 4 章介绍离散时间信号的频域分析方法及信号处理中常用的快速算法，包括离散傅立叶变换、快速傅里叶变换算法以及离散傅立叶变换在信号分析与处理中的应用。

第 5 章、第 6 章介绍数字滤波器的基本概念及工程设计、实现方法，重点阐述 IIR 数字滤波器和 FIR 数字滤波器的设计方法、数字滤波器结构及其实现过程中的有限字长效应等。

第 7 章主要介绍经典谱估计方法与技术。

第 8 章主要介绍数字信号处理技术在语音、图像、通信等领域的应用。

本书第 1 章~第 4 章由韩磊撰写，第 5 章~第 8 章由李月琴撰写。北京理工大学和北京联合大学的相关部门和诸多老师为本书的出版给予了大力支持，在此一并表示衷心的感谢。限于编者水平，书中疏漏及不妥之处在所难免，敬请读者批评指正。

作　者

目　录

CONTENTS

第 1 章

绪　　论

随着计算机技术和大规模集成电路技术的飞速发展，数字信号处理已经逐渐发展成为一门独立的学科和工程领域，并成为信息科学的重要组成部分。从中规模集成电路（MSI）到大规模集成电路（LSI），再到现在的超大规模集成电路（VLSI），集成电路技术的快速发展促进了功率更大、体积更小、速度更快、价格更便宜的数字计算机及特殊用途的数字硬件技术的快速发展，从而使得工程人员可以构造更复杂的数字系统。很多传统上由模拟方法执行的信号处理任务，现在都可由更廉价和更可靠的数字硬件来实现，而且数字处理硬件还允许人们借助于软件实现可编程操作，可以更容易地修改由硬件执行的信号处理函数。因此，数字硬件及其相关软件在系统设计方面提供了更大的灵活性。同时，与模拟电路和模拟信号处理系统相比，数字硬件和软件可以实现通常更高的精度。

虽然并不是所有的信号处理问题都适合用数字信号处理来解决，事实上，对于很多需要进行实时处理的宽带信号，模拟信号处理或光信号处理是唯一可能的解决方案。但是，对于可以用数字电路并且具有充分速率执行信号处理任务的场合，我们通常优先考虑使用数字电路。因此，在过去的几十年里，数字信号处理理论和应用得到了迅猛发展，数字信号处理技术已广泛应用于通信、语音、雷达、地震预报、声呐、遥感、电视、控制系统、故障检测、仪器仪表等领域。

本书的目的是介绍数字信号处理所用的基本分析工具和技术。由于数字信号处理的目的是利用计算机来计算信号的频谱，以得到信号的频域信息，而计算机只能处理时域上是离散的、频域上也是离散的信号，而现实世界中的信号多为连续信号。因此，我们首先对一些基本概念进行介绍，然后讨论怎样将连续的模拟信号转换成适合数字处理的离散的数字信号，并介绍该过程中所涉及的重要操作。实际上，对连续的模拟信号进行离散化的数字处理是存在一些缺陷的，这主要是因为模拟信号到数字形式的转换是通过对信号进行采样和量化来完成的，这将产生信号的失真，从而影响我们从量化后的采样信号重构原始的模拟信号。但这个缺陷可以通过适当地选择量化过程中的采样率和量化精度，对这种失真量进行控制。这也导致了我们在对量化的采样信号进行数字处理时，必须考虑有限精度效应。对于这些内容，本书都有所涉及，但重点主要放在数字信号处理系统的分析、设计以及计算技术等方面。

1.1　信号、系统及信号处理

信号是信息的载体，系统是信息处理的手段，因此我们必须首先明确信息、系统和信号处理的基本概念。

1.1.1　信号

信号是指随着时间、空间或其他自变量而变化的物理量。常见的语音、心电图和脑电图等信号都是单个自变量（如时间）函数的信息载体；而图像是具有两个自变量函数的典型信号，在这种情况下信号的自变量是空间坐标。这些只是实际中存在的无数自然信号中的几个例子。与自然信号相关的信号是生成信号，如语音信号是通过压迫穿过声带的气流生成的，图像是将胶片对一幅场景或一个物体曝光而获得的。这样的信号生成通常与某个系统相关联，并对某些刺激或压力作出的响应，比如在一个语音信号中，系统由声带和声道或声腔组成，与该系统相结合的激励被称为信源。因此，信号包括语音信号、图像信号和各种其他类型的信源。

1.1.2　系统

系统也可以被定义为对某个信号执行某种操作的一台物理设备。例如，用于降低噪声和干扰对有用信息载体信号的损害的滤波器，即可被称为一个系统。在这种情况下，滤波器对系统执行一些操作，使其有效地降低（滤去）有用信息载体信号所夹杂的噪声和干扰。

1.1.3　信号处理

当一个信号经过一个系统（如滤波）时，即是对该信号进行了处理。对于滤波器的情况，对信号进行处理的含义是指从有用信号中对噪声和干扰信号进行滤波。一般来说，系统由对信号所执行的操作来表征，比如：如果操作是线性的，那么系统就称为线性系统；如果对信号的操作是非线性的，那么系统就称为非线性系统，等等。这类操作通常就是指信号处理。

就目的而言，可以很方便地将系统的定义扩展为不仅包括物理设备，还包括对信号实现操作的软件。这是因为在一台数字计算机上所进行的数字信号处理过程中，对信号所执行的操作是由一些软件程序实现的数学操作所完成的。在这种情况下，程序代表了系统的软件实现，因此，我们可以在数字计算机上按照一系列数学操作实现某个系统；也就是说，我们用软件实现了一个数字信号处理系统。例如，一台数字计算机可以编程来执行数字滤波。另外，对信号需要的特定数字处理操作也可以通过配置数字硬件逻辑电路来实现，在这类实现中，我们是用一台物理设备来执行特定的操作。因此，从广义上讲，一个数字系统可以由数字硬件和软件一起结合实现，每一部分都执行自身的一套特定操作。

本书主要对数字方式（包括软件或硬件）的信号处理方法进行介绍。由于实际中遇到的很多信号是模拟信号，所以我们也会论述将模拟信号转换成要处理的数字信号所对应的问题，也就是说，本书主要论述数字系统。由数字系统所执行的操作通常可以由数学方式来表达。通过执行相应数学方式的程序来实现这一系统操作的方法或规则集，我们称为算法。实现一个系统所完成的操作和计算的方法或算法有很多，包括软件的方法或硬件的方法，由于我们希望设计出能够高效、快速计算并容易实现的算法，所以研究一些用于执行滤波、相关和谱分析等操作的高效算法是学习数字信号处理过程中的重要内容。

1.2　信号分类

实际中的信号是多种多样的，分析系统和信号处理的方法主要依赖于特定信号的特征属性，有些处理方法只适用于特定类别的信号。因此，在信号处理中首先要根据信号的特点进行目标信号的分类及其特性分析。

1.2.1　确定信号与随机信号

信号的数学分析和处理需要信号本身具有可用的数学表达式。这种数学描述通常称为信号模型，从而导致了信号的一种分类。任何可以被一个显式数学表达式、一个数据表或者一个定义好的规则所唯一描述的信号，称为确定性信号，又称为规则信号，即信号在任意时刻的取值都可以精确确定。

反之，若信号在任意时刻的取值不能精确确定，或说取值是随机的，则称为随机信号。对于随机信号，无法预知其变化规律，只能用概率统计的方法进行分析，如噪声和干扰信号等。因此，概率论和随机过程的相关理论对随机信号进行理论分析的数学框架。

应强调的是，在现实世界中，信号是确定性还是随机性的分类并不是很明确的，确定信号与随机信号密切相关，在一定条件下随机信号也会表现出某种确定性，而确定信号是随机信号研究的基础。有时，两种方法均能产生有意义的结果，均可实现对信号特征的更深入考察。但有些时候，错误的分类可能会导致错误的结果，因为有些数学工具可能只适用于确定性信号，而另外一些数学工具只适用于随机信号。因此，对于不同的信号要采用相应的数学工具。

1.2.2　多通道信号、多维信号和矢量信号

如果信号是单个自变量的函数，那么该信号就称为一维信号，可以表示成函数 $f(t)$ 或 $f(x)$，如图 1-1 所示。图 1-1 的 2009—2012 年沪指走势 $f(t)$ 只是单变量时间 t 的函数。

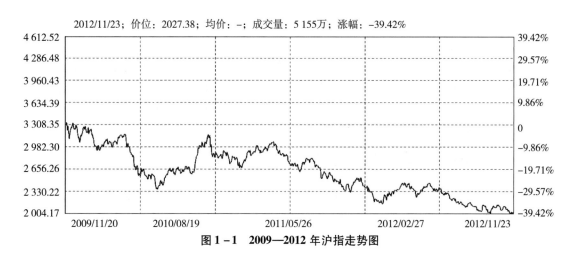

图 1-1　2009—2012 年沪指走势图

另一方面，如果信号是 M 个自变量的函数，那么该信号就称为 M 维信号，信号 $\boldsymbol{F}$ 表示

成 M 维的矢量

$$F = [f_1(t), f_2(t), \cdots, f_M(t)]^T \qquad (1-1)$$

式中：T 为转置；t 为时间变量，则称 F 是一个 M 维的矢量信号。

图 1-2（a）是 Lenna 的二维图像 $f(x,y)$，黑白可以用数值表示，即信号值。图 1-2（b）是二维图像的频谱。X 轴表示 x 方向的频率，Y 轴表示 y 方向的频率，黑白表示不同频率分量的振幅强弱，即在每一点的强度或亮度 $f(x,y)$ 是两个自变量的函数。另一方面，黑白电视画面可以表示为 $f(x,y,t)$，即亮度是时间的函数。因此，电视画面可视为三维信号。相反，彩色电视画面可以由 3 个形为 $f_r(x,y,t)$，$f_g(x,y,t)$，$f_b(x,y,t)$ 的强度函数来描述，分别代表 3 个主色调（红、绿、蓝）作为时间的函数。因此，彩色电视画面是一个三通道的三维信号，可由下列矢量表征：

$$f(x,y,t) = \begin{bmatrix} f_r(x,y,t) \\ f_g(x,y,t) \\ f_b(x,y,t) \end{bmatrix} \qquad (1-2)$$

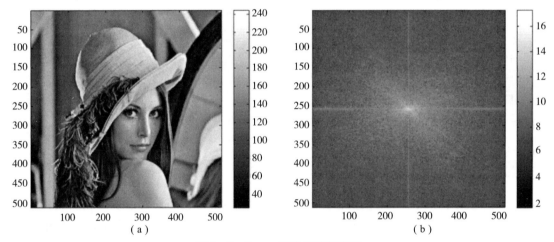

（a）   （b）

图 1-2 Lenna 图像及其频谱图

（a）Lenna 图像；（b）频谱图

本书主要涉及单通道的一维实值或复值信号，我们简单称为信号。用数学术语表示时，这些信号被描述为单个自变量的函数。虽然自变量不一定是时间，但在实际中通常使用 t 作为自变量。在多种场合，在本书中所介绍的用于一维单通道信号的信号处理运算和算法均可以扩展到多通道和多维信号。

1.2.3　连续时间信号和离散时间信号

如果以时间变量的特征和取值来分，信号可以进一步分成 4 种不同的类型。

（1）连续时间信号：时间是连续的，幅值可以是连续的也可以是离散（量化）的。

（2）模拟信号：时间是连续的，幅值是连续的，是连续时间信号的特例。

如信号 $x_1(t) = \cos\pi t$，$x_2(t) = e^{-|t|}$，$-\infty < t < \infty$ 就是一个模拟信号的例子。

（3）离散时间信号（或称序列）：时间是离散的，幅值是连续的。

这种信号只定义在某些特定的时间值上。这些时间点不需要是等距的，但在实际中为了计算方便和数学上易于处理，通常等间隔取值。如信号 $x(t_n) = e^{-|t_n|}, n = 0, \pm 1, \pm 2, \cdots$ 是离散时间信号的一个例子。

如果我们使用离散时间的序号 n 作为自变量，那么信号值就会变成整型变量（如一个数列）的函数。这样，一个离散时间信号数学上就可以被一系列实数或复数表示。为了强调信号的离散时间特性，我们用 $x(n)$ 而不是 $x(t)$ 来代表这种信号。如果时间点 t_n 是等间隔的（即 $t_n = nT$），那么也可以使用符号 $x(nT)$。例如，序列

$$x(n) = \begin{cases} 0.8^n, & n \geqslant 0 \\ 0, & \text{其他} \end{cases} \tag{1-3}$$

是离散时间信号，其图形表示如图 1-3 所示。

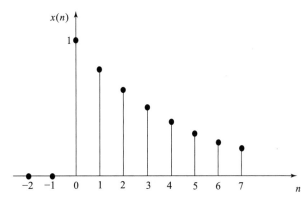

图 1-3　离散时间信号的图形表示：$x(n) = 0.8^n$，$n > 0$；$f(n) = 0$，$n < 0$

在实际应用中，离散时间信号可能以下列两种方式出现：

①在离散时间点上选择模拟信号值。该过程称为采样，我们会在本章第 1.4 节对其进行详细的讨论。离散时间信号可以通过在规则的时间间隔上采用各种不同的测量方法获得，如图 1-3 中的信号 $x(n)$ 可以对模拟信号 $x(t) = 0.8^t$，$t \geqslant 0$；$x(t) = 0$，$t < 0$ 进行每秒钟一次采样获得。

②在一段时间内积累某个变量。例如，计算某条给定街道每小时通过的汽车的数目，或者记录每天的黄金价格，可以生成离散时间信号。图 1-4 显示了 2018 年 4 月 23 日—5 月 7日北京市连续两周的空气质量变化。

（4）数字信号：时间是离散的，幅值是量化的。要对一个信号进行数字处理，该信号在时间上必须是离散的且取值也是离散的。如果信号以模拟形式存在，那么要首先通过在离散时间点对模拟信号进行采样，得到离散时间信号，然后将其值量化到某个离散值集上（正如本章后面描述的），以便将该信号转化为数字信号。将连续值信号转化为离散值信号的过程称为量化，其基本上是一个近似过程。量化可以只通过四舍五入或截断完成。例如，如果数字信号中允许信号值是 0~15 的整数，那么连续信号值就被量化到这些值上。于是，如果量化过程中执行截断，信号值 8.58 就被近似为 8；如果执行四舍五入，则取值近似为9。模数转换过程的说明将在后续章节给出。

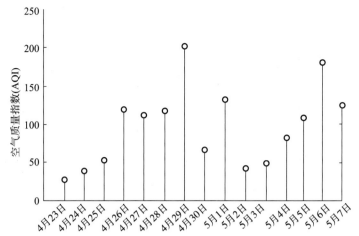

图1-4 北京市连续两周（2018年4月23日—5月7日）空气质量变化

1.2.4 时限信号和非时限信号

若信号仅在有限长的时间区间内存在非零幅值，则称为时限信号或有限长信号，表示为

$$x(t) = \begin{cases} x(t), & t_1 \leq t \leq t_2 \\ 0, & \text{其他} \ t \end{cases} \text{ 或 } x(n) = \begin{cases} x(n), & n_1 \leq n \leq n_2 \\ 0, & \text{其他} \ n \end{cases} \tag{1-4}$$

式中，t_1、t_2 为任意实数，n_1、n_2 为任意整数，且均为有限值。

若信号的非零幅值对应的时间区间（简称非零值区间）是无限长的，则称为非时限信号或无限长信号。根据非零值区间的分布，非时限信号又分为双边信号、右边信号和左边信号，分别表示如下：

双边信号：

$$x(t), \ -\infty < t < \infty \text{ 或 } x(n), \ -\infty < n < \infty \tag{1-5}$$

右边信号：

$$x(t) = \begin{cases} x(t), & t > t_3 \\ 0, & \text{其他} \ t \end{cases} \text{ 或 } x(n) = \begin{cases} x(n), & n > n_3 \\ 0, & \text{其他} \ n \end{cases} \tag{1-6}$$

左边信号：

$$x(t) = \begin{cases} x(t), & t < t_4 \\ 0, & \text{其他} \ t \end{cases} \text{ 或 } x(n) = \begin{cases} x(n), & n < n_4 \\ 0, & \text{其他} \ n \end{cases} \tag{1-7}$$

式中，t_3、t_4 为任意实数，n_3、n_4 为任意整数，且均为有限值。

右边信号和左边信号统称为单边信号。右边信号若满足 $x(t) = 0(t < 0)$，即 $t_3 \geq 0$，或 $x(n) = 0(n \leq -1)$，即 $n_3 \geq 0$，则称为因果信号。左边信号若满足 $x(t) = 0(t > 0)$，即 $t_4 \leq 0$，或 $x(n) = 0(n \geq 0)$，即 $n_4 \leq -1$，则称为逆因果信号。显然，双边信号可以分解为一个因果信号与一个逆因果信号之和，而单边信号可以分解为一个时限信号与一个因果或逆因果信号之和。

本书为了简单起见，若信号表达式中的定义域为 $(-\infty, \infty)$，可以省去不写。即，凡没有标明时间区间的均默认其定义域为 $(-\infty, \infty)$。

1.2.5　周期信号与非周期信号

若信号波形按一定的时间间隔随着自变量周而复始地变化，而且无始无终，称为周期信号；反之则称为非周期信号。周期信号一定是非时限信号，而时限信号一定是非周期信号。

为了便于识别，本书将周期信号上加"～"，如 $\tilde{x}(t)$、$\tilde{x}(n)$。周期信号满足以下条件：

连续时间信号：

$$\tilde{x}(t) = \tilde{x}(t + mT), m = 0, \pm1, \pm2, \cdots, 任意整数 \qquad (1-8)$$

离散时间信号：

$$\tilde{x}(n) = \tilde{x}(n + mN), m = 0, \pm1, \pm2, \cdots, 任意整数 \qquad (1-9)$$

满足条件的最小正实数 T 或正整数 N 称为周期信号 $\tilde{x}(t)$ 或 $\tilde{x}(n)$ 的周期。

对于周期信号，通过分析任一周期的变化过程就可以确定它在任一时刻的数值。非周期信号在时间上不具备这种周而复始的变化特征，没有周期，或者说其周期趋于无穷大。也就是说，当周期信号的周期 $T \to \infty$（或 $N \to \infty$）时，周期信号就变成了非周期信号。

通常将 $[0, T)$ 或 $[0, N-1]$ 称为周期信号 $\tilde{x}(t)$ 或 $\tilde{x}(n)$ 的主值区间，通过截取主值区间可以得到非周期的时限信号 $x(t)$ 或 $x(n)$，即

$$x(t) = \begin{cases} \tilde{x}(t), 0 \leq t \leq T \\ 0, 其他\ t \end{cases} 或\ x(n) = \begin{cases} \tilde{x}(n), 0 \leq n \leq N-1 \\ 0, 其他\ n \end{cases} \qquad (1-10)$$

周期信号 $\tilde{x}(t)$ 或 $\tilde{x}(n)$ 可以看成是 $x(t)$ 或 $x(n)$ 的周期延拓（延拓周期为 T 或 N）信号，即

$$\tilde{x}(t) = \sum_{m=-\infty}^{\infty} x(t + mT) 或\ \tilde{x}(n) = \sum_{m=-\infty}^{\infty} x(n + mN) \qquad (1-11)$$

显然，分析时限信号 $x(t)$ 或 $x(n)$ 就可以获知周期信号 $\tilde{x}(t)$ 或 $\tilde{x}(n)$。

在如图 $1-5$ 所示的确定信号中，$x_1(t)$ 为连续时间信号（模拟信号）、非时限信号（双边信号）、周期信号（周期为 2π）；$x_1(n)$ 为离散时间信号（采样信号）、非时限信号（双边信号）、周期信号（周期为 10），$x_1(n)$ 可以看出是对连续时间信号 $x_1(t)$ 的等间隔采样，采样间隔为 $\pi/5$；$x_2(t)$ 为连续时间信号（模拟信号）、时限信号、非周期信号，是对周期信号 $x_1(t)$ 的主值区间为 $[0, 2\pi)$ 的截取；$x_3(t)$ 为连续时间信号、非时限信号（右边信号）、非周期信号；$x_4(t)$ 和 $x_5(t)$ 为连续时间信号、非时限信号（右边信号、因果信号）、非周期信号。

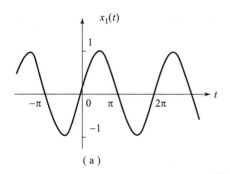

（a）

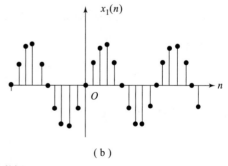

（b）

图 1 - 5　确定信号举例

（a）$x_1(t) = \sin t$；（b）$x_1(n) = \sin\left(\dfrac{\pi}{5}n\right)$

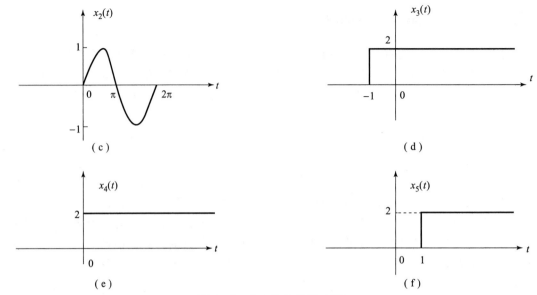

图 1-5　确定信号举例（续）

（c）$x_2(t) = \sin t,\ 0 \le t < 2\pi$；（d）$x_3(t) = \begin{cases} 2, & t \ge -1 \\ 0, & t < -1 \end{cases}$；（e）$x_4(t) = \begin{cases} 2, & t \ge 0 \\ 0, & t < 0 \end{cases}$；（f）$x_5(t) = \begin{cases} 2, & t \ge 1 \\ 0, & t < 1 \end{cases}$

1.2.6　能量信号和功率信号

电信号可以由电压 $v(t)$ 或电流 $i(t)$ 流过电阻 R 产生的瞬时功率 $p(t)$ 来表示，瞬时功率定义为

$$p(t) = \frac{v^2(t)}{R} \tag{1-12}$$

或

$$p(t) = i^2(t)R \tag{1-13}$$

以通信系统为例，我们通常假定电阻 R 为 1 Ω 而得到归一化的功率值。但实际电路中的电阻可能是其他值，如果需要功率的真实值，可以通过对归一化值（normalized value）进行去归一化（denormalization）而获得。归一化后，式（1-12）和式（1-13）的形式相同，因此不管信号是电压波形还是电流波形，归一化瞬时功率均可以表示为：

$$p(t) = x^2(t) \tag{1-14}$$

式中，$x(t)$ 是电压或电流信号。具有式（1-14）所示瞬时功率的实际信号，在时间间隔 $\left(-\dfrac{T}{2}, \dfrac{T}{2} \right)$ 内的能量为

$$E_x^T = \int_{-\frac{T}{2}}^{\frac{T}{2}} x^2(t)\,\mathrm{d}t \tag{1-15}$$

该间隔内的平均功率为

$$P_x^T = \frac{1}{T} E_x^T = \frac{1}{T} \int_{-\frac{T}{2}}^{\frac{T}{2}} x^2(t)\,\mathrm{d}t \tag{1-16}$$

通信系统的性能依赖于接收信号的能量（energy）。大能量信号可以比小能量信号获得较可靠的检测（产生较少的错误）。另外，功率（power）是能量传递的速率，它决定着发

射机的电压和无线系统中必须考虑的电磁场强度（例如，连接发射机和天线的波导中的电磁场、天线发射元件周围的电磁场等）。

分析通信信号时，通常需要知道波形能量（waveform energy）。当且仅当 $x(t)$ 在所有时间上的能量不为 0 且有限（$0 < E_x < \infty$）时，该信号为能量信号（energy signal），其中，

$$E_x = \lim_{T \to \infty} \int_{-T/2}^{T/2} x^2(t)\,\mathrm{d}t = \int_{-\infty}^{\infty} x^2(t)\,\mathrm{d}t \qquad (1-17)$$

在实际应用中发送信号总是能量有限的（$0 < E_x < \infty$），但是，为了描述周期信号（由于它在所有时间上都存在，因而是能量无限的）以及分析能量无限的随机信号，定义如下的功率信号（power signal）：

当且仅当信号的功率不为零且有限（$0 < P_x < \infty$）时，称该信号为功率信号，其中，

$$P_x = \lim_{T \to \infty} \frac{1}{T} \int_{-\frac{T}{2}}^{\frac{T}{2}} x^2(t)\,\mathrm{d}t \qquad (1-18)$$

能量信号和功率信号是互不相容的，能量信号的能量有限而平均功率为 0（zero average power），功率信号的平均功率有限而能量无限（infinite energy）。系统中的波形要么具有能量值，要么具有功率值。一般周期信号和随机信号是功率信号，而非周期的确定信号是能量信号。

信号的能量和功率在实际应用系统（如通信系统）中都是很重要的参数。将信号区分为能量信号和功率信号可以简化对各种信号和噪声的数学分析。

1.3 连续时间信号与离散时间信号中的频率概念

频率是我们在工程和科学领域里经常用到的概念。例如，在收音机、高保真系统或彩色照片的频谱滤波器的设计中，频率是一个重要参数。从物理学的角度来看，频率与特定类型的周期运动密切相关，这种周期运动是谐波振荡，可以由正弦函数来描述。频率的概念与时间的概念直接相关，实际上，频率是周期时间的倒数。因此，连续或离散系统的时间特性将会相应地影响到系统的频率特性。

1.3.1 连续时间正弦信号

一个简单的谐波振荡数学上可由如下连续时间信号描述：

$$x_a(t) = A\cos(\Omega t + \theta), \quad -\infty < t < \infty \qquad (1-19)$$

如图 1-6 所示，$x(t)$ 所用的下标 a 代表模拟信号。该信号由 3 个参数完全表征：A 是正弦的幅度，Ω 是单位为弧度/秒（rad/s）的频率，而 θ 是单位为弧度（rad）的相位。我们经常使用频率变量 F 代替 Ω，F 的单位是周期数/秒或赫兹（Hz），由于

$$\Omega = 2\pi F \qquad (1-20)$$

按照 F 的定义，式（1-19）可表示为

$$x_a(t) = A\cos(2\pi Ft + \theta), -\infty < t < \infty \qquad (1-21)$$

故，常同时使用式（1-19）和式（1-21）来表示正弦信号。

式（1-21）中的模拟正弦信号可由下列属性来表征：

（1）对于每个固定的频率值 F，$x_a(t)$ 是周期的。

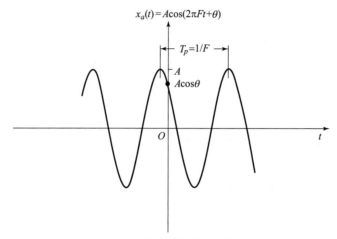

图 1-6 模拟正弦信号的例子

事实上，使用初等三角公式，很容易证明

$$x_a(t + T_p) = x_a(t) \qquad (1-22)$$

其中，$T_p = \dfrac{1}{f}$ 是正弦信号的基本周期。

（2）具有不同频率的连续时间正弦信号是能自我区分的。

（3）增大频率 F 会导致信号振荡率的增大。也就是说，在给定的时间间隔内将包含更多的周期。

可以观察到，对于 $F = 0$，周期值 $T_p = \infty$ 与基本关系式 $F = \dfrac{1}{T_p}$ 保持一致。由于时间变量 t 的连续性，可以无限制地增大频率 F，相应地信号振荡率也会增大。

正弦信号关系式也可以转化成复指数形式：

$$x_a(t) = A\mathrm{e}^{\mathrm{j}(\Omega t + \theta)} \qquad (1-23)$$

利用欧拉恒等式

$$\mathrm{e}^{\pm \mathrm{j}\varphi} = \cos\varphi \pm j\sin\varphi \qquad (1-24)$$

该信号可很容易地表达成正弦信号的形式。按照定义，频率原本是一个正的物理量。如果我们将频率解释为周期信号中单位时间的周期数，那么这一点很明显；然而，在很多情况下，只因数学方面的方便性，我们需要引入负频率。根据式（1-24），式（1-19）的正弦信号可以表示为

$$x_a(t) = A\cos(\Omega t + \theta) = \frac{A}{2}\mathrm{e}^{\mathrm{j}(\Omega t + \theta)} + \frac{A}{2}\mathrm{e}^{-\mathrm{j}(\Omega t + \theta)} \qquad (1-25)$$

注意，正弦信号可以通过两个等幅的复共轭指数信号相加得到，这种相加操作有时称为移相器，如图 1-7 所示。随着时间的推移，移相器以 $\pm\dfrac{\Omega\,\mathrm{rad}}{s}$ 的角频率沿相反方向旋转。由于正频率对应于逆时针方向均匀转动，因此负频率则对应于顺时针方向转动。

为了数学表示的方便，在本书中同时使用正负频率。因此，模拟正弦信号的频率范围是 $-\infty < F < \infty$。

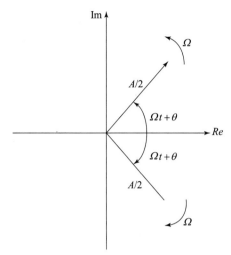

图 1 - 7 由复共轭指数对（移相器）所表示的余弦信号

1.3.2 离散时间正弦信号

一个离散时间正弦信号可以表示为

$$x(n) = A\cos(\omega n + \theta)，\quad -\infty < n < \infty \tag{1-26}$$

式中：n 为整型变量，称为样本数；A 为正弦信号的幅度；ω 是单位为弧度/样本（rad/样本）的频率；θ 为单位为弧度（rad）的相位。

我们可使用由下式定义的频率变量 f 来代替 ω：

$$\omega = 2\pi f \tag{1-27}$$

则关系式（1 - 26）变成

$$x(n) = A\cos(2\pi f n + \theta)，\quad -\infty < n < \infty \tag{1-28}$$

频率 f 为每个样本的周期数的一维变量。对模拟正弦信号进行采样时，离散时间正弦信号的频率变量 f 对应于模拟正弦信号的以周期数/秒为单位的频率 F。图 1 - 8 显示了频率为 $\omega = \dfrac{\pi/6\ \text{rad}}{s}\left(f = 1\Big/\dfrac{12\ 周期}{样本}\right)$ 的正弦信号，其相位为 $\theta = \pi/3$。

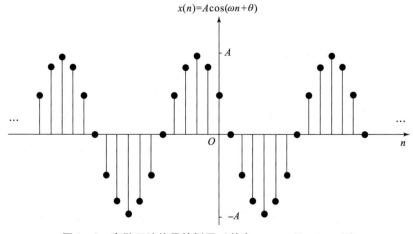

图 1 - 8 离散正弦信号的例子（其中，$\omega = \pi/6$，$\theta = \pi/3$）

与连续时间正弦信号相反，离散时间正弦信号由下列属性表征。

（1）一个离散时间正弦信号仅当频率 f 是有理数时才是周期的。

按照定义，离散时间信号 $x(n)$ 是周期的，周期为 $N(N > 0)$，当且仅当

$$x(n + N) = x(n) \tag{1-29}$$

对于所有 n 均成立时，式（1-29）中 N 的最小值称为基本周期。

由于

$$x(n) = \cos(2\pi f_0 n + \theta) \tag{1-30}$$

则

$$x(n + N) = \cos(2\pi f_0 (N + n) + \theta) \tag{1-31}$$

当且仅当存在一个整数 k 满足

$$2\pi f_0 N = 2k\pi \tag{1-32}$$

或

$$f_0 = \frac{k}{N} \tag{1-33}$$

时

$$x(n) = x(n + N) \tag{1-34}$$

由式（1-33）可知，仅当其频率 f_0 可以表示为两个整数的比值（即 f_0 是有理数）时，一个离散时间正弦信号才是周期的。

为确定周期正弦信号的基本周期 N，我们将频率 f_0 表示为式（1-33）的形式，并消去公因子，以使 k 和 N 互为素数。于是，正弦信号的基本周期等于 N。可以看出较小的频率改变会导致周期较大的改变。例如，注意到频率 $f_1 = \frac{31}{60}$ 意味着周期 $N_1 = 60$，而频率 $f_2 = \frac{30}{60}$ 则导致频率 $N_2 = 2$。

（2）频率被 2π 的整数倍分割的离散时间信号是相同的信号。

要证明这一推论，先考虑正弦信号 $\cos(\omega_0 n + \theta)$。很容易推出

$$\cos[(\omega_0 + 2\pi)n + \theta] = \cos(\omega_0 n + 2\pi n + \theta) = \cos(\omega_0 n + \theta) \tag{1-35}$$

于是，所有正弦序列

$$x_k(n) = A\cos(\omega_k n + \theta), k = 0, 1, 2, \cdots \tag{1-36}$$

其中，

$$\omega_k = \omega_0 + 2k\pi, \quad -\pi \leqslant \omega_0 \leqslant \pi$$

是相同的。任何一个从频率为 $|\omega| > \pi$ 或 $|f| > \frac{1}{2}$ 的正弦信号导出的序列，与从频率为 $|\omega| < \pi$ 的正弦信号导出的序列是相等的。由于这种相似性，我们称频率为 $|\omega| > \pi$ 的正弦信号是频率为 $|\omega| < \pi$ 的相应正弦信号的混叠。于是，我们将 $-\pi \leqslant \omega \leqslant \pi$ 或者 $-\frac{1}{2} \leqslant f \leqslant \frac{1}{2}$ 范围的信号称为唯一的，而 $|\omega| > \pi$ 或 $|f| > \frac{1}{2}$ 范围的所有频率为混叠。应注意离散时间正弦信号和连续时间正弦信号之间的差别，连续时间正弦信号使得不同信号的 Ω 或 F 取值在 $-\infty < \Omega < \infty$ 或 $-\infty < F < \infty$ 整个范围。

（3）离散时间信号的最高振荡率在 $\omega = \pi$（或 $\omega = -\pi$）或 $f = \dfrac{1}{2}$（或 $f = -\dfrac{1}{2}$）时达到。

要说明这一特性，让我们首先研究正弦信号序列

$$x(n) = \cos\omega_0 n$$

在频率从 0 变到 π 时的特征。为了简化讨论，我们取值 $\omega_0 = 0, \dfrac{\pi}{8}, \dfrac{\pi}{4}, \dfrac{\pi}{2}, \pi$，对应

$$f = 0, \frac{1}{16}, \frac{1}{8}, \frac{1}{4}, \frac{1}{2}$$

这会导致周期序列的周期为

$$N = \infty, 16, 8, 4, 2$$

如图 1-9 所示。注意到当信号的频率增加时信号的周期减小。事实上，我们可以看到频率增加时，信号振荡率增加。

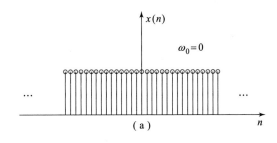

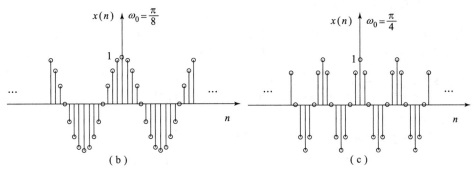

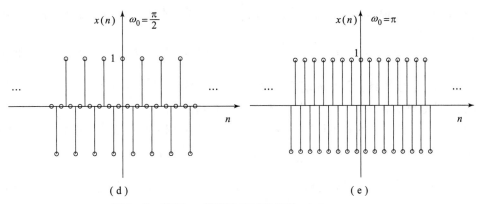

图 1-9　频率 ω_0 取各种值时的信号 $x(n) = \cos\omega_0 n$

（a）频率 $\omega_0 = 0$ 时；（b）频率 $\omega_0 = \dfrac{\pi}{8}$ 时；（c）频率 $\omega_0 = \dfrac{\pi}{4}$ 时；（d）频率 $\omega_0 = \dfrac{\pi}{2}$ 时；（e）频率 $\omega_0 = \pi$ 时

为了解 $\pi \leqslant \omega_0 \leqslant 2\pi$ 会发生什么，我们考虑频率 $\omega_1 = \omega_0$ 和 $\omega_2 = 2\pi - \omega_0$ 时的信号。注意到当 ω_1 从 π 变到 2π 时，ω_2 从 π 变到 0。容易看出

$$x_1(n) = A_1\cos\omega_1 n = A\cos\omega_0 n$$

$$x_2(n) = A_2\cos\omega_2 n = A\cos(2\pi - \omega_0)n = A\cos(-\omega_0 n) = x_1(n) \tag{1-37}$$

因此，ω_2 是 ω_1 的混叠。如果我们用正弦函数代替余弦函数，除了在相位 180° 处正弦信号 $x_1(n)$ 和 $x_2(n)$ 之间的差别外，结果基本相同。在任何情况下，当我们将离散时间正弦信号的相对频率从 π 增加到 2π 时，其振荡率会减小。正如 $\omega_0 = 0$ 的情况，对于 $\omega_0 = 2\pi$，其结果是一个恒定信号。显然，在 $\omega_0 = \pi \left(\text{或 } f = \dfrac{1}{2}\right)$ 具有最高振荡率。

正如连续时间信号的情况，离散时间信号也可引入负频率。为此，根据欧拉（Euler）公式，我们使用等式

$$x(n) = A\cos(\omega n + \theta) = \frac{A}{2}\mathrm{e}^{\mathrm{j}(\omega n + \theta)} + \frac{A}{2}\mathrm{e}^{-\mathrm{j}(\omega n + \theta)} \tag{1-38}$$

由于频率间隔 2π 整数倍的离散时间正弦信号都是相同的，所以在任意区 $\omega_1 \leqslant \omega \leqslant \omega_1 + 2\pi$ 内的频率信号组成所有的离散时间正弦信号或复指数信号。因此，离散时间信号的频率范围是有限的，其持续时间为 2π。通常，我们选择范围 $0 \leqslant \omega \leqslant 2\pi$ 或 $-\pi \leqslant \omega \leqslant \pi$ $\left(0 \leqslant f \leqslant 1 \text{ 或 } -\dfrac{1}{2} \leqslant f \leqslant \dfrac{1}{2}\right)$，我们称其为基本范围。

1.3.3 谐波相关的复指数信号

正弦信号和复指数信号在信号与系统的分析中起着主要作用。在有些情况下，我们需要处理一组谐波相关的复指数信号（或正弦信号）。这些信号是一组周期复指数信号，其基本频率是单个正频率的倍数。虽然我们的讨论仅限于复指数信号，但相同特性对于正弦信号同样成立。我们分别考虑连续时间和离散时间形式的复指数信号。

1. 连续时间指数信号

连续时间、谐波相关指数信号的基本形式是

$$s_k(t) = \mathrm{e}^{\mathrm{j}k\Omega_0 t} = \mathrm{e}^{\mathrm{j}2\pi k F_0 t}, \quad k = 0, \pm 1, \pm 2, \cdots \tag{1-39}$$

注意，对于每一个 k 值，$s_k(t)$ 是基本周期为 $\dfrac{1}{kF_0} = \dfrac{T_p}{k}$ 或基本频率为 kF_0 的周期信号。由于周期为 $\dfrac{T_p}{k}$ 的周期信号同时也是周期为 $k\left(\dfrac{T_p}{k}\right) = T_p$（对任何正整数 k）的周期信号，因此我们看到所有的 $s_k(t)$ 信号都具有公共周期 T_p。更进一步，按照本章第 1.3.1 节，F_0 允许取任何不同的数值，这意味着如果 $k_1 \neq k_2$，那么 $s_{k1}(t) \neq s_{k2}(t)$。

根据式（1-39）中的基本信号，我们可以构造谐波相关复指数信号的线性组合表示为

$$x_a(t) = \sum_{k=-\infty}^{\infty} c_k s_k(t) = \sum_{k=-\infty}^{\infty} c_k \mathrm{e}^{\mathrm{j}k\Omega_0 t} \tag{1-40}$$

式中，c_k，$k = 0, \pm 1, \pm 2, \cdots$ 是任意的复常数；信号 $x_a(t)$ 是基本周期为 $T_p = \dfrac{1}{F_0}$ 的周期信号，式（1-40）的表示形式称为 $x_a(t)$ 的傅里叶级数展开。复常数称为傅里叶级数系数。信号 $s_k(t)$ 称为 $x_a(t)$ 的第 k 次谐波。

2. 离散时间指数信号

如果一个离散时间复指数序列的相对频率是一个有理数，那么该序列是周期的，因此我们选择 $f_0 = \dfrac{1}{N}$ 并且定义谐波相关复指数的表示形式如下：

$$s_k(n) = \mathrm{e}^{\mathrm{j}2\pi k f_0 n}, \quad k = 0, \pm 1, \pm 2, \cdots \tag{1-41}$$

对照连续时间信号情况，我们注意到

$$s_{k+N}(n) = \mathrm{e}^{\frac{\mathrm{j}2\pi n(k+N)}{N}} = \mathrm{e}^{\mathrm{j}2\pi n} s_k(n) = s_k(n) \tag{1-42}$$

与式（1-39）一致，这意味着式（1-41）所描述的序列里只有 N 个不同周期的复指数序列，也就是说，序列中的所有成员均具有 N 个样本的公共周期。很明显，我们可以选择任何连续 N 个复指数，即从 $k = n_0$ 到 $k = n_0 + N - 1$，形成基本频率为 $f_0 = \dfrac{1}{N}$ 的谐波相关组。为了方便，我们经常挑选对应于 $n_0 = 0$ 的组，即

$$s_k(n) = \mathrm{e}^{\frac{\mathrm{j}2\pi k n}{N}}, \quad k = 0, 1, 2, \cdots, N - 1 \tag{1-43}$$

和连续时间信号的情况一样，很明显线性组合

$$x(n) = \sum_{k=0}^{N-1} c_k s_k(n) = \sum_{k=0}^{N-1} c_k \mathrm{e}^{\frac{\mathrm{j}2\pi k n}{N}} \tag{1-44}$$

导致了基本周期为 N 的周期信号。下面会看到，这是一个周期离散时间序列的傅里叶级数表示，其中，傅里叶系数为 $\{c_k\}$，序列 $s_k(n)$ 称为 $x(n)$ 的第 k 次谐波。

【例 1-1】

存储在数字信号处理器内存中的是如下正弦信号的一个周期：

$$x(n) = \sin\left(\frac{2\pi n}{N} + \theta\right)$$

式中：$\theta = \dfrac{2\pi q}{N}$；$q$ 和 N 均为整数。

（1）确定如何利用内存数值表得到具有相同相位的谐波相关的正弦信号的值。

（2）确定如何利用内存数值表得到具有相同频率但不同相位的正弦信号。

解：

（1）设 $x_k(n)$ 代表正弦信号序列：

$$x_k(n) = \sin\left(\frac{2\pi n k}{N} + \theta\right)$$

这是一个频率为 $f_k = \dfrac{k}{N}$ 且与 $x(n)$ 谐波相关的正弦信号，且 $x_k(n)$ 可以表达为

$$x_k(n) = \sin\left[\frac{2\pi(nk)}{N} + \theta\right] = x(kn)$$

因此我们观察到 $x_k(0) = x(0)$，$x_k(1) = x(k)$，$x_k(2) = x(2k)$，等等。因此，正弦序列 $x_k(n)$ 可通过 $x(n)$ 的数值表从 $x(0)$ 开始取第 k 个 $x(n)$ 的值获得。按此方式，可以生成频率为 $f_k = k/N, k = 0, 1, \cdots, N - 1$ 的所有谐波相关正弦信号的值。

（2）通过从内存位置 $q = \theta N / 2\pi$（q 是整数）处取序列的第一个值，可以得到频率为 $f_k = k/N$ 正弦信号的相位 θ。因此，初始相位 θ 控制数值表中的起始位置，并且在序号（kn）每次超过 N 时循环该表。

1.3.4 单位冲激函数

在分析时间信号时，常将复杂的时间信号表示为基本函数的线性组合，其中一个很有用的函数是单位冲激（unit impulse）函数或狄拉克函数 $\delta(t)$（Dirac delta function）。冲激函数是抽象的，其幅值无限大，脉冲宽度为 0，面积为 1。单位冲激函数具有以下性质：

$$\int_{-\infty}^{\infty} \delta(t) = 1 \tag{1-45}$$

$$\delta(t) = 0，当 \ t \neq 0 \ 时 \tag{1-46}$$

$$\delta(t) \rightarrow \infty，当 \ t = 0 \ 时 \tag{1-47}$$

$$\int_{-\infty}^{\infty} x(t)\delta(t-t_0) = x(t_0) \tag{1-48}$$

单位冲激函数 $\delta(t)$ 不是通常意义上的函数，可以将其理解为幅度有限、持续时间趋于 0 的单位面积脉冲。$\delta(t-t_0)$ 是在 $t = t_0$ 处的尖峰信号，其高度等于它的积分或面积。因此，有常数 A 加权的冲激函数 $A\delta(t-t_0)$，其面积或重量等于 A，其值除点 $t = t_0$ 外，处处为 0。

式（1-48）是单位冲激函数的筛分（sifting）或采样特性（sampling property），表明单位冲激乘法器选取了函数 $x(t)$ 在 $t = t_0$ 时的样值（sample）。

1.4　模数和数模转换

从本章第 1.1 节内容可知，实际应用中我们感兴趣的信号大多是模拟信号，如语音信号、生物学信号、地震信号、雷达信号、声呐信号和各种通信信号，如音频与视频等。要通过数字方法处理模拟信号，有必要先将它们转换成数字形式，即转换成具有有限精度的数字序列。这一过程称为模数转换（A/D），而相应的设备称为 A/D 转换器（ADC）。

从概念上，我们将 A/D 转换分为 3 个步骤，如图 1-10 所示。

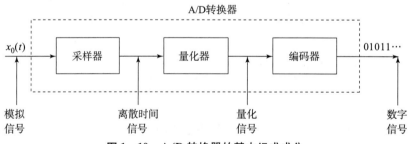

图 1-10　A/D 转换器的基本组成成分

（1）采样。这是连续时间信号到离散时间信号的转换过程，通过对连续时间信号在离散时间点处取样本值获得。因此，如果 $x_a(t)$ 是采样器的输入，那么输出是 $x_a(nT) \equiv x(n)$，其中 T 称为采样间隔。

（2）量化。这是离散时间连续值信号转换到离散时间离散值（数字）信号的转换过程。每个信号样本值是从可能值的有限集中选取的。未量化样本 $x(n)$ 和量化输出 $x_q(n)$ 之间的差称为量化误差。

（3）编码。在编码过程中，每一个离散值 $x_q(n)$ 由 b 位的二进制序列表示。

虽然我们将 A/D 转换器模型化为采样器、量化器和编码器的组合，但实际上 A/D 转换是由单个设备执行的，即该设备的输入是 $x_a(t)$，而其输出则产生一个二进制数码。采样和量化操作可以按任意顺序执行，但实际上采样总是在量化之前执行。

在很多实际应用的场合（例如，语音处理），需要将处理后的数字信号再转化成模拟信号（很明显，我们不能听到代表语音信号的采样序列，或者不能看到对应于一个电视信号的数字）。将数字信号转化成模拟信号的过程是熟知的数模（D/A）转换。所有 D/A 转换器通过执行某种插值操作连接数字信号中的各点，其精度依赖于 D/A 转换过程的质量。图 1 - 11 说明了一种简单的 D/A 转换过程，称为零阶保持或阶梯近似。其他近似也是可能的，如线性连接一对连续样本（线性插值），通过三个连续样本点的二次插值等等。那么有可能存在一种最优的理想插值吗？对于具有有限频率范围（有限带宽）的信号，在下面的章节中我们将要介绍的采样定理指定了插值的最优形式。

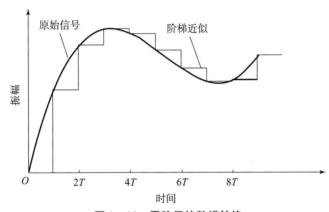

图 1 - 11 零阶保持数模转换

特别指出，在信号带宽有限的情况下，采样既不会导致信息丢失，也不会引入信号失真。原则上，模拟信号可以从样本重构，只要采样率足够高以避免通常所说的"混叠"问题。另一方面，量化是一个导致信号失真的不可颠倒或不可逆的过程。我们可以证明失真量依赖于 A/D 转换过程的精度，通常由位数决定。影响选择 A/D 转换器精度的因素是费用和采样率，这是因为一般来说，随着精度和采样率的增加，成本也会增加。

1.4.1 模拟信号采样

模拟信号采样有很多方式。我们这里只讨论在实际中最常使用的采样类型，即周期采样或均匀采样。这可由下列关系式描述：

$$x(n) = x_a(nT) ， \quad -\infty < n < \infty \tag{1-49}$$

式中，$x(n)$ 是通过对模拟信号 $x_a(t)$ 每隔 T 秒取样本值获得的离散时间信号。这一过程如图 1 - 12 所示。在两个连续的样本之间的时间间隔 T 称为采样周期或采样间隔，其倒数 $1/T = F$ 称为采样率（样本数/秒）或采样频率（Hz）。

周期采样建立了连续时间信号的时间变量 t 和离散时间信号的时间变量 n 之间的关系。事实上，这些变量是通过采样周期 T 或等价地通过采样率 $F_s = \dfrac{1}{T}$ 线性相关的，即

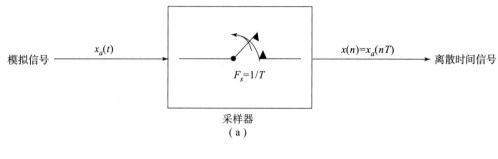

模拟信号 $\xrightarrow{\quad x_a(t) \quad}$ $F_s=1/T$ $\xrightarrow{\quad x(n)=x_a(nT) \quad}$ 离散时间信号

采样器

（a）

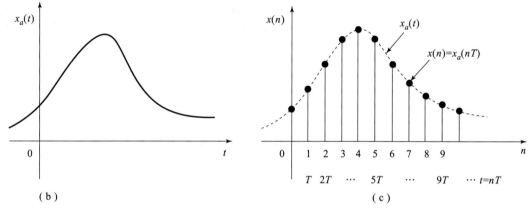

（b）

（c）

图 1-12 模拟信号的周期采样

（a）模拟信号采样；（b）模拟信号 $x_a(t)$；（c）离散时间信号 $x(a)$

$$t = nT = \frac{n}{F_s} \tag{1-50}$$

由式（1-50）可以推出，在模拟信号的频率变量 F（或 Ω）和离散时间信号的频率变量 f（或 ω）之间存在一种关系。为建立此关系，考虑模拟正弦信号形式，即

$$x_a(t) = A\cos(2\pi F t + \theta) \tag{1-51}$$

如果以每秒 $F_s = \dfrac{1}{T}$ 个样本的采样率进行周期采样，则有

$$x_a(nT) \equiv x(n) = A\cos(2\pi F nT + \theta) = A\cos\left(\frac{2\pi nF}{F_s} + \theta\right) \tag{1-52}$$

比较式（1-52）和式（1-28），则会注意到两个频率变量 F 和 f 呈线性关系，即

$$f = \frac{F}{F_s} \tag{1-53}$$

或等价于

$$\omega = \Omega T \tag{1-54}$$

式（1-53）中的关系证实了相对频率或归一化频率这一命名，它有时用来描述频率变量 f。如式（1-53）的含义那样，只要知道了采样率 F_s，就可以用 f 确定以赫兹为单位的频率 F。

我们回顾一下本章第 1.3.1 节，连续时间正弦信号的频率变量 F 或 Ω 的范围是

$$-\infty < F < \infty$$
$$-\infty < \Omega < \infty \tag{1-55}$$

然而，离散时间正弦信号的情形不同。从本章第 1.3.2 节我们看到

$$-\frac{1}{2} < f < \frac{1}{2}$$

$$-\pi < \omega < \pi \tag{1-56}$$

将式（1-53）和式（1-54）代入式（1-56），我们发现当以 $F_s = \frac{1}{T}$ 的采样率采样时，连续时间正弦信号的频率一定会落在某个范围，即

$$-\frac{1}{2T} = -\frac{F_s}{2} \leqslant F \leqslant \frac{F_s}{2} = \frac{1}{2T} \tag{1-57}$$

或等价于

$$-\frac{\pi}{T} = -\pi F_s \leqslant \Omega \leqslant \pi F_s = \frac{\pi}{T} \tag{1-58}$$

以上关系可总结为表 1-1 所示。

表 1-1　频率变量之间的关系

连续时间信号		离散时间信号
$\Omega = 2\pi F$		$\omega = 2\pi f$
$\dfrac{弧度}{秒}$ Hz		$\dfrac{弧度}{样本}$　$\dfrac{周期数}{样本}$
	$\omega = \Omega T, f = F/F_s$ ⟶ ⟵ $\Omega = \omega/T, F = fF_s$	$-\pi \leqslant \omega \leqslant \pi$ $-\dfrac{1}{2} \leqslant f \leqslant \dfrac{1}{2}$
$-\infty < \Omega < \infty$		$-\dfrac{1}{2T} = -\dfrac{F_s}{2} \leqslant F \leqslant \dfrac{F_s}{2} = \dfrac{1}{2T}$
$-\infty < F < \infty$		$-\dfrac{\pi}{T} = -\pi F_s \leqslant \Omega \leqslant \pi F_s = \dfrac{\pi}{T}$

从这些关系可以看出，连续时间信号和离散时间信号的基本不同是，频率 F 和 f 或者 Ω 和 ω 的取值范围不同。连续时间信号的周期采样包含了无限频率范围的变量 F（或 Ω）到有限频率范围的变量 f（或 ω）的映射。由于离散时间信号的最高频率是 $\omega = \pi$ 或 $f = \frac{1}{2}$，由此推出，对于某一个采样率 F_s，相应的 F 和 Ω 的最高值是

$$F_{\max} = \frac{F_s}{2} = \frac{1}{2T} \quad \Omega_{\max} = \pi F_s = \frac{\pi}{T} \tag{1-59}$$

所以，采样引入了争议，既然连续时间信号的最高频率 $F_{s_{\max}}$ 或者 $\Omega_{s_{\max}}$，即信号以速率 $F_s = \frac{1}{T}$ 采样时可以被唯一区分，那么对于频率 $> \frac{F_s}{2}$ 的信号会如何呢？让我们看看下面的例子。

【例 1-2】
通过考察下面两种模拟正弦信号，这些频率关系的含义可以被正确地描述为

$$\begin{cases} x_1(n) = \cos 2\pi(10)t \\ x_2(n) = \cos 2\pi(50)t \end{cases} \qquad (1-60)$$

其采样率为 $F_s = 40$ Hz。相应的离散时间信号或序列是

$$\begin{cases} x_1(n) = \cos 2\pi\left(\dfrac{10}{40}\right)n = \cos\dfrac{\pi}{2}n \\ x_2(n) = \cos 2\pi\left(\dfrac{50}{40}\right)n = \cos\dfrac{5\pi}{2}n \end{cases} \qquad (1-61)$$

然而，$\cos 5\pi n/2 = \cos(2\pi n + \pi n/2) = \cos \pi n/2$。因此 $x_1(n) = x_2(n)$。于是两个正弦信号是相同的，结果是不可区分的。如果给出由 $\cos(\pi/2)n$ 所生成的样本值，那么样本值是对应于 $x_1(t)$ 还是 $x_2(t)$ 就会引起争议。既然当两个信号以 $F_s = 40$ 个样本/s 的速率采样时，$x_2(t)$ 准确等于 $x_1(t)$，我们就说，在 40 个样本/s 的采样率时，频率 $F_2 = 40$ Hz 的信号是频率 $F_1 = 10$ Hz 的信号的混叠。

值得注意的是不只 F_2 是 F_1 的混叠。事实上，对于 40 个样本/S 的采样率，频率 $F_3 = 90$ Hz 同样是 F_1 的混叠，还有频率 $F_4 = 130$ Hz，等等。所有以 40 个样本/s 的采样率的正弦信号 $\cos 2\pi(F_1 + 40k)t, k = 1, 2, 3, 4, \cdots$ 均生成相等的值。结果，它们都是 $F_1 = 10$ Hz 的信号的混叠。

一般来说，连续时间正弦信号为

$$x_a(t) = A\cos(2\pi F_0 t + \theta) \qquad (1-62)$$

以 $F_s = \dfrac{1}{T}$ 的采样率采样将产生一个离散时间信号

$$x_a(n) = A\cos(2\pi f_0 n + \theta) \qquad (1-63)$$

其中，$f_0 = \dfrac{F_0}{F_s}$ 是正弦信号的相对频率。如果假定 $-\dfrac{F_s}{2} \leqslant F_0 \leqslant \dfrac{F_s}{2}$，那么 $x(n)$ 的频率 f_0 就会落在频率范围 $-\dfrac{1}{2} \leqslant f_0 \leqslant \dfrac{1}{2}$ 之内，即离散时间信号的频率范围。在这种情况下，F_0 和 f_0 之间是一对一的关系，因此有可能从样本 $x(n)$ 标识（或重构）模拟信号 $x_a(t)$。

另一方面，如果正弦信号

$$x_a(t) = A\cos(2\pi F_k t + \theta) \qquad (1-64)$$

其中，

$$F_k = F_0 + kF_s, \quad k = \pm 1, \pm 2, \cdots \qquad (1-65)$$

以速率 F_s 采样，很明显，频率 F_k 将会落在基本频率范围 $-\dfrac{F_s}{2} \leqslant F \leqslant \dfrac{F_s}{2}$ 之外。于是采样后的信号是

$$x(n) = x_a(nT) = A\cos\left(2\pi\dfrac{F_0 + kF_s}{F_s} + \theta\right) = A\cos(2\pi nF_0/F_s + \theta + 2\pi kn) = A\cos(2\pi F_0 n)$$

它与从式（1-62）采样所得到的式（1-63）中的离散时间信号相同。因此，无数的连续时间正弦信号通过采样可由相同的离散时间信号（即相同样本集）表示出来。从而，如果给定序列 $x(n)$，那么这些样本值表示哪一个连续时间信号 $x_a(t)$ 将会引起争议。也就是说，

频率 $F_k = F_0 + kF_s$，　$-\infty < k < \infty$（k 是整数）在采样以后与频率 F_0 是无法区分的，因此它们是 F_0 的混叠。这种连续时间信号和离散时间信号的频率变量之间的关系如图 1 - 13 所示。

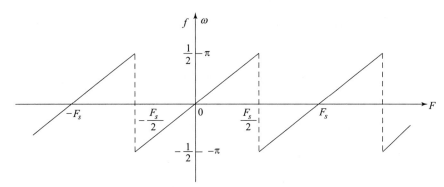

图 1 - 13　在周期采样的情况下连续时间信号和离散时间信号的
频率变量之间的关系

图 1 - 14 说明了一个混叠的例子，当所用的采样率为 $F_s = 1$ Hz 时，频率为 $F_0 = 1/8$ Hz 和 $F_1 = -7/8$ Hz 的两个正弦信号生成相同的样本。从式（1 - 65）容易推出，对于 $k = -1$，$F_0 = F_1 + F_s = (-7/8 + 1)$ Hz $= 1/8$ Hz。

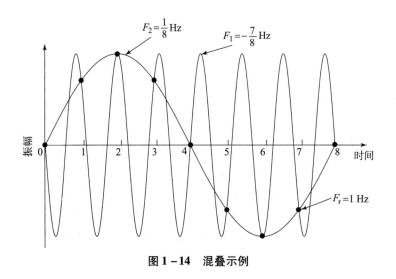

图 1 - 14　混叠示例

既然对应于 $\omega = \pi$ 的频率 $\dfrac{F_s}{2}$ 是可以用采样率 F_s 惟一表征的最高频率，那么确定大于 $\dfrac{F_s}{2}$（或 $\omega = \pi$）的任一（混叠）频率到小于 $\dfrac{F_s}{2}$ 的等价频率的映射是一件简单的事情。我们可以使用 $\dfrac{F_s}{2}$ 或 $\omega = \pi$ 作为枢轴点，并将混叠频率反射或"对折"到范围 $0 \leqslant \omega \leqslant \pi$。由于反射点是 $\dfrac{F_s}{2}$（或 $\omega = \pi$），所以频率 $\dfrac{F_s}{2}$（或 $\omega = \pi$）就称为对折频率。

【例 1 - 3】

考虑模拟信号

$$x_a(t) = 3\cos 100\pi t$$

（1）求避免混叠所需的最小采样率。

（2）假设信号采样率为 $F_s = 200$ Hz，采样后得到的离散时间信号是什么？

（3）假设信号采样率为 $F_s = 75$ Hz，采样后得到的离散时间信号是什么？

（4）如果生成与（3）得到的相同样本，相应的信号频率 $0 < F < \dfrac{F_s}{2}$ 是什么？

解：（1）模拟信号的频率是 $F = 50$ Hz，网此避免混叠所需的最小采样率是 $F_s = 100$ Hz。

（2）如果信号采样率为 $F_s = 200$ Hz，那么离散时间信号是

$$x(n) = 3\cos\frac{100\pi}{200}n = 3\cos\frac{\pi}{2}n$$

（3）如果信号采样率为 $F_s = 75$ Hz，那么离散时间信号是

$$x(n) = 3\cos\frac{100\pi}{75}n = 3\cos\frac{4\pi}{3}n = 3\cos\left(2\pi - \frac{2\pi}{3}\right)n = 3\cos\frac{2\pi}{3}n$$

（4）对于 $F_s = 75$ Hz 的采样率，有

$$F = fF_s = 75f$$

（5）中正弦信号的频率是 $f = \dfrac{1}{3}$。因此，

$$F = 25 \text{ Hz}$$

显然，正弦信号

$$y_a(t) = 3\cos 2\pi Ft = 3\cos 50\pi t$$

以 $F_s = 75$ Hz 的采样率采样可生成相同的样本。因此，在采样率为 $F_s = 75$ Hz 时，频率 $F = 50$ Hz 是频率 $F = 25$ Hz 的混叠。

1.4.2　采样定理

对于给定的任意模拟信号，我们应该如何选定采样周期 T 或采样率 F_s 呢？要回答这一问题，我们必须具备一些关于被采样信号的特征信息。尤其是，我们必须具备一些涉及信号的频率范围的一般信息。这些信息一般对我们有用。例如，我们一般都知道语音信号的频率成分低于 3 000 Hz。另一方面，电视信号一般都包含大到 5 MHz 的重要频率成分。这些信号的信息内容包含在各种频率成分的振幅、频率和相位中，但这些信号特征的细节知识在得到信号之前对我们是不可用的。事实上，处理这些信号的目的通常是提取这些细节信息。然而，如果我们知道一般类型信号的最大频率范围（如语音信号类型、视频信号类型等），那么就可以指定将模拟信号转换成数字信号所必需的采样率。

假设任何模拟信号都可以表示成不同振幅、频率和相位的正弦信号的和，即

$$x_a(t) = \sum_{i=1}^{N} A_i \cos(2\pi F_i t + \theta_i) \tag{1-66}$$

其中，N 代表频率成分的数目。所有信号（如语音信号和视频信号）都可以通过任意的短时分割服从于这样一种表示形式。这些振幅、频率和相位通常会从一个时间段到另一个时间段随着时间慢慢改变。然而，假定这些频率不会超过某个已知频率，也就是 $F_{\max}$。例如，对于

语音信号类型 $F_{max} = 3\ 000\ Hz$，而对于电视信号 $F_{max} = 5\ MHz$。对于任何一种给定类型的信号的不同实现方式，最大频率可能会稍有变化，因此通过将模拟信号通过一个滤波器以严重衰减大于 F_{max} 的频率成分，我们希望能保证 F_{max} 不会超过某个预定的值。于是我们肯定这一族中没有一个信号包含大于 F_{max} 的频率成分。实际中，这样的滤波通常在采样之前使用。

鉴于对 F_{max} 的了解，我们可以选择合适的采样率。我们知道，当信号以 $F_s = \dfrac{1}{T}$ 的采样率采样时，一种可以被准确重构的模拟信号的最高频率是 $\dfrac{F_s}{2}$。高于 $\dfrac{F_s}{2}$ 或低于 $-\dfrac{F_s}{2}$ 的任何频率都会导致与 $-\dfrac{F_s}{2} \leqslant F \leqslant \dfrac{F_s}{2}$ 范围内的相应频率相同的样本。为了避免由混叠引起的争议，我们必须选择充分高的采样率。也就是说，我们必须选择大于 F_{max} 的 $\dfrac{F_s}{2}$。因此，为了避免混叠问题，可选择 F_s 使其满足

$$F_s > 2F_{max} \tag{1-67}$$

其中，F_{max} 是模拟信号中的最大频率成分。采用这种方式选择采样率，模拟信号中的任何频率成分，即 $|F_i| < |F_{max}$ 就都可以映射成某个离散时间正弦信号，其频率为

$$-\frac{1}{2} \leqslant f_i = \frac{F_i}{F_s} \leqslant \frac{1}{2} \tag{1-68}$$

或等价为

$$-\pi \leqslant \omega_i = 2\pi f_i \leqslant \pi \tag{1-69}$$

既然 $|f| = \dfrac{1}{2}$ 或 $\omega = \pi|\omega| = \pi$ 是离散时间信号中的最高（唯一）频率，那么按照式（1-67）选择采样率就可以避免混叠问题。换言之，条件 $F_s > 2F_{max}$ 保证了模拟信号中的所有频率成分都能映射到频率在基本区间内的相应的离散时间频率成分。这样，模拟信号的所有频率成分都可无混淆地表示成采样的形式，因此使用合适的插值（数模转换）方法，模拟信号可以从样本值无失真地重构。这个"合适的"或理想的插值公式是由采样定理指定的。

采样定理。如果包含在某个模拟信号 $x_a(t)$ 中的最高频率是 F_{max}，而信号以采样率 $F_s > 2F_{max}$ 采样，那么 $x_a(t)$ 可以从样本值准确恢复，插值函数为

$$g(t) = \frac{\sin 2\pi Bt}{2\pi Bt} \tag{1-70}$$

于是，$x_a(t)$ 可以表示为

$$x_a(t) = \sum_{n=-\infty}^{\infty} x_a\left(\frac{n}{F_s}\right) g\left(t - \frac{n}{F_s}\right) \tag{1-71}$$

其中，$x_a\left(\dfrac{n}{F_s}\right) = x_a(nT) \equiv x(n)$ 是样本。

当 $x_a(t)$ 的采样以最小采样率 $F_s = 2B$ 执行时，式（1-71）中的重构公式变成

$$x_a(t) = \sum_{n=-\infty}^{\infty} x_a\left(\frac{n}{2B}\right) \frac{\sin 2\pi B\left(t - \dfrac{n}{2B}\right)}{2\pi B\left(t - \dfrac{n}{2B}\right)} \tag{1-72}$$

采样率 $F_N = 2B = 2F_{max}$ 称为奈奎斯特率。图 1 - 15 展示了使用式（1 - 70）中的插值函数的理想 D/A 转换过程。

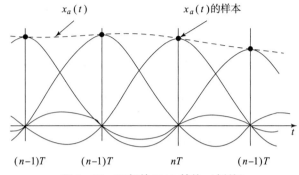

图 1 - 15　理想的 D/A 转换（插值）

可以从式（1 - 71）或式（1 - 72）观察到，从 $x(n)$ 重构 $x_a(t)$ 是一个复杂的过程，包含了插值函数 $g(t)$ 及其时移 $g(t - nT)$ 的加权和，其中 $-\infty < n < \infty$，权重因子是样本 $x(n)$。由于复杂性和式（1 - 71）或式（1 - 72）所需样本的无限大，这些重构公式主要是理论上的。

【例 1 - 4】

考虑模拟信号

$$x_a(t) = 3\cos 50\pi t + 10\sin 300\pi t - \cos 100\pi t$$

该信号的奈奎斯特率是什么？

解：

上述信号所代表的频率是

$$F_1 = 25\ \text{Hz},\ F_2 = 150\ \text{Hz},\ F_3 = 50\ \text{Hz}$$

于是 $F_{max} = 150\ \text{Hz}$；按照式（1 - 67）有

$$F_s > 2F_{max}$$

奈奎斯特率是 $F_N = 2F_{max}$。因此，

$$F_N = 300\ \text{Hz}$$

【讨论】 应观察到，信号成分 $10\sin 300\pi t$ 以奈奎斯特率 $F_N = 300\ \text{Hz}$ 采样，导致样本 $10\sin \pi n$，而它等于 0。换言之，我们对模拟信号在它的 0 相交点进行采样，因此完全失去了这个信号成分。如果正弦信号在某些量上具有相位偏差，则这种情形就不会发生。在这种情况下，对 $10\sin(300\pi t + \theta)$ 以奈奎斯特率 $F_N = 300\ \text{Hz}$ 进行采样，生成样本

$$10\sin(\pi n + \theta) = 10(\sin\pi n\cos\theta + \cos\pi n\sin\theta) = 10\sin\theta\cos\pi n = (-1)^n 10\sin\theta$$

于是，如果 $\theta \neq 0$ 或 π，以奈奎斯特率所产生的正弦信号的样本不全是 0。然而，当相位 θ 未知时，我们仍然不能从样本得到正确的振幅。能够避免这种潜在麻烦的一种简单补救方法就是以大于奈奎斯特率的采样率进行采样。

【例 1 - 5】

考虑模拟信号

$$x_a(t) = 3\cos 2\,000\pi t + 5\sin 6\,000\pi t - 10\cos 12\,000\pi t$$

（1）该信号的奈奎斯特率是什么？

（2）假定现在以 $F_s = 5\,000$ Hz 的采样率对该信号进行采样。采样后得到的离散时间信号是什么？

（3）如果使用理想插值，能够从这些样本重构的模拟信号 $y_a(t)$ 是什么？

解：

（1）信号中存在的频率是

$$F_1 = 1 \text{ kHz}, \quad F_2 = 3 \text{ kHz}, \quad F_3 = 6 \text{ kHz}$$

于是 $F_{\max} = 6$ kHz，根据采样定理有

$$F_s > 2F_{\max} = 12 \text{ kHz}$$

奈奎斯特率是

$$F_N = 12 \text{ kHz}$$

（2）既然我们已经选择 $F_s = 5$ kHz，那么对折频率是

$$\frac{F_s}{2} = 2.5 \text{ kHz}$$

并且这是由采样信号唯一表达的最大频率。利用式（1-50）可得

$$x(n) = x_a(nT) = x_a\left(\frac{n}{F_s}\right)$$

$$= 3\cos 2\pi\left(\frac{1}{5}\right)n + 5\sin 2\pi\left(\frac{3}{5}\right)n - 10\cos 2\pi\left(\frac{6}{5}\right)n$$

$$= \cos 2\pi\left(\frac{1}{5}\right)n + 5\sin 2\pi\left(1 - \frac{2}{5}\right)n - 10\cos 2\pi\left(1 + \frac{1}{5}\right)n$$

$$= \cos 2\pi\left(\frac{1}{5}\right)n + 5\sin 2\pi\left(-\frac{2}{5}\right)n - 10\cos 2\pi\left(\frac{1}{5}\right)n$$

最后，我们得到

$$x(n) = 13\cos 2\pi\left(\frac{1}{5}\right)n - 5\sin 2\pi\left(\frac{2}{5}\right)n$$

事实上，由于 $F_s = 5$ kHz，那么对折频率就是 $\dfrac{F_s}{2} = 2.5$ kHz 这是可以被采样信号唯一表示的最大频率。从式（1-65）我们有 $F_0 = F_k - kF_s$。因此 F_0 可以从 F_k 减去 F_s 的整数倍，即 $-\dfrac{F_s}{2} \leqslant F_0 \leqslant \dfrac{F_s}{2}$。频率 $F_1 > \dfrac{F_s}{2}$，因此不受混叠的影响。然而，其他两个频率大于对折频率，将会受到混叠影响而改变。事实上，

$$F_2' = F_2 - F_s = -2 \text{ kHz}$$
$$F_3' = F_3 - F_s = 1 \text{ kHz}$$

从式（1-53）推出 $f_1 = \dfrac{1}{5}, f_2 = -\dfrac{2}{5}$，并且 $f_3 = \dfrac{1}{5}$，与上述结果一致。

（3）由于只有 1 kHz 和 2 kHz 的频率成分在采样信号中表示，因此可以恢复的模拟信号是

$$y_a(t) = 13\cos 2\,000\pi t - 5\sin 4\,000\pi t$$

上式明显不同于原始信号。原始模拟信号的失真是由于使用了低采样率产生的混叠效应

引起的。

虽然混叠是要避免的缺陷，但是有两种基于混叠效应开发的有益的实际应用。这些应用是频闪观测仪和示波器。这两种仪器设计为混叠操作，以便将高频表示为低频。

为了详细阐述，考虑一个将高频率成分限制到一个给定频率带宽 $B_1 < F < B_2$ 的信号，其中 $B_2 - B_1 \equiv B$ 定义为信号的带宽。我们假定 $B << B_1 < B_2$，这个条件意味着信号中的频率成分比该信号的带宽大得多。这样的信号通常称为带通或窄带信号。现在，如果该信号以采样率 $F_s \geqslant 2B$ 采样，但 $F_s << B_1$，那么该信号中包含的所有频率成分将会是 $0 < F < \dfrac{F_s}{2}$ 范围中频率的混叠。结果，如果我们考察在基本范围 $0 < F < \dfrac{F_s}{2}$ 中的频率范围，那么既然知道频率带宽 $B_1 < F < B_2$，就精确知道了频率范围。于是，如果信号是一个窄带（带通）信号，那么我们能从以采样率 $F_s > 2B$ 对信号进行采样得到的样本重构该原始信号，其中 B 是带宽。这一结论组成了采样定理的另一种形式，我们称为带通形式，以区别于采样定理的前一种形式，带通形式一般适用于所有类型的信号。后者有时称为基带形式。

1.4.3 连续幅度信号的量化

正如我们看到的，一个数字信号是一个数字（样本）序列，其中每个数可以由有限数字（有限精度）表示。

通过把每个样本值表示为一个有限（而不是无限）的数字，将一个离散时间连续幅度信号转换成数字信号的过程，称为量化。在用离散值级别的有限集表示连续值信号时，引入的误差称为量化误差或量化噪声。

我们将对样本 $x(n)$ 的量化器操作表示为 $Q[x(n)]$，并且让 $x_q(n)$ 代表量化器输出端的量化后样本序列。因此，

$$x_q(n) = Q[x(n)] \tag{1-73}$$

于是，量化误差定义为量化值和实际样本值之差，即序列 $e_q(n)$。因此，

$$e_q(n) = x_q(n) - x(n) \tag{1-74}$$

我们用一个例子说明量化过程。考虑下面的离散时间信号：

$$x(n) = \begin{cases} 0.9^n, & n \geqslant 0 \\ 0, & n < 0 \end{cases}$$

它是用采样率 $F_s = 1$ kHz 对模拟指数信号 $x_a(t) = 0.9^t (t \geqslant 0)$ 进行采样得到的，如图 1-16（a）所示。

表 1-2 显示了 $x(n)$ 的前 10 个样本值，观察表 1-2 可以看到样本值 $x(n)$ 的描述需要 n 位有效位。很明显，信号不能使用一个计算器或一台数字计算机来处理，因为只有最初的几个样本值被存储和操作。例如，大多数计算器只处理 8 位有效数字。

然而，假定我们只需要使用一位有效位。要剔除多余的位，我们可以简单地丢弃（截断）或通过对结果数字四舍五入进行取舍。生成的量化后的信号 $x_q(n)$ 显示在表 1-2 中。我们只讨论通过四舍五入后的量化，它就像对待截断一样简单。截断过程图形如图 1-16（b）所示。在数字信号中允许出现的值称为量化级别，而两个连续的量化级别之间的距离？称为量化步长或分辨率。四舍五入量化器只将 $x(n)$ 的每个样本赋值为最近的量化级别。相

反，一个执行截短的量化器会将 $x(n)$ 的每个样本值赋值为低于它的量化级别。四舍五入的量化误差 $e_q(n)$ 限制为 $-\dfrac{\Delta}{2}$ 到 $\dfrac{\Delta}{2}$，即

$$-\frac{\Delta}{2} \leqslant e_q(n) \leqslant \frac{\Delta}{2} \tag{1-75}$$

换言之，瞬间的量化误差不能超过量化步长的一半（表 1-2）。

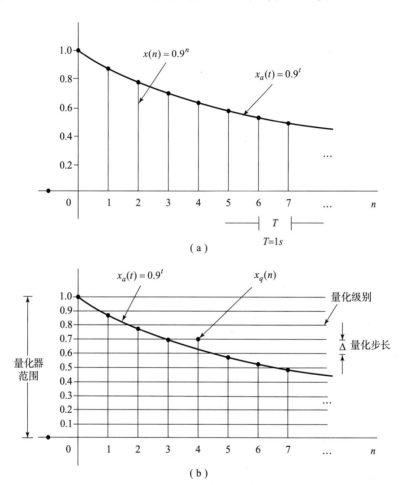

图 1-16　量化示例

（a）模拟指数信号 $x_a(t)$ 及其采样信号 $x(n)$；（b）采样离散信号的量化

如果 x_{min} 和 x_{max} 代表 $x(n)$ 的最小值和最大值，并且 L 是量化级数，那么

$$\Delta = \frac{x_{max} - x_{min}}{L - 1} \tag{1-76}$$

我们定义信号的动态范围为 $x_{max} - x_{min}$ 在我们的例子中，有 $x_{max} = 1$，$x_{min} = 0$ 且 $L = 11$，导致 $\Delta = 0.1$。注意，如果动态范围固定，增加量化级数 L 会导致量化步长的减小。因此，量化误差增加而量化器的精度增加。实际上，通过选择充分的量化级数，我们可以将量化误差减小到一个有效的量级。

理论上，模拟信号的量化总是会导致信息损失。这是由量化引入的不明确结果。事实上，

量化是一个不可逆的或不可转换的过程（即多对一映射），因为在关于某个量化级别$\frac{\Delta}{2}$距离内的所有样本都被赋予了相同值。这种含糊性使得对量化过程的准确量化分析变得极为困难。

表1-2 使用截断或四舍五入的保留一位有效数字的量化的数字说明

n	$x(n)$ （离散时间信号）	$x_q(n)$ （截断）	$x_q(n)$ （四舍五入）	$e_q(n) = x_q(n) - x(n)$ （四舍五入）
0	1	1.0	1.0	0.0
1	0.9	0.9	0.9	0.0
2	0.81	0.8	0.8	-0.01
3	0.729	0.7	0.7	-0.029
4	0.656 1	0.6	0.7	0.043 9
5	0.590 49	0.5	0.6	0.009 51
6	0.531 441	0.5	0.5	-0.031 441
7	0.478 296 9	0.4	0.5	0.021 703 1
8	0.430 467 21	0.4	0.4	-0.030 467 21
9	0.387 420 489	0.3	0.4	0.012 579 511

1.4.4　正弦信号的量化

图1-17使用矩形网格说明了模拟正弦信号$x_a(t) = A\cos\Omega_0 t$的采样和量化过程。量化

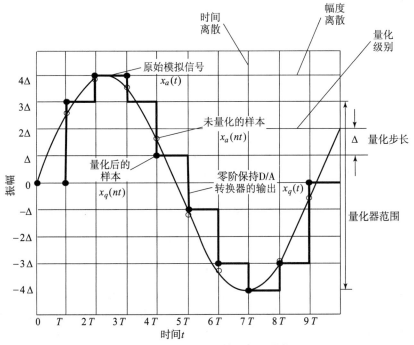

图1-17　正弦信号的采样和量化

器范围内的横线指示了所允许的量化级别。纵线指明采样时间。所以，从原始模拟信号 $x_a(t)$，通过采样可以得到离散时间信号 $x(n) = x_a(nT)$ 以及量化后的离散时间、离散振幅信号 $x_q(nT)$。实际上，阶梯信号 $x_q(t)$ 可以通过零阶保持得到。这种分析是非常有用的，因为正弦信号被用做 A/D 转换器中的测试信号。

因此，我们可以通过对模拟信号 $x_a(t)$ 而不是离散时间信号 $x(n) = x_a(nT)$ 进行量化而评价量化误差。图 1 – 17 表明信号 $x_a(t)$ 在量化级别之间几乎是线性的。相应的量化误差 $e_q(t) = x_a(t) - x_q(t)$ 显示在图 1 – 18 中。在图 1 – 18 中，τ 代表 $x_a(t)$ 在量化级内停留的时间。均方误差功率 P_q 是

$$P_q = \frac{1}{2\tau} \int_{-\tau}^{\tau} e_q^2(t)\,\mathrm{d}t = \frac{1}{\tau} \int_0^{\tau} e_q^2(t)\,\mathrm{d}t \tag{1-77}$$

由于 $e_q(t) = \left(\dfrac{\Delta}{2\tau}\right)t$，$-\tau \leqslant t \leqslant \tau$，于是有

$$P_q = \frac{1}{\tau} \int_0^{\tau} \left(\frac{\Delta}{2\tau}\right)^2 t^2\,\mathrm{d}t = \frac{\Delta^2}{12} \tag{1-78}$$

如果量化器有 b 位精度，而且量化器覆盖整个范围 $2A$，那么量化步长 $\Delta = \dfrac{2A}{2^b}$。所以，

$$p_q = \frac{\dfrac{A^2}{3}}{2^{2b}} \tag{1-79}$$

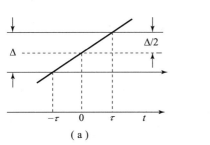
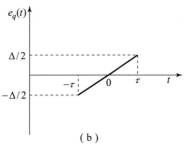

图 1 – 18 量化误差 $e_q(t) = x_a(t) - x_q(t)$

（a）量化误差示意图；（b）平移到水平轴上的量化误差

信号 $x_a(t)$ 的平均功率是

$$P_x = \frac{1}{T_p} \int_0^{T_p} (A\cos \Omega_0 t)^2\,\mathrm{d}t = \frac{A^2}{2} \tag{1-80}$$

A/D 转化器输出的质量通常由信号和量化噪声之比（SQNR）测量，它是信号功率和噪声功率之比为

$$\mathrm{SQNR} = \frac{P_x}{P_q} = \frac{3}{2} \times 2^{2b}$$

用 dB 表示的 SQNR 是

$$\mathrm{SQNR(dB)} = 10\lg \mathrm{SQNR} = 1.76 + 6.02b \tag{1-81}$$

上式说明字长每增加一位即每两个量化级，SQNR 近似增加 6 dB。

虽然式（1 – 81）是由正弦信号获得的，但实际上，对每一种动态范围横跨整个量化器

范围的信号，相似结果均成立。这种关系极为重要，因为它指明了具体应用所需要的位数，以保证给定的信噪比。例如，大多数光盘播放器使用 44.1 kHz 的采样率和 16 位采样分辨率，这对应于 SQNR > 96 dB。

1.4.5 量化采样信号的编码

在一个 A/D 转换器中的编码过程为每一个量化级别赋予一个唯一的二进制数。如果有 L 级，那么至少需要 L 个不同的二进制数。如果字长为 b 位，那么可以生成 2^b 个不同的二进制数。因此有 $2^b \geq L$，或者等价有 $b \geq 1bL$。因此，编码器所需要的位数是大于或等于 $1bL$ 的最小整数。在我们的例子中（表 1 – 2），容易看出需要一个 $b = 4$ 位的编码器。商业上可用的 A/D 转换器可以是 $b = 16$ 位或更小的有限精度。一般来说，采样率越高及量化越精细，设备就越昂贵。

1.4.6 数模转换

要将数字信号转换成模拟信号，可以使用模数（D/A）转换器。如前所述，D/A 转换器的任务是完成样本之间的插值。

采样定理指出了带限信号的最佳插值。然而，这种插值类型太复杂，因此正如前面指出的一样，不太实用。从实际观点出发，最简单的 D/A 转换器是图 1 – 11 所示的零阶保持，它只保持一个恒定的样本值，直到接收下一个样本。附加的改进方法可以使用线性方法得到。

图 1 – 19 所示的插值是用直线段连接两个连续样本的。更好的插值可以使用更复杂的高阶插值技术得到。

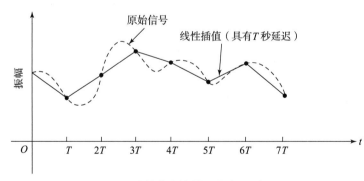

图 1 – 19　线性点连接器（具有 T 秒延迟）

一般来说，次优插值技术导致所通过频率超过对折频率。这样的频率成分不是我们所需要的，通常要将插值器的输出通过一个适当的模拟滤波器（称为后滤波器或平滑滤波器），以除去该频率成分。

这样，D/A 转换通常包含一个次优插值器，再跟随一个后滤波器。

1.4.7 数字信号与系统及离散时间信号与系统的分析

我们已经看到，一个数字信号定义为一个整数自变量的函数，并且它的值是所有可能值的有限集。这种信号的好处是可由数字计算机提供可能的结果。计算机对表示为"0"和"1"的串进行操作。该串的长度（字长）是固定的、有限的，通常是 8、12、16 位或 32 位。在计算中的有限字长效应会引起数字信号处理系统分析的复杂性。为了避免这种复杂性，在分析中我们通常会忽略数字信号与系统的量化特性，而将它们视为离散时间信号与系统。

1.5　数字信号处理系统的应用

自 20 世纪 60 年代以来，随着信息学科和计算机学科的高速发展，数字信号处理技术和系统迅速发展成为一门新兴学科，它的重要性日益在各个技术领域和应用领域表现出来，主要有：

（1）滤波与变换：包括数字滤波/卷积、相关、快速傅里叶变换（FFT）、希尔伯特（Hilbert）变换、自适应滤波、加窗法等。

（2）通信：包括自适应差分脉码调制、自适应脉码调制、脉码调制、差分脉码调制、增量调制、自适应均衡、纠错、数字公用交换、信道复用、移动电话、调制解调器、数据或数字信号的加密、破译密码、扩频技术、通信制式的转换、卫星通信、TNMA/FDMA/CDMA 等各种通信制式、回波对消、IP 电话、软件无线电等。

（3）语音、语言：包括语音邮件、语音声码器、语音压缩、数字录音系统、语音识别、语音合成、语音增强、文本语音变换、神经网络等。

（4）图像、图形：包括图像压缩、图像增强、图像复原、图像重建、图像变换、图像分割与描绘、模式识别、计算机视觉、固态处理、电子地图、电子出版、动画等。

（5）消费电子：包括数字音频、数字电视、音乐综合器、电子玩具和游戏、CD/VCD/DVD 播放机、数字留言/应答机、汽车电子装置等、

（6）仪器：包括频谱分析仪、函数发生器、地震信号处理器、瞬态分析仪、锁相环、模式匹配等。

（7）工业控制与自动化：包括机器人控制、激光打印机控制、伺服控制、自动机、电力线监视器、计算机辅助制造、引擎控制、自适应驾驶控制等。

（8）医疗：包括健康助理、病人监视、超声仪器、诊断工具、CT 扫描、核磁共振、助听器等。

（9）军事：包括雷达处理、声呐处理、导航、射频调制解调器、全球定位系统（GPS）、侦察卫星、航空航天测试、自适应波束形成、阵列天线信号处理等。

1.6　数字信号处理的发展方向

随着科技和社会的进一步发展，数字信号处理技术会在以下各种应用中发挥重要作用。

（1）数字汇聚（digital convergence）：即信号处理、通信和计算机的融合，其中数字信号处理是一种黏合剂，它把通信产业、消费类电子产业以及计算机产业紧密结合在一起。德州仪器公司的 TMS320C6416T-1000 数字信号处理器其工艺水平已达到 $0.09\ \mu m$，运算速度已达到 8 000MIPS，可置于各种应用系统中。

（2）远程会议系统（teleconference systems）。

（3）融合网络（fusion net）：是把公众电信网络与计算机网络更好地结合在一起，并与家庭娱乐信息设施相适配的网络。

（4）数字图书馆（digitallibrary）。

（5）图像与文本合一的信息检索业务。

（6）多媒体通信：包括媒体的压缩、媒体的综合（即从文本到语言以及自然会话的表情丰富的面孔，还有虚拟现实应用场景的综合）、媒体的识别（涉及音频和视频目标的识别），消息的转换和自然查询（例如，电子信函或传真向语音的转换，信息过滤，可变尺度的数据库与关系数据库各种通信网的综合）。

（7）个人信息终端：把个人通信系统与个人数字助理非常自然地结合在一起，以实现无时不在、无处不在的通信功能。

1.7　小　　结

在这一章中，我们讨论了采用数字信号处理方法代替模拟信号处理的方法。给出了数字信号处理系统的基本元素，并定义了将模拟信号转换成便于处理的数字信号时所需要的操作。尤其重要的是采样定理，它由奈奎斯特于1928年提出，之后由香农于1949年在他的经典论文中加以推广。引入正弦信号主要用于对后续混叠现象和采样定理的说明。

本章还介绍了量化效应，这是在 A/D 转换过程中的固有现象。信号量化问题在统计意义上得到了很好的处理。最后，简单描述了信号重构或 D/A 转换问题。

数字信号处理有无数的实际应用。Oppenheim 在1978年出版的书中介绍了在语音处理、图像处理雷达信号处理、声呐信号处理及地球物理信号处理中的应用。

第 2 章

信号的频率分析

傅里叶变换是多种数学工具中的一种，常用于线性时不变系统（LTI 系统）的分析和设计，而另一个常用的数学工具是傅里叶级数。这些信号的表示方法基本上是将信号分解成正弦曲线（或复指数）成分的形式。

大多数有实际意义的信号都可以被分解成正弦信号分量之和。对于周期性信号，这样的分解称为傅里叶级数；对于有限能量信号，这样的分解称为傅里叶变换。在 LTI 系统的分析中，这样的分解特别重要，因为对于一个正弦信号的输入，LTI 系统的响应是一个频率相同但幅度和相位不同的正弦曲线。此外，LTI 系统的线性特性表明：正弦曲线分量线性组合的输入会产生类似正弦曲线成分的线性组合的输出，仅仅是幅度和相位不同而已。LTI 系统的这种特性使信号的正弦曲线分解变得非常重要。尽管也可以对许多其他的信号进行分解，但是只有这一类正弦曲线（或者复指数）信号在通过 LTI 系统时具有这种期待的特性。

本章我们先分别从傅里叶级数和傅里叶变换的方式学习连续时间周期信号和非周期信号的频率分析，然后再介绍离散周期信号和非周期信号的频率分析。本章将详细描述傅里叶变换的特性，并给出许多关于时频二重性的例子。

2.1 连续时间信号的频率分析

众所周知，棱镜可以将穿过它的白光（太阳光）分解成有色光。1672 年，艾萨克·牛顿（Isaac Newton）在向皇家学会提交的一篇论文中，首次使用了术语"频谱"来描述由这种器具产生的连续波段的有色光。从物理学得知，每一种有色光对应可见频谱中的具体频率。因此，将光分解为有色光实际上是一种频率分析。

信号的频率分析是指将信号分解为它的频率（正弦曲线的）成分。在这个过程中，棱镜的角色被傅里叶分析工具——傅里叶级数和傅里叶变换所代替。重新合成正弦曲线成分来重建原始信号，对应了傅里叶合成问题。不同的信号波形具有不同的频率范围，如同棱镜将白光分离为不同的有色光那样，如果我们将一个波形分解为正弦曲线成分，那么这些正弦曲线成分之和的结果就是原始的波形；另一方面，如果丢失信号中的任何一个成分，那么其合成结果将是一个不同的信号。

我们把信号的频率组成称为频谱，使用本章描述的数学工具来获得一个给定信号的频谱的过程，被认为是频率分析或谱分析。相反，在实际信号测量中决定一个实际信号频谱的过程被称为频谱估计。这种区别是非常重要的。实际上，我们可以将谱估计视为在某类信号上执行的一种谱分析，而这类信号是从物理源（如语音、脑电图、心电图等）获得的。用于获得此类信号的谱估计的仪器或软件程序，即被认为是频谱分析仪。

2.1.1 傅里叶变换、拉普拉斯变换和 z 变换

2.1.1.1 傅里叶变换

傅里叶变换在物理学、数论、组合数学、信号处理、概率论、统计学、密码学、声学、

光学、海洋学、结构动力学等领域都有着广泛的应用（例如在信号处理中，傅里叶变换的典型用途是将信号分解成幅值分量和频率分量）。傅里叶变换能将满足一定条件的某个函数表示成三角函数（正弦函数或余弦函数）或它们积分的线性组合。在不同的研究领域，傅里叶变换有着多种不同的变体形式，如有连续傅里叶变换和离散傅里叶变换。实际上，傅里叶变换是一种解决问题的方法，通过该方法可以将一个连续的信号看作一个个小信号的叠加，且从时域叠加和从频域叠加都可以合成原来的信号，这种信号分解将有助于信号的后期处理。也就是说，傅里叶变换将一个信号的时域表示形式映射到一个频域表示形式，而逆傅里叶变换则恰好相反，这些都是一个信号的不同表示形式。

对一个信号做傅里叶变换，可以得到其频域特性，包括幅度和相位两个方面。

将矩形波进行分解的示意图如图 2 - 1 所示，最前面黑色的线就是所有正弦波叠加而成

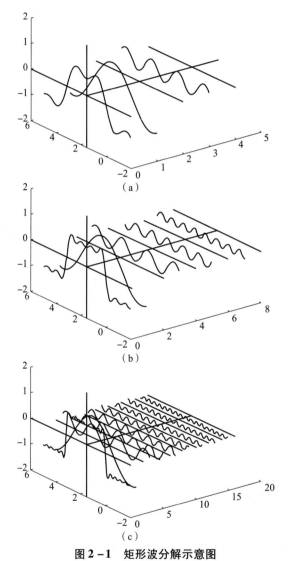

图 2 - 1　矩形波分解示意图

（a）两个不同频率的正弦波叠加的矩形波；（b）4 个不同频率的正弦波叠加的矩形波；

（c）多个不同频率的正弦波叠加的矩形波

的总和，也就是越来越接近矩形波的那个图形。而后面依次排列而成的正弦波就是组合为矩形波的各个分量。这些正弦波按照频率从低到高从前向后排列开来，而每一个波的振幅都是不同的。每两个正弦波之间的直线是振幅为 0 的正弦波。这里，我们将不同频率的正弦波称为频率分量。$\cos(0t)$ 就是一个周期无限长的正弦波，也就是一条直线。所以在频域中，0 频率也被称为直流分量，在傅里叶级数的叠加中，它仅仅影响全部波形相对于数轴是整体向上还是整体向下，而不改变波形的形状。图 2 - 2 是矩形波在时域和频域的波形对照图。

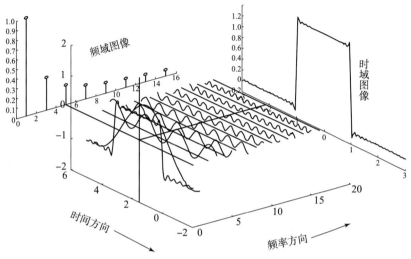

图 2 - 2 矩形波在时域和频域的对照图

这里需要纠正一个概念：时间差并不是相位差。如果将一个周期看作 2π 或者 $360°$ 的话，相位差则是时间差在一个周期中所占的比例。我们将时间差除周期再乘 2π，就得到了相位差。一个周期内的时间差示意图如图 2 - 3 所示。

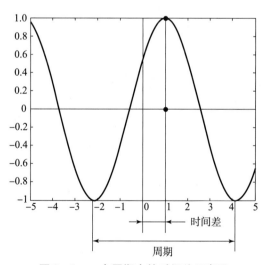

图 2 - 3 一个周期内的时间差示意图

在完整的立体图中，我们将投影得到的时间差依次除以所在频率的周期，就得到了最下面的相位谱，如图 2-4 所示。所以，频谱是从侧面看，相位谱是从下面看。应该注意到，相位谱中的相位除了 0，就是 π。因为 $\cos(t+\pi)=-\cos(t)$，所以实际上相位为 π 的波只是上下翻转了而已。对于周期方波的傅里叶级数，这样的相位谱已经是很简单的了。另外值得注意的是，由于 $\cos(t+2\pi)=\cos(t)$，所以相位差是周期性的，π 和 3π，5π，7π 都是相同的相位。人为定义相位谱的值域为 $(-\pi,\pi]$，所以图中的相位差均为 π。一个矩形波的时域、频域及相位谱示意图如图 2-5 所示。

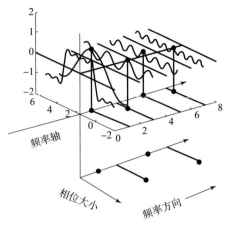

图 2-4　矩形波的相位谱

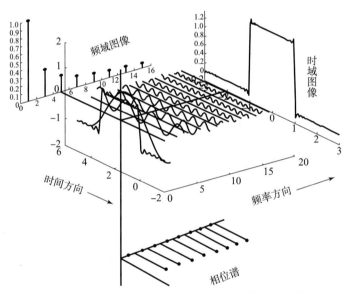

图 2-5　一个矩形波的时域、频域及相位谱示意图

可见，傅里叶变换的物理意义非常清晰：将通常在时域表示的信号，分解为多个正弦信号的叠加。每个正弦信号用幅度、频率、相位就可以完全表征。在自然界，频率是有明确的物理意义的，比如说声音信号，男同胞声音低沉雄浑，这主要是因为男声中低频分量更多；女同胞声音多高亢清脆，这主要是因为女声中高频分量更多。就一个信号所包含的信息量来讲，时域信号及其相应的傅里叶变换之后的信号是完全一样的。那傅里叶变换有什么作用呢？因为有的信号主要在时域表现其特性，如电容充放电的过程；而有的信号则主要在频域表现其特性，如机械的振动，人类的语音等。若信号的特征主要在频域表示的话，则相应的时域信号看起来可能杂乱无章，但在频域则解读非常方便。在实际中，当我们采集到一段信号之后，在没有任何先验信息的情况下，直觉是试图在时域能发现一些特征，如果在时域无所发现的话，很自然地将信号转换到频域再看看能有什么特征。信号的时域描述与频域描述，就像一枚硬币的两面，看起来虽然有所不同，但实际上都是同一个东西。正因为如此，

在通常的信号与系统的分析过程中，我们非常关心傅里叶变换。

2.1.1.2　拉普拉斯变换

拉普拉斯变换是以法国数学家拉普拉斯命名的一种变换方法，主要是针对连续信号的分析，是工程数学中常用的一种积分变换。它是为简化计算而建立的实变量函数和复变量函数间的一种函数变换，可以将一个信号从时域转换到复数域（S 域）表示，在复数域中作各种运算，再将运算结果作拉普拉斯反变换来求得实数域中的相应结果，这样在计算上往往比直接在实数域中求出同样的结果容易得多。拉普拉斯变换的这种运算步骤对于求解线性微分方程尤为有效，它可把微分方程化为容易求解的代数方程来处理，从而使计算简化。

运用拉普拉斯变换，可以把线性时不变系统的时域模型简便地进行变换，经求解再还原为时间函数。从数学角度看，拉氏变换方法是求解常系数线性微分方程的工具，它的优点表现在以下几个方面。

（1）求解的步骤得到简化，同时可以给出微分方程的特解和补解（齐次解），而且初始条件自动地包含在变换式里。

（2）拉氏变换分别将"微分"与"积分"运算转换为"乘法"和"除法"运算。也就是说把积分方程转换为代数方程。这种变换与初等数学中的对数变换很相似，在那里，乘、除法被转换为加、减法运算。只是对数变换所处理的对象是"数"，而拉氏变换所处理的对象是函数。

（3）指数函数、超越函数以及有不连续点的函数，经拉氏变换可以转换为简单的初等函数。对于某些非周期性的具有不连续点的函数，用古典法求解比较烦琐，而用拉氏变换就很简便。

（4）拉氏变换把时域中两函数的卷积运算转换为变换域中两函数的乘积运算，在此基础上建立了系统函数的概念，这一重要概念的应用为研究信号经线性系统传输问题提供了许多方便。

（5）利用系统函数零点、极点分布可以简明、直观地表达系统性能的许多规律。系统的时域、频域特性集中地以其系统函数 0、极点特征表现出来，从系统的观点看，对于输入—输出描述情况，往往不关心组成系统内部的结构和参数，只需从外部特征，从 0、极点特性来考察和处理各种问题。

拉普拉斯变换在电学、力学等众多的工程与科学领域中得到了广泛的应用，尤其是在电路理论的研究中，在相当长的时期内，人们几乎无法把电路理论与拉普拉斯变换分开来讨论；另外，在经典控制理论中，对控制系统的分析和综合，都是建立在拉普拉斯变换的基础上的。

2.1.1.3　z 变换

在连续时间信号与系统中，变换域是指 s 域，数学工具是拉普拉斯变换；而在离散时间信号与系统中，变换域是指 z 域，数学工具是 z 变换。也就是说，在连续时间域的每一种分析方法，在离散时间域都有对应的一种分析方法。拉普拉斯变换对应的就是 z 变换。z 变换能将信号表示成离散复指数函数的线性组合。

离散时间信号 $x(n)$ 的 z 变换定义为幂级数，即

$$X(z) = \sum_{n=-\infty}^{\infty} x(n)z^{-n} \tag{2-1}$$

式中，z 为复变量。该式被称为 z 正变换，它将时域信号 $x(n)$ 变换到它的复平面表达式 $X(z)$。

其反过程，即从 $X(z)$ 获得 $x(n)$ 的过程称为 z 逆变换。一些常用的 z 变换对如表 2 - 1 所示。

表 2 - 1　一些常用的 z 变换对

序号	信号 $x(n)$	z 变换 $X(z)$	收敛域
1	$\delta(n)$	1	所有 z
2	$u(n)$	$\dfrac{1}{1 - z^{-1}}$	$\|z\| > 1$
3	$a^n u(n)$	$\dfrac{1}{1 - az^{-1}}$	$\|z\| > \|a\|$
4	$na^n u(n)$	$\dfrac{az^{-1}}{(1 - az^{-1})^2}$	$\|z\| > \|a\|$
5	$- a^n u(- n - 1)$	$\dfrac{1}{1 - az^{-1}}$	$\|z\| < \|a\|$
6	$- na^n u(- n - 1)$	$\dfrac{az^{-1}}{(1 - az^{-1})^2}$	$\|z\| < \|a\|$
7	$(\cos\omega_0 n)u(n)$	$\dfrac{1 - z^{-1}\cos\omega_0}{1 - 2z^{-1}\cos\omega_0 + z^{-2}}$	$\|z\| > 1$
8	$(\sin\omega_0 n)u(n)$	$\dfrac{z^{-1}\sin\omega_0}{1 - 2z^{-1}\cos\omega_0 + z^{-2}}$	$\|z\| > 1$
9	$(a^n\cos\omega_0 n)u(n)$	$\dfrac{1 - az^{-1}\cos\omega_0}{1 - 2az^{-1}\cos\omega_0 + a^2 z^{-2}}$	$\|z\| > \|a\|$
10	$(a^n\sin\omega_0 n)u(n)$	$\dfrac{az^{-1}\sin\omega_0}{1 - 2az^{-1}\cos\omega_0 + a^2 z^{-2}}$	$\|z\| > \|a\|$

2.1.1.4　傅里叶变换、拉普拉斯变换、z 变换的关系

拉普拉斯和傅里叶都是同时代的人，他们所处的时代在法国是拿破仑时代，国力鼎盛，在科学上也取代英国成为当时世界的中心。在当时众多的科学大师中，拉普拉斯、拉格朗日、傅里叶就是他们中间最为璀璨的三颗星。

傅里叶变换虽然好用，而且物理意义明确，但有一个最大的问题是其存在的条件比较苛刻，比如时域内绝对可积的信号才可能存在傅里叶变换。拉普拉斯变换可以说是推广了这一概念。在自然界，指数信号 $\exp(- x)$ 是衰减最快的信号之一，对信号乘上指数信号之后，很容易满足绝对可积的条件。因此将原始信号乘上指数信号之后一般都能满足傅里叶变换的条件，这种变换就是拉普拉斯变换。这种变换能将微分方程转化为代数方程，在 18 世纪计算机还远未发明的时候，意义非常重大。从上面的分析可以看出，傅里叶变换可以看作是拉普拉斯的一种特殊形式，即所乘的指数信号为 $\exp(0)$。也即是说拉普拉斯变换是傅里叶变换的推广，是一种更普遍的表达形式。在进行信号与系统的分析过程中，可以先得到拉普拉斯变换这种更普遍的结果，然后再得到傅里叶变换这种特殊的结果。这种由普遍到特殊的解决办法，已经证明能够在连续信号与系统的分析中带来很大的方便。

z 变换可以说是针对离散信号和系统的拉普拉斯变换，因此我们很容易理解 z 变换的重要性，也很容易理解 z 变换和傅里叶变换之间的关系。z 变换中的 z 平面与拉普拉斯中的 S 平

面存在映射的关系，$z = \exp(T_s)$。在 z 变换中，单位圆上的结果即对应离散时间傅里叶变换的结果。

2.1.2 连续时间周期信号的傅里叶级数

本节我们讲述连续时间周期信号的频率分析。实际中常遇到的周期信号包括方波、矩形波和三角波，当然也包括正弦波和复指数信号等。

周期信号的基本数学表示是傅里叶级数。傅里叶级数是谐波相关的正弦信号或复指数信号的一种线性加权之和。法国数学家傅里叶（1768—1830）使用一类三角级数扩展的方法来描述物体的热传导和温度分布现象。尽管他的工作来源于热传导问题，但是他在 19 世纪初发展的数学技术现在可以在许多问题上得到应用，这些问题涵盖了许多不同的领域，包括光学、机械系统中的振动、系统理论和电磁场等。

我们回想在第 1 章中学习的、具有以下形式的谐波相关的复指数信号的线性组合：

$$x(t) = \sum_{k=-\infty}^{\infty} c_k e^{j2\pi kF_0 t} \tag{2-2}$$

它是基本周期为 $T_p = \dfrac{1}{F_0}$ 的周期信号。因此，我们可以把指数信号

$$\{e^{j2\pi kF_0 t}, k = 0, \pm 1, \pm 2, \cdots\}$$

视为基本的"模块"，通过选择合适的基频和系数 $\{c_k\}$，我们可以用这些"模块"来构造各种类型的周期信号。F_0 决定了 $x(t)$ 的基本周期，而系数 $\{c_k\}$ 确定了波形的形状。

假设信号 $x(t)$ 是具有周期 T_p 的周期信号。我们可以用式（2-1）的级数来表示这个周期信号，这可称为一个傅里叶级数，其中所选取的基频 F_0 是给定的周期 T_p 的倒数。为了确定系数 $\{c_k\}$ 的表达式，我们先在式（2-2）两边乘上复指数

$$e^{-j2\pi F_0 lt}$$

其中 l 是一个整数，然后对得到的等式两边在单个周期上求积分，比如从 0 到 T_p，或者更广义地从 t_0 到 $t_0 + T_p$，其中 t_0 是一个任意的但又是数学收敛的开始值。这样，我们就能得到

$$\int_{t_0}^{t_0+T_p} x(t) e^{-j2\pi F_0 lt} \, dt = \int_{t_0}^{t_0+T_p} e^{-j2\pi F_0 lt} \left(\sum_{k=-\infty}^{\infty} c_k e^{+j2\pi kF_0 t} \right) dt \tag{2-3}$$

为了求得式（2-3）右边的积分，我们交换求和与积分的顺序，并联合两个指数。从而有

$$\sum_{k=-\infty}^{\infty} c_k \int_{t_0}^{t_0+T_p} e^{j2\pi F_0(k-l)t} \, dt = \sum_{k=-\infty}^{\infty} c_k \left[\frac{e^{j2\pi F_0(k-l)t}}{j2\pi F_0(k-l)t} \right]_{t_0}^{t_0+T_p} \tag{2-4}$$

可以证明，当 k 和 l 都是整数且 $k \neq l$ 时，在下限和上限分别为 t_0 和 $t_0 + T_p$ 时，对式（2-4）右边求值，得到的结果是 0。另一方面，如果 $k = l$，我们得到

$$\int_{t_0}^{t_0+T_p} dt = t \Big|_{t_0}^{t_0+T_p} = T_p$$

故，式（2-3）简化为

$$\int_{t_0}^{t_0+T_p} x(t) e^{-j2\pi F_0 lt} \, dt = c_l T_p \tag{2-5}$$

因此，根据给定的周期信号，傅里叶系数的积分可以写成

$$c_k = \frac{1}{T_p} \int_{t_0}^{t_0+T_p} x(t) e^{-j2\pi F_0 lt} \, dt \tag{2-6}$$

连续时间周期信号可用傅里叶级数表示为

$$x(t) = \sum_{k=-\infty}^{\infty} c_k e^{j2\pi kF_0 t} \qquad (2-7)$$

用傅里叶级数表示周期信号 $x(t)$ 的一个重要问题是：对于每个 t 值，级数是否收敛于 $x(t)$，也就是说，对于每个 t 值，信号 $x(t)$ 和它的傅里叶级数表示是否相等。因此，我们用狄利克里条件（Dirichlet Conditions）来保证除了使信号 $x(t)$ 不连续的 t 值外，式（2-7）的级数将等于信号 $x(t)$；且对于所有 t 值，式（2-7）收敛于不连续的中点（均值）。狄利克里条件如下：

（1）在任何一个周期中，信号 $x(t)$ 具有有限个、有限幅度的不连续点。

（2）在任何一个周期中，信号 $x(t)$ 包含有限个最大值和最小值。

（3）在任何一个周期中，信号 $x(t)$ 是绝对可积的，即

$$\int_{t_0}^{t_0+T_p} |x(t)| \mathrm{d}t < \infty \qquad (2-8)$$

事实上，所有有实际意义的周期信号都满足这些条件。

另一个约束性较弱的条件，即信号在一个周期内具有有限的能量，如式（2-8）所示，

$$\int_{t_0}^{t_0+T_p} |x(t)|^2 \mathrm{d}t < \infty \qquad (2-9)$$

保证了在差值信号中的能量

$$e(t) = x(t) - \sum_{k=-\infty}^{\infty} c_k e^{j2\pi kF_0 t} \qquad (2-10)$$

为 0，尽管 $x(t)$ 和它的傅里叶级数也许不能在所有的 t 值上都相等。注意，式（2-8）必然意味着式（2-9），但是反过来不一定成立。式（2-9）和狄利克里条件也是充分条件，但不是必要条件（也就是说，存在可以表示成傅里叶级数的信号，但是不满足这些条件）。

总之，如果 $x(t)$ 是周期的而且满足狄利克里条件，那么它能够表示成如式（2-6）所示的傅里叶级数，其中的系数由式（2-6）确定。这些关系总结如表 2-2 所示。

表 2-2   连续时间周期信号的傅里叶分析

合成等式	$x(t) = \sum_{k=-\infty}^{\infty} c_k e^{j2\pi kF_0 t}$	式（2-11）
分析等式	$c_k = \dfrac{1}{T_p} \int_{T_p} x(t) e^{-j2\pi kF_0 t} \mathrm{d}t$	式（2-12）

一般来说，傅里叶系数 c_k 是复数值，而且容易证明：如果周期信号是实数，那么 c_k 和 c_{-k} 是一对共轭复数。也就是说，如果

$$c_k = |c_k| e^{j\theta_k}$$

那么

$$c_{-k} = |c_k| e^{-j\theta_k}$$

因此，傅里叶级数也可以表示成如下形式：

$$x(t) = c_0 + 2 \sum_{k=1}^{\infty} |c_k| \cos(2\pi kF_0 t + \theta_k) \qquad (2-13)$$

式中，当 $x(t)$ 是实数时，c_0 是实数值。

最后，我们应该指出，傅里叶级数的另外一种形式可以通过将式（2-13）中的余弦函数按如下展开求得：

$$\cos(2\pi kF_0t + \theta_k) = \cos2\pi kF_0t\cos\theta_k - \sin2\pi kF_0t\sin\theta_k$$

因此，将式（2 – 13）重新写成如下形式：

$$x(t) = a_0 + \sum_{k=1}^{\infty}\left[a_k\cos(2\pi kF_0t) - b_k\sin(2\pi kF_0t)\right] \qquad (2-14)$$

式中，$a_0 = c_0$；$a_k = 2|c_k|\cos\theta_k$；$b_k = 2|c_k|\sin\theta_k$。

式（2 – 7）、式（2 – 13）和式（2 – 14）中的表达式组成了表示实周期信号的傅里叶级数的 3 个等价形式。

2.1.3　周期信号的功率密度谱

虽然一个周期信号具有无限的能量，但是其平均功率是有限的，可以用下式表示：

$$P_x = \frac{1}{T_p}\int_{T_p}|x(t)|^2\mathrm{d}t \qquad (2-15)$$

根据式（2 – 11）和共轭复数对上式进行推导，可得

$$P_x = \frac{1}{T_p}\int_{T_p}x(t)\sum_{k=-\infty}^{\infty}c_k^*\,\mathrm{e}^{-\mathrm{j}2\pi kF_0t}\mathrm{d}t = \sum_{k=-\infty}^{\infty}c_k^*\left[\frac{1}{T_p}\int_{T_p}x(t)\,\mathrm{e}^{-\mathrm{j}2\pi kF_0t}\,\mathrm{d}t\right] = \sum_{k=-\infty}^{\infty}|c_k|^2$$

因此，就建立了功率和傅里叶系数之间的关系，即

$$P_x = \frac{1}{T_p}\int_{T_p}|x(t)|^2\mathrm{d}t = \sum_{k=-\infty}^{\infty}|c_k|^2 \qquad (2-16)$$

这被称为功率信号的帕塞瓦关系式。

为了说明式（2 – 16）的物理意义，假设 $x(t)$ 包含一个单复指数

$$x(t) = c_k\mathrm{e}^{\mathrm{j}2\pi kF_0t}$$

这种情况下，除了 c_k，所有的傅里叶级数系数都是 0。因此，信号的平均功率是

$$P_x = |c_k|^2$$

显然，$|c_k|^2$ 表示的是信号第 k 个谐波成分的功率。因此，周期信号中的总平均功率是所有谐波平均功率的简单求和。

如果将 $|c_k|^2$ 当作频率 kF_0 的函数画出来，其中 $k = 0$，±1，±2，…那么我们得到的图表表明了周期信号的功率是如何分布在不同的频率成分上的。图 2 – 6 为一个周期信号 $x(t)$ 的功率密度谱。

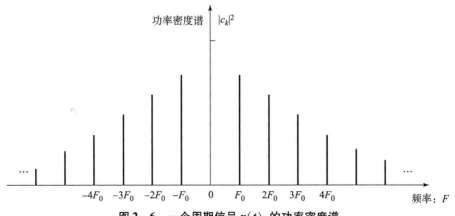

图 2 – 6　一个周期信号 $x(t)$ 的功率密度谱

因为周期信号中的功率仅存在于离散的频率值上（即 $F = 0$，$\pm F_0$，$\pm 2F_0$，$\cdots$），所以我们就说该信号具有线谱。位于两个连续的谱线之间的间隔等于基本周期 T_p 的倒数，然而频谱的形状（即信号的功率分布）取决于信号的时域特性。

正如本章 2.1.2 节所示，傅里叶级数的系数 $\{c_k\}$ 是复数值，也就是说，它们可以表示为

$$c_k = |c_k| e^{j\theta_k}$$

其中，

$$\theta_k = \arg c_k$$

我们可以画出以频率为函数的幅度电压谱 $\{|c_k|\}$ 和相位谱 $\{\theta_k\}$ 来取代功率密度谱。显然，周期信号的功率谱密度是幅度谱的平方。在功率谱密度中，相位信息完全遭到了破坏（或者没有出现）。

如果周期信号是实数值，那么傅里叶级数的系数 $\{c_k\}$ 满足条件

$$c_{-k} = c_k^*$$

因此，$|c_k|^2 = |c_k^*|^2$。所以，功率谱是频率的一个对称函数。这个条件也意味着幅度谱是原点对称的（偶对称），而相位谱是一个奇函数。由于对称，仅定义一个实周期信号正频率的频谱就足够了。此外，总平均功率可以表示为

$$P_x = c_0^2 + 2\sum_{k=1}^{\infty} |c_k|^2 = a_0^2 + \frac{1}{2}\sum_{k=1}^{\infty}(a_k^2 + b_k^2) \tag{2-17}$$

这直接来自于本章 2.1.2 节中给出的傅里叶级数表达式中的系数 $\{a_k\}$、$\{b_k\}$ 和 $\{c_k\}$ 的关系式。

【例 2-1】求如图 2-7 所示的时间连续的周期矩形脉冲串的傅里叶级数和功率密度谱。

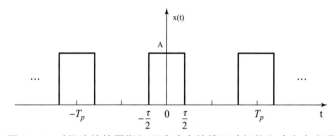

图 2-7　时间连续的周期矩形脉冲串的傅里叶级数和功率密度谱

解：该信号是周期信号，基本周期是 T_p，并且显然满足狄利克里条件。因此，我们将该信号表示成由式（2-11）给出的傅里叶级数，而傅里叶系数则由式（2-12）求得。

既然 $x(t)$ 是一个偶信号 [即 $x(t) = x(-t)$]，那么积分区间选择为从 $-\dfrac{T_p}{2}$ 到 $\dfrac{T_p}{2}$ 是方便的。当 $k = 0$ 时，由式（2-12）可得

$$c_0 = \frac{1}{T_p}\int_{-\frac{T_p}{2}}^{\frac{T_p}{2}} x(t)\,\mathrm{d}t = \frac{1}{T_p}\int_{-\frac{T_p}{2}}^{\frac{T_p}{2}} A\,\mathrm{d}t = \frac{A\tau}{T_p} \tag{2-18}$$

其中，c_0 表示信号 $x(t)$ 的平均值（dc 成分）。当 $k \neq 0$ 时，可得

$$c_k = \frac{1}{T_p} \int_{-\frac{\tau}{2}}^{\frac{\tau}{2}} A e^{-j2\pi kF_0 t} \, dt = \frac{A}{T_p} \left[\frac{e^{-j2\pi kF_0 t}}{-j2\pi kF_0} \right]_{-\frac{\tau}{2}}^{\frac{\tau}{2}} = \frac{A}{\pi F_0 kT_p} \frac{e^{j\pi kF_0 \tau} - e^{-j\pi kF_0 \tau}}{j2} = \frac{A\tau}{T_p} \frac{\sin \pi kF_0 \tau}{\pi kF_0 \tau},$$

$$k = \pm 1, \pm 2, \cdots \tag{2-19}$$

有趣的是，式（2-19）的右边具有 $(\sin\phi)/\phi$ 的形式，其中 $\phi = \pi kF_0 \tau$。因为 F_0 和 τ 都是固定的，而指数 k 是变化的，所以这种情况下取离散值。然而，如果我们画出在范围 $-\infty < \phi < \infty$ 内以 ϕ 为连续参数的 $(\sin\phi)/\phi$ 的函数图，那么我们得到的图如图 2-8 所示。我们看到，当 $\phi \to \pm\infty$ 时，这个函数衰减为 0；在 $\phi = 0$ 处，这个函数具有最大值 1；在 π 的整数倍处（即 $\phi = m\pi$，$m = \pm 1$，± 2，$\cdots$），这个函数为 0。显然，由式（2-19）给出的傅里叶级数系数是函数 $(\sin\phi)/\phi$ 在 $\phi = \pi kF_0 \tau$ 处的采样值，而且幅度乘上了比例因子 $\frac{A\tau}{T_p}$。

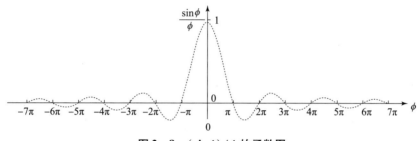

图 2-8 $(\sin\phi)/\phi$ 的函数图

因为周期函数 $x(t)$ 是偶函数，所以傅里叶系数 c_k 是实数。因此，相位谱只有两个值，当 c_k 是正数时，相位谱是 0；而当 c_k 是负数时，相位谱是 π。我们一般不把幅度谱和相位谱画成单独的两个图，而是只在单幅图上画出 $\{c_k\}$，将 c_k 的正值和负值在图上表示出来。当傅里叶系数 $\{c_k\}$ 是实数时，通常是实际中常用的做法。

图 2-9 显示了当 T_p 为固定值而脉冲宽度 τ 允许变化时矩形脉冲串的傅里叶系数。图 2-9 显示的是在 $T_p = 0.25\text{s}$ 的情况下，$F_0 = \frac{1}{T_p} = 4\text{Hz}$，而 $\tau = 0.05T_p$、$\tau = 0.1T_p$ 和 $\tau = 0.2T_p$ 时的情况。我们看到，保持 T_p 固定而减少 τ 的结果，是将信号的功率扩展到整个频域上。相邻两个谱线间的间隔是 $F_0 = 4\text{Hz}$，与脉冲宽度 τ 的值没有关系。

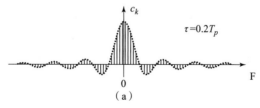

（a）

图 2-9 当 T_p 固定而脉冲宽度 τ 变化时，矩形脉冲串的傅里叶系数

（a）$\tau = 0.2T_p$ 时

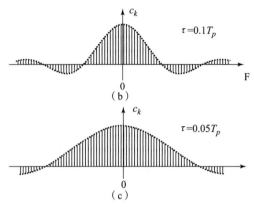

图 2 – 9 当 T_p 固定而脉冲宽度 τ 变化时，矩形脉冲串的傅里叶系数（续）

（b）$\tau = 0.1T_p$ 时；（c）$\tau = 0.05T_p$ 时

另一方面，当 $T_p > \tau$ 时保持固定的 τ 值而改变 T_p 的值是有益的。图 2 – 10 表明了当 $T_p = 5\tau$、$T_p = 10\tau$ 和 $T_p = 20\tau$ 时的情况。在这个例子中，相邻两个谱线间的间隔是随着 T_p 的增加而减少的。由于 T_p 是式（2 – 17）的除数的因子，当极限 $T_p \to \infty$ 存在时，傅里叶系数逼近 0。这种行为与如下的事实一致：当 $T_p \to \infty$ 而且 τ 保持固定时，得到的结果不再是功率信号，取而代之的是这个信号成为能量信号，它的平均功率为 0。无限能量信号的频谱将在下一节中描述。

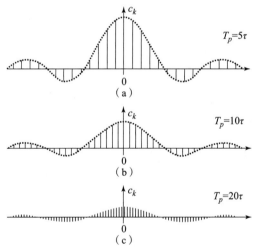

图 2 – 10 当脉冲宽度 τ 固定而 T_p 变化时，矩形脉冲串的傅里叶系数

（a）$T_p = 5\tau$ 时；（b）$T_p = 10\tau$ 时；（c）$T_p = 20\tau$ 时

我们还注意到，如果 $k \neq 0$ 并且 $\sin(\pi kF_0\tau) = 0$ 时，有 $c_k = 0$。具有零功率的谐波出现在频率为 kF_0 的地方，从而有 $\pi(kF_0)\tau = m\pi, m = \pm 1, \pm 2, \cdots$，或在 $kF_0 = \dfrac{m}{\tau}$ 处。例如，如果 $F_0 = 4$ Hz 而 $\tau = 0.2T_p$，则可得出在 ± 20 Hz，± 40 Hz，$\cdots$ 处的频谱成分具有零功率。这些频率与傅里叶系数 $c_k, k = \pm 5, \pm 10, \pm 15 \cdots$ 对应。另一方面，如果 $\tau = 0.1T_p$，那么具有零

功率的频谱成分是 $k = \pm 10$，± 20，± 30，$\cdots$。

矩形脉冲串的功率密度谱为

$$|c_k|^2 = \begin{cases} \left(\dfrac{A\tau}{T_p}\right)^2, & k = 0 \\[4mm] \left(\dfrac{A\tau}{T_p}\right)^2 \left(\dfrac{\sin\pi k F_0 \tau}{\pi k F_0 \tau}\right)^2, & k = \pm 1，\pm 2，\cdots \end{cases} \tag{2-20}$$

2.1.4　连续时间非周期信号的傅里叶变换

在本章 2.1.2 节中我们推导了傅里叶级数，将一个周期信号表示为谐波相关的复指数信号的线性组合。由于周期性，我们看到这些信号的线谱拥有等距离的线。相邻线的间隔等于基频，换言之，它是信号基本周期的倒数。如图 2-11 所示，我们可以将基本周期视为每单位频率的线数的表示（线密度）。

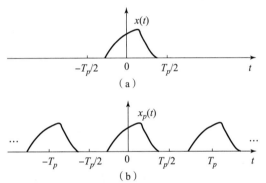

图 2-11　非周期信号 $x(t)$ 和以周期 T_p 重复 $x(t)$ 构造的周期信号 $x_p(t)$

(a) 非周期信号 $x(t)$；(b) 构造的周期信号 $x_p(t)$

使用这种解释方法时，很显然，如果我们允许周期无限制地增大，那么线间隔趋于 0。在极限中，当周期变为无限大时，信号则变为非周期信号，而且它的频谱则变为连续的。这样的论证暗示：一个非周期信号的频谱将会是以某个周期 T_p 重复该非周期信号而得到的相应周期信号的线谱的包络。

让我们考虑一个如图 2-11（a）所示的、具有无限时长的非周期信号 $x(t)$。由这个非周期信号，生成一个具有周期 T_p 的周期信号 $x_p(t)$，如图 2-11（b）所示。显然，在极限 $T_p \to \infty$ 处，$x_p(t) = x(t)$，即

$$x(t) = \lim_{T_p \to \infty} x_p(t)$$

这个解释意味着，通过简单地取极限 $T_p \to \infty$，我们应该能够从 $x_p(t)$ 的频谱中获得 $x(t)$ 的频谱。

我们由 $x_p(t)$ 的傅里叶级数表示式入手，

$$x_p(t) = \sum_{k=-\infty}^{\infty} c_k \mathrm{e}^{\mathrm{j}2\pi k F_0 t}，F_0 = \frac{1}{T_p} \tag{2-21}$$

其中，

$$c_k = \frac{1}{T_p} \int_{-\frac{T_p}{2}}^{\frac{T_p}{2}} x_p(t) e^{-j2\pi kF_0 t} \, dt \qquad (2-22)$$

因为对于 $\frac{-T_p}{2} \leqslant t \leqslant \frac{T_p}{2}$，$x_p(t) = x(t)$，所以式（2-22）可表示为

$$c_k = \frac{1}{T_p} \int_{-\frac{T_p}{2}}^{\frac{T_p}{2}} x(t) e^{-j2\pi kF_0 t} \, dt \qquad (2-23)$$

对于 $|t| > \frac{T_p}{2}$，$x(t) = 0$ 是正确的。因此，式（2-23）中积分的极限可以替换为从 $-\infty$ 到 ∞。即

$$c_k = \frac{1}{T_p} \int_{-\infty}^{\infty} x(t) e^{-j2\pi kF_0 t} \, dt \qquad (2-24)$$

让我们现在来定义被称为 $x(t)$ 的傅里叶变换的函数 $X(F)$：

$$X(F) = \int_{-\infty}^{\infty} x(t) e^{-j2\pi Ft} \, dt \qquad (2-25)$$

式中，$X(F)$ 是连续变量 F 的函数，它不依赖于 T_p 或 F_0。然而，如果我们将式（2-24）和式（2-25）进行比较，那么傅里叶系数 c_k 显然可以用 $X(F)$ 来表示，即

$$c_k = \frac{1}{T_p} X(kF_0)$$

或等价为

$$T_p c_k = X(kF_0) = X\left(\frac{k}{T_p}\right) \qquad (2-26)$$

这样，傅里叶系数就是 $X(F)$ 在 F_0 的整数倍处的采样，并乘上因子 F_0（乘以 $\frac{1}{T_p}$）。将来自式（2-26）的 c_k 代入式（2-21），得

$$x_p(t) = \frac{1}{T_p} \sum_{k=-\infty}^{\infty} X\left(\frac{k}{T_p}\right) e^{j2\pi kF_0 t} \qquad (2-27)$$

当 T_p 趋于无限时，我们希望得到式（2-27）的极限。首先，我们定义 $\Delta F = \frac{1}{T_p}$。这样替代后，式（2-27）成为

$$x_p(t) = \sum_{k=-\infty}^{\infty} X(k\Delta F) e^{j2\pi k\Delta Ft} \Delta F \qquad (2-28)$$

显然，在 T_p 趋于无限的极限中，$x_p(t)$ 还原为 $x(t)$，ΔF 也成为微分 dF，而 $k\Delta F$ 也成为连续频率变量 F。从而，式（2-28）的求和成为在频率变量 ΔF 上的积分。因此，

$$\lim_{T_p \to \infty} x_p(t) = x(t) = \lim_{\Delta F \to 0} \sum_{k=-\infty}^{\infty} X(k\Delta F) e^{-j2\pi k\Delta Ft} \Delta F \qquad (2-29)$$

$$x(t) = \int_{-\infty}^{\infty} X(F) e^{j2\pi Ft} \, dF$$

当 $X(F)$ 已知时，这个积分关系得到的结果是 $x(t)$，并且它被称为傅里叶逆变换。

这就结束了我们对由式（2-25）和式（2-29）给出的、针对一个非周期信号 $x(t)$ 的傅里叶变换对的启发式的推导。尽管这不是数学上的严谨推导，但它却相对直观地论证得到了所期待的傅里叶变换关系。总之，连续时间非周期信号的傅里叶分析涉及以下的傅里叶变换对，如表 2-3 所示。

表 2 - 3　连续时间非周期信号的傅里叶分析

合成等式（逆变换）	$x(t) = \int_{-\infty}^{\infty} X(F) e^{j2\pi Ft} dF$	式（2 - 30）
分析等式（正变换）	$X(F) = \int_{-\infty}^{\infty} x(t) e^{-j2\pi Ft} dt$	式（2 - 31）

显然，傅里叶级数和傅里叶变换之间的本质差别是：傅里叶变换的频谱是连续的。因此，一个非周期信号的合成是通过积分完成的，而不是通过求和。

最后，我们要指出，式（2 - 30）和式（2 - 31）中的傅里叶变换对可以用弧度频率变量 $\Omega = 2\pi F$ 来表示。因为 $dF = \dfrac{d\Omega}{2\pi}$，所以式（2 - 30）和式（2 - 31）成为

$$x(t) = \frac{1}{2\pi} \int_{-\infty}^{\infty} X(\Omega) e^{j\Omega t} d\Omega \qquad (2 - 32)$$

$$X(\Omega) = \int_{-\infty}^{\infty} x(t) e^{-j\Omega t} dt \qquad (2 - 33)$$

同样，保证傅里叶变换存在的条件集依旧是狄利克里条件，这里可以表示为：

（1）信号 $x(t)$ 具有有限个有限的不连续点。

（2）信号 $x(t)$ 具有有限个最大值和最小值。

（3）信号 $x(t)$ 是绝对可积的，即

$$\int_{-\infty}^{\infty} |x(t)| dt < \infty \qquad (2 - 34)$$

由式（2 - 31）给出的傅里叶变换的定义，很容易得出第 3 个条件。实际上，

$$|X(F)| = \left| \int_{-\infty}^{\infty} x(t) e^{-j2\pi Ft} dt \right| < \int_{-\infty}^{\infty} |x(t)| dt$$

因此，如果满足式（2 - 34），则存在 $|X(F)| < \infty$。

傅里叶变换存在的一个较弱的约束条件是：$x(t)$ 具有有限能量，即

$$\int_{-\infty}^{\infty} |x(t)|^2 dt < \infty \qquad (2 - 35)$$

注意，如果一个信号 $x(t)$ 是绝对可积的，那么它也将具有有限能量。也就是说，如果

$$\int_{-\infty}^{\infty} |x(t)| dt < \infty$$

则有

$$E_x = \int_{-\infty}^{\infty} |x(t)|^2 dt < \infty \qquad (2 - 36)$$

然而，反过来不成立。也就是说，信号也许具有有限能量，但不是绝对可积的。例如，信号

$$x(t) = \frac{\sin 2\pi F_0 t}{\pi t} \qquad (2 - 37)$$

是平方可积的，但不是绝对可积的。该信号的傅里叶变换是

$$X(F) = \begin{cases} 1, & |F| \leqslant F_0 \\ 0, & |F| > F_0 \end{cases} \qquad (2 - 38)$$

既然该信号违反了式（2 - 34），那么，显然狄利克里条件是傅里叶变换存在的充分条件，但不是必要条件。在任何情况下，几乎所有的有限能量信号都存在傅里叶变换，所以我们不

需要担心在实际中很少遇到的病态信号。

2.1.5 非周期信号的能量密度谱

设 $x(t)$ 是任意能量有限信号，其傅里叶变换是 $X(F)$，则它的能量是

$$E_x = \int_{-\infty}^{\infty} |x(t)|^2 dt$$

上式也可以转化成用 $X(F)$ 表示，如下所示：

$$E_x = \int_{-\infty}^{\infty} x(t)x^*(t) dt = \int_{-\infty}^{\infty} x(t) dt \left[\int_{-\infty}^{\infty} X^*(F) e^{-j2\pi Ft} dF \right]$$

$$= \int_{-\infty}^{\infty} X^*(F) dF \left[\int_{-\infty}^{\infty} x(t) e^{-j2\pi Ft} dt \right] = \int_{-\infty}^{\infty} |X(F)|^2 dF$$

因此，我们总结为

$$E_x = \int_{-\infty}^{\infty} |x(t)|^2 dt = \int_{-\infty}^{\infty} |X(F)|^2 dF \qquad (2-39)$$

这就是非周期有限能量信号的帕塞瓦关系式，表达了时域和频域能量守恒原理。

一般而言，一个信号的频谱 $X(F)$ 是复数值，因此，它通常表示成极坐标形式：

$$X(F) = |X(F)| e^{j\Theta(F)}$$

式中：$|X(F)|$ 为幅度谱；$\Theta(F)$ 为相位谱：

$$\Theta(F) = \arg X(F)$$

另一方面，量值

$$S_{xx} = |X(F)|^2 \qquad (2-40)$$

是式（2-39）中的被积函数，作为频率的函数表示信号中的能量分布，因此，$S_{xx}(F)$ 被称为 $x(t)$ 的能量密度谱。在所有频率上对 $S_{xx}(F)$ 进行积分可得到信号中的总能量。从另外一个角度看，在频带 $F_1 \leqslant F \leqslant F_1 + \Delta F$ 上的信号 $x(t)$ 中的能量是

$$\int_{F_1}^{F_1 + \Delta F} S_{xx}(F) dF \geqslant 0$$

它意味着对于所有的 F，$S_{xx}(f) \geqslant 0$。

从式（2-40）我们看到，$S_{xx}(F)$ 不包含任何相位信息，即 $S_{xx}(F)$ 完全是非负实数。因为 $x(t)$ 的相位谱不包含在式 $S_{xx}(F)$ 中，所以在给定 $S_{xx}(F)$ 的条件下不可能重建信号。

最后，对于傅里叶级数的情况，容易证明，如果信号 $x(t)$ 是实数，则

$$|X(-F)| = |X(F)| \qquad (2-41)$$

$$\arg X(-F) = -\arg X(F) \qquad (2-42)$$

结合式（2-40）和式（2-41），得到

$$S_{xx}(-F) = S_{xx}(F) \qquad (2-43)$$

也就是说，一个实信号的能量密度谱是偶对称的。

【例2-2】

求下式定义的矩形脉冲信号的傅里叶变换和能量密度谱：

$$x(t) = \begin{cases} A, & |t| \leqslant \dfrac{\tau}{2} \\ 0, & |t| > \dfrac{\tau}{2} \end{cases} \qquad (2-44)$$

该信号如图2-12（a）所示。

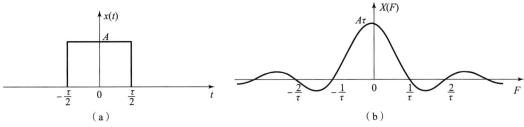

图 2 - 12 矩形脉冲信号及其傅里叶变换

（a）矩形脉冲信号；（b）傅里叶变换

解：

显然，这个信号是非周期的，而且满足狄利克里条件，因此它的傅里叶变换存在。应用式（2-29），我们发现

$$X(F) = \int_{-\frac{\tau}{2}}^{\frac{\tau}{2}} A e^{-j2\pi Ft} dt = A\tau \frac{\sin \pi Ft}{\pi Ft} \qquad (2-45)$$

我们看到，$X(F)$ 是实数，因此它可以只使用一幅图来描绘，如图2-12（b）所示。显然，$X(F)$ 具有图2-8中函数 $(\sin\varphi)/\varphi$ 的形状。因此，矩形脉冲的频谱是周期信号的线谱（傅里叶系数）的包络，而该周期信号是通过以周期 T_p 不断重复脉冲获得的，如图2-7所示。换言之，相应于周期 $x_p(t)$ 的傅里叶系数 c_k 仅是 $X(F)$ 在频率 $kF_0 = \dfrac{k}{T_p}$ 处的采样。特别指出：

$$c_k = \frac{1}{T_p} X(kF_0) = \frac{1}{T_p} X\left(\frac{k}{T_p}\right) \qquad (2-46)$$

由式（2-45）我们注意到，$X(F)$ 的过零点出现在 $\dfrac{1}{\tau}$ 的整数倍处。进而，包含了大部分信号能量的主叶的宽度等于 $\dfrac{2}{\tau}$。随着脉冲宽度 τ 的减少（增加），主叶变得更宽（更窄），而且更多的能量被移到更高（更低）的频率，如图2-13所示。则当信号脉冲在时间上扩展（压缩）时，它的变换就在频率上压缩（扩展）。在时间函数和它的频谱之间的这一行为，是一种不确定理论类型，该理论以不同的形式出现在科学和技术的各个分支中。

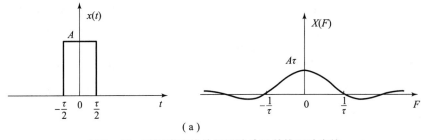

图 2 - 13 不同宽度值的矩形脉冲及其傅里叶变换

（a）$\tau = 0.1T_p$

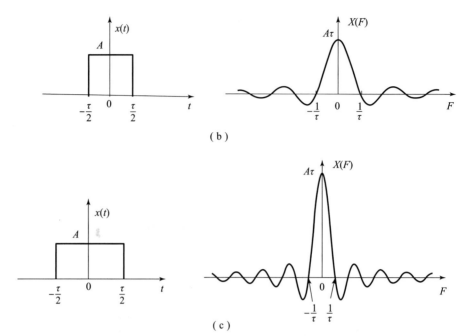

图 2 – 13 不同宽度值的矩形脉冲及其傅里叶变换（续）

（b）$\tau = 0.15T_p$；（c）$\tau = 0.2T_p$

最后，周期脉冲的能量密度谱是

$$S_{xx}(F) = (A\tau)^2 \left(\frac{\sin \pi Ft}{\pi Ft} \right)^2 \qquad (2 - 47)$$

2.2 离散时间信号的频率分析

在本章 2.1 节中，我们针对连续时间周期（功率）信号推导了傅里叶级数表示，并针对有限能量非周期信号推导了傅里叶变换。本节针对离散时间信号继续进行推导。

正如我们从本章 2.1 节的讨论中看到的那样，连续时间周期信号的傅里叶级数表示能够由无限个频率分量组成，其中两个连续的谐波相关的频率之间的频率间隔是 $\frac{1}{T_p}$，T_p 是基本周期。因为连续时间信号的频率范围是从 $-\infty$ 到 ∞，所以信号有可能包含无穷的频率分量。相反，离散时间信号的频率范围仅是在区间（$-\pi$，π）或（0，2π）上，基本周期为 N 的离散时间信号可以由被 $\frac{2\pi}{N}$ 弧度或者 $f = \frac{1}{N}$ 周期分离的频率分量组成。因此，离散时间信号的傅里叶级数表示将包含最多 N 个频率成分。这是连续时间周期信号和离散时间周期信号的傅里叶级数表示的基本区别。

2.2.1 离散时间周期信号的傅里叶级数

给定一个周期为 N 的周期序列 $x(n)$，即：对于所有 n，存在 $x(n) = x(n + N)$。$x(n)$ 的傅里叶级数由 N 个谐波相关的指数函数组成，并可表示为

$$x(n) = \sum_{n=0}^{N-1} c_k e^{j2\pi kn/N} \tag{2-48}$$

式中，$\{c_k\}$ 为级数表达式中的系数。

为了推导傅里叶系数的表达式，使用如下公式：

$$\sum_{n=0}^{N-1} c_k e^{j2\pi kn/N} = \begin{cases} N, k = 0, \pm N, \pm 2N, \cdots \\ 0, 其他 \end{cases} \tag{2-49}$$

注意式（2-49）和相应的关于连续时间信号的式（2-4）的相似性。应用几何求和公式可直接证明式（2-50）：

$$\sum_{n=0}^{N-1} a^n = \begin{cases} N, a = 1 \\ \dfrac{1-a^N}{1-a}, a \neq 1 \end{cases} \tag{2-50}$$

傅里叶系数 c_k 的表达式可通过在式（2-48）两边乘上指数 $e^{-j2\pi ln/N}$，然后从 $n=0$ 到 $n=N-1$ 求乘积之和获得，因此，

$$\sum_{n=0}^{N-1} x(n) e^{-j2\pi ln/N} = \sum_{n=0}^{N-1} \sum_{k=0}^{N-1} c_k e^{j2\pi(k-l)n/N} \tag{2-51}$$

如果先对 n 求和，在式（2-51）右边得到

$$\sum_{n=0}^{N-1} e^{j2\pi(k-l)n/N} \begin{cases} N, k-l = 0, \pm N, \pm 2N, \cdots \\ 0, 其他 \end{cases} \tag{2-52}$$

其中使用了式（2-49），因此，式（2-51）的右边简化为 $N c_l$，而且因为

$$c_l = \frac{1}{N} \sum_{n=0}^{N-1} x(n) e^{-j2\pi ln/N}, l = 0, 1, \cdots, N-1 \tag{2-53}$$

这样我们就得到了所期待的、用信号 $x(n)$ 表示的傅里叶系数的表达式。

用于离散时间周期信号的傅里叶分析的关系式（2-48）和式（2-53）总结如表 2-4 所示。

表 2-4　离散时间周期信号的傅里叶分析

合成等式	$x(n) = \displaystyle\sum_{k=0}^{N-1} c_k e^{j2\pi kn/N}$	式（2-54）
分析等式	$c_k = \dfrac{1}{N} \displaystyle\sum_{n=0}^{N-1} x(n) e^{-j2\pi kn/N}, k = 0, 1, 2, \cdots, N-1$	式（2-55）

式（2-54）通常被称为离散时间傅里叶级数（DTFS）。傅里叶系数 $\{c_k\}$，$k = 0, 1, \cdots, N-1$ 使 $x(n)$ 在频域中得到描述，这是因为 c_k 从幅度和相位的意义上来说与以下频率成分相关，即

$$s_k(n) = e^{j2\pi kn/N} = e^{j\omega_k n}$$

式中，$\omega_k = 2\pi k/N$。

由于函数 $s_k(n)$ 是周期为 N 的周期函数，因此 $s_k(n) = s_k(n+N)$。由于这种周期性，当从范围 $k = 0, 1, \cdots, N-1$ 之外来看时，可得出的傅里叶系数 c_k 也应该满足周期性条件。由于每个 k 值都成立的式（2-55），确实可以得到

$$c_{k+N} = \frac{1}{N} \sum_{n=0}^{N-1} x(n) e^{-j2\pi(k+N)n/N} = \frac{1}{N} \sum_{n=0}^{N-1} x(n) e^{-j2\pi kn/N} = c_k \tag{2-56}$$

因此，当扩展到范围 $k = 0, 1, \cdots, N-1$ 以外时，傅里叶系数 $\{c_k\}$ 形成了一个周期序列。

所以

$$c_{k+N} = c_k$$

也就是说，$\{c_k\}$ 是具有基本周期 N 的周期序列。从而，一个具有周期 N 的周期信号 $x(n)$ 的频谱是一个具有周期 N 的周期序列。因此，在该信号上或信号频谱上的任何 N 个连续采样即提供了在时域上或频域上对该信号的完全描述。

虽然傅里叶系数形成了周期序列，但是我们将会将研究范围集中在 $k = 0, 1, \cdots, N-1$ 的单个周期上，这是因为对于 $0 \leqslant k \leqslant N-1$，等于覆盖了频域上的基本范围 $0 \leqslant \omega_k = 2\pi k/N < 2\pi$。相反的是，如果将频率范围定为 $-\pi < \omega_k = 2\pi k/N \leqslant \pi$，那么对应 k 的范围为 $-N/2 < k \leqslant N/2$，而当 N 是奇数时，这会造成计算和分析上的不便。显然，如果我们使用的采样率为 F_s，范围 $0 \leqslant k \leqslant N-1$ 就与频率范围 $0 \leqslant F \leqslant F_s$ 相对应。

【例 2 - 3】

求以下信号的频谱：

（1）$x(n) = \cos\sqrt{2}\pi n$

（2）$x(n) = \cos\pi n/3$

（3）$x(n)$ 是周期为 $N = 4$ 的周期信号，$x(n) = \{1, 1, 0, 0\}$

解：

（1）对于 $\omega_0 = \sqrt{2}\pi$，可得 $f_0 = 1/\sqrt{2}$。因为 f_0 不是有理数，所以信号不是周期的。因此，这个信号不能展开成傅里叶级数，但信号是具有频谱的。它的频谱内容由在 $\omega = \omega_0 = \sqrt{2}\pi$ 处的信号频率成分组成。

（2）在这种情况下，$f_0 = \dfrac{1}{6}$，因此 $x(n)$ 是具有基本周期 $N = 6$ 的周期信号。由式（2 - 55）可得

$$c_k = \frac{1}{6}\sum_{n=0}^{5} x(n) e^{-j2\pi kn/6}, k = 0, 1, \cdots, 5$$

而 $x(n)$ 可以表示为

$$x(n) = \cos\frac{2\pi n}{6} = \frac{1}{2}e^{j2\pi n/6} + \frac{1}{2}e^{-j2\pi n/6}$$

这已经具有式（2 - 54）中的指数傅里叶级数的形式了。和式（2 - 54）中 $x(n)$ 的两个指数项比较，显然 $c_1 = 1/2$，而第二个指数和式（2 - 54）中的 $k = -1$ 对应，然而，这一项也可以写为

$$e^{-j2\pi n/6} = e^{-j2\pi(5-6)n/6} = e^{-j2\pi(5n)/6}$$

这意味着 $c_{-1} = c_5$，但这与式（2 - 56）是一致的，并且与我们之前的观察所得也是一致的，即傅里叶级数系数形成周期为 N 的周期序列，因此有

$$\begin{cases} c_0 = c_2 = c_3 = c_4 = 0 \\ c_1 = \dfrac{1}{2}, c_5 = \dfrac{1}{2} \end{cases}$$

（3）由式（2 - 55）可得

$$c_k = \frac{1}{4}\sum_{n=0}^{3} x(n) e^{-j2\pi kn/4}, k = 0, 1, 2, 3$$

或者

$$c_k = \frac{1}{4}\sum_{n=0}^{3}(1 + \mathrm{e}^{-\mathrm{j}\pi k/2}),k = 0,1,2,3$$

对于 $k = 0,1,2,3$，可得

$$c_0 = \frac{1}{2},c_1 = \frac{1}{4}(1 - j),c_2 = 0,c_3 = \frac{1}{4}(1 + j)$$

因此信号的幅度谱和相位谱分别是

$$|c_0| = \frac{1}{2},|c_1| = \frac{\sqrt{2}}{4},|c_2| = 0,|c_3| = \frac{\sqrt{2}}{4}$$

$$\arg c_0 = 0,\arg c_1 = -\frac{\pi}{4},\arg c_2 = \text{未定义},\arg c_3 = \frac{\pi}{4}$$

图 2－14 显示了例 2－3 中信号（2）和信号（3）中的频谱内容，其中图 2－14（a）表示了信号（2）的频谱，图 2－14（b）和（c）分别表示了信号（3）的幅度谱和相位谱。

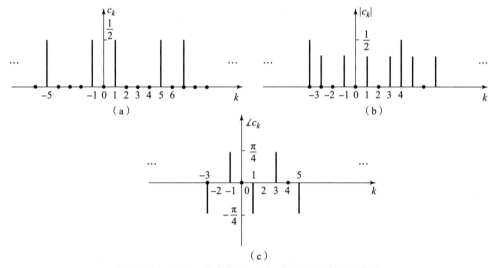

图 2－14　例 2－3 中信号（2）和（3）的频谱内容
（a）信号（2）的频谱；（b）信号（3）的幅度谱；（c）信号（3）的相位谱

2.2.2　周期信号的功率密度谱

周期为 N 的离散时间周期信号的平均功率定义如下：

$$P_x = \frac{1}{N}\sum_{n=0}^{N-1}|x(n)|^2 \tag{2-57}$$

下面推导用傅里叶系数 $\{c_k\}$ 表示的 P_x 表达式。

如果在式（2－57）中使用关系式（2－54），那么可得

$$P_x = \frac{1}{N}\sum_{n=0}^{N-1}x(n)x^*(n) = \frac{1}{N}\sum_{n=0}^{N-1}x(n)\left(\sum_{k=0}^{N-1}c_k^*\mathrm{e}^{-\mathrm{j}2\pi kn/N}\right)$$

交换两个求和的顺序，并利用式（2－53），可得

$$P_x = \sum_{k=0}^{N-1}c_k^*\left[\frac{1}{N}\sum_{n=0}^{N-1}x(n)\mathrm{e}^{-\mathrm{j}2\pi kn/N}\right] = \sum_{n=0}^{N-1}|c_k|^2 = \frac{1}{N}\sum_{n=0}^{N-1}|x(n)|^2 \tag{2-58}$$

这就是所期待的周期信号的平均功率表达式，也就是说，信号的平均功率是信号各个频率分量的功率之和。我们将式（2-58）视为离散周期信号的帕塞瓦关系式。对于 $k = 0,1,\cdots,N-1$，序列 $|c_k|^2$ 是频率函数的功率分布，被称为周期信号的功率密度谱。

如果我们对在单个周期上的序列 $x(n)$ 的能量感兴趣，那么式（2-58）就意味着

$$E_N = \sum_{n=0}^{N-1} |x(n)|^2 = N \sum_{k=0}^{N-1} |c_k|^2 \qquad (2-59)$$

这和我们之前得到的连续时间周期信号的结果是一致的。如果信号 $x(n)$ 是实信号〔即 $x^*(n) = x(n)$〕，那么正如在2.2.1节中所展开的，可得

$$c_k^* = c_{-k} \qquad (2-60)$$

或等价为

$$|c_{-k}| = |c_k|，偶对称 \qquad (2-61)$$

$$-\arg(c_{-k}) = \arg(c_k)，奇对称 \qquad (2-62)$$

周期信号幅度谱和相位谱的这些对称特性，和其周期特性一样，对离散时域信号的频域有着非常重要的影响。

实际上，联合式（2-56）、式（2-61）和式（2-62），可得

$$|c_k| = |c_{N-k}| \qquad (2-63)$$

和

$$\arg(c_k) = -\arg(c_{N-k}) \qquad (2-64)$$

更具体的，可得

$$|c_0| = |c_N|，\arg(c_0) = -\arg(c_N) = 0$$
$$|c_1| = |c_{N-1}|，\arg(c_1) = -\arg(c_{N-1})$$
$$|c_{N/2}| = |c_{N/2}|，\arg(c_{N/2}) = 0，N 为偶数$$
$$|c_{(N-1)/2}| = |c_{(N+1)/2}|，\arg(c_{(N-1)/2}) = -\arg(c_{(N+1)/2})，N 为奇数 \qquad (2-65)$$

这样，对于一个实信号：当 N 是偶数时，$k = 0,1,\cdots,N/2$；当 N 是奇数时，$k = 0,1,\cdots,(N-1)/2$，频谱 c_k 就完全描述了信号在频域上的情况。显然，这和离散时间信号所表示的最高相关频率等于 π 的事实是一致的。实际上，如果 $0 \leqslant \omega_k = 2\pi k/N \leqslant \pi$，那么 $0 \leqslant k \leqslant N/2$。

利用一个实信号的傅里叶级数系数的对称特性，式（2-52）中的傅里叶级数也可以表示为如下的替换形式：

$$x(n) = c_0 + 2 \sum_{k=1}^{L} |c_k| \cos\left(\frac{2\pi}{N}kn + \theta_k\right) \qquad (2-66)$$

$$= a_0 + \sum_{k=1}^{L} \left(a_k \cos\frac{2\pi}{N}kn - b_k \sin\frac{2\pi}{N}kn\right) \qquad (2-67)$$

式中，$a_0 = c_0, a_k = 2|c_k|\cos\theta_k, b_k = 2|c_k|\sin\theta_k$。如果 N 是偶数，那么 $L = N/2$；如果 N 是奇数，那 $L = (N-1)/2$。

最后，我们注意到，在连续时间信号的情况下功率密度谱 $|c_k|^2$ 不包含任何相位信息。进而可得：功率密度谱是周期离散的，它的周期和信号本身的基本周期相等。

【例2-4】

求如图2-15所示的离散时间周期方波信号的傅里叶级数系数和功率密度谱。

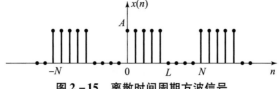

图2-15 离散时间周期方波信号

解：

将分析等式（2-53）应用于如图2-15所示的信号，可得

$$c_k = \frac{1}{N} \sum_{n=0}^{N-1} x(n) \mathrm{e}^{-\mathrm{j}2\pi kn/N} = \frac{1}{N} \sum_{n=0}^{L-1} A\mathrm{e}^{-\mathrm{j}2\pi kn/N}, k = 0,1,\cdots,N-1$$

它是一个几何求和。现在使用式（2-48）来简化上述求和，这样可得

$$c_k = \frac{A}{N} \sum_{n=0}^{L-1} \left(\mathrm{e}^{-\mathrm{j}2\pi k/N}\right)^n = \begin{cases} \dfrac{AL}{N}, & k = 0 \\[3mm] \dfrac{A}{N} \dfrac{1 - \mathrm{e}^{-\mathrm{j}2\pi kL/N}}{1 - \mathrm{e}^{-\mathrm{j}2\pi k/N}}, & k = 1,2,\cdots,N-1 \end{cases}$$

最后的表达式可以进一步简化，如果注意到

$$\frac{1 - \mathrm{e}^{-\mathrm{j}2\pi kL/N}}{1 - \mathrm{e}^{-\mathrm{j}2\pi k/N}} = \frac{\mathrm{e}^{-\mathrm{j}\pi kL/N}}{\mathrm{e}^{-\mathrm{j}\pi k/N}} \frac{\mathrm{e}^{\mathrm{j}\pi kL/N} - \mathrm{e}^{-\mathrm{j}\pi kL/N}}{\mathrm{e}^{\mathrm{j}\pi k/N} - \mathrm{e}^{-\mathrm{j}\pi k/N}} = \mathrm{e}^{-\mathrm{j}\pi k(L-1)/N} \frac{\sin(\pi kL/N)}{\sin(\pi k/N)}$$

那么有

$$c_k = \begin{cases} \dfrac{AL}{N}, & k = 0, +N, \pm 2N, \cdots \\[3mm] \dfrac{A}{N} \mathrm{e}^{-\mathrm{j}\pi k(L-1)/N} \dfrac{\sin(\pi kL/N)}{\sin(\pi k/N)}, & \text{其他} \end{cases} \qquad (2-68)$$

则该周期信号的功率密度谱是

$$|c_k|^2 = \begin{cases} \left(\dfrac{AL}{N}\right)^2, & k = 0, +N, \pm 2N, \cdots \\[3mm] \left(\dfrac{AL}{N}\right)^2 \left(\dfrac{\sin \pi kL/N}{\sin \pi k/N}\right)^2, & \text{其他} \end{cases} \qquad (2-69)$$

图2-16显示了当 $L = 2$，$N = 10$ 和40且 $A = 1$ 时 $|c_k|^2$ 的图形。

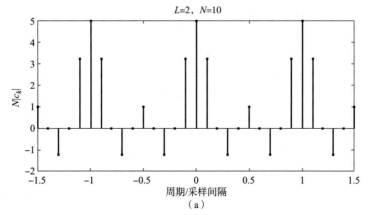

图2-16 由式（2-69）得到的功率密度谱图

（a） $L = 2$，$N = 10$ 的图形

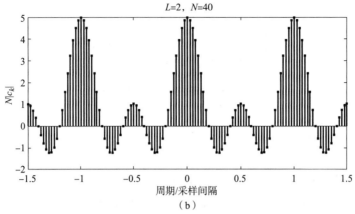

图 2 – 16　由式（2 – 69）得到的功率密度谱图（续）

（b）$L = 2$，$N = 40$ 的图形

2.2.3　离散时间非周期信号的傅里叶变换

和连续时间非周期能量信号的情况一样，离散时间非周期能量有限信号的频率分析也涉及时域信号的傅里叶变换。因此，本节是 2.1.3 节的延伸。能量有限离散时间信号 $x(n)$ 的傅里叶变换的定义如下：

$$X(\omega) = \sum_{n=-\infty}^{\infty} x(n) e^{-j\omega n} \qquad (2-70)$$

在物理上，$X(\omega)$ 表示信号 $x(n)$ 的频率内容，也就是说，$X(\omega)$ 是 $x(n)$ 的分解，由 $x(n)$ 的频率分量组成。

我们注意到，离散时间能量有限信号的傅里叶变换和连续时间能量有限信号的傅里叶变换之间有两个基本的差别：

（1）对于连续时间信号，傅里叶变换和信号频谱的频率范围是 $(-\infty, \infty)$；然而对于离散时间信号，频谱的频率范围只在频率区间 $(-\pi, \pi)$ 或者等价的 $(0, 2\pi)$ 上，这一特性可反映在信号的傅里叶变换上。实际上，$X(\omega)$ 是周期为 2π 的周期信号，即

$$X(\omega + 2\pi k) = \sum_{n=-\infty}^{\infty} x(n) e^{-j(\omega + 2\pi k)n} = \sum_{n=-\infty}^{\infty} x(n) e^{-j\omega n} e^{-j2\pi kn}$$

$$= \sum_{n=-\infty}^{\infty} x(n) e^{-j\omega n} = X(\omega) \qquad (2-71)$$

因此，$X(\omega)$ 是周期为 2π 的周期信号。而这一特性仅是一个事实的结果，这个事实是：任何离散时间信号的频率范围被限制在 $(-\pi, \pi)$ 或 $(0, 2\pi)$，而且在这个区间以外的任何频率与这个区间内的相应频率是相等的。

（2）该基本差别也是离散时间信号本质产生的结果。因为信号在时间上是离散的，所以信号的傅里叶变换对应的是各项的求和，而不是在时间连续信号情况下的积分。

因为 $X(\omega)$ 是频率变量 ω 的周期函数，所以只要满足前面所描述的傅里叶级数存在的条件，则它就具有傅里叶级数的表达式。实际上，从序列 $x(n)$ 的傅里叶变换定义式（2 – 70）可以看出，$X(\omega)$ 具有傅里叶级数的形式，该级数表达式中的傅里叶系数是序列 $x(n)$ 的值。为了证明这一点，我们从 $X(\omega)$ 来估计序列 $x(n)$ 的值。首先，在式（2 – 70）两边乘上 $e^{j\omega m}$，并且在区间 $(-\pi, \pi)$ 上求积分，得到：

$$\int_{-\pi}^{\pi} X(\omega) e^{j\omega m} d\omega = \int_{-\pi}^{\pi} \left[\sum_{n=-\infty}^{\infty} x(n) e^{-j\omega n} \right] e^{j\omega m} d\omega \qquad (2-72)$$

通过交换求和与积分的顺序可求得式（2-72）右边的积分。当 $N \to \infty$ 时，如果序列

$$X_N(\omega) = \sum_{n=-N}^{N} x(n) e^{-j\omega n}$$

一致收敛于 $X(\omega)$，那么这个交换是可行的。一致收敛的意思是：对于任意的 ω，当 $N \to \infty$ 时，都有 $X_N(\omega) \to X(\omega)$。傅里叶变换的收敛性将在后面的一节中进行更详细的讨论。目前，我们假设级数是一致收敛的，所以能够交换式（2-70）中的求和与积分的顺序，由于

$$\int_{-\pi}^{\pi} e^{j\omega(m-n)} d\omega = \begin{cases} 2\pi, & m = n \\ 0, & m \neq n \end{cases}$$

因此有

$$\sum_{n=-\infty}^{\infty} x(n) \int_{-\pi}^{\pi} e^{j\omega(m-n)} d\omega = \begin{cases} 2\pi x(m), & m = n \\ 0, & m \neq n \end{cases} \tag{2-73}$$

结合式（2-72）和式（2-73），可得到所期待的结果为

$$x(n) = \frac{1}{2\pi} \int_{-\pi}^{\pi} X(\omega) e^{j\omega n} d\omega \tag{2-74}$$

如果将式（2-74）中的积分与式（2-12）中的积分进行比较，我们将会注意到，这只是周期为 2π 的函数的周期级数表达式。式（2-12）和式（2-74）之间的惟一不同是被积函数中指数的符号，而这其实是由式（2-70）所给出的傅里叶变换定义式所造成的结果。因此，由式（2-70）定义的序列 $x(n)$ 的傅里叶变换具有傅里叶级数表达式的形式。

总之，离散时间非周期信号的傅里叶变换如表2-5所示。

表2-5 离散时间非周期信号的傅里叶变换

合成等式（逆变换）	$x(n) = \dfrac{1}{2\pi} \int_{-\pi}^{\pi} X(\omega) e^{j\omega n} d\omega$	式（2-75）
分析等式（正变换）	$X(\omega) = \displaystyle\sum_{n=-\infty}^{\infty} x(n) e^{-j\omega n}$	式（2-76）

2.2.4 傅里叶变换的收敛性

在由式（2-75）给出的逆变换的推导中，假设当 $N \to \infty$ 时，序列

$$X_N(\omega) = \sum_{n=-N}^{N} x(n) e^{-j\omega n} \tag{2-77}$$

一致收敛于在式（2-72）的积分中给出的 $X(\omega)$。一致收敛的意思是：对于任意 ω，都有

$$\lim_{N \to \infty} \{ \sup_{\omega} |X(\omega) - X_N(\omega)| \} = 0 \tag{2-78}$$

如果 $x(n)$ 是绝对可和的，那么就可以保证得到一致收敛性。实际上，如果

$$\sum_{n=-\infty}^{\infty} |x(n)| < \infty \tag{2-79}$$

那么

$$|X(\omega)| = \left| \sum_{n=-\infty}^{\infty} x(n) e^{-j\omega n} \right| \leq \sum_{n=-\infty}^{\infty} |x(n)| < \infty$$

因此，式（2-79）是离散时间信号傅里叶变换存在的充分条件。我们注意到，这是连续时间信号傅里叶变换的第三个狄利克里条件所对应的离散时间部分。由于 $\{x(n)\}$ 的本质是离散时间信号，所以狄利克里条件的前两个条件不适用。

某些序列不是绝对可和的，但是它们是平方可和的。也就是说，它们具有有限能量，即

$$E_x = \sum_{n=-\infty}^{\infty} |x(n)|^2 < \infty \qquad (2-80)$$

这是比式（2-79）约束较弱的条件。我们希望定义有限能量序列的傅里叶变换，但是必须放松一致收敛的条件。因此，对于这种序列，我们可以应用均方收敛条件：

$$\lim_{N\to\infty} \int_{-\pi}^{\pi} |X(\omega) - X_N(\omega)|^2 d\omega = 0 \qquad (2-81)$$

这样，误差 $X(\omega) - X_N(\omega)$ 的能量趋于0，但是误差 $|X(\omega) - X_N(\omega)|$ 不一定趋于0，我们就可以把有限能量信号列入存在傅里叶变换的一类信号中。

让我们考虑来自有限能量信号的一个例子，假设

$$X(\omega) = \begin{cases} 1, & |\omega| \leqslant \omega_c \\ 0, & \omega_c < |\omega| \leqslant \pi \end{cases} \qquad (2-82)$$

我们知道，$X(\omega)$ 是周期为 2π 的周期信号。因此，式（2-82）只是表示 $X(\omega)$ 的一个周期，$X(\omega)$ 的逆变换是序列

$$x(n) = \frac{1}{2\pi} \int_{-\pi}^{\pi} X(\omega) e^{j\omega n} d\omega = \frac{1}{2\pi} \int_{-\omega_c}^{\omega_c} e^{j\omega n} d\omega = \frac{\sin\omega_c n}{\pi n}, n \neq 0$$

对于 $n = 0$，可得

$$x(0) = \frac{1}{2\pi} \int_{-\omega_c}^{\omega_c} d\omega = \frac{\omega_c}{\pi}$$

因此，

$$x(n) = \begin{cases} \dfrac{\omega_c}{\pi}, & n = 0 \\ \dfrac{\omega_c}{\pi} \dfrac{\sin\omega_c n}{\omega_c n}, & n \neq 0 \end{cases} \qquad (2-83)$$

两个傅里叶变换对如图 2-17 所示。

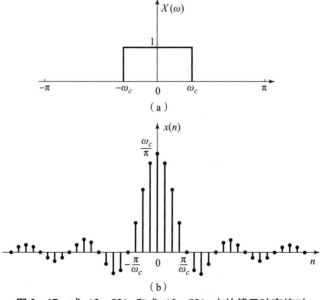

图 2-17 式（2-82）和式（2-83）中的傅里叶变换对

（a）式（2-82）表示的信号；（b）式（3-82）表示的序列

有时候，式（2 - 83）中的序列 $\{x(n)\}$ 表示为

$$x(n) = \frac{\sin\omega_c n}{\pi n}, \quad -\infty < n < \infty \tag{2-84}$$

当 $n = 0$ 时，$x(n) = \omega_c / \pi$。然而，我们应该强调，$(\sin\omega_c n)/\pi n$ 不是一个连续函数，因此 L'Hospital 准则不能用来求 $x(0)$。

现在让我们来求式（2 - 84）所对应序列的傅里叶变换。序列 $\{x(n)\}$ 不是绝对可和的，因此，对于所有的 ω，无限级数

$$X_N(\omega) = \sum_{n=-\infty}^{\infty} x(n)\mathrm{e}^{-j\omega n} = \sum_{n=-\infty}^{\infty} \frac{\sin\omega_c n}{\pi n}\mathrm{e}^{-j\omega n} \tag{2-85}$$

不是一致收敛的。然而，正如我们将在本章 2.3 节所表示的，序列 $\{x(n)\}$ 具有有限能量 $E_x = \omega_c / \pi$。因此，从均方意义上来看，式（2 - 85）中的求和被保证收敛于由式（2 - 82）给出的 $X(\omega)$。

为了详细阐述这一点，让我们考虑以下的有限求和：

$$X_N(\omega) = \sum_{n=-N}^{N} \frac{\sin\omega_c n}{\pi n}\mathrm{e}^{-j\omega n} \tag{2-86}$$

图 2 - 18 显示了不同 N 值的函数 $X_N(\omega)$。我们注意到，在 $\omega = \omega_c$ 处有一个独立于 N 值的相当大的过振荡。当 N 增加时，振荡加快，但波纹大小保持不变。可以证明，当 $N \to \infty$ 时，

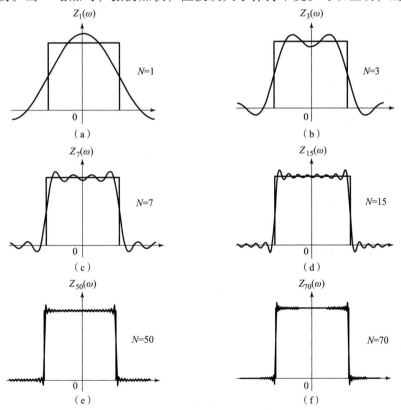

图 2 - 18　傅里叶变换收敛性的说明和不连续点处的吉布斯现象

（a）当 $N = 1$ 时的 $Z_N(\omega)$；（b）当 $N = 3$ 时的 $Z_N(\omega)$；（c）当 $N = 7$ 时的 $Z_N(\omega)$；
（d）当 $N = 15$ 时的 $Z_N(\omega)$；（e）当 $N = 50$ 时的 $Z_N(\omega)$；（f）当 $N = 70$ 时的 $Z_N(\omega)$

振荡在不连续点 $\omega = \omega_c$ 处汇聚，但是幅度并不为 0。然而，当式（2-81）满足时，$X_N(\omega)$ 在均方意义上收敛于 $X(\omega)$。

在 $X(\omega)$ 的一个不连续点处，$X_N(\omega)$ 逼近函数 $X(\omega)$ 的振荡行为被称为吉布斯（Gibbs）现象。相似的结果在对由合成表达式（2-11）给出的连续时间周期信号的傅里叶级数进行截断时也可看到。例如，将例 2-1 中的周期方波信号的傅里叶级数截断，会在有限求和逼近 $x(t)$ 中导致相同的振荡行为。

2.2.5 非周期信号的能量密度谱

我们知道，离散时间信号的能量的定义是

$$E_x = \sum_{n=-\infty}^{\infty} |x(n)|^2 \tag{2-87}$$

现在我们用谱特性 $X(\omega)$ 来表示能量 E_x，首先，有

$$E_x = \sum_{n=-\infty}^{\infty} x^*(n)x(n) = \sum_{n=-\infty}^{\infty} x(n) \left[\frac{1}{2\pi} \int_{-\pi}^{\pi} X^*(\omega) e^{-j\omega n} d\omega \right]$$

上式中交换积分与求和的顺序，可得

$$E_x = \frac{1}{2\pi} \int_{-\pi}^{\pi} X^*(\omega) \left[\sum_{-\infty}^{\infty} x(n) e^{-j\omega n} d\omega \right] = \frac{1}{2\pi} \int_{-\pi}^{\pi} |X(\omega)|^2 d\omega$$

因此，$x(n)$ 和 $X(\omega)$ 之间的能量关系是

$$E_x = \sum_{n=-\infty}^{\infty} |x(n)|^2 = \frac{1}{2\pi} \int_{-\pi}^{\pi} |X(\omega)|^2 d\omega \tag{2-88}$$

这是具有有限能量的离散时间非周期信号的帕塞瓦关系式。

一般来说，频谱 $X(\omega)$ 是频率的复值函数，它可以表示成

$$X(\omega) = |X(\omega)| e^{j\Theta(\omega)} \tag{2-89}$$

其中，

$$\Theta(\omega) = \arg X(\omega)$$

是相位谱，而 $|X(\omega)|$ 是幅度谱。

和连续时间信号一样，量

$$S_{xx}(\omega) = |X(\omega)|^2 \tag{2-90}$$

将能量分布表示成了频率的函数，被称为 $x(n)$ 的能量密度谱。显然，$S_{xx}(\omega)$ 不包含任何相位信息。

现在假设信号 $x(n)$ 是实信号，那么容易得到

$$X^*(\omega) = X(-\omega) \tag{2-91}$$

或等价为

$$|X(-\omega)| = |X(\omega)| , 偶对称 \tag{2-92}$$

和

$$\arg X(-\omega) = \arg X(\omega) , 奇对称 \tag{2-93}$$

由式（2-90），容易得到

$$S_{xx}(-\omega) = S_{xx}(\omega) , 偶对称 \tag{2-94}$$

从这些对称性我们总结得到：实离散时间信号的频率范围可以进一步限制在范围 $0 \leqslant$

$\omega \leqslant \pi$ 内（即周期的一半）。实际上，如果我们已知在范围 $0 \leqslant \omega \leqslant \pi$ 内的 $X(\omega)$，那么利用上面给出的对称性可求得范围 $-\pi \leqslant \omega \leqslant 0$ 内的 $X(\omega)$。正如我们已经看到的，相似的结果对离散时间周期信号也成立。因此，实离散时间信号的频域描述是完全由它在频率范围 $0 \leqslant \omega \leqslant \pi$ 内的频谱确定的。

通常，我们使用基本区间 $0 \leqslant \omega \leqslant \pi$，或者用赫兹表示的 $0 \leqslant F \leqslant F_s/2$。仅当具体的应用要求时我们才会画出多于半个周期的区间。

【例 2 – 5】

求并画出以下信号的能量密度谱 $S_{xx}(\omega)$：

$$x(n) = a^n u(n), \quad -1 < a < 1$$

解：

因为 $|a| < 1$，所以序列 $x(n)$ 是绝对可和的，这可通过应用几何求和公式证明，即

$$\sum_{n=-\infty}^{\infty} |x(n)| = \sum_{n=0}^{\infty} |a|^n = \frac{1}{1 - |a|} < \infty$$

因此 $x(n)$ 的傅里叶变换存在，可以通过式（2 – 76）求得，从而

$$X(\omega) = \sum_{n=0}^{\infty} a^n e^{-j\omega n} = \sum_{n=0}^{\infty} (a e^{-j\omega})^n$$

因为 $|a e^{-j\omega}| = |a| < 1$，使用几何求和公式可得到

$$X(\omega) = \frac{1}{1 - a e^{-j\omega}}$$

能量密度谱由下式给出：

$$S_{xx}(\omega) = |X(\omega)|^2 = X(\omega)X(\omega) = \frac{1}{(1 - a e^{-j\omega})(1 - a e^{-j\omega})}$$

或者其等价式 $S_{xx}(\omega) = \dfrac{1}{1 - 2a\cos\omega + a^2}$。注意，根据式（2 – 94），有 $S_{xx}(-\omega) = S_{xx}(\omega)$。

图 2 – 19 显示了信号 $x(n)$ 和当 $a = 0.5$ 以及 $a = -0.5$ 时其相应的能量密度谱。注意，当 $a = -0.5$ 时信号有更快速的变化，自然它的频谱会有更强的高频。

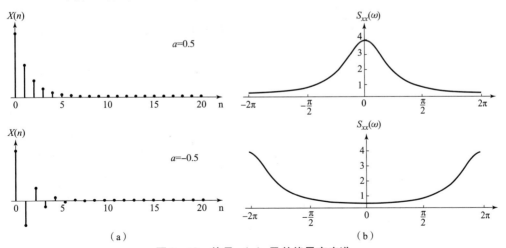

图 2 – 19　信号 $x(n)$ 及其能量密度谱

（a）序列 $x(n) = \left(\dfrac{1}{2}\right)^n u(n)$ 和 $x(n) = \left(-\dfrac{1}{2}\right)^n u(n)$；（b）能量密度谱

【例2-6】

求以下序列的傅里叶变换和能量密度谱：

$$x(n) = \begin{cases} A, 0 \leqslant n \leqslant L-1 \\ 0, \text{其他} \end{cases}$$

$$(2-95)$$

如图2-20所示。

解：

在计算傅里叶变换之前，注意到

$$\sum_{n=-\infty}^{\infty} |x(n)| = \sum_{n=0}^{L-1} |A| = L|A| < \infty$$

因此$x(n)$是绝对可和的，而且它的傅里叶变换存在。此外，注意$x(n)$是一个具有$E_x = |A|^2 L$的有限能量信号。

该信号的傅里叶变换是

$$X(\omega) = \sum_{n=0}^{L-1} A e^{-j\omega n} = A \frac{1-e^{-j\omega L}}{1-e^{-j\omega}} = A e^{-j(\omega/2)(L-1)} \frac{\sin(\omega L/2)}{\sin(\omega/2)}$$

$$(2-96)$$

当$\omega = 0$时，式（2-96）中的变换产生$X(0) = AL$，这可以容易地通过在$X(\omega)$的定义等式中设置$\omega = 0$或者在式（2-96）中使用洛必达准则解决当$\omega = 0$时的不确定式来确定。

$x(n)$的幅度谱和相位谱是

$$|X(\omega)| = \begin{cases} |A|L, \omega = 0 \\ |A| \dfrac{\sin(\omega L/2)}{\sin(\omega/2)}, \text{其他} \end{cases}$$

$$(2-97)$$

和

$$\arg X(\omega) = \arg A - \frac{\omega}{2}(L-1) + \arg \frac{\sin(\omega L/2)}{\sin(\omega/2)}$$

$$(2-98)$$

其中应该记住的是：如果量是正数，那么实值的相位是0；如果量是负数，那么实值的相位是π。

当$A = 1$且$L = 5$时，谱$|X(\omega)|$和$\arg X(\omega)$如图2-21所示。能量密度谱只是由式（2-97）给出的表达式的平方。

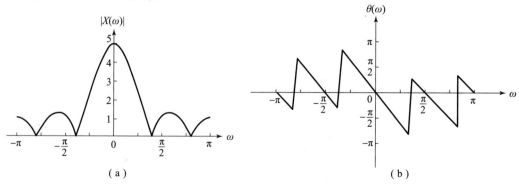

图2-21 离散时间矩阵脉冲的傅里叶变换的幅度和相位

（a）幅度；（b）相位

例 2 - 6 中的常幅度脉冲的傅里叶变换和例 2 - 6 中考虑的周期矩形波之间有一个有趣的关系。如果我们在如下等距离的（谐波相关的）频率集合上求式（2 - 96）给出的傅里叶变换：

$$\omega_k = \frac{2\pi}{N}k, k = 0, 1, \cdots, N - 1$$

那么，可得

$$X\left(\frac{2\pi}{N}k\right) = A\mathrm{e}^{-\mathrm{j}(\pi/N)k(L-1)}\frac{\sin\left[\left(\pi/N\right)kL\right]}{\sin\left[\left(\pi/N\right)k\right]} \tag{2-99}$$

如果我们将这个结果和由式（2 - 68）给出的周期矩形波的傅里叶级数系数的表达式进行比较，则会得到

$$X\left(\frac{2\pi}{N}k\right) = Nc_k, k = 0, 1, \cdots, N - 1 \tag{2-100}$$

详细而言，我们已经确定了矩形脉冲的傅里叶变换在频率 $\omega = 2\pi k/N, k = 0, 1, \cdots, N - 1$ 上的值只是在相应频率上周期矩形脉冲串的傅里叶系数 $\{c_k\}$ 的倍数，而这个矩形脉冲等同于周期矩形脉冲串的单个周期，而频率 $\omega = 2\pi k/N, k = 0, 1, \cdots, N - 1$ 与在周期信号的傅里叶级数表达式中使用的谐波相关频率成分相同。

由式（2 - 100）给出的关于矩形脉冲的傅里叶变换在频率 $\omega = 2\pi k/N, k = 0, 1, \cdots, N - 1$ 上的值和相应的周期信号的傅里叶系数的关系式，不但对这两个信号为真，而且实际上一般都是成立的。

2.2.6　傅里叶变换和 z 变换的关系

序列 $x(n)$ 的 z 变换的定义如下：

$$X(z) = \sum_{n=-\infty}^{\infty} x(n)z^{-n}, \text{收敛域}: r_2 < |z| < r_1 \tag{2-101}$$

其中 $r_2 < |z| < r_1$ 是 $X(z)$ 的收敛区间。把复变量 z 表示成极坐标的形式：

$$z = r\mathrm{e}^{\mathrm{j}\omega} \tag{2-102}$$

其中 $r = |z|$ 而且 $\omega = \arg z$。在 $X(z)$ 的收敛区间内，将 $z = r\mathrm{e}^{\mathrm{j}\omega}$ 代入式（2 - 101），得

$$X(z)\Big|_{z=r\mathrm{e}^{\mathrm{j}\omega}} = \sum_{n=-\infty}^{\infty} [x(n)r^{-n}]\mathrm{e}^{-\mathrm{j}\omega n} \tag{2-103}$$

根据式（2 - 103）我们注意到，$X(z)$ 可被解释为序列 $x(n)r^{-n}$ 的傅里叶变换。如果 $r < 1$，加权因子 r^{-n} 随着 n 增长；如果 $r > 1$，加权因子 r^{-n} 随着 n 衰减。另外，如果当 $|z| = 1$ 时 $X(z)$ 收敛，那么

$$X(z)\Big|_{z=\mathrm{e}^{\mathrm{j}\omega}} \equiv X(\omega) = \sum_{n=-\infty}^{\infty} x(n)\mathrm{e}^{-\mathrm{j}\omega n} \tag{2-104}$$

因此，傅里叶变换可以视为序列的 z 变换在单位圆上的取值。如果 $X(z)$ 在区域 $|z| = 1$ 内不收敛（即如果单位圆不包含在 $X(z)$ 的收敛区域内），那么傅里叶变换 $X(\omega)$ 不存在。图 2 - 22 说明了例 2 - 6 中矩形序列的 $X(z)$ 和 $X(\omega)$ 的关系，其中 $A = 1$ 而 $L = 10$。

我们应该注意，z 变换的存在要求序列 $\{x(n)r^{-n}\}$ 对于某些 r 值绝对可和，即

$$\sum_{n=-\infty}^{\infty} |x(n)r^{-n}| < \infty \tag{2-105}$$

因此，如果式（2 - 105）仅在 $r > r_0 > 1$ 的值上收敛，那么虽然 z 变换存在但是傅里叶变换不存在，例如当 $|a| > 1$ 时，形式为 $x(n) = a^n u(n)$ 的因果序列就是这种情况。然而，有一

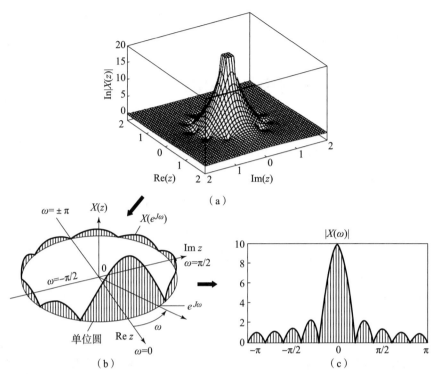

图 2 - 22　例 2 - 6 中矩形序列的 $X(z)$ 和 $X(\omega)$ 的关系，其中 $A=1$ 而 $L=10$
（a）矩形序列的 z 变换；（b）z 变换在单位圆上的取值；（c）傅里叶变换的幅度谱

些序列不满足式（2 - 105）的要求，如序列

$$x(n) = \frac{\sin\omega_c n}{\pi n}, \quad -\infty < n < \infty \qquad (2 - 106)$$

这个序列没有 z 变换，因为它具有有限能量，所以它的傅里叶变换在均方意义上收敛于不连续函数 $X(\omega)$，定义如下：

$$X(\omega) = \begin{cases} 1, |\omega| < \omega_c \\ 0, \omega_c < |\omega| \leqslant \pi \end{cases} \qquad (2 - 107)$$

总之，z 变换的存在要求对于 z 平面上的某个区域式（2 - 105）是满足的。如果这个区域包含单位圆，那么傅里叶变换 $X(\omega)$ 存在。针对有限能量信号定义的傅里叶变换的存在不一定能保证 z 变换的存在。

2.2.7　倒频谱

考虑具有 z 变换 $X(z)$ 的序列 $\{x(n)\}$。假设 $\{x(n)\}$ 是一个稳定序列，所以 $X(z)$ 在单位圆上收敛。序列 $\{x(n)\}$ 的复数倒频谱被定义为序列 $\{c_x(n)\}$，而 $\{c_x(n)\}$ 是 $C_x(z)$ 的逆 z 变换，其中，

$$C_x(z) = \ln X(z) \qquad (2 - 108)$$

如果 $C_x(z)$ 在环形区域 $r_1 < |z| < r_2$ 上收敛，那么复数倒频谱存在，其中 $0 < r_1 < 1$ 而 $r_2 > 1$。在这个收敛区域中，$C_x(z)$ 可以用劳伦级数表示为

$$C_x(z) = \ln X(z) = \sum_{n=-\infty}^{\infty} c_x(n) z^{-n} \qquad (2 - 109)$$

其中，

$$c_x(n) = \frac{1}{2\pi j} \int_C \ln X(z) z^{n-1} \mathrm{d}z \qquad (2-110)$$

C 是围绕原点的围线，位于收敛区域内。显然，如果 $C_x(z)$ 能够表示成式（2-109）的形式，那么复数倒频谱序列 $\{c_x(n)\}$ 是稳定的。此外，如果复数倒频谱存在，那么 $C_x(z)$ 在单位圆上收敛，因此可得

$$C_x(\omega) = \ln X(\omega) = \sum_{n=-\infty}^{\infty} c_x(n) \mathrm{e}^{-\mathrm{j}\omega n} \qquad (2-111)$$

其中 $\{c_x(n)\}$ 是从 $\ln X(\omega)$ 的傅里叶逆变换获得的序列，即

$$c_x(n) = \frac{1}{2\pi} \int_{-\pi}^{\pi} \ln X(\omega) \mathrm{e}^{\mathrm{j}\omega n} \mathrm{d}\omega \qquad (2-112)$$

如果用 $X(\omega)$ 的幅度和相位来表示 $X(\omega)$，假定

$$X(\omega) = |X(\omega)| \mathrm{e}^{\mathrm{j}\theta(\omega)} \qquad (2-113)$$

那么

$$\ln X(\omega) = \ln|X(\omega)| + \mathrm{j}\theta(\omega) \qquad (2-114)$$

将式（2-114）代入式（2-112），可得到如下形式的复数倒频谱：

$$c_x(n) = \frac{1}{2\pi} \int_{-\pi}^{\pi} [\ln|X(\omega)| + \mathrm{j}\theta(\omega)] \mathrm{e}^{\mathrm{j}\omega n} \mathrm{d}\omega \qquad (2-115)$$

我们可以将式（2-115）中的傅里叶逆变换分离成 $\ln|X(\omega)|$ 和 $\theta(\omega)$ 的傅里叶逆变换：

$$c_m(n) = \frac{1}{2\pi} \int_{-\pi}^{\pi} \ln|X(\omega)| \mathrm{e}^{\mathrm{j}\omega n} \mathrm{d}\omega \qquad (2-116)$$

$$c_\theta(n) = \frac{1}{2\pi} \int_{-\pi}^{\pi} \theta(\omega) \mathrm{e}^{\mathrm{j}\omega n} \mathrm{d}\omega \qquad (2-117)$$

在某些应用中，如语音信号处理，只计算成分 $c_m(n)$。这种情况下，$X(\omega)$ 的相位被忽略。因此，序列 $\{x(n)\}$ 不能由 $\{c_m(n)\}$ 恢复。也就是说，从 $\{x(n)\}$ 到 $\{c_m(n)\}$ 的傅里叶变换不是可逆的。

在语音信号处理中，（实数）倒频谱被用来从语音的基频中分离出语音的频谱内容，进而估计频谱内容。实际中复数倒频谱被用来分离卷积得到的信号。分离两个卷积得到的信号的过程被称为去卷积，用复数倒频谱实现分离被称为同态去卷积。

2.2.8　单位圆上有极点的信号的傅里叶变换

正如本章 2.2.6 节所示，序列 $x(n)$ 的傅里叶变换可通过求它在单位圆上的 z 变换 $X(z)$ 而求得，只要单位圆在 $X(z)$ 的收敛区域内，否则，傅里叶变换不存在。

有一些非周期序列既不绝对可和也不平方可和，因此它们的傅里叶变换不存在。单位阶跃序列就是这种序列中的一个，它具有 z 变换：

$$X(z) = \frac{1}{1 - z^{-1}}$$

另一个这种序列是因果正弦信号序列 $x(n) = (\cos\omega_0 n) u(n)$。这个序列具有 z 变换：

$$X(z) = \frac{1 - z^{-1}\cos\omega_0}{1 - 2z^{-1}\cos\omega_0 + z^{-2}}$$

注意，这两个序列都在单位圆上有极点。

对于这样的两个序列，拓展傅里叶变换的表示有时候是有用的。在数学上，这可以通过允许傅里叶变换在某些频率处包含冲激来实现，而这些频率和 $X(z)$ 位于单位圆上的极点位置相对应。这些冲激是连续频率变量 ω 的函数，具有无限幅度、零宽度和单位面积。一个冲激可被视为在 $a \to 0$ 的极限中，一个高为 $1/a$、宽为 a 的矩形脉冲的极限形式。因此，通过在信号的频谱中允许冲激，有可能拓展傅里叶变换来表示某些既不绝对可和也不平方可和的信号序列。

以下的例子说明了用拓展的傅里叶变换来表示 3 个序列。

【例 2 - 7】

通过以下信号的 z 变换在单位圆上的取值来求他们的傅里叶变换：

(1) $x_1(n) = u(n)$

(2) $x_2(n) = (-1)^{-n} u(n)$

(3) $x_3(n) = (\cos\omega_0 n) u(n)$

解：

(1) 由表 2 - 1 可得

$$X_1(z) = \frac{1}{1 - z^{-1}} = \frac{z}{z - 1}, \text{收敛域}: |z| > 1$$

$X_1(z)$ 在单位圆上有一个极点 $p_1 = 1$，但是对于 $|z| > 1$ 是收敛的。

如果求 $X_1(z)$ 在单位圆上的值，除了在 $z = 1$ 外，可得

$$X_1(\omega) = \frac{\mathrm{e}^{j\omega/2}}{2\mathrm{j}\sin(\omega/2)} = \frac{1}{2\sin(\omega/2)} \mathrm{e}^{j(\omega - \pi/2)}, \omega \neq 2\pi k, k = 0, 1, \cdots$$

在 $\omega = 0$ 和 2π 的倍数处，$X_1(\omega)$ 包含面积为 π 的冲激。

因此，我们希望计算 $|X_1(\omega)|$ 在 $\omega = 0$ 处的值时，在 $z = 1$ 处的一个极点的存在就产生了一个问题，因为当 $\omega \to 0$ 时，$|X_1(\omega)| \to \infty$。对于任意其他的 ω 值，$X_1(\omega)$ 是有限的（即行为良好的）。虽然乍看之下，也许以为除了 $\omega = 0$，信号在所有频率处都具有零频率成分，但是情况并不是这样。这种情况之所以发生，是因为对于所有的 $-\infty < n < \infty$，信号 $x_1(n)$ 不是一个常数。实际上，在 $n = 0$ 处它翻转了。这个陡然跳跃产生了在范围 $0 < \omega \leq \pi$ 上存在的所有频率成分。一般而言，从某个有限时间开始的所有信号都具有频率轴上任何从零到折叠频率的非零频率成分。

(2) 由表 2 - 1，当 $a = -1$ 时 $a^n u(n)$ 的 z 变换简化为

$$X_2(z) = \frac{1}{1 + z^{-1}} = \frac{z}{z + 1}, \text{收敛域}: |z| > 1$$

在 $z = -1 = \mathrm{e}^{j\pi}$ 处，它具有一个极点，在 $\omega = \pi$ 和 2π 的倍数以外的频率上所求得的傅里叶变换是

$$X_2(\omega) = \frac{\mathrm{e}^{j\omega/2}}{2\cos(\omega/2)}, \omega \neq 2\pi\left(k + \frac{1}{2}\right), k = 0, 1, \cdots$$

这种情况下，冲激出现在 $\omega = 2\pi k + \pi$ 处，因此幅度是

$$|X_2(\omega)| = \frac{1}{2|\cos(\omega/2)|}, \omega \neq 2\pi k + \pi, k = 0, 1, \cdots$$

而相位是

$$\arg X_2(\omega) = \begin{cases} \dfrac{\omega}{2}, \cos\dfrac{\omega}{2} \geqslant 0 \\[3mm] \dfrac{\omega}{2} + \pi, \cos\dfrac{\omega}{2} < 0 \end{cases}$$

注意，由于在 $a = -1$ 处的极点存在（即在频率 $\omega = \pi$ 处），傅里叶变换的幅度变得无限大。现在，当 $\omega \to \pi$ 时，$|X(\omega)| \to \infty$。我们看到，$(-1)^n u(n) = (\cos\pi n)u(n)$，这是离散时间上最快的可能的振荡信号。

（3）从上述的讨论可得出，在频率成分 $\omega = \omega_0$ 处 $X_3(\omega)$ 是无限的。实际上，由表 2-1 得

$$x_3(n) = (\cos\omega_0 n)u(n) \overset{z}{\leftrightarrow} X_3(z) = \frac{1 - z^{-1}\cos\omega_0}{1 - 2z^{-1}\cos\omega_0 + z^{-2}}, \text{收敛域}: |z| > 1$$

傅里叶变换是

$$X_3(\omega) = \frac{1 - e^{-j\omega}\cos\omega_0}{(1 - e^{-j(\omega-\omega_0)})(1 - e^{j(\omega+\omega_0)})}, \omega \neq \pm\omega_0 + 2\pi k, k = 0, 1, \cdots$$

$X_3(\omega)$ 的幅度由下式给出：

$$|X_3(\omega)| = \frac{|1 - e^{-j\omega}\cos\omega_0|}{|1 - e^{-j(\omega-\omega_0)}| \, |1 - e^{j(\omega+\omega_0)}|}, \omega \neq \pm\omega_0 + 2\pi k, k = 0, 1, \cdots$$

现在，如果 $\omega = -\omega_0$ 或者 $\omega = \omega_0$，那么 $|X_3(\omega)|$ 成为无限。对于其他的频率，傅里叶变换都具有良性行为。

2.2.9　信号的频域分类：带宽的概念

正如我们已经根据信号的时域特性对信号进行了分类那样，根据信号的频域特性对信号进行分类也是需要的。实际中，通常是以宽松的条件根据信号的频率内容对信号进行分类。

特别指出，如果一个功率信号（或者能量信号）具有集中于零频率的功率密度谱，那么它被称为低频信号，图 2-23（a）显示了低频信号的频谱特性。另一方面，如果信号的功率密度谱（或者能量密度谱）集中在高频率，那么这个信号被称为高频信号，图 2-23（b）显示了高频信号的频谱特性。功率密度谱（或者能量密度谱）集中在低频率和高频率之间宽阔的频率范围内某处的信号，被称为中频信号或带通信号，图 2-23（c）显示了中频信号的频谱特性。

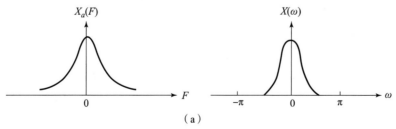

图 2-23　低频、高频、中频信号的频谱特性

（a）低频信号

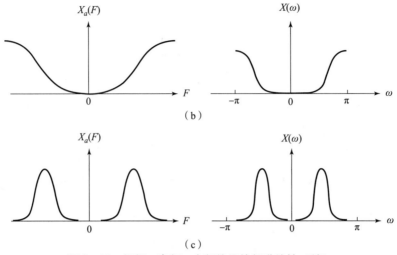

（b）

（c）

图 2 - 23　低频、高频、中频信号的频谱特性（续）

（b）高频信号；（c）中频信号

除这个相对宽阔的频域信号分类之外，我们通常希望量化地表示功率或能量密度谱集中的频率范围。这个量化度量被称为信号的带宽。例如，假设一个连续时间信号 95% 的功率（或能量）密度谱集中在频率范围 $F_1 \leqslant F \leqslant F_2$，那么该信号 95% 的带宽是 $F_2 - F_1$。用相似的方法，我们可以定义该信号 75%、90% 或 99% 的带宽。

对于带通信号，如果信号的带宽 $F_2 - F_1$ 远远小于（比如说 10 倍或更大）中间频率 $(F_2 + F_1)/2$，那么就用术语窄带来描述该信号。否则，该信号被称为是宽带的。

如果信号的密度谱在频率范围 $|F| \geqslant B$ 以外为 0，那么我们说这个信号是带宽受限的。例如，对于 $|F| > B$，如果一个连续时间的有限能量信号 $x(t)$ 的傅里叶变换 $X(F) = 0$，那么该信号是带宽受限的。对于一个离散时间的有限能量信号 $x(n)$，如果

$$|X(\omega)| = 0, \omega_0 < \omega < \pi$$

那么该信号被称为是（周期性地）带宽受限的。类似地，对于 $|k| > M$，其中 M 是某个正整数，如果一个周期连续时间信号 $x_p(t)$ 的傅里叶系数 $c_k = 0$，那么该信号是周期性地带宽受限的。对于 $k_0 < |k| < N$，如果一个基本周期为 N 的周期离散时间信号的傅里叶系数 $c_k = 0$，那么该信号是周期性带宽受限的。图 2 - 24 说明了 4 种类型带宽受限的信号。

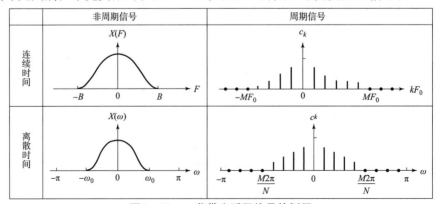

图 2 - 24　一些带宽受限信号的例子

通过利用频率域和时间域之间的二重性，我们可以提供相似的方法来刻画时域上信号的特征。特别指出，对于信号 $x(t)$，如果

$$x(t) = 0, \mid t \mid > \tau$$

那么该信号被称为是时间受限的。对于周期为 T_p 的周期信号，如果

$$x_p(t) = 0, \tau < \mid t \mid < T_p/2$$

那么该信号被称为是周期性地时间受限的。如果离散时间信号 $x(n)$ 的持续时间有限，即

$$x(n) = 0, \mid n \mid > N$$

那么该信号也被称为是时间受限的。当信号是基本周期为 N 的周期信号时，如果

$$x(n) = 0, n_0 < \mid n \mid < N$$

那么该信号被称为是周期性地时间受限的。

无须证明，我们说没有任何信号同时既是时间受限的也是带宽受限的。从而，信号的时间持续和频率持续之间存在倒数关系。详细而言，如果我们在时域上有短的持续时间的矩形脉冲，那么该脉冲的频谱宽度与时域脉冲的持续成反比。时域上的脉冲越短，信号的带宽就变得越大。因此，不能使信号的时长和带宽的乘积任意小。一个短持续信号具有大的带宽，而一个小带宽的信号具有长的持续时间。因此，对于任意一个信号，时间—带宽积是固定的，不能使之任意小。

最后，注意到我们已经讨论了具有有限能量的周期和非周期信号的频率分析方法，然而，还有一族具有有限功率的确定性的非周期信号。这些信号由具有非谐波相关频率的复指数的线性叠加组成，即

$$x(n) = \sum_{k=1}^{M} A_k e^{j\omega_k n}$$

其中 $\omega_1, \omega_2, \cdots, \omega_M$ 是非谐波相关的。这些信号具有离散谱，但是谱线之间的距离是非谐波相关的。具有离散非调和频谱的信号有时被称为是准周期的。

2.2.10　某些自然信号的频率范围

本章我们推导的频率分析工具通常应用于在实际中遇到的各种信号（如地震、生物学和电磁场信号）。一般而言，执行频率分析是为了从所观测的信号中提取信息。例如，在生物学信号的情况下，像 ECG 信号，分析工具用来提取与诊断目的有关的信息。在地震信号的情况下，我们也许对检测核爆炸的存在或确定地震的特征和位置感兴趣。一个电磁场信号，如从飞机反射回来的雷达信号，包含了关于飞机的位置和飞机的移动速率的信息。这些参数可以从接收到的雷达信号中估计得到。

为了测量参数或提取其他类型的信息，在处理任意一个信号时必须知道信号所包含的大概频率范围。表 2 - 6、表 2 - 7 和表 2 - 8 分别给出了某些地震、生物学和电磁场信号近似的频率范围，以作为参考。

表 2 - 6　某些地震信号的频率范围

信号类型	频率/Hz
风噪声	100 ~ 1 000
地震探测信号	10 ~ 100
地震和核爆炸信号	0.01 ~ 10
地震噪声	0.1 ~ 1

表 2 – 7　某些生物学信号的频率范围

信号类型	频率/Hz
视网膜电流图	0～20
眼震电图	0～20
呼吸描记图	0～40
心电图（ECG）	0～100
脑电图（EEG）	0～100
肌电图	10～200
血压图	0～200
语音	100～4 000

表 2 – 8　某些电磁场信号的频率范围

信号类型	波长/m	频率/Hz
无线电波传播	$10^4 \sim 10^2$	$3 \times 10^4 \sim 3 \times 10^6$
短波无线电信号	$10^2 \sim 10^{-2}$	$3 \times 10^6 \sim 3 \times 10^{10}$
雷达、卫星通信、空间通信、共载微波	$1 \sim 10^{-2}$	$3 \times 10^8 \sim 3 \times 10^{10}$
红外线	$10^{-3} \sim 10^{-6}$	$3 \times 10^{11} \sim 3 \times 10^{14}$
可见光	$3.9 \times 10^{-7} \sim 8.1 \times 10^{-7}$	$3.7 \times 10^{14} \sim 7.7 \times 10^{14}$
紫外线	$10^{-7} \sim 10^{-8}$	$3 \times 10^{15} \sim 3 \times 10^{16}$
γ 射线和 X 射线	$10^{-9} \sim 10^{-10}$	$3 \times 10^{17} \sim 3 \times 10^{18}$

2.3　频域和时域的信号特性

在本章的前面部分我们已经介绍了用于信号频率分析的几种方法。为了能处理不同类型的信号，几种方法是必要的。我们已经介绍了以下的频率分析工具：

（1）连续时间周期信号的傅里叶级数。

（2）连续时间非周期信号的傅里叶变换。

（3）离散时间周期信号的傅里叶级数。

（4）离散时间非周期信号的傅里叶变换。

图 2 – 25 总结了这些类型的信号的分析和合成公式。

正如我们多次指出的那样，有两种时域特征可以确定我们得到的信号频谱的类型。它们是：时间变量是连续的或离散的；信号是周期的或非周期的。让我们简单总结前面部分的结果。

（1）连续时间信号具有非周期频谱。仔细检查连续时间信号的傅里叶级数和傅里叶变换分析公式，不能揭示频域上任何类型的周期性，因为复指数 $\exp(j2\pi Ft)$ 是连续变量 t 的函数，所以它在 F 上不是周期信号，而缺少周期性是这一事实的结果。因此，连续时间信号的频率范围从 $F = 0$ 拓展到 $F = \infty$。

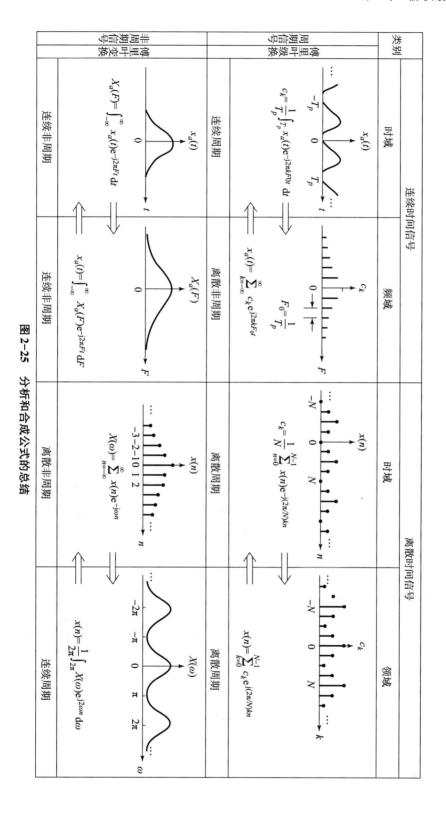

图 2-25　分析和合成公式的总结

（2）离散时间信号具有周期频谱。实际上，离散时间信号的傅里叶级数和傅里叶变换具有周期性，其周期为 $\omega = 2\pi$。这种周期性的结果是：离散时间信号的频率范围是有限的，并且从 $\omega = -\pi$ 弧度拓展到 $\omega = \pi$ 弧度，其中 $\omega = \pi$ 与最高的可能振荡率对应。

（3）周期信号具有离散频谱。正如我们已经看到的那样，周期信号由傅里叶级数这种方式描述。傅里叶级数的系数提供了组成离散频谱的"线"。线间隔 ΔF 或 Δf 分别等于时域上的周期 T_p 或 N 的倒数。也就是说，对于连续时间周期信号，$\Delta F = 1/T_p$，而对于离散时间信号 $\Delta f = 1/N$。

（4）非周期有限能量信号具有连续频谱。这一性质是一个事实的直接结果，即 $X(F)$ 和 $X(\omega)$ 两者分别是 $\exp(j2\pi Ft)$ 和 $\exp(j\omega n)$ 的函数，而 $\exp(j2\pi Ft)$ 和 $\exp(j\omega n)$ 分别是变量 F 和 ω 的连续函数。频率的连续性对于打破和谐从而生产非周期信号是必需的。

总之，我们已经得出结论：在某个域上具有"周期" α 的周期性，自动地意味在另一个域上具有"间隔"为 $1/\alpha$ 的离散性，反之亦然。

如果我们记住在频域上的"周期"指频率范围，在时域上的"间隔"是采样周期 T，在频域上的线间隔是 ΔF，那么 $\alpha = T_p$ 意味着 $1/\alpha = 1/T_p = \Delta F$，$\alpha = N$ 意味着 $\Delta f = 1/N$，而 $\alpha = F_s$ 意味着 $T = 1/F_s$。

观察图 2-25，时频二重性是明显的。然而，我们强调，这幅图上的显示和任何实际的变换对并不对应。因此，它们中间任何的比较都应该避免。

仔细检查图 2-25，也能揭示若干傅里叶分析关系中的某些数学对称性和二重性。我们看到，以下的分析和合成等式之间存在二重性：

（1）连续时间傅里叶变换的分析和合成等式。

（2）离散时间傅里叶级数的分析和合成等式。

（3）连续时间傅里叶级数的分析等式和离散时间傅里叶变换的合成等式。

（4）离散时间傅里叶变换的分析等式和连续时间傅里叶级数的合成等式。

注意，所有的二重关系式只是在相应的复指数的指数符号上不同。有趣的是，这种符号上的变化可以被认为是信号的折叠或者是频谱的折叠，因为

$$e^{-j2\pi Ft} = e^{j2\pi(-F)t} = e^{j2\pi F(-t)}$$

如果我们现在将注意力转移到信号的谱密度，我们记得曾经使用术语能量密度谱来刻画有限能量非周期信号的特征，且使用术语功率密度谱来刻画周期信号的特征。这种术语和周期信号是功率信号，而具有有限能量的非周期信号是能量信号的事实是一致的。

2.4　离散时间信号傅里叶变换的性质

在前面一节描述的非周期有限能量离散时间信号的傅里叶变换具有很多性质，而在许多实际的应用中，这些性质在减少傅里叶分析问题的复杂度方面非常有用。本节我们将给出傅里叶变换的重要性质。相似的性质对于非周期有限能量连续时间信号的傅里叶变换也成立。

出于方便，我们采用记号

$$X(\omega) \equiv F\{x(n)\} = \sum_{n=-\infty}^{\infty} x(n)e^{-j\omega n} \tag{2-118}$$

作为正变换（分析等式），而采用

$$x(n) \equiv F^{-1}\{X(\omega)\} = \frac{1}{2\pi} \int_{2\pi} X(\omega) e^{j\omega n} d\omega \qquad (2-119)$$

作为逆变换（合成等式）。我们也称 $x(n)$ 和 $X(\omega)$ 为傅里叶变换对，并且用以下记号表示这一关系：

$$x(n) \overset{F}{\leftrightarrow} X(\omega) \qquad (2-120)$$

式中，$X(\omega)$ 是周期为 2π 的周期信号，因此，任何长度为 2π 的区间足以描述频谱。通常，我们在基本区间 $[-\pi, \pi]$ 上画出频谱。我们强调，包含在基本区间内的所有频谱信息对于完全描述信号或完全刻画信号的特性都是必要的。基于这个原因，式（2-119）中积分的范围总是 2π，是独立于在基本区间内的信号的具体特征。

2.4.1 傅里叶变换的对称性质条件

当一个信号在时域上满足某些对称性质时，这些性质给该信号的傅里叶变换强加了某些对称条件。利用任意一个对称特征可得出较简单的正反对称性质公式。关于不同的对称性质以及频域上这些性质的含义的讨论会在这里给出。

假设信号 $x(n)$ 和它的变换 $X(\omega)$ 都是复值函数。那么，它们可以表示成矩形的形式，即

$$x(n) = x_R(n) + jx_I(n) \qquad (2-121)$$

$$X(\omega) = X_R(\omega) + jX_I(\omega) \qquad (2-122)$$

将式（2-121）和 $e^{-j\omega} = \cos\omega - j\sin\omega$ 代入式（2-118），并分离实部和虚部，可得

$$\begin{cases} X_R(\omega) = \sum_{n=-\infty}^{\infty} [x_R(n)\cos\omega n + x_I(n)\sin\omega n] & (2-123) \\ X_I(\omega) = -\sum_{n=-\infty}^{\infty} [x_R(n)\sin\omega n - x_I(n)\cos\omega n] & (2-124) \end{cases}$$

将式（2-122）和 $e^{j\omega} = \cos\omega + j\sin\omega$ 代入式（2-117），可得

$$\begin{cases} x_R(n) = \frac{1}{2\pi} \int_{2\pi} [X_R(\omega)\cos\omega n - X_I(\omega)\sin\omega n] d\omega & (2-125) \\ x_I(n) = \frac{1}{2\pi} \int_{2\pi} [X_R(\omega)\sin\omega n + X_I(\omega)\cos\omega n] d\omega & (2-126) \end{cases}$$

现在，让我们研究一些特殊的情况。

（1）实信号。如果 $x(n)$ 是实信号，那么 $x_R(n) = x(n)$ 且 $x_I(n) = 0$，因此，式（2-123）和式（2-124）简化为

$$X_R(\omega) = \sum_{n=-\infty}^{\infty} x(n)\cos\omega n \qquad (2-127)$$

而且

$$X_I(\omega) = -\sum_{n=-\infty}^{\infty} x(n)\sin\omega n \qquad (2-128)$$

因为 $\cos(-\omega n)\cos\omega n$ 且 $\sin(-\omega n) = \sin\omega n$，所以由式（2-127）和式（2-128）得到

$$\begin{cases} X_R(-\omega) = X_R(\omega), 偶数 & (2-129) \\ X_I(-\omega) = -X_I(\omega), 奇数 & (2-130) \end{cases}$$

如果将式（2-129）和式（2-130）组合在单个等式中，可得

$$X^*(\omega) = X(-\omega) \qquad (2-131)$$

这种情况下，我们说实信号的频谱具有厄密特对称性。

在图 2 - 26 的辅助下，我们看到实信号的幅度谱和相位谱是

$$|X(\omega)| = \sqrt{X_R(\omega)^2 + X_I(\omega)^2} \tag{2-132}$$

$$\arg X(\omega) = \arctan \frac{X_I(\omega)}{X_R(\omega)} \tag{2-133}$$

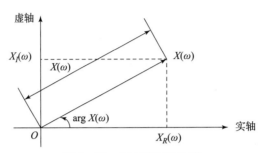

图 2 - 26　幅度谱和相位谱

作为式（2 - 129）和式（2 - 130）的结果，幅度谱和相位谱也具有对称性质：

$$|X(\omega)| = |X(-\omega)|,偶数 \tag{2-134}$$

$$\arg X(-\omega) = -\arg X(\omega),奇数 \tag{2-135}$$

在实值信号［即 $x(n) = x_R(n)$］逆变换的情况下，式（2 - 125）意味着

$$x(n) = \frac{1}{2\pi} \int_{2\pi} [X_R(\omega)\cos\omega n - X_I(\omega)\sin\omega n]\mathrm{d}\omega \tag{2-136}$$

因为 $X_R(\omega)\cos\omega n$ 和 $X_I(\omega)\sin\omega n$ 这两个乘积都是 ω 的偶函数，所以有

$$x(n) = \frac{1}{\pi} \int_0^\pi [X_R(\omega)\cos\omega n - X_I(\omega)\sin\omega n]\mathrm{d}\omega \tag{2-137}$$

（2）实偶信号。如果 $x(n)$ 是实偶信号，即 $x(-n) = x(n)$，那么 $x(n)\cos\omega n$ 是偶数，而 $x(n)\sin\omega n$ 是奇数，因此，由式（2 - 127）、式（2 - 128）和式（2 - 137）可得

$$X_R(\omega) = x(0) + 2\sum_{n=1}^{\infty} x(n)\cos\omega n,偶数 \tag{2-138}$$

$$X_I(\omega) = 0 \tag{2-139}$$

$$x(n) = \frac{1}{\pi} \int_0^\pi X_R(\omega)\cos\omega n\mathrm{d}\omega \tag{2-140}$$

从而，实偶信号具有实值频谱。另外，该实值频谱是频率变量 ω 的偶函数。

（3）实奇信号。如果 $x(n)$ 是实奇信号，即 $x(-n) = -x(n)$，那么 $x(n)\cos\omega n$ 是奇数，而 $x(n)\sin\omega n$ 是偶数。因此，式（2 - 127）、式（2 - 128）和式（2 - 137）意味着

$$X_R(\omega) = 0 \tag{2-141}$$

$$X_I(\omega) = -2\sum_{n=1}^{\infty} x(n)\sin\omega n,奇数 \tag{2-142}$$

$$x(n) = -\frac{1}{\pi} \int_0^\pi X_I(\omega)\sin\omega n\mathrm{d}\omega \tag{2-143}$$

从而，实奇信号具有纯虚值频谱特征。另外，该纯虚值频谱是频率变量 ω 的奇函数。

（4）纯虚信号。这种情况下，$x_R(n) = 0$，而 $x(n) = jx_I(n)$，从而式（2 - 123）、式（2 - 124）和式（2 - 126）简化为

$$X_R(\omega) = \sum_{n=-\infty}^{\infty} x_I(n)\sin\omega n, \text{奇数} \tag{2-144}$$

$$X_I(\omega) = \sum_{n=-\infty}^{\infty} x_I(n)\cos\omega n, \text{偶数} \tag{2-145}$$

$$x_I(n) = \frac{1}{\pi}\int_0^{\pi}[X_R(\omega)\sin\omega n + X_I(\omega)\cos\omega n]\mathrm{d}\omega \tag{2-146}$$

如果 $x_I(n)$ 是奇数，即 $x_I(-n) = -x_I(n)$，那么

$$X_R(\omega) = 2\sum_{n=1}^{\infty} x_I(n)\sin\omega n, \text{奇数} \tag{2-147}$$

$$X_I(\omega) = 0 \tag{2-148}$$

$$x_I(n) = \frac{1}{\pi}\int_0^{\pi} X_R(\omega)\sin\omega n\mathrm{d}\omega \tag{2-149}$$

如果 $x_I(n)$ 是偶数，即 $x_I(-n) = x_I(n)$，那么

$$X_R(\omega) = 0 \tag{2-150}$$

$$X_I(\omega) = x_I(0) + 2\sum_{n=1}^{\infty} x_I(n)\cos\omega n, \text{偶数} \tag{2-151}$$

$$x_I(n) = \frac{1}{\pi}\int_0^{\pi} X_I(\omega)\cos\omega n\mathrm{d}\omega \tag{2-152}$$

任意一个可能的复值信号可以分解为

$$x(n) = x_R(n) + jx_I(n) = x_R^e(n) + x_R^o(n) + j[x_I^e(n) + x_I^o(n)] = x_e(n) + x_o(n) \tag{2-153}$$

其中，根据定义

$$\begin{cases} x_e(n) = x_R^e(n) + jx_I^e(n) = \dfrac{1}{2}[x(n) + x^*(-n)] \\ x_o(n) = x_R^o(n) + jx_I^o(n) = \dfrac{1}{2}[x(n) - x^*(-n)] \end{cases}$$

上标 e 和 o 分别表示偶信号和奇信号成分。

我们注意到 $x_e(n) = x_e(-n)$，而 $x_o(-n) = -x_o(n)$。由式（2-153）和上述傅里叶变换性质，可得如下关系式：

$$x(n) = [x_R^e(n) + jx_I^e(n)] + [x_R^o(n) + jx_I^o(n)] = x_e(n) + x_o(n)$$

$$X(\omega) = [X_R^e(\omega) + jX_I^e(\omega)] + [X_R^o(\omega) - jX_I^o(\omega)] = X_e(\omega) + X_o(\omega) \tag{2-154}$$

离散时间傅里叶变换（DTFT）的性质以及傅里叶变换的对称性质总结分别列在表 2-9 和图 2-27 中。在实际中，它们通常被用来简化傅里叶变换的计算。

表 2-9　离散时间傅里叶变换的性质

序列	DTFT
$x(n)$	$X(\omega)$
$x^*(n)$	$X^*(-\omega)$
$x^*(-n)$	$X^*(\omega)$
$x_R(n)$	$X_e(\omega) = \dfrac{1}{2}[X(\omega) + X^*(-\omega)]$

序列	DTFT
$jx_I(n)$	$X_o(\omega) = \dfrac{1}{2}\big[X(\omega) - X^*(-\omega)\big]$
$x_e(n) = \dfrac{1}{2}\big[x(n) + x^*(-n)\big]$	$X_R(\omega)$
$x_o(n) = \dfrac{1}{2}\big[x(n) - x^*(-n)\big]$	$jX_I(\omega)$
实信号	
任何实信号 $x(n)$	$X(\omega) = X^*(-\omega)$
	$X_R(\omega) = X_R(-\omega)$
	$X_I(\omega) = -X_I(-\omega)$
	$\lvert X(\omega)\rvert = \lvert X(-\omega)\rvert$
	$\arg X(\omega) = -\arg X(-\omega)$
$x_e(n) = \dfrac{1}{2}\big[x(n) + x(-n)\big]$ （实偶）	$X_R(\omega)$ （实偶）
$x_o(n) = \dfrac{1}{2}\big[x(n) - x(-n)\big]$ （实奇）	$jX_I(\omega)$ （虚奇）

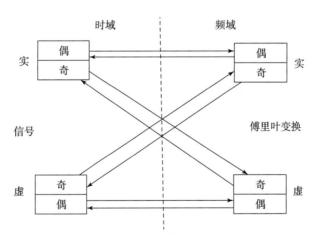

图 2-27　傅里叶变换的对称性质的总结

【例 2-8】

求并画出以下傅里叶变换的 $X_R(\omega)$、$X_I(\omega)$、$\lvert X(\omega)\rvert$、$\arg X(\omega)$：

$$X(\omega) = \frac{1}{1 - a\mathrm{e}^{-\mathrm{j}\omega}}, \quad -1 < a < 1 \tag{2-155}$$

解：

式（2-155）的分子和分母都乘上分母的复共轭，可得

$$X(\omega) = \frac{1 - ae^{j\omega}}{(1 - ae^{-j\omega})(1 - ae^{j\omega})} = \frac{1 - a\cos\omega - ja\sin\omega}{1 - 2a\cos\omega + a^2}$$

这个表达式可以分解为实部和虚部，即

$$X_R(\omega) = \frac{1 - a\cos\omega}{1 - 2a\cos\omega + a^2}$$

$$X_I(\omega) = -\frac{a\sin\omega}{1 - 2a\cos\omega + a^2}$$

将这两个表达式代入式（2-132）和式（2-133）中，得到幅度谱和相位谱为

$$|X(\omega)| = \frac{1}{\sqrt{1 - 2a\cos\omega + a^2}} \qquad (2-156)$$

和

$$\arg X(\omega) = -\arctan\frac{a\sin\omega}{1 - a\cos\omega} \qquad (2-157)$$

图 2-28 和图 2-29 显示了当 $a = 0.8$ 时这些频谱的图形表示。容易验证，正如所期待的那样，可以将实信号频谱的所有对称性质应用于这种情况。

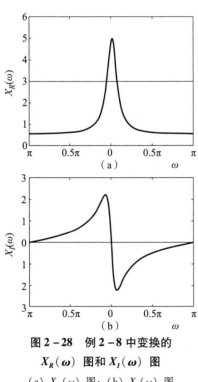

图 2-28　例 2-8 中变换的
$X_R(\omega)$ 图和 $X_I(\omega)$ 图

（a）$X_R(\omega)$ 图；（b）$X_I(\omega)$ 图

图 2-29　例 2-8 中变换的幅度
谱图和相位谱图

（a）幅度谱图；（b）相位谱图

【例 2-9】

求以下信号的傅里叶变换：

$$x(n) = \begin{cases} A, & -M \leq n \leq M \\ 0, & \text{其他} \end{cases} \qquad (2-158)$$

解：

显然，$x(n) = x(-n)$，从而是实偶信号。由式（2-138）可得

$$X(\omega) = X_R(\omega) = A\left(1 + \sum_{n=1}^{M} 2\cos\omega n\right)$$

进一步变换可得到较简单的形式：

$$X(\omega) = A\frac{\sin\left(M + \dfrac{1}{2}\right)\omega}{\sin(\omega/2)}$$

因为是实数，其幅度谱和相位谱如下：

$$|X(\omega)| = \left| A\frac{\sin\left(M + \dfrac{1}{2}\right)\omega}{\sin(\omega/2)} \right| \qquad (2-159)$$

和

$$\arg X(\omega) = \begin{cases} 0, & X(\omega) > 0 \\ \pi, & X(\omega) < 0 \end{cases} \qquad (2-160)$$

图 2-30 显示了例 2-9 中矩形脉冲的频谱特性。

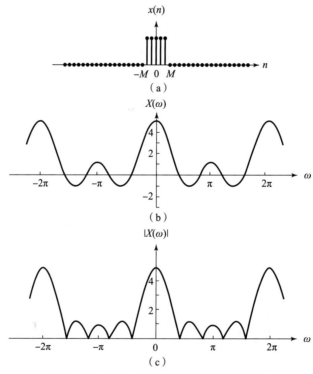

图 2-30 例 2-9 中矩形脉冲的频谱特性

（a）$X(h)$ 图；（b）$X(\omega)$ 图；（c）幅度谱图

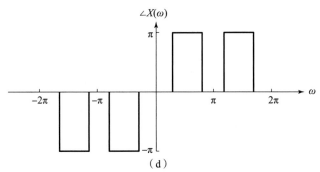

图 2 - 30　例 2 - 9 中矩形脉冲的频谱特性（续）

（d）相位谱图

2.4.2　傅里叶变换的定理和性质

本节介绍几个傅里叶变换的定理，并用例子说明它们在实际中的使用。

1. 线性

如果存在 $x_1(n) \overset{F}{\leftrightarrow} X_1(\omega)$，$x_2(n) \overset{F}{\leftrightarrow} X_2(\omega)$，则有

$$a_1 x_1(n) + a_2 x_2(n) \overset{F}{\leftrightarrow} a_1 X_1(\omega) + a_2 X_2(\omega) \tag{2-161}$$

简单来说，从对信号 $x(n)$ 的操作上看，傅里叶变换是一种线性变换。两个或更多个信号的线性组合的傅里叶变换等于各个信号的傅里叶变换的线性组合。用式（2 - 118）可以容易地证明这个性质。线性性质使傅里叶变换适合用于线性系统的研究。

【例 2 - 10】

求以下信号的傅里叶变换：

$$x(n) = a^{|n|},\ -1 < a < 1 \tag{2-162}$$

解：

首先，我们看到 $x(n)$ 可表示为

$$x(n) = x_1(n) + x_2(n)$$

其中，

$$x_1(n) = \begin{cases} a^n, & n \geqslant 0 \\ 0, & n < 0 \end{cases}$$

而且

$$x_2(n) = \begin{cases} a^{-n}, & n < 0 \\ 0, & n \geqslant 0 \end{cases}$$

其次，从傅里叶变换的定义式（2 - 118）开始，可得

$$X_1(\omega) = \sum_{n=-\infty}^{\infty} x_1(n) \mathrm{e}^{-\mathrm{j}\omega n} = \sum_{n=0}^{\infty} a^n \mathrm{e}^{-\mathrm{j}\omega n} = \sum_{n=0}^{\infty} (a\mathrm{e}^{-\mathrm{j}\omega})^n$$

这是一个几何级数求和，收敛于

$$X_1(\omega) = \frac{1}{1 - a\mathrm{e}^{-\mathrm{j}\omega}}$$

假如

$$|ae^{-j\omega}| = |a| \cdot |e^{-j\omega}| = |a| < 1$$

这个条件在本问题中得到满足。$x_2(n)$ 的傅里叶变换是

$$X_2(\omega) = \sum_{n=-\infty}^{\infty} x_2(n)e^{-j\omega n} = \sum_{n=-\infty}^{-1} a^{-n}e^{-j\omega n}$$

$$= \sum_{n=-\infty}^{-1} (ae^{j\omega})^{-n} = \sum_{k=1}^{\infty} (ae^{j\omega})^k = \frac{ae^{j\omega}}{1-ae^{j\omega}}$$

最后，联合这两个变换，可得到 $x(n)$ 如下形式的傅里叶变换：

$$X(\omega) = X_1(\omega) + X_2(\omega) = \frac{1-a^2}{1-2a\cos\omega+a^2} \tag{2-163}$$

图 2-31 显示了当 $a = 0.8$ 时序列 $x(n)$ 及其傅里叶变换图形。

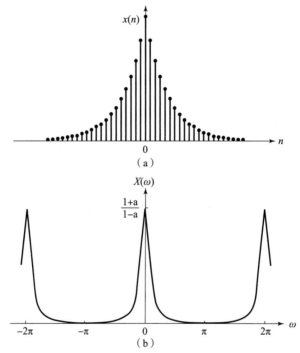

图 2-31 例 2-10 中当 $a=0.8$ 时序列 $x(n)$ 及其傅里叶变换图形
(a) 当 $a=0.8$ 时序列 $x(n)$；(b) 傅里叶变换图形

2. 时移

如果

$$x(n) \overset{F}{\leftrightarrow} X(\omega) \tag{2-164}$$

那么

$$x(n-k) \overset{F}{\leftrightarrow} e^{-j\omega k}X(\omega)$$

这个性质的证明直接来自通过改变求和的指数而得到的 $x(n-k)$ 的傅里叶变换，从而

$$F\{x(n-k)\} = X(\omega)e^{-j\omega k} = |X(\omega)|e^{-j[\arg X(\omega)-\omega k]}$$

这个关系意味着，如果一个信号在时域上移动 k 个样本，那么它的幅度谱保持不变。但是，相位谱改变为 $-\omega k$。如果我们记得信号的频率内容只取决于它的形状，那么这个结果就容易解释。从数学的角度解释，在时域上移动 k 等于在频域上频谱乘上 $e^{-j\omega k}$。

3. 时间翻转

如果存在 $x(n) \overset{F}{\leftrightarrow} X(\omega)$，则有

$$x(-n) \overset{F}{\leftrightarrow} X(-\omega) \tag{2-165}$$

这一性质可以通过求 $x(-n)$ 的傅里叶变换并且对求和指数做简单的改变而确立，从而

$$F\{x(-n)\} = \sum_{l=-\infty}^{\infty} x(l) \mathrm{e}^{\mathrm{j}\omega l} = X(-\omega)$$

如果 $x(n)$ 是实数，那么由式（2-132）和式（2-133）可得

$$F\{x(-n)\} = X(-\omega) = |X(-\omega)| \mathrm{e}^{\mathrm{jarg}X(-\omega)} = |X(\omega)| \mathrm{e}^{-\mathrm{jarg}X(\omega)}$$

这意味着，如果信号在时间上是关于原点折叠的，那么它的幅度谱保持不变，而相位谱的符号发生变化（相位倒置）。

4. 卷积定理

如果存在 $x_1(n) \overset{F}{\leftrightarrow} X_1(\omega)$，$x_2(n) \overset{F}{\leftrightarrow} X_2(\omega)$，则有

$$x(n) = x_1(n) * x_2(n) \overset{F}{\leftrightarrow} X(\omega) = X_1(\omega)X_2(\omega) \tag{2-166}$$

为了证明式（2-166），回忆卷积公式

$$x(n) = x_1(n) * x_2(n) = \sum_{k=-\infty}^{\infty} x_1(k) x_2(n-k)$$

在这个等式两边都乘上指数 $\exp(-\mathrm{j}\omega n)$，然后对所有 n 求和，可得

$$X(\omega) = \sum_{n=-\infty}^{\infty} x(n) \mathrm{e}^{-\mathrm{j}\omega n} = \sum_{n=-\infty}^{\infty} \left[\sum_{k=-\infty}^{\infty} x_1(k) x_2(n-k) \right] \mathrm{e}^{-\mathrm{j}\omega n}$$

交换求和的顺序并且简单改变求和指数后，这个等式的右边简化为乘积 $X_1(\omega)X_2(\omega)$，从而确立了式（2-166）。

卷积定理是线性系统分析中最有力的工具之一。也就是说，如果我们将时域上的两个信号进行卷积，那么等于将这两个信号在频域上的频谱相乘。在随后的章节，我们将会看到卷积定理为许多数字信号处理的应用提供了一个重要的计算工具。

【例 2-11】

使用式（2-166）求如下序列的卷积：

$$x_1(n) = x_2(n) = \{1,1,1\}$$
$$\uparrow$$

解：

使用式（2-136），可得

$$X_1(\omega) = X_2(\omega) = 1 + 2\cos\omega$$

则

$$X(\omega) = X_1(\omega)X_2(\omega) = (1 + 2\cos\omega)^2 = 3 + 4\cos\omega + 2\cos 2\omega$$
$$= 3 + 2(\mathrm{e}^{\mathrm{j}\omega} + \mathrm{e}^{-\mathrm{j}\omega}) + (\mathrm{e}^{\mathrm{j}2\omega} + \mathrm{e}^{-\mathrm{j}2\omega})$$

因此 $x_1(n)$ 与 $x_2(n)$ 的卷积是

$$x(n) = \{1\ 2\ 3\ 2\ 1\}$$
$$\uparrow$$

图 2-32 显示了前述的关系。

5. 相关定理

如果存在 $x_1(n) \overset{F}{\leftrightarrow} X_1(\omega)$ 和 $x_2(n) \overset{F}{\leftrightarrow} X_2(\omega)$，则

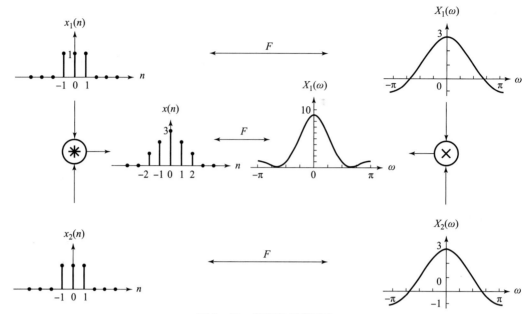

图 2-32 卷积性质的图示

$$r_{x_1 x_2}(m) \overset{F}{\leftrightarrow} S_{x_1 x_2}(\omega) = X_1(\omega) X_2(-\omega) \qquad (2-167)$$

式（2-165）的证明与式（2-164）的证明相似，在这种情况下，可得

$$r_{x_1 x_2}(n) = \sum_{k=-\infty}^{\infty} x_1(k) x_2(n-k)$$

在这个等式乘上指数 $e^{-j\omega n}$，然后对所有 n 求和，可得

$$S_{x_1 x_2}(\omega) = \sum_{n=-\infty}^{\infty} r_{x_1 x_2}(n) e^{-j\omega n} = \sum_{n=-\infty}^{\infty} \left[\sum_{k=-\infty}^{\infty} x_1(k) x_2(n-k) \right] e^{-j\omega n}$$

最后，交换求和的顺序并且改变求和指数，从而这个等式的右边简化为 $X_1(\omega) X_2(-\omega)$。函数 $S_{x_1 x_2}(\omega)$ 被称为信号 $x_1(n)$ 与 $x_2(n)$ 的互能量密度谱。

6. 维纳—辛钦定理

设 $x(n)$ 是一个实信号，那么

$$r_{xx}(l) \overset{F}{\leftrightarrow} S_{xx}(\omega) \qquad (2-168)$$

也就是说，一个能量信号的能量密度谱是它的自相关卷积序列的傅里叶变换，这是式（2-167）的一种特殊情况。

这是一个非常重要的结果。它意味着，一个信号的自相关卷积序列和它的能量密度谱包含了关于这个信号的相同的信息。因为两者都不包含任何相位信息，所以惟一地从自相关函数或者能量密度谱重构信号是不可能的。

【例 2-12】

求以下信号的能量密度谱：

$$x(n) = a^n u(n), \ -1 < a < 1$$

解：

该信号的自相关函数是

$$r_{xx}(l) = \frac{1}{1-a^2}a^{|l|}, \quad -\infty < l < \infty$$

利用在式 (2-161) 中 $a^{|l|}$ 的傅里叶变换结果，可得

$$F\{r_{xx}(l)\} = \frac{1}{1-a^2}F\{a^{|l|}\} = \frac{1}{1-2a\cos\omega + a^2}$$

因此，根据维纳—辛钦定理有

$$S_{xx}(\omega) = \frac{1}{1-2a\cos\omega + a^2}$$

7. 频移

如果有 $x(n) \overset{F}{\leftrightarrow} X(\omega)$，则有

$$e^{j\omega_0 n}x(n) \overset{F}{\leftrightarrow} X(\omega - \omega_0) \tag{2-169}$$

通过直接代入式 (2-116)，容易证明这一性质。根据这一性质，序列 $x(n)$ 乘 $e^{j\omega_0 n}$ 等于频谱 $X(\omega)$ 平移频率 ω_0。频率的平移如图 2-33 所示。因为频谱 $X(\omega)$ 是周期性的，ω_0 的平移将应用于信号每一个周期的频谱。

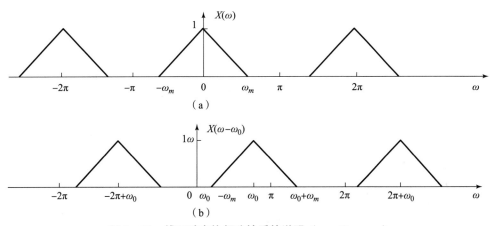

图 2-33 傅里叶变换频移性质的说明（$\omega_0 \leqslant 2\pi - \omega_m$）

（a）频谱 $X(\omega)$；（b）平移后的频谱 $X(\omega - \omega_0)$

8. 调制定理

如果存在 $x(n) \overset{F}{\leftrightarrow} X(\omega)$，则有

$$x(n)\cos\omega_0 n \overset{F}{\leftrightarrow} \frac{1}{2}\big[X(\omega+\omega_0) + X(\omega-\omega_0)\big] \tag{2-170}$$

为了证明这个定理，我们首先将信号 $\cos\omega_0 n$ 表示成

$$\cos\omega_0 n = \frac{1}{2}(e^{j\omega_0 n} + e^{-j\omega_0 n})$$

将这两个指数乘以 $x(n)$，并使用前面一节描述的频移性质，可得式 (2-170) 中描述的结果。

虽然式 (2-169) 中给出的性质也可以视为（复）调制，实际中我们宁愿使用式 (2-170)，因为信号 $x(n)\cos\omega_0 n$ 是实的。显然，这种情况下的对称性质，式 (2-129) 和式 (2-130) 是保持的。

调制定理如图 2-34 所示，它包含信号 $x(n)$、$y_1(n) = x(n)\cos 0.5\pi n$ 和 $y_2(n) =$

$x(n)\cos\pi n$ 的频谱图。

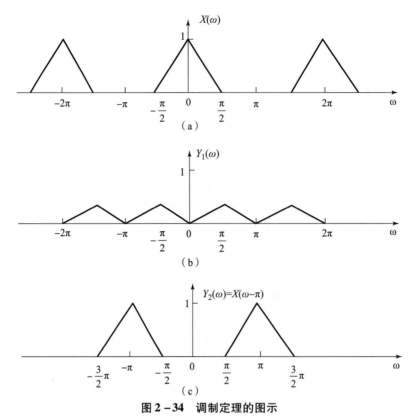

图 2-34 调制定理的图示

（a）信号 $x(n)$ 的频谱图；（b）信号 $y_1(n) = x(n)\cos 0.5\pi n$ 的频谱图；（c）信号 $y_2(n) = x(n)\cos\pi n$ 的频谱图

9. 帕塞瓦定理

如果存在 $x_1(n)\overset{F}{\leftrightarrow}X_1(\omega)$ 和 $x_2(n)\overset{F}{\leftrightarrow}X_2(\omega)$，则有

$$\sum_{n=-\infty}^{\infty}x_1(n)x_2^*(n) = \frac{1}{2\pi}\int_{-\pi}^{\pi}X_1(\omega)X_2^*(\omega)\mathrm{d}\omega \qquad (2-171)$$

为了证明这个定理，我们使用式（2-116）来去掉式（2-169）右边的 $X_1(\omega)$，从而得到

$$\frac{1}{2\pi}\int_{2\pi}\left[\sum_{n=-\infty}^{\infty}x_1(n)\mathrm{e}^{-\mathrm{j}\omega n}\right]X_2^*(\omega)\mathrm{d}\omega$$

$$= \sum_{n=-\infty}^{\infty}x_1(n)\frac{1}{2\pi}\int_{2\pi}\sum_{n=-\infty}^{\infty}X_2^*(\omega)\mathrm{e}^{-\mathrm{j}\omega n}\mathrm{d}\omega = \sum_{n=-\infty}^{\infty}x_1(n)x_2^*(n)$$

在 $x_1(n) = x_2(n) = x(n)$ 这种特殊情况下，帕塞瓦关系式（2-171）可简化为

$$\sum_{n=-\infty}^{\infty}|x(n)|^2 = \frac{1}{2\pi}\int_{2\pi}|X(\omega)|^2\mathrm{d}\omega \qquad (2-172)$$

我们看到，式（2-172）的左边只是信号 $x(n)$ 的能量 E_x，它也等于 $x(n)$ 的自相关 $r_{xx}(l)$ 在 $l=0$ 的值。式（2-172）右边的积分等于能量密度谱，所以在区间 $-\pi \leqslant \omega \leqslant \pi$ 上的积分得到信号的总能量。因此，总结可得

$$E_x = r_{xx}(0) = \frac{1}{2\pi} \int_{2\pi} |X(\omega)|^2 \, \mathrm{d}\omega = \frac{1}{2\pi} \int_{-\pi}^{\pi} S_{xx}(\omega) \mathrm{d}\omega \qquad (2-173)$$

10. 两个序列相乘（窗口定理）

如果存在 $x_1(n) \overset{F}{\leftrightarrow} X_1(\omega)$ 和 $x_2(n) \overset{F}{\leftrightarrow} X_2(\omega)$，则有

$$x_3(n) \equiv x_1(n)x_2(n) \overset{F}{\leftrightarrow} X_3(\omega) = \frac{1}{2\pi} \int_{-\pi}^{\pi} X_1(\lambda)X_2(\omega - \lambda)\mathrm{d}\lambda \qquad (2-174)$$

式（2-174）右边的积分表示傅里叶变换 $X_1(\omega)$ 和 $X_2(\omega)$ 的卷积，这一关系是时域卷积的二重性。也就是说，两个时域序列的乘积等于它们的傅里叶变换的卷积。另一方面，两个时域序列的卷积等于它们的傅里叶变换的乘积。

为了证明式（2-174），我们从 $x_3(n) = x_1(n) = x_2(n)$ 的傅里叶变换入手，并使用逆变换公式，即

$$x_1(n) = \frac{1}{2\pi} \int_{-\pi}^{\pi} X_1(\lambda) \mathrm{e}^{\mathrm{j}\lambda n} \mathrm{d}\lambda$$

从而可得

$$\begin{aligned}
X_3(\omega) &= \sum_{n=-\infty}^{\infty} x_3(n) \mathrm{e}^{-\mathrm{j}\omega n} = \sum_{n=-\infty}^{\infty} x_1(n)x_2(n) \mathrm{e}^{-\mathrm{j}\omega n} \\
&= \sum_{n=-\infty}^{\infty} \left[\frac{1}{2\pi} \int_{-\pi}^{\pi} X_1(\lambda) \mathrm{e}^{\mathrm{j}\lambda n} \mathrm{d}\lambda \right] x_2(n) \mathrm{e}^{-\mathrm{j}\omega n} \\
&= \frac{1}{2\pi} \int_{-\pi}^{\pi} X_1(\lambda) \mathrm{d}\lambda \left[\sum_{n=-\infty}^{\infty} x_2(n) \mathrm{e}^{-\mathrm{j}(\omega - \lambda)n} \right] \\
&= \frac{1}{2\pi} \int_{-\pi}^{\pi} X_1(\lambda)X_2(\omega - \lambda)\mathrm{d}\lambda
\end{aligned}$$

式（2-174）中的卷积积分被认为是 $X_1(\omega)$ 和 $X_2(\omega)$ 的周期卷积，因为这是两个具有相同周期的周期函数的卷积。注意，积分的范围是单个周期。另外，我们注意到，由于离散时间信号傅里叶变换的周期性，对于卷积操作，时域和频域之间没有"完美的"二重性，正如连续时间信号的情况。实际上，时域上的卷积（非周期求和）等于连续周期傅里叶变换的乘积。然而，非周期序列的乘积等于它们的傅里叶变换的周期卷积。

我们在处理基于窗口技术的 FIR 滤波器的设计中，式（2-174）中的傅里叶变换对将证明是有用的。

11. 频域微分

如果存在 $x(n) \overset{F}{\leftrightarrow} X(\omega)$，则有

$$nx(n) \overset{F}{\leftrightarrow} \mathrm{j}\frac{\mathrm{d}X(\omega)}{\mathrm{d}\omega} \qquad (2-175)$$

为了证明这个性质，我们使用式（2-118）中的傅里叶变换定义，并且求级数项关于 ω 的微分，从而可得

$$\frac{\mathrm{d}X(\omega)}{\mathrm{d}\omega} = \frac{\mathrm{d}}{\mathrm{d}\omega} \left[\sum_{n=-\infty}^{\infty} x(n) \mathrm{e}^{-\mathrm{j}\omega n} \right] = \sum_{n=-\infty}^{\infty} x(n) \frac{\mathrm{d}}{\mathrm{d}\omega} \mathrm{e}^{-\mathrm{j}\omega n} = -\mathrm{j} \sum_{n=-\infty}^{\infty} nx(n) \mathrm{e}^{-\mathrm{j}\omega n}$$

在这个等式两边都乘上 j，就得到所期待的式（2-175）中的结果。

为了方便参考，本节中推导出来的这些性质总结在表 2-10 中。

表 2 − 10   离散时间信号傅里叶变换的性质

性质	时域	频域
记号	$x(n)$	$X(\omega)$
	$x_1(n)$	$X_1(\omega)$
	$x_2(n)$	$X_2(\omega)$
线性	$a_1 x_1(n) + a_2 x_2(n)$	$a_1 X_1(\omega) + a_2 X_2(\omega)$
时移	$x(n-k)$	$\mathrm{e}^{-j\omega k} X(\omega)$
时间翻转	$x(-n)$	$X(-\omega)$
卷积	$x_1(n) * x_2(n)$	$X_1(\omega) X_2(\omega)$
相关	$r_{x_1 x_2}(l) = x_1(l) * x_2(l)$	$S_{x_1 x_2}(\omega) = X_1(\omega) X_2(-\omega) =$ $X_1(\omega) X_2^*(\omega)$（若 $x_2(n)$ 为实信号）
维纳—辛钦定理	$r_{xx}(l)$	$S_{xx}(\omega)$
频移	$\mathrm{e}^{j\omega_0 n} x(n)$	$X(\omega - \omega_0)$
调制	$x(n)\cos(\omega_0 n)$	$\dfrac{1}{2} X(\omega + \omega_0) + \dfrac{1}{2} X(\omega - \omega_0)$
乘积	$x_1(n) x_2(n)$	$\dfrac{1}{2\pi} \displaystyle\int_{-\pi}^{\pi} X_1(\lambda) X_2(\omega - \lambda)\mathrm{d}\lambda$
频域微分	$n x(n)$	$j \dfrac{\mathrm{d}X(\omega)}{\mathrm{d}\omega}$
共轭	$x^*(n)$	$X^*(-\omega)$
帕塞瓦定理	$\displaystyle\sum_{n=-\infty}^{\infty} x_1(n) x_2^*(n) = \dfrac{1}{2\pi} \int_{-\pi}^{\pi} X_1(\omega) X_2^*(-\omega)\mathrm{d}\omega$	

2.5 小 结

傅里叶级数和傅里叶变换是分析信号频域特征的数学工具。傅里叶级数将一个周期信号近似表示成谐波相关正弦成分的加权求和，其中加权系数表示每个谐波的强度，而每个加权系数的平方幅度表示相应谐波的功率。正如我们已经指出的，傅里叶级数是周期信号许多可能的正交级数展开式中的一个，它的重要性来自 LTI 系统的行为特征，这将在第 3 章中看到。

傅里叶变换是具有有限能量非周期信号的频谱特征的近似表示。傅里叶变换的重要性质也已经在本章中说明了。

第 3 章

LTI 系统的频域分析

本章我们将从频域来描述线性时不变系统（LTI 系统）的特性。本章中的基本激励信号是复指数函数和正弦函数。我们将观察到线性时不变系统对输入端的各种频率成分进行分流或滤波，根据一些简单的线性时不变系统对任何输入信号的滤波类型，描述它们的特性并对它们进行分类。

此外，我们将进一步学习线性时不变系统的输入和输出序列的频谱关系。本章的最后一节将集中介绍 LTI 系统进行逆滤波和去卷积的应用。

3.1 LTI 系统的频域特性

在这一节中，我们将分析 LTI 系统的频域特性。本章中的基本激励信号是复指数函数和正弦函数。系统的特性是通过频率变量 ω 的函数进行描述的，这个函数是系统冲激响应 $h(n)$ 的傅里叶变换，称为频率响应函数。

频率响应函数可以完全描述线性时不变系统的频域特性，这就可以让计算系统对正弦或复指数信号的任意加权组合的稳态响应。因为周期序列，特别是对它们进行了傅里叶级数分解，可以视为谐波相关的复指数信号的加权和，所以计算这类信号对线性时不变系统的响应将变成简单的问题。由于非周期信号可以视为无穷小复指数信号的叠加，所以这种方法也同样适用于非周期信号。

3.1.1 对复指数和正弦信号的响应：频率响应函数

任何弛豫线性时不变系统对任意输入信号 $x(n)$ 的响应，它可以通过卷积公式进行计算，即

$$y(n) = \sum_{k=-\infty}^{\infty} h(k) x(n-k) \tag{3-1}$$

在这个输入—输出关系中，系统特性是通过时域单位采样响应 $\{h(n), -\infty < n < \infty\}$ 进行描述的。

为了推导系统的频域特性，我们用复指数信号来激励系统：

$$x(n) = A \mathrm{e}^{\mathrm{j}\omega n}, \quad -\infty < n < \infty \tag{3-2}$$

式中：A 为幅度；ω 为限制在频率区间 $[-\pi, \pi]$ 上的任意频率。将式（3-2）代入式（3-1），得到响应：

$$y(n) = \sum_{k=-\infty}^{\infty} h(k) \left[A \mathrm{e}^{\mathrm{j}\omega(n-k)} \right] = A \left[\sum_{k=-\infty}^{\infty} h(k) \mathrm{e}^{-\mathrm{j}\omega k} \right] \mathrm{e}^{\mathrm{j}\omega n} \tag{3-3}$$

我们看到，式（3-3）方括号中的项是频率变量 ω 的函数。实际上，这一项是系统单

位采样响应 $h(k)$ 的傅里叶变换，因此，我们将这个函数表示为

$$H(\omega) = \sum_{k=-\infty}^{\infty} h(k) e^{-j\omega k} \tag{3-4}$$

很明显，函数 $H(\omega)$ 存在的条件是系统必须是 BIBO 稳定的，即

$$\sum_{k=-\infty}^{\infty} |h(k)| < \infty$$

利用式（3-4）中的定义，系统对式（3-2）给出的复指数信号的响应为

$$y(n) = AH(\omega) e^{j\omega n} \tag{3-5}$$

我们注意到，响应同样是复指数形式，并且和输入具有相同的频率，但比输入多了一个倍乘因子 $H(\omega)$。

由于这个特性，式（3-2）中的指数信号被称为系统的特征函数；也就是说，系统的特征函数就是一个输入信号，这个信号会产生一个与输入相差一个常数倍乘因子的输出，这个倍乘因子称为系统的特征值。在这种情况下，形如式（3-2）的复指数信号就是线性时不变系统的特征函数，而在输入信号频率处的 $H(\omega)$ 值就是相应的特征值。

【例 3-1】

一个系统的冲激响应为

$$h(n) = (1/2)^n u(n) \tag{3-6}$$

其输入为复指数序列

$$x(n) = A e^{j\pi n/2}, \quad -\infty < n < \infty$$

计算系统的输出序列。

解：

首先计算冲击响应 $h(n)$ 的傅里叶变换，然后用式（3-5）计算 $y(n)$。从例 2-5 的结果可知：

$$H(\omega) = \sum_{n=-\infty}^{\infty} h(n) e^{-j\omega n} = \frac{1}{1 - \frac{1}{2} e^{-j\omega}} \tag{3-7}$$

在 $\omega = \pi/2$ 处，由式（3-7）得出

$$H\left(\frac{\pi}{2}\right) = \frac{1}{1 + j\frac{1}{2}} = \frac{2}{\sqrt{5}} e^{-j26.6°}$$

则得到输出结果

$$y(n) = A\left(\frac{2}{\sqrt{5}} e^{-j26.6°}\right) e^{j\pi n/2}$$

$$y(n) = \frac{2}{\sqrt{5}} A e^{j(\pi n/2 - 26.6°)}, \quad -\infty < n < \infty \tag{3-8}$$

这个例题清楚地说明了输入信号对系统产生的影响仅仅是幅度上变化了 $2/\sqrt{5}$，相位上移动了 $-26.6°$。因此，这个输出也同样是个复指数，它的频率为 $\pi/2$。幅度为 $2A/\sqrt{5}$，相位为 $-26.6°$。

如果改变输入信号的频率，那么系统对输入的影响就会产生变化，因此输出也会相应变化。特别指出，如果输入序列是频率为 2π 的复指数信号，即

$$x(n) = A e^{j\pi n}, \quad -\infty < n < \infty \tag{3-9}$$

那么，在 $\omega = \pi$ 处，

$$H(\pi) = \frac{1}{1 - \frac{1}{2}\mathrm{e}^{-\mathrm{j}\pi}} = \frac{1}{\frac{3}{2}} = \frac{2}{3}$$

并且系统的输出为

$$y(n) = \frac{2}{3}A\mathrm{e}^{\mathrm{j}\pi n}, \quad -\infty < n < \infty \tag{3-10}$$

我们注意到，$H(\pi)$ 是一个纯实数，即与 $H(\omega)$ 有关的相位在 $\omega = \pi$ 处为 0。因此，输入在幅度上乘一个因子 $H(\pi) = \frac{2}{3}$，但相位移动却为 0。

通常，$H(\omega)$ 是频率变量 ω 的复值函数，因此 $H(\omega)$ 可以表示成极坐标形式，形式为

$$H(\omega) = |H(\omega)|\mathrm{e}^{\mathrm{j}\theta(\omega)} \tag{3-11}$$

其中 $|H(\omega)|$ 是 $H(\omega)$ 的幅度，并且

$$\Theta(\omega) = \arg H(\omega)$$

这是在频率 ω 处系统加到输入信号上的相移。

因为 $H(\omega)$ 是 $\{h(k)\}$ 的傅里叶变换，由此可得出 $H(\omega)$ 是周期为 2π 的周期函数。另外，我们可以把式（3-4）视为 $H(\omega)$ 的指数傅里叶级数扩展式，把 $h(k)$ 视为傅里叶级数的系数。从而，单位冲激响应 $h(k)$ 与 $H(\omega)$ 存在的积分关系为

$$h(k) = \frac{1}{2\pi}\int_{-\pi}^{\pi} H(\omega)\mathrm{e}^{\mathrm{j}\omega k}\mathrm{d}\omega \tag{3-12}$$

对于具有实值冲激响应的线性时不变系统，其幅度和相位函数具有对称特性，这将在下面进行阐述。由 $H(\omega)$ 的定义，得出

$$H(\omega) = \sum_{-\infty}^{\infty} h(k)\mathrm{e}^{-\mathrm{j}k} = \sum_{k=-\infty}^{\infty} h(k)\cos\omega k - \mathrm{j}\sum_{k=-\infty}^{\infty} h(k)\sin\omega k$$

$$= H_R(\omega) + \mathrm{j}H_l(\omega) = \sqrt{H_R^2(\omega) + H_l^2(\omega)}\,\mathrm{e}^{\mathrm{j}\arctan[H_l(\omega)/H_R(\omega)]} \tag{3-13}$$

其中 $H_R(\omega)$ 和 $H_l(\omega)$ 表示 $H(\omega)$ 的实部和虚部，其定义为

$$\begin{cases} H_R(\omega) = \displaystyle\sum_{k=-\infty}^{\infty} h(k)\cos\omega k \\ H_l(\omega) = -\displaystyle\sum_{k=-\infty}^{\infty} h(k)\sin\omega k \end{cases} \tag{3-14}$$

从式（3-13）明显看出，$H(\omega)$ 的幅度和相位可以用 $H_R(\omega)$ 和 $H_l(\omega)$ 的形式表示，即

$$\begin{cases} |H(\omega)| = \sqrt{H_R^2(\omega) + H_l^2(\omega)} \\ \Theta(\omega) = \arctan\dfrac{H_l(\omega)}{H_R(\omega)} \end{cases} \tag{3-15}$$

我们注意到，$H_R(\omega) = H_R(-\omega)$ 并且 $H_l(\omega) = -H_l(-\omega)$，因此 $H_R(\omega)$ 是 ω 的偶函数，$H_l(\omega)$ 是 ω 的奇函数，由此可得出 $|H(\omega)|$ 是 ω 的偶函数，$\Theta(\omega)$ 是 ω 的奇函数。所以，如果知道了 $|H(\omega)|$ 和 $\Theta(\omega)$ 在 $0 \leqslant \omega \leqslant \pi$ 上的值，那么就可以得到这两个函数在 $-\pi \leqslant \omega \leqslant 0$ 上的值。

【例 3-2】

滑动平均滤波器为

$$y(n) = \frac{1}{3}[x(n+1) + x(n) + x(n-1)]$$

计算三点滑动平均（MA）系统 $H(\omega)$、$h_l(n)$ 的幅度和相位，并且画出这个函数在 $0 \leqslant \omega$ $\leqslant \pi$ 上的幅度图和相位图。

解：

因为

$$h(n) = \left\{ \frac{1}{3}, \frac{1}{3}, \frac{1}{3} \right\}$$
$$\uparrow$$

由此得到

$$H(\omega) = \frac{1}{3}(e^{j\omega} + 1 + e^{-j\omega}) = \frac{1}{3}(1 + 2\cos\omega)$$

因此，

$$|H(\omega)| = \frac{1}{3}|1 + 2\cos\omega|$$

$$\Theta(\omega) = \begin{cases} 0, 0 \leqslant \omega \leqslant 2\pi/3 \\ \pi, 2\pi/3 \leqslant \omega \leqslant \pi \end{cases} \tag{3-16}$$

画出了 $H(\omega)$ 的幅度图和相位图（图 3-1）。如前所述，$|H(\omega)|$ 是频率的偶函数，$\Theta(\omega)$ 是频率的奇函数，显然，从频率响应特性 $H(\omega)$ 可以看出，这个滑动平均滤波器平滑了输入信号，这从输入—输出方程也可以得出。

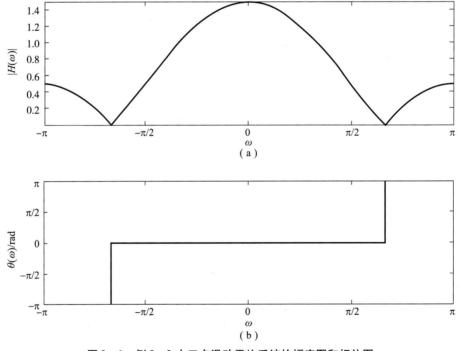

图 3-1 例 3-2 中三点滑动平均系统的幅度图和相位图
（a）$H(\omega)$ 的幅度图；（b）$H(\omega)$ 的相位图

$H(\omega)$ 的幅度和相位函数满足对称特性，实际上，正统函数可以表示成两个复共轭指数函数的和或差，这意味着线性时不变系统对正弦信号的响应在形式上类似于输入是复指数信

号的响应。的确，如果输入是

$$x_1(n) = A\mathrm{e}^{j\omega n}$$

则输出为

$$y_1(n) = A|H(\omega)|\mathrm{e}^{j\Theta(\omega)}\mathrm{e}^{j\omega n}$$

另一方面，如果输入是

$$x_2(n) = A\mathrm{e}^{-j\omega n}$$

则系统的响应为

$$y_2(n) = A|H(-\omega)|\mathrm{e}^{j\Theta(-\omega)}\mathrm{e}^{-j\omega n} = A|H(\omega)|\mathrm{e}^{-j\Theta(\omega)}\mathrm{e}^{-j\omega n}$$

其中在最后一个表达式中，利用了对称特性 $|H(\omega)| = |H(-\omega)|$ 和 $\Theta(\omega) = -\Theta(-\omega)$。现在，应用线性时不变系统的叠加性，就可以得出系统对输入

$$x(n) = \frac{1}{2}[x_1(n) + x_2(n)] = A\cos\omega n$$

的响应为

$$\begin{cases} y(n) = \dfrac{1}{2}[y_1(n) + y_2(n)] \\ y(n) = A|H(\omega)|\cos[\omega n + \Theta(\omega)] \end{cases} \tag{3-17}$$

如果输入是

$$x(n) = \frac{1}{j2}[x_1(n) - x_2(n)] = A\sin\omega n$$

则系统的响应为

$$\begin{cases} y(n) = \dfrac{1}{j2}[y_1(n) - y_2(n)] \\ y(n) = A|H(\omega)|\sin[\omega n + \Theta(\omega)] \end{cases} \tag{3-18}$$

从以上讨论可以明显地看出，$H(\omega)$ 或者等价的 $|H(\omega)|$ 和 $\Theta(\omega)$，完全描述了系统对任意频率正弦输入信号的影响。的确，我们注意到，$H(\omega)$ 决定了输入正弦信号经过系统后是放大了（$|H(\omega)| > 1$）还是衰减了（$|H(\omega)| < 1$），相位 $\Theta(\omega)$ 决定了输入正弦信号经过系统后所产生的相移量。因此，知道了 $H(\omega)$ 后，就可以计算系统对任何正弦输入信号的响应。因为 $H(\omega)$ 确定了系统在频域的响应，所以称它为系统的频率响应。相应地，$|H(\omega)|$ 称为系统的幅度响应，$\Theta(\omega)$ 称为系统的相位响应。

如果系统的输入包含多个正弦信号，那么就可以利用线性系统的叠加性计算系统的响应。下面的例子说明了叠加性的应用。

【例 3 - 3】

计算例 3.1 中的系统对输入信号的响应：

$$x(n) = 10 - 5\sin\frac{\pi}{2}n + 20\cos\pi n, \quad -\infty < n < \infty$$

解：

根据式（3 - 7）给出的系统频率响应

$$H(\omega) = \frac{1}{1 - \dfrac{1}{2}\mathrm{e}^{-j\omega}}$$

输入信号的第一项是对应于 $\omega = 0$ 的固有信号成分，因此，

$$H(0) = \frac{1}{1 - \frac{1}{2}} = 2$$

$x(n)$ 中第二项的频率为 $\pi/2$，在这个频率处的系统频率响应为

$$H\left(\frac{\pi}{2}\right) = \frac{2}{\sqrt{5}} e^{-j26.6°}$$

最后，$x(n)$ 中第三项的频率为 $\omega = \pi$，在这个频率处，

$$H(\pi) = \frac{2}{3}$$

因此，系统对 $x(n)$ 的响应为

$$y(n) = 20 - \frac{10}{\sqrt{5}} \sin\left(\frac{\pi}{2}n - 26.6°\right) + \frac{40}{3}\cos\pi n, \ -\infty < n < \infty$$

在最通常的情况下，如果系统输入是正弦信号的任意线性组合，其形式为

$$x(n) = \sum_{i=1}^{L} A_i\cos(\omega_i n + \emptyset_i), \ -\infty < n < \infty$$

其中 $\{A_i\}$ 和 $\{\emptyset_i\}$ 是相应频率成分的幅度和相位，那么系统的响应就仅仅是

$$y(n) = \sum_{i=1}^{L} A_i |H(\omega_i)| \cos[\omega_i n + \emptyset_i + \Theta(\omega_i)] \tag{3-19}$$

其中 $|H(\omega_i)|$ 和 $\Theta(\omega_i)$ 分别是输入信号中各频率成分经过系统后所对应的幅度和相位。

很明显，系统的频率响应 $H(\omega)$ 决定了系统对输入的不同频率正弦信号的影响也是不同的。例如，如果在某些频率上 $H(\omega) = 0$，则在这些频率点的正弦信号将可能被完全抑制掉，而其他的正弦信号经过系统后可能不产生任何衰减（甚至可能得到某种程度的放大）。事实上，我们可以把线性时不变系统的功能视为对不同频率正弦信号的滤波器，使某些频率成分可以输出，而抑制或禁止其他频率成分的输出。我们将在第 6 章讨论基本数字滤波器的设计问题，包括计算线性时不变系统的参数，以达到预期的频率响应 $H(\omega)$。

3.1.2 正弦输入信号的稳态和暂态响应

在上一节的讨论中，我们求解了线性时不变系统对作用于 $n = -\infty$ 的指数和正弦输入信号的响应。因为指数或正弦信号作用于 $n = -\infty$，所以通常称这些信号为无穷指数和无穷正弦。在这种情况下，输出端观察到的响应即是稳态响应，而没有暂态响应。

另一方面，如果指数或正弦信号作用于有限的时刻，比如说在 $n = 0$，那么系统的响应就包括两项：暂态响应和稳态响应。为了说明这点，我们来考虑这样的一个例子。一个系统由一阶差分方：

$$y(n) = ay(n-1) + x(n) \tag{3-20}$$

这个系统对任何作用于 $n = 0$ 的 $x(n)$ 的输出为

$$y(n) = a^{n+1}y(-1) + \sum_{k=0}^{n} a^k x(n-k), n \geq 0 \tag{3-21}$$

其中 $y(-1)$ 为初始状态。

现在假设系统的输入是复指数信号：

$$x(n) = Ae^{j\omega n}, n \geq 0 \tag{3-22}$$

作用于 $n = 0$。则可得出

$$y(n) = a^{n+1}y(-1) + A\sum_{k=0}^{n} a^k e^{j\omega(n-k)} = a^{n+1}y(-1) + A\left[\sum_{k=0}^{n}(ae^{-j\omega})^k\right]e^{j\omega n}$$

$$= a^{n+1}y(-1) + A\frac{1 - a^{n+1}e^{-j\omega(n+1)}}{1 - ae^{-j\omega}}e^{j\omega n}, n \geq 0$$

$$= a^{n+1}y(-1) - \frac{Aa^{n+1}e^{-j\omega(n+1)}}{1 - ae^{-j\omega}}e^{j\omega n} + \frac{A}{1 - ae^{-j\omega}}e^{j\omega n}, n \geq 0 \qquad (3-23)$$

可知，当 $|a| < 1$ 时，式（3-20）中的系统是 BIBO 稳定的。在这种情况下，当 n 趋向无穷大时，式（3-23）中含有 a^{n+1} 的两项衰减趋于 0，因此，剩下的稳态响应为

$$y_{ss}(n) = \lim_{n\to\infty} y(n) = \frac{A}{1 - ae^{-j\omega}}e^{j\omega n} = AH(\omega)e^{j\omega n} \qquad (3-24)$$

式（3-23）中的前两项构成了系统的暂态响应，即

$$y_{ss}(n) = a^{n+1}y(-1) - \frac{Aa^{n+1}e^{-j\omega(n+1)}}{1 - ae^{-j\omega}}e^{j\omega n}, n \geq 0 \qquad (3-25)$$

当 n 趋于无穷大时，这部分衰减趋于 0。暂态响应中第一项是系统的零输入响应，第二项是由指数输入信号产生的暂态响应。

通常，所有线性时不变 BIBO 系统，在 $n = 0$ 或其他有限时刻受到复指数信号或正弦信号的激励时，都具有类似的特点。也就是说，当 $n \to \infty$ 时，暂态响应衰减趋于 0，剩下的只有上节所计算的稳态响应。在许多实际应用中，系统的暂态响应是不重要的，因此在计算系统对正弦输入的响应时，暂态响应常常被忽略。

3.1.3　周期输入信号的稳态响应

假设输入到稳定的线性时不变系统的是基本周期为 N 的周期信号 $x(n)$，因为这样的信号存在于 $-\infty < n < \infty$ 中，所以系统在任意时刻 n 的总响应就仅仅等于稳态响应。

为了计算系统响应 $y(n)$，利用傅里叶级数来表示周期性信号，即

$$x(n) = \sum_{k=0}^{N-1} c_k e^{j2\pi kn/N}, k = 0,1,\cdots,N-1 \qquad (3-26)$$

其中，$\{c_k\}$ 是傅里叶级数的系数，此时，系统对复指数信号

$$x(n) = c_k e^{j2\pi kn/N}, k = 0,1,\cdots,N-1$$

的响应为

$$y(n) = c_k H\left(\frac{2\pi}{N}k\right)e^{j2\pi kn/N}, k = 0,1,\cdots,N-1 \qquad (3-27)$$

其中，

$$H\left(\frac{2\pi}{N}k\right) = H(\omega)\big|_{2k\pi/k}, k = 0,1,\cdots,N-1$$

利用线性系统的叠加性原则，得到系统对式（3-26）中的周期性信号 $x(n)$ 的响应为

$$y(n) = \sum_{k=0}^{N-1} c_k H\left(\frac{2\pi}{N}k\right)e^{j2\pi kn/N}, -\infty < n < \infty \qquad (3-28)$$

该结果表明系统对周期性输入信号 $x(n)$ 的响应也是周期性的，其基本周期同样也是 N。$y(n)$ 的傅里叶级数的系数为

$$d_k \equiv c_k H\left(\frac{2\pi}{N}k\right), k = 0, 1, \cdots, N-1 \tag{3-29}$$

因此，线性系统可能会改变周期输入信号的形状，表现在傅里叶级数各成分的幅度发生了缩放，或是相位发生了移动，但系统不会影响周期性输入信号的周期。

3.1.4 非周期输入信号的响应

式（2-164）给出的卷积定理提供了我们想要的时域关系，以计算 LTI 系统（线性时不变系统）对非周期性、能量有限信号的输出。如果 $\{x(n)\}$ 表示输入序列，$\{y(n)\}$ 表示输出序列，$\{h(n)\}$ 表示系统的单位采样响应，那么根据卷积定理可得出

$$Y(\omega) = H(\omega)X(\omega) \tag{3-30}$$

式中，$Y(\omega)$、$X(\omega)$ 和 $H(\omega)$ 分别为 $\{y(n)\}$、$\{x(n)\}$ 和 $\{h(n)\}$ 对应的傅里叶变换。从这个关系式可以看出，输出信号的频谱等于输入信号的频谱乘以系统的频率响应。

如果将 $Y(\omega)$、$X(\omega)$ 和 $H(\omega)$ 表示为极坐标形式，那么输出信号的幅度和相位可以表示为

$$|Y(\omega)| = |H(\omega)||X(\omega)| \tag{3-31}$$

$$\arg Y(\omega) = \arg H(\omega) + \arg X(\omega) \tag{3-32}$$

式中，$|H(\omega)|$ 和 $\arg H(\omega)$ 分别为系统的幅度和相位响应。

作为固有特性，能量有限、非周期信号包含有许多连续的频率成分。线性时不变系统通过它的频率响应函数，会衰减输入信号中的某些频率成分，而放大其他的频率成分，因此系统的作用就像是对输入信号进行处理的滤波器。从 $|H(\omega)|$ 的图形上可以看出哪些频率成分被放大了，哪些频率成分被衰减了。另一方面，$H(\omega)$ 的角度决定了输入信号中各连续的频率成分经过系统后产生的相移，它是频率的函数。如果系统对输入信号频谱的变化是非预期的，那么称这个系统引起了幅度和相位失真。

同样还可以看出，线性时不变系统的输出不可能包含输入信号中没有的频率成分，而线性时变系统或者非线性系统可以产生输入信号中无须包含的频率成分。

图 3-2 为用来分析 BIBO 稳定的线性时不变系统的时域和频域输入—输出关系。可以看出，在时域分析中，要得到系统的输出序列，需要对输入信号和系统的冲激响应做卷积；另一方面，在频率分析中，要得到系统输出信号的频谱，需要对输入信号的频谱 $X(\omega)$ 和系统的频域响应 $H(\omega)$ 做乘积。

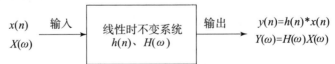

图 3-2　线性时不变系统的时域和频域输入—输出关系

我们可以利用式（3-30）中的关系来计算输出信号的频谱 $Y(\omega)$，输出序列 $\{y(n)\}$ 就可以通过傅里叶逆变换得到

$$y(n) = \frac{1}{2\pi}\int_{-\pi}^{\pi} Y(\omega) e^{j\omega n} d\omega \tag{3-33}$$

然而，这种方法很少采用，更多的是用一种更简单的方法——z 变换来解决计算输出序列 $\{y(n)\}$ 的问题。

根据式（3-30）的基本输入—输出关系式，并计算等式两边的幅度平方值，可得到

$$|Y(\omega)|^2 = |H(\omega)|^2 |X(\omega)|^2$$

$$S_{yy}(\omega) = |H(\omega)|^2 S_{xx}(\omega) \qquad (3-34)$$

式中，$S_{xx}(\omega)$ 和 $S_{yy}(\omega)$ 分别为输入和输出信号的能量密度谱。对式（3-34）在频率区间 $(-\pi, \pi)$ 上进行积分，得到输出信号的能量为

$$E_y = \frac{1}{2\pi} \int_{-\pi}^{\pi} S_{yy}(\omega)\,\mathrm{d}\omega = \frac{1}{2\pi} \int_{-\pi}^{\pi} |H(\omega)|^2 S_{xx}(\omega)\,\mathrm{d}\omega \qquad (3-35)$$

【例 3-4】

一个线性时不变系统由它的冲激响应描述如下：

$$h(n) = \left(\frac{1}{2}\right)^n u(n)$$

系统的激励信号为

$$x(n) = \left(\frac{1}{4}\right)^n u(n)$$

计算输出信号的频谱及能量密度谱。

解：

系统的频率响应函数为

$$H(\omega) = \sum_{n=0}^{\infty} \left(\frac{1}{2}\right)^n \mathrm{e}^{-\mathrm{j}\omega n} = \frac{1}{1 - \frac{1}{2}\mathrm{e}^{-\mathrm{j}\omega}}$$

类似地，输入序列 $\{x(n)\}$ 的傅里叶变换为

$$X(\omega) = \frac{1}{1 - \frac{1}{4}\mathrm{e}^{-\mathrm{j}\omega}}$$

因此，系统输出信号的频谱为

$$Y(\omega) = H(\omega)X(\omega) = \frac{1}{\left(1 - \frac{1}{2}\mathrm{e}^{-\mathrm{j}\omega}\right)\left(1 - \frac{1}{4}\mathrm{e}^{-\mathrm{j}\omega}\right)}$$

对应的能量密度谱为

$$S_{yy}(\omega) = |Y(\omega)|^2 = |H(\omega)|^2 |X(\omega)|^2 = \frac{1}{\left(\frac{5}{4} - \cos\omega\right)\left(\frac{17}{16} - \frac{1}{2}\cos\omega\right)}$$

3.2　LTI 系统的频率响应

在这一节中，我们将集中计算具有有理系统函数的 LTI 系统频率响应。我们知道，这类 LTI 系统在时域是用常系数差分方程进行描述的。

3.2.1　具有有理系统函数系统的频率响应

从第 2 章 2.2.6 节的讨论中我们知道，如果系统函数 $H(z)$ 收敛在单位圆上，则可以通过计算 $H(z)$ 在单位圆上的值得到系统的频率响应，因此，

$$H(\omega) = H(z)_{z = e^{j\omega}} = \sum_{n = -\infty}^{\infty} h(n) e^{-j\omega n} \tag{3-36}$$

在这种情况下，$H(z)$ 是一个有理函数且形式为 $H(z) = B(z)/A(z)$，于是得出

$$H(\omega) = \frac{B(\omega)}{A(\omega)} = \frac{\sum_{k=0}^{M} b_k e^{-j\omega k}}{1 + \sum_{k=1}^{N} a_k e^{-j\omega k}} \tag{3-37}$$

$$= b_0 \frac{\prod_{k=1}^{M} (1 - z_k e^{-j\omega})}{\prod_{k=1}^{N} (1 - p_k e^{-j\omega})} \tag{3-38}$$

式中，$\{a_k\}$ 和 $\{b_k\}$ 为实数，但是 $\{z_k\}$ 和 $\{p_k\}$ 可能为复数。

有时候我们需要将 $H(\omega)$ 的幅度平方值表示成 $H(z)$ 的形式。我们注意到

$$|H(\omega)|^2 = H(\omega)H^*(\omega)$$

对于式（3-38）给出的有理系统函数，得到

$$H^*(\omega) = b_0 \frac{\prod_{k=1}^{M} (1 - z_k^* e^{-j\omega})}{\prod_{k=1}^{N} (1 - p_k^* e^{-j\omega})} \tag{3-39}$$

由此得出，对于有理系统函数，$H^*(\omega)$ 是通过计算 $H^*(1/z^*)$ 在单位圆上的值得到的：

$$H^*(1/z^*) = b_0 \frac{\prod_{k=1}^{M} (1 - z_k^* z)}{\prod_{k=1}^{N} (1 - p_k^* z)} \tag{3-40}$$

然而，当 $\{h(n)\}$ 是实数，或者等价的系数 $\{a_k\}$ 和 $\{b_k\}$ 是实数时，复值的极点与零点会以复共轭对的形式出现。在这种情况下 $H^*(1/z^*) = H(z^{-1})$。因此，$H^*(\omega) = H(-\omega)$，并且

$$|H(\omega)|^2 = H(\omega)H^*(\omega) = H(\omega)H(-\omega) = H(z)H(z^{-1})|_{z = e^{j\omega}} \tag{3-41}$$

根据 z 变换的相关性定理，函数 $H(z)H(z^{-1})$ 是单位采样响应 $\{h(n)\}$ 的自相关序列 $\{r_{hh}(m)\}$ 的 z 变换。根据维纳—辛钦定理，得出 $|H(\omega)|^2$ 是 $\{h(n)\}$ 的傅里叶变换。

类似地，如果 $H(z) = B(z)/A(z)$，那么变换 $D(z) = B(z)B(z^{-1})$ 和 $C(z) = A(z)A(z^{-1})$ 是自相关序列 $\{c_l\}$ 和 $\{d_l\}$ 的 z 变换，其中，

$$c_l = \sum_{k=0}^{N-|l|} a_k a_{k+1}, \quad -N \leqslant l \leqslant N \tag{3-42}$$

$$d_l = \sum_{k=0}^{M-|l|} a_k a_{k+1}, \quad -M \leqslant l \leqslant M \tag{3-43}$$

因为系统参数 $\{a_k\}$ 和 $\{b_k\}$ 是实值，由此得出 $c_l = c_{-l}$ 并且 $d_l = d_{-l}$。通过利用对称性，$|H(\omega)|^2$ 可表示为

$$|H(\omega)|^2 = \frac{d_0 + 2\sum_{k=1}^{M} d_k \cos k\omega}{c_0 + 2\sum_{k=1}^{N} c_k \sin k\omega} \tag{3-44}$$

最后，我们注意到，$\cos k\omega$ 可以表示成 $\cos\omega$ 的多项式函数，即

$$\cos k\omega = \sum_{m=0}^{k} \beta_m (\cos\omega)^m \tag{3-45}$$

式中，$\{\beta_m\}$ 为扩展式的系数。因此，$|H(\omega)|^2$ 的分子和分母可以视为 $\cos\omega$ 的多项式函数。下面举例说明前面所述的关系。

【例 3 – 5】

计算系统

$$y(n) = -0.1y(n-1) + 0.2y(n-1) + x(n) + x(n-1)$$

的 $|H(\omega)|^2$。

解：

系统函数为

$$H(z) = \frac{1 + z^{-1}}{1 + 0.1z^{-1} - 0.2z^{-2}}$$

它的收敛域为 $|z| > 0.5$，所以 $H(\omega)$ 存在，此时，

$$
\begin{aligned}
H(z)H(z^{-1}) &= \frac{1 + z^{-1}}{1 + 0.1z^{-1} - 0.2z^{-2}} \cdot \frac{1 + z}{1 + 0.1z - 0.2z^2} \\
&= \frac{2 + z + z^{-1}}{1.05 + 0.08(z + z^{-1}) - 0.2(z^2 + z^{-2})}
\end{aligned}
$$

通过计算 $H(z)H(z^{-1})$ 在单位圆上的值，得出

$$|H(\omega)|^2 = \frac{2 + 2\cos\omega}{1.05 + 0.16\cos\omega - 0.4\cos2\omega}$$

而 $\cos2\omega = 2\cos^2\omega - 1$，因此 $|H(\omega)|^2$ 可表示为

$$|H(\omega)|^2 = \frac{2(1 + \cos\omega)}{1.05 + 0.16\cos\omega - 0.8\cos^2\omega}$$

我们注意到，给定 $H(z)$ 是计算 $H(z^{-1})$ 以及 $|H(\omega)|^2$ 的直接方法。然而相反的问题，即给定 $|H(\omega)|^2$ 或相应的冲激响应 $\{h(n)\}$ 来计算 $H(z)$，却不是一种直接的方法，这是因为 $|H(\omega)|^2$ 不包含 $H(\omega)$ 中的相位信息，所以就无法惟一地计算出 $H(z)$。

为了详细说明这一点，我们假设 $H(z)$ 的 N 个极点和 M 个零点分别是 $\{p_k\}$ 和 $\{z_k\}$，对应的 $H(z^{-1})$ 的极点和零点分别是 $\{1/p_k\}$ 和 $\{1/z_k\}$。给定 $|H(\omega)|^2$ 或等价的 $H(z)H(z^{-1})$，通过给 $H(z)$ 赋以极点 p_k 或其倒数 $1/p_k$，以及零点 z_k 或其倒数 $1/z_k$，就可以求解出不同的系统函数 $H(z)$。例如，如果 $N = 2$，$M = 1$，那么 $H(z)H(z^{-1})$ 的极点和零点分别为 $\{p_1, p_2, 1/p_1, 1/p_2\}$ 和 $\{z_1, 1/z_1\}$。如果 p_1 和 p_2 是实数，那么 $H(z)$ 的极点可能为 $\{p_1, p_2\}$、$\{1/p_1, 1/p_2\}$、$c_y(n) = c_x(n) + c_h(n)$ 和 $c_y(n) = c_x(n) + c_h(n)$，而零点则可能是 $\{z_1\}$ 或 $\{1/z_1\}$。因此，系统函数有 8 种可能的选择，所有这些函数的 $|H(\omega)|^2$ 都相同。即使限制 $H(z)$ 的极点在单位圆内，$H(z)$ 仍有两种不同的选择，这取决于选择 $\{z_1\}$ 还是 $\{1/z_1\}$ 作为零点。所以，仅仅给出幅度响应 $|H(\omega)|$ 并不能计算出 $H(z)$。

3.2.2　频率响应函数的计算

作为频率的函数，在计算幅度响应和相位响应时，$H(\omega)$ 可以很方便地表示成极点和零点的形式，因此将 $H(\omega)$ 写成因子形式，即

$$H(\omega) = b_0 \frac{\prod_{k=1}^{M}(1 - z_k e^{-j\omega k})}{\prod_{k=1}^{N}(1 - p_k e^{-j\omega k})} \tag{3 – 46}$$

或等价为

$$H(\omega) = b_0 e^{j\omega(N-M)} \frac{\prod_{k=1}^{M}(e^{j\omega} - z_k)}{\prod_{k=1}^{N}(e^{j\omega} - p_k)} \tag{3-47}$$

将式（3-47）中的各复值因子写成极坐标形式

$$e^{j\omega} - z_k = V_k(\omega) e^{j\Theta_k(\omega)} \tag{3-48}$$

及

$$e^{j\omega} - p_k = U_k(\omega) e^{j\Phi_k(\omega)} \tag{3-49}$$

其中，

$$V_k(\omega) \equiv |e^{j\omega} - z_k|, \Theta_k(\omega) \equiv \arg(e^{j\omega} - z_k) \tag{3-50}$$

并且

$$U_k(\omega) \equiv |e^{j\omega} - p_k|, \Phi_k(\omega) \equiv \arg(e^{j\omega} - p_k) \tag{3-51}$$

$H(\omega)$ 的幅度等于式（3-47）中所有项的幅度之积。因为 $e^{j\omega(N-M)}$ 的幅度是 1，所以利用式（3-48）到式（3-51），可以得出

$$|H(\omega)| = |b_0| \frac{V_1(\omega) \cdots V_M(\omega)}{U_1(\omega) U_2(\omega) \cdots U_N(\omega)} \tag{3-52}$$

$H(\omega)$ 的相位等于分子中所有因子的相位之和，再减去分母中所有因子的相位，因此结合式（3-48）到式（3-51），得到

$$\arg H(\omega) = \arg b_0 + \omega(N-M) + \Theta_1(\omega) + \Theta_2(\omega) + \cdots \Theta_M(\omega) - [\Phi_1(\omega) + \Phi_2(\omega) + \cdots \Phi_N(\omega)] \tag{3-53}$$

式中，增益项 b_0 的相位是 0 或 π，这取决于 b_0 是正数还是负数。很明显，如果知道了系统函数 $H(z)$ 的零点和极点，那么就可以根据式（3-52）和式（3-53）计算出频率响应。

我们可以用几何解释式（3-52）和式（3-53）中幅度和相位的量。在图 3-3（a）中，极点 p_k 和零点 z_k 位于 z 平面上的点 A 和点 B 处。假设我们想计算 $H(\omega)$ 在指定频率 ω 处的值，给定的 ω 值决定了矢量 $e^{j\omega}$ 在实数正半轴上的角度，矢量 $e^{j\omega}$ 的倾斜角度决定了单位圆上的点 L。计算给定 ω 值的傅里叶变换等同于计算在复平面上 L 点的 z 变换。为了计算 L 点的傅里叶变换，从极点和零点的位置向 L 点作出矢量 AL 和 BL。

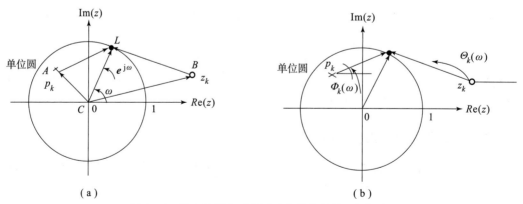

图 3-3　极点和零点对傅里叶变换作用的几何解释
（a）幅度：因子 V_k/U_k；（b）相位：因子 $\Theta_k - \Phi_k$

从图 3-3（a）可以得出

$$CL = CA + AL$$

并且

$$CL = CB + BL$$

然而，$CL = e^{j\omega}$，$CA = p_k$，$CB = z_k$，因此

$$AL = e^{j\omega} - p_k \tag{3-54}$$

并且

$$BL = e^{j\omega} - z_k \tag{3-55}$$

结合式（3-48）和式（3-49）的关系，得出

$$AL = e^{j\omega} - p_k = U(\omega)e^{j\Phi_k(\omega)} \tag{3-56}$$

$$BL = e^{j\omega} - z_k = V(\omega)e^{j\Theta_k(\omega)} \tag{3-57}$$

因而 $U_k(\omega)$ 是 AL 的长度，即从极点 p_k 到对应于 $e^{j\omega}$ 的 L 点的距离，而 $V_k(\omega)$ 是从零点 z_k 到相同的 L 点的距离。相位 $\Phi_k(\omega)$ 和 $\Theta_k(\omega)$ 分别是矢量 AL 和 BL 在实数正半轴上的角度，如图 3-3（b）所示。

几何解释对于理解极点和零点的位置如何影响傅里叶变换的幅度和相位是非常有用的。假如一个零点（如 z_k）和一个极点（如 p_k）都位于单位圆上，如图 3-4 所示。注意到在 $\omega = \arg z_k$ 处，$V_k(\omega)$ 变成 0，因此 $|H(\omega)|$ 也变成 0。类似地，在 $\omega = \arg p_k$ 处，长度 $U_k(\omega)$ 变成 0，所以 $|H(\omega)|$ 将变成无穷大。很明显，在这种情况下计算相位是没有意义的。

相反，单位圆上的极点使得在 $\omega = \arg p_k$ 时 $|H(\omega)| = \infty$。

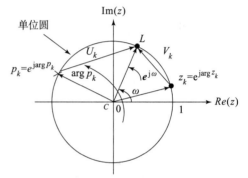

图 3-4　单位圆上的零点使得在
$\omega = \arg z_k$ 时 $|H(\omega)| = 0$

从以上讨论可以很容易看出，靠近单位圆存在零点，使得频率响应的幅度在靠近该零点的单位圆上的点所对应的频率处的值变小；相反，靠近单位圆存在极点，使得频率响应的幅度在靠近该极点的频率处的值变大，因而极点具有与零点相反的效果。同样，在极点附近放置零点可以抵消极点的影响，反之亦然。这同样也可以从式（3-47）看出，这是因为，如果 $z_k = p_k$，那么 $e^{j\omega} - z_k$ 项和 $e^{j\omega} - p_k$ 项将抵消。显而易见，在变换中，极点和零点的存在，将导致出现各种形状的 $|H(\omega)|$ 和 $\arg H(\omega)$。在设计数字滤波器时，这种零极点的观测是至关重要的。现在通过下面这个例子来总结以上讨论的这些概念。

【例 3-6】

计算系统的频率响应。该系统的系统函数为

$$H(z) = \frac{1}{1 - 0.8z^{-1}} = \frac{z}{z - 0.8}$$

解：

显然，$H(z)$ 在 $z = 0$ 处有一个零点，在 $p = 0.8$ 处有一个极点，因此系统的频率响应为

$$H(\omega) = \frac{e^{j\omega}}{e^{j\omega} - 0.8}$$

幅度响应为

$$|H(\omega)| = \frac{|e^{j\omega}|}{|e^{j\omega} - 0.8|} = \frac{1}{\sqrt{1.64 - 1.6\cos\omega}}$$

相位响应为

$$\theta(\omega) = \omega - \arctan\frac{\sin\omega}{\cos\omega - 0.8}$$

幅度响应和相位响应如图 3-5 所示。我们注意到，幅度响应的峰值出现在 $\omega = 0$ 处，这一点在单位圆上最靠近 0.8 处的极点。

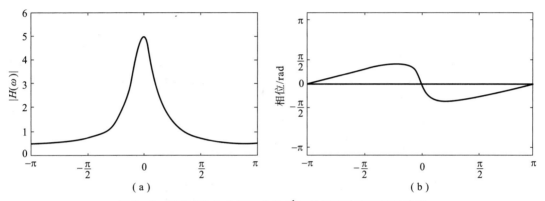

图 3-5 系统 $H(z)=1/(1-0.8z^{-1})$ 的幅度响应和相位响应
（a）系统的幅度响应；（b）系统的相位响应

如果式（3-52）中的幅度响应表示成分贝形式，那么

$$|H(\omega)|_{dB} = 20\lg|b_0| + 20\sum_{k=1}^{M}\lg V_k(\omega) - 20\sum_{k=1}^{N}\lg U_k(\omega) \qquad (3-58)$$

因此，幅度响应可以表示成 $|H(\omega)|$ 各因子幅度的和。

3.3 LTI 系统输出的相关函数和频谱

在这一节中，我们将推导 LTI 系统输入和输出信号的频谱关系。本章 3.3.1 节描述确定性输入和输出信号的能量密度谱关系，本章 3.3.2 节将集中介绍随机输入和输出信号的功率密度谱关系。

3.3.1 输入—输出相关函数和频谱

LTI 系统输入和输出序处列的各种相互关系，可推导出以下等式：

$$r_{yy}(m) = r_{hh}(m) * r_{xx}(m) \qquad (3-59)$$

$$r_{yx}(m) = h(m) * r_{xx}(m) \qquad (3-60)$$

式中：$r_{xx}(m)$ 为输入信号 $\{x(n)\}$ 的自相关序列；$r_{yy}(m)$ 为输出信号 $\{y(n)\}$ 的自相关序列；$r_{hh}(m)$ 为冲激响应 $\{h(n)\}$ 的自相关序列；$r_{yx}(m)$ 为输出和输入信号之间的互相关序列。因为式（3-59）和式（3-60）包含卷积运算，所以对这些等式进行 z 变换，可得

$$S_{yy}(z) = S_{hh}(z)S_{xx}(z) = H(z)H(z^{-1})S_{xx}(z) \qquad (3-61)$$

$$S_{yx}(z) = H(z)S_{xx}(z) \qquad (3-62)$$

如果将 $z = \mathrm{e}^{j\omega}$ 代入式 (3 – 62)，则可得

$$S_{yx}(\omega) = H(\omega)S_{xx}(\omega) = H(\omega)\,|X(\omega)|^2 \tag{3 – 63}$$

式中，$S_{yx}(\omega)$ 为 $\{y(n)\}$ 和 $\{x(n)\}$ 的互能量密度谱。同样，在单位圆上计算 $S_{yy}(z)$ 得到输出信号的能量密度谱为

$$S_{yy}(\omega) = |H(\omega)|^2 S_{xx}(\omega) \tag{3 – 64}$$

式中，$S_{xx}(\omega)$ 为输入信号的能量密度谱。

因为 $r_{yy}(m)$ 和 $S_{yy}(\omega)$ 是傅里叶变换对，所以它们满足

$$r_{yy}(m) = \frac{1}{2\pi} \int_{-\pi}^{\pi} S_{yy}(\omega)\,\mathrm{e}^{j\omega m}\,\mathrm{d}\omega \tag{3 – 65}$$

输出信号的总能量是

$$E_y = \frac{1}{2\pi} \int_{-\pi}^{\pi} S_{yy}(\omega)\,\mathrm{d}\omega = r_{yy}(0) = \frac{1}{2\pi} \int_{-\pi}^{\pi} |H(\omega)|^2 S_{xx}(\omega)\,\mathrm{d}\omega \tag{3 – 66}$$

利用式 (3 – 66) 中的结果，可以很容易地证明 $E_y \geqslant 0$。

最后，我们注意到，如果输入信号的频谱是平坦的（即对于 $-\pi \leqslant \omega \leqslant \pi$，$S_{xx}(\omega) = S_x =$ 常数），那么式 (3 – 63) 就简化为

$$S_{yx}(\omega) = H(\omega)S_x \tag{3 – 67}$$

式中，S_x 为频谱常数。因此，

$$H(\omega) = \frac{1}{S_x} S_{yx}(\omega) \tag{3 – 68}$$

或等价为

$$h(n) = \frac{1}{S_x} r_{yx}(m) \tag{3 – 69}$$

式 (3 – 69) 中的关系意味着，通过在输入端用一个平坦频谱的信号 $\{x(n)\}$ 激励系统，并确定系统输入和输出的互相关特性，就可以计算 $h(n)$。这种方法在测量未知系统的冲激响应时是非常有用的。

3.3.2　随机输入信号的相关函数和功率谱

本节讨论的内容与本章 3.3.1 节的内容类似，所不同的是现在将会涉及统计平均以及线性时不变系统输入和输出信号的互相关特性。

考虑一个离散时间线性时不变系统，它的单位采样响应为 $\{h(n)\}$，频率响应为 $H(f)$。为了推导出结果，假设 $\{h(n)\}$ 是实数。令 $x(n)$ 为激励系统的静态随机过程 $X(n)$ 的采样函数，令 $y(n)$ 表示系统对 $x(n)$ 的响应。

从输入和输出的卷积和关系得出

$$y(n) = \sum_{k=-\infty}^{\infty} h(k)x(n-k) \tag{3 – 70}$$

因为 $x(n)$ 是随机输入信号，所以输出也是随机序列。也就是说，对随机过程 $X(n)$ 的每个采样序列 $x(n)$，输出随机过程 $Y(n)$ 都有一个采样序列 $y(n)$ 与之相对应。我们希望能找出输出随机过程 $Y(n)$ 的统计特性和输入过程的统计特性之间的关系，并描述出系统的特性。

输出 $y(n)$ 的期望值为

$$m_y = E[y(n)] = E\left[\sum_{k=-\infty}^{\infty} h(k)x(n-k)\right] = \sum_{k=-\infty}^{\infty} h(k)E[x(n-k)]$$

$$m_y = m_x \sum_{k=-\infty}^{\infty} h(k) \qquad (3-71)$$

从傅里叶变换关系

$$H(\omega) = \sum_{k=-\infty}^{\infty} h(k) e^{j\omega k} \qquad (3-72)$$

可得出

$$H(0) = \sum_{k=-\infty}^{\infty} h(k) \qquad (3-73)$$

这就是系统的直流增益。利用式（3-73）中的关系，可将式（3-71）中的均值表示为

$$m_y = m_x H(0) \qquad (3-74)$$

输出随机过程的自相关序列定义为

$$
\begin{aligned}
\gamma_{yy}(m) &= E[y^*(n)y(n+m)] \\
&= E\left[\sum_{k=-\infty}^{\infty} h(k)x^*(n-k) \sum_{j=-\infty}^{\infty} h(j)E[x(n+m-j)] \right] \\
&= \sum_{k=-\infty}^{\infty} \sum_{j=-\infty}^{\infty} h(k)h(j)E[x^*(n-k)x(n+m-j)] \\
&= \sum_{k=-\infty}^{\infty} \sum_{j=-\infty}^{\infty} h(k)h(j)\gamma_{xx}(n+m-j) \qquad (3-75)
\end{aligned}
$$

这是输出自相关序列用输入自相关序列和系统冲激响应来表示的一般形式。

当输入随机过程为白噪声时，就得到了式（3-75）的一种特殊形式，即当 $m_x = 0$ 时，

$$\gamma_{xx}(m) = \sigma_x^2 \delta(m) \qquad (3-76)$$

其中 $\sigma_x^2 \equiv \gamma_{xx}(0)$ 为输入信号功率，则式（3-75）简化为

$$\gamma_{yy}(m) = \sigma_x^2 \sum_{k=-\infty}^{\infty} h(k)h(k+m) \qquad (3-77)$$

在这种条件下，输出过程的平均功率为

$$\gamma_{yy}(0) = \sigma_x^2 \sum_{k=-\infty}^{\infty} h^2(n) = \sigma_x^2 \int_{-1/2}^{1/2} |H(f)|^2 df \qquad (3-78)$$

通过计算 $\gamma_{yy}(m)$ 的功率密度谱，式（3-75）中的关系可以转换到频域：

$$
\begin{aligned}
\Gamma_{yy}(\omega) &= \sum^{\infty}{}_{m=-\infty} \gamma_{yy}(m) e^{-j\omega m} \\
&= \sum_{m=-\infty}^{\infty} \left[\sum_{k=-\infty}^{\infty} \sum_{l=-\infty}^{\infty} h(k)h(l)\gamma_{xx}(k-l+m) \right] e^{-j\omega m} \\
&= \sum_{k=-\infty}^{\infty} \sum_{l=-\infty}^{\infty} h(k)h(l) \left[\sum_{m=-\infty}^{\infty} \gamma_{xx}(k-l+m) \right] e^{-j\omega m} \\
&= \Gamma_{xx}(f) \left[\sum_{k=-\infty}^{\infty} h(k) e^{-j\omega k} \right] \left[\sum_{l=-\infty}^{\infty} h(l) e^{-j\omega l} \right] \\
&= |H(\omega)|^2 \Gamma_{xx}(\omega) \qquad (3-79)
\end{aligned}
$$

这是我们想要的输出过程的功率密度谱关系式，它是用输入过程的功率密度谱和系统的频率响应形式表示的。

随机输入的连续时间系统的等价表达式为

$$\Gamma_{yy}(F) = |H(F)|^2 \Gamma_{xx}(F) \qquad (3-80)$$

式中，功率密度谱 $\Gamma_{yy}(F)$ 和 $\Gamma_{xx}(F)$ 分别是自相关函数 $\gamma_{yy}(\tau)$ 和 $\gamma_{xx}(\tau)$ 的傅里叶变换；$H(F)$ 是系统的频率响应，它与冲激响应满足傅里叶变换关系，即

$$H(F) = \int_{-\infty}^{\infty} h(t) e^{-j2\pi Ft} dt \qquad (3-81)$$

现在来计算输出 $y(n)$ 和输入信号 $x(n)$ 的自相关函数。如果将式（3-70）两边同乘以 $x^*(n-m)$，并取数学期望值，则有

$$E[y(n)x^*(n-m)] = E\left[\sum_{k=-\infty}^{\infty} h(k) x^*(n-m) x(n-m) \right]$$

$$\gamma_{yx}(m) = \sum_{k=-\infty}^{\infty} h(k) E[x^*(n-m) x(n-k)] = \sum_{k=-\infty}^{\infty} h(k) \gamma_{xx}(m-k) \quad (3-82)$$

因为式（3-82）是卷积形式，所以频域等价表达式为

$$\Gamma_{yx}(\omega) = H(\omega) \Gamma_{xx}(\omega) \qquad (3-83)$$

对于 $x(n)$ 是白噪声时的特殊情况，式（3-83）简化为

$$\Gamma_{yx}(\omega) = \sigma_x^2 H(\omega) \qquad (3-84)$$

式中，σ_x^2 为输入噪声功率。以上结果表明，一个未知系统的频率响应 $H(\omega)$ 可以通过以下步骤来确定：①用白噪声作为输入激励系统；②求解输入和输出序列的互相关特性得到 $\gamma_{yx}(m)$；③再对 $\gamma_{yx}(m)$ 进行傅里叶变换。这些计算的结果与 $H(\omega)$ 成正比。

3.4 作为频率选择滤波器的线性时不变系统

"滤波器"这个术语常用来描述一个设备，根据作用于输入端对象的某些属性进行分辨过滤，以让某部分通过它。例如，空气过滤器只允许空气通过它，而阻止存在于空气中的灰尘颗粒通过它。油过滤器执行着类似的功能，所不同的是，油是允许通过过滤器的物质，而污垢颗粒被聚集在过滤器的入口处，阻止通过过滤器。在摄影方面，紫外线过滤器经常用来阻止存在于阳光中、可见光范围之外的紫外线通过，以避免影响胶片上的化学药品。

在前面的章节我们已经看到，线性时不变系统也同样起着一种分辨或滤除输入端的各种频率成分的作用。这种滤波性质是由频率响应特性 $H(\omega)$ 决定的，相反，频率响应的特性依赖于系统参数的选择（如描述系统特性的差分方程的系数 $\{a_k\}$ 和 $\{b_k\}$）。因此，适当选择各个系数，可以设计出频率选择滤波器，在某些频段的频率成分的信号可以通过，而包含在其他频段的频率成分中的信号将被衰减。

通常，线性时不变系统会根据它的频率响应 $H(\omega)$ 来改变输入信号频谱 $X(\omega)$，产生出频谱为 $Y(\omega) = H(\omega)X(\omega)$ 的输出信号。在某种意义上，$H(\omega)$ 对输入信号中不同频率成分起着加权函数或者频谱整形函数的作用。从本节前后的描述来看，任何线性时不变系统都可被认为频率整形滤波器，即使它不需要完全阻止部分或全部频率成分。因此，本书中"线性时不变系统"和"滤波器"这两个术语是同义的，常常可以互相替换。

我们使用"滤波器"这个术语来描述线性时不变系统的频谱整形或者频率选择滤波。滤波在数字信号处理中的使用相当广泛，如从有用的信号中去除不想要的噪声，类似于通信信道均衡的频谱整形，在雷达、声呐、通信中的信号检测，以及信号频谱分析等的应用中均有大量的应用。

3.4.1 理想滤波器特性

根据频域特性，常常将滤波器分为低通滤波器、高通滤波器、带通滤波器、带阻滤波

器、全通滤波器。这些类型滤波器的理想幅度响应特性如图 3 - 6 所示。从图 3 - 6 可以看出，这些理想滤波器有一个常数增益（通常视为单位增益）的带通特性，而在带阻部分的增益为 0。

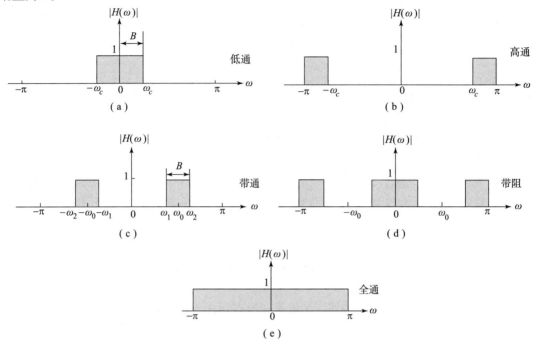

图 3 - 6　某些理想频率选择、离散时间滤波器的幅度响应

（a）低通滤波器的幅度响应；（b）高通滤波器的幅度响应；（c）带通滤波器的幅度响应；

（d）带阻滤波器的幅度响应；（e）全通滤波器的幅度响应

理想滤波器的另外一个特性是相位响应。为了说明这一点，假设一个信号序列 $\{x(n)\}$ 的频率成分限制在频率范围 $\omega_1 < \omega < \omega_2$ 内，这个信号通过具有以下频率响应的滤波器：

$$|H(\omega)| = \begin{cases} Ce^{-j\omega n_0}, & \omega_1 < \omega < \omega_2 \\ 0, & \text{其他} \end{cases} \quad (3-85)$$

式中，C 和 n_0 为常数。滤波器输出端的信号频谱为

$$Y(\omega) = X(\omega)H(\omega) = C X(\omega)e^{-j\omega n_0}, \omega_1 < \omega < \omega_2 \quad (3-86)$$

利用傅里叶变换的缩放与时移特性，得到的时域输出为

$$y(n) = Cx(n - n_0) \quad (3-87)$$

因此，滤波器输出仅仅是延时和幅度缩放的输入信号的另一种形式。纯延时是可以忍受的，这不认为是信号的失真，同样幅度缩放也不认为是信号失真。所以，理想滤波器在其带通范围内，具有线性相频特性，即

$$\Theta(\omega) = -\omega n_0 \quad (3-88)$$

相位对频率的导数为单位延迟，所以可以将信号延时定义成频率的函数，即

$$\tau_g(\omega) = -\frac{d\Theta(\omega)}{d\omega} \quad (3-89)$$

$\tau_g(\omega)$ 通常称为滤波器的包络时延或群时延。我们把 $\tau_g(\omega)$ 解释为信号频率为 ω 的信号成分从输入到输出通过系统后所经历的延时。注意，当式（3 - 89）中的 $\Theta(\omega)$ 为线性时

$\tau_g(\omega) = n_0 =$ 常数。在这种情况下，输入信号的所有频率成分都经历相同的延时。

总之，理想滤波器在它的通频带内，具有常数的幅频特性和线性的相频特性。在所有情况下，这些滤波器都是物理上不可实现的，它们只能作为实际滤波器的数学理想化模型。例如，理想低通滤波器的冲激响应为

$$h_{lp}(n) = \frac{\sin\omega_c \pi n}{\pi n}, \quad -\infty < n < \infty \tag{3-90}$$

我们注意到，这个滤波器不是因果的，也不是绝对可和的，因此它也是不稳定的。所以，这个理想滤波器是物理上不可实现的。然而，物理上可实现的滤波器的频率响应特性在实际中可以非常接近理想滤波器，这将在第 6 章进行介绍。

在接下来的讨论中，我们通过在 z 平面放置极点和零点来设计一些简单的数字滤波器。我们已经知道了极点和零点的位置是如何影响系统的频率响应特性，特别是在本章 3.2.2 节中介绍了使用图形方法，从零点—极点图来计算频率响应特性。这种方法同样可以用来设计许多具有我们所期望频率响应特性的、简单但很重要的数字滤波器。

放置零点—极点的基本原则是：在单位圆上对应于需要加强频率的点附近放置极点，在需要拉低的频率点处放置零点。另外，还需要注意以下约束条件：

（1）为了做到滤波器的稳定，所有极点必须放置在单位圆内，而零点可以放在 z 平面上的任何位置。

（2）为了使滤波器系数是实数，所有复值的零点和极点必须以复共轭对的形式出现。

从前面的讨论可以知道，对于一个给定的零点—极点模型，系统函数 $H(z)$ 可以表示为

$$H(z) = \frac{\sum_{k=0}^{M} b_k z^{-k}}{1 + \sum_{k=1}^{N} a_k z^{-k}} = b_0 \frac{\prod_{k=1}^{M}(1 - z_k z^{-1})}{\prod_{k=1}^{N}(1 - p_k z^{-1})} \tag{3-91}$$

式中，b_0 为为了归一化在某个指定的频率处的频率响应而选取的增益常数，即选择 b_0 以使得

$$|H(\omega_0)| = 1 \tag{3-92}$$

式中，ω_0 为滤波器通频带内的频率。通常，选择 N 要 $\geq M$，这样滤波器的非平凡的极点数才会多于零点数。

3.4.2　低通、高通和带通滤波器

本节我们将介绍在设计简单的低通滤波器、高通滤波器、带通滤波器和数字谐振器以及梳状滤波器时的零点—极点的放置方法，在具有图形终端的数字计算机上可以很便利地、交互式地进行这些设计步骤。

在设计低通数字滤波器时，极点要放置在对应低频点（靠近 $\omega = 0$）的单位圆附近，零点要放置在对应高频点（靠近 $\omega = \pi$）的单位圆上或单位圆附近。

3 个低通滤波器和 3 个高通滤波器的零点—极点布局如图 3-7 所示。一个单极点滤波器的系统函数为

$$H_1(z) = \frac{1 - a}{1 - a z^{-1}} \tag{3-93}$$

它的幅度响应和相位响应如图 3-8 所示，其中 $a = 0.9$。选择 $1 - a$ 作为增益 G，使得滤波器在 $\omega = 0$ 处具有单位增益，而这个滤波器在高频处增益相对较小。

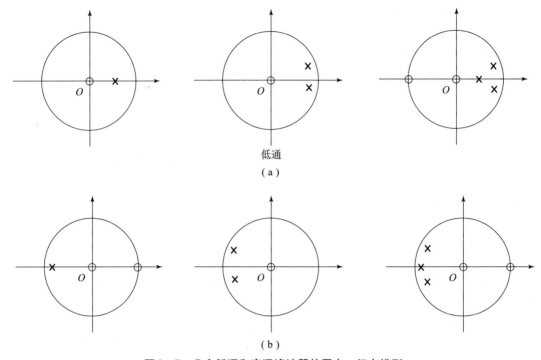

图 3 – 7　几个低通和高通滤波器的零点—极点模型
（a）3 个低通滤波器的零点—极点模型；（b）3 个高通滤波器的零点—极点模型

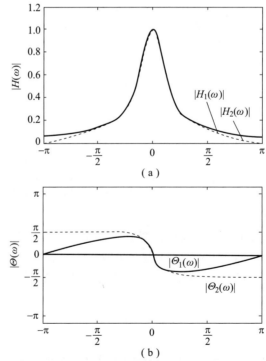

图 3 – 8　一个单极点滤波器的幅度响应和相位响应
（a）幅度响应；（b）相位响应

进一步，在 $z = -1$ 处增加一个零点，将会减弱滤波器在高频的响应，这将得出另外一种滤波器，它的系统函数为

$$H_2(z) = \frac{1-a}{2} \frac{1-z^{-1}}{1+az^{-1}} \tag{3-94}$$

它的频率响应特性同样画在图 3-8 上，在这种情况下，$H_2(\omega)$ 在 $z = -1$ 处幅度将变为 0。

类似地，通过将低通滤波器的零点—极点位置在 z 平面关于虚轴进行反转（折叠），就可以得到简单的高通滤波器，因此得到的系统函数为

$$H_3(z) = \frac{1-a}{2} \frac{1+z^{-1}}{1-az^{-1}} \tag{3-95}$$

它的频率响应特性如图 3-9 所示，其中 $a = 0.9$。

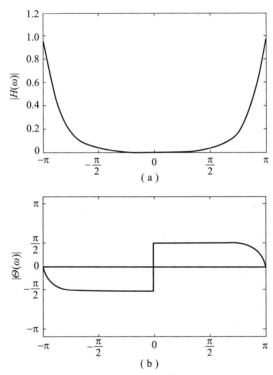

图 3-9　一个简单高通滤波器的幅度和相位响应

（a）幅度响应；（b）相位响应

【例 3-7】

一个两个极点的滤波器的系统函数为

$$H(z) = \frac{b_0}{(1-pz^{-1})^2}$$

计算 b_0 和 p 的值，使得频率响应 $H(\omega)$ 满足条件

$$H(0) = 1$$

以及

$$\left| H\left(\frac{\pi}{4}\right) \right|^2 = \frac{1}{2}$$

解：在 $\omega = 0$ 处，得到

$$H(0) = \frac{b_0}{(1-p)^2} = 1$$

因而

$$b_0 = (1-p)^2$$

在 $\omega = \pi/4$ 处，

$$H\left(\frac{\pi}{4}\right) = \frac{(1-p)^2}{(1-pe^{-j\pi/4})^2} = \frac{(1-p)^2}{(1-p\cos(\pi/4)+jp\sin(\pi/4))^2} = \frac{(1-p)^2}{\left(1-\dfrac{p}{\sqrt{2}}+j\dfrac{p}{\sqrt{2}}\right)^2}$$

所以

$$\frac{(1-p)^4}{\left[(1-p/\sqrt{2})^2 + p^2/2\right]^2} = \frac{1}{2}$$

或等价为

$$\sqrt{2}(1-p)^2 = 1 + p^2 - \sqrt{2}p$$

满足这个方程的解为 $p = 0.32$，因此，期望滤波器的系统函数为

$$H(z) = \frac{0.46}{(1-0.32z^{-1})^2}$$

同样的规则还可应用于设计带通滤波器。带通滤波器在其通频带内的某些频段附近、靠近单位圆处应该包含一个或多个复共轭的极点对。现在用下面的例子来阐明这个基本思想。

【例 3 – 8】

设计一个两个极点的带通滤波器，它的通频带的中心在 $\omega = \pi/2$ 处，零值在频率响应特性的 $\omega = 0$ 和 $\omega = \pi$ 处，幅度响应在 $\omega = 4\pi/9$ 处的值为 $1/\sqrt{2}$。

解：

很明显，这个滤波器的极点必定存在于

$$p_{1,2} = re^{\pm j\pi/2}$$

并且在 $z = 1$ 和 $z = -1$ 处存在零点，因而，系统函数为

$$H(z) = G\frac{(z-1)(z+1)}{(z-jr)(z+jr)} = G\frac{z^2-1}{z^2+r^2}$$

通过计算滤波器在 $\omega = \pi/2$ 处的频率响应 $H(\omega)$ 值，可以确定增益因子，从而

$$H\left(\frac{\pi}{2}\right) = G\frac{2}{1-r^2} = 1$$

$$G = \frac{1-r^2}{2}$$

通过计算 $H(\omega)$ 在 $\omega = 4\pi/9$ 的值，可以确定 r 的值，从而

$$\left|H\left(\frac{4\pi}{9}\right)\right|^2 = \frac{(1-r^2)^2}{4}\frac{2-2\cos(8\pi/9)}{1+r^4+2r^2\cos(8\pi/9)} = \frac{1}{2}$$

或等价为

$$1.94(1-r^2)^2 = 1 - 1.88r^2 + r^4$$

满足这个方程的解为 $r^2 = 0.7$，所以，期望的滤波器的系统函数为

$$H(z) = 0.15 \frac{1 - z^{-2}}{1 + 0.75z^{-2}}$$

其频率响应和相位响应如图 3 – 10 所示。

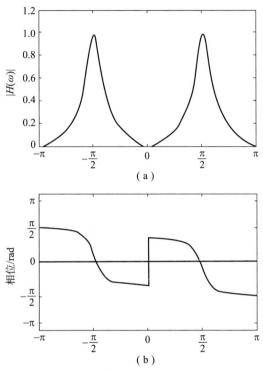

（a）

（b）

图 3 – 10　例 3 – 8 中的简单带通滤波器的幅度响应和相位响应

（a）带通滤波器的幅度响应；（b）带通滤波器的相位响应

　　值得强调的是，前面讲述通过放置零点—极点来设计简单数字滤波器方法的主要目的是为了让大家领悟极点和零点对系统频率响应特性的影响。这种方法并不是设计具有带通和带阻特性数字滤波器的好办法。在实际应用中，常用对称方法来设计复杂的数字滤波器，这将在第 6 章进行讨论。

　　低通滤波器到高通滤波器的简单转换。假如我们设计了一个冲激响应为 $h_{lp}(n)$ 的原型低通滤波器，利用傅里叶变换的频移特性，有可能将这个原型低通滤波器转换成带通滤波器或高通滤波器。这种将原型低通滤波转换成另一种形式滤波器所用的频率转移方法，将在第 6 章详细描述。在这一节中，我们介绍将一种简单的低通滤波器转换成高通滤波器的频率转移方法，反之亦然。

　　如果 $h_{lp}(n)$ 表示频率响应为 $H_{lp}(\omega)$ 的低通滤波器的冲激响应，通过将 $H_{lp}(\omega)$ 平移 π 弧度（即用 $\omega - \pi$ 代替 ω），可以得到高通滤波器，所以

$$H_{hp}(\omega) = H_{lp}(\omega - \pi) \tag{3 – 96}$$

式中，$H_{hp}(\omega)$ 为高通滤波器频率响应。因为频率平移了 π 弧度，等价于冲激响应 $h_{lp}(n)$ 乘了 $e^{j\pi n}$，所以高通滤波器的冲激响应为

$$h_{hp}(n) = (e^{j\pi})^n h_{lp}(n) = (-1)^n h_{lp}(n) \tag{3 – 97}$$

因而，仅仅通过改变低通滤波器冲激响应 $h_{lp}(n)$ 中奇数样本的符号，就得到高通滤波器的冲激响应。相反，

$$h_{lp}(n) = (-1)^n h_{hp}(n) \tag{3-98}$$

如果低通滤波器由差分方程来描述，

$$y(n) = -\sum_{k=1}^{N} a_k y(n-k) + \sum_{k=1}^{M} b_k x(n-k) \tag{3-99}$$

那么它的频率响应为

$$H_{lp}(\omega) = \frac{\sum_{k=0}^{M} b_k \mathrm{e}^{-\mathrm{j}\omega k}}{1 + \sum_{k=0}^{N} a_k \mathrm{e}^{-\mathrm{j}\omega k}} \tag{3-100}$$

现在，如果用 $\omega - \pi$ 来代替式（3-100）中的 ω，那么

$$H_{lp}(\omega) = \frac{\sum_{k=0}^{M} (-1)^k b_k \mathrm{e}^{-\mathrm{j}\omega k}}{1 + \sum_{k=0}^{N} (-1)^k a_k \mathrm{e}^{-\mathrm{j}\omega k}} \tag{3-101}$$

与之对应的差分方程为

$$y(n) = -\sum_{k=1}^{N} (-1)^k a_k y(n-k) + \sum_{k=1}^{M} (-1)^k b_k x(n-k) \tag{3-102}$$

【例 3-9】

一个低通滤波器的差分方程式为

$$y(n) = 0.9y(n-1) + 0.1x(n)$$

试将它转换成高通滤波器。

解：

根据式（3-102），得出高通滤波器的差分方程式为

$$y(n) = -0.9y(n-1) + 0.1x(n)$$

它的频率响应为

$$H_{hp}(\omega) = \frac{0.1}{1 + 0.9\mathrm{e}^{-\mathrm{j}\omega}}$$

3.4.3 数字谐振器

数字谐振器是一种特殊的两极点带通滤波器，这两个极点以复共轭对的形式位于单位圆附近，如图 3-11（a）所示。该滤波器对应的幅度响应如图 3-11（b）所示。谐振器这个名字归因于这个滤波器在极点位置附近具有较大的幅度响应（即共振）这个事实。极点的角度位置决定了滤波器的共振频率。数字谐振器在许多应用中是非常有用的，包括简单的带通滤波以及语音生成。

在设计数字谐振器时，要使共振峰值出现在 $\omega = \omega_0$ 处或其附近，选择复共轭的极点位于

$$p_{1,2} = r\mathrm{e}^{\pm\mathrm{j}\omega_0}, 0 < r < 1$$

另外，我们可以选择最多两个零点。虽然有许多种可能的选择，但有两种情况是至关重要的：一种选择是把零点定位在原点；另一种选择是把一个零点定位在 $z = 1$ 处，把另一个零点定位在 $z = -1$ 处。这种选择完全消除了滤波器在频率 $\omega = 0$ 和 $\omega = \pi$ 处的响应，这在实际应用中是非常有用的。

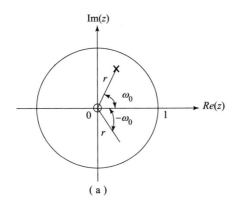

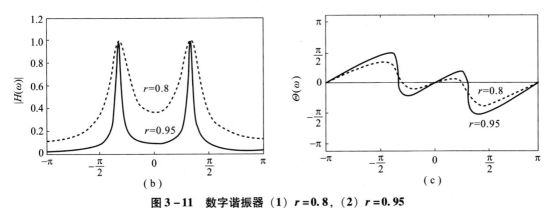

图 3 – 11　数字谐振器（1）$r = 0.8$，（2）$r = 0.95$

（a）零点—极点模式；（b）对应的幅度响应；（c）对应的相位响应

零点在原点的数字谐振器的系统函数为

$$H(z) = \frac{b_0}{(1 - re^{j\omega_0}z^{-1})(1 - re^{-j\omega_0}z^{-1})} \qquad (3-103)$$

$$H(z) = \frac{b_0}{1 - (2r\cos\omega_0)z^{-1} + r^2 z^{-2}} \qquad (3-104)$$

因为 $|H(\omega)|$ 的峰值出现在 $\omega = \omega_0$ 处或其附近，所以选择增益 b_0 使 $|H(\omega)| = 1$。从式（3 – 103）得出

$$H(\omega_0) = \frac{b_0}{(1 - re^{j\omega_0}e^{-j\omega_0})(1 - re^{-j\omega_0}e^{-j\omega_0})} = \frac{b_0}{(1 - r)(1 - re^{-j2\omega_0})} \qquad (3-105)$$

因此，

$$|H(\omega_0)| = \frac{b_0}{(1 - r)\sqrt{1 + r^2 - 2r\cos 2\omega_0}} = 1$$

所以，期望的归一化因子为

$$b_0 = (1 - r)\sqrt{1 + r^2 - 2r\cos 2\omega_0} \qquad (3-106)$$

式（3 – 103）中谐振器的频率响应可表示为

$$|H(\omega)| = \frac{b_0}{U_1(\omega)U_2(\omega)}$$

$$\Theta(\omega) = 2\omega - \Phi_1(\omega) - \Phi_2(\omega) \tag{3-107}$$

式中，$U_1(\omega)$ 和 $U_2(\omega)$ 是从 p_1 和 p_2 到单位圆上点 ω 的矢量，$\Phi_1(\omega)$ 和 $\Phi_2(\omega)$ 是这两个矢量的对应角度。幅度 $U_1(\omega)$ 和 $U_2(\omega)$ 可表示为

$$U_1(\omega) = \sqrt{1 + r^2 - 2r\cos(\omega_0 - \omega)}$$

$$U_2(\omega) = \sqrt{1 + r^2 - 2r\cos(\omega_0 - \omega)} \tag{3-108}$$

对于任何 r 值，$U_1(\omega)$ 在 $\omega = \omega_0$ 处取得最小值 $(1-r)$，积 $U_1(\omega)U_2(\omega)$ 的最小值在频率

$$\omega_r = \arccos\left(\frac{1+r^2}{2r}\cos\omega_0\right) \tag{3-109}$$

处，它准确地定义了滤波器的共振频率。我们观察到，当 r 非常接近 1 时，$\omega \approx \omega_0$，这是极点的角度位置。我们还可以看到，当 r 接近 1 时，共振的峰值会变得更加尖锐，这是因为 $U_1(\omega)$ 在 ω_0 附近的变化相对更迅速了。滤波器的 3dB 带宽 $\Delta\omega$ 提供了谐振器尖锐程度的定量评估方法。对于 r 接近 1，

$$\Delta\omega \approx 2(1-r) \tag{3-110}$$

图 3-11 画出了数字谐振器在 $\omega_0 = \pi/3$，$r = 0.8$ 以及 $\omega_0 = \pi/3$，$r = 0.95$ 时的幅度和相位响应。我们注意到，相位响应在共振频率附近经历了最大的变化率。

如果数字谐振器的零点放置在 $z = 1$ 和 $z = -1$ 处，那么谐振器的系统函数为

$$H(z) = G\frac{(1 - z^{-1})(1 + z^{-1})}{(1 - re^{j\omega_0}z^{-1})(1 - re^{-j\omega_0}z^{-1})} = G\frac{1 - z^{-2}}{1 - (2r\cos\omega_0)z^{-1} + r^2z^{-2}} \tag{3-111}$$

频率响应特性为

$$H(\omega) = b_0\frac{1 - e^{-j2\omega}}{[1 - re^{j(\omega_0-\omega)}][1 - re^{-j(\omega_0+\omega)}]} \tag{3-112}$$

我们观察到，零点在 $z = \pm 1$ 处，谐振器的幅度响应和相位响应都受到影响。例如，幅度响应为

$$|H(\omega)| = b_0\frac{N(\omega)}{U_1(\omega)U_2(\omega)} \tag{3-113}$$

其中，$N(\omega)$ 定义为

$$N(\omega) = \sqrt{2(1 - \cos 2\omega)}$$

由于零因子的存在，表达式（3-109）所给出的共振频率发生了变化，滤波器的带宽也同样发生了变化。尽管要推导出这两个参数的精确值是令人非常头痛的，但我们可以很容易地计算出式（3-112）中的频率响应，并与前面那种零点在原点情况的结果进行比较。

图 3-12 画出了在 $\omega_0 = \pi/3$ 处，$r = 0.8$ 和在 $\omega_0 = \pi/3$ 处，$r = 0.95$ 的幅度响应 $|H(\omega)|$ 和相位响应 $-\theta(\omega)$。我们观察到，这个滤波器的带宽比零点在原点的谐振器要稍微窄了一些。另外，由于零点的存在，共振频率也发生了非常小的偏移。

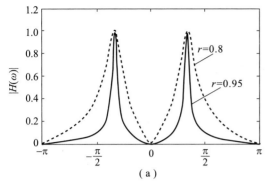
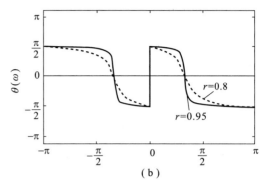

图 3-12 在 $\omega = \pi/3$，$r = 0.8$ 处和在 $\omega_0 = \pi/3$，$r = 0.95$ 处的幅度响应和相位响应

（a）幅度响应；（b）相位响应

3.4.4 槽口滤波器

槽口滤波器是包含一个或多个深槽口的滤波器，理想情形下，在这些点的频率响应为 0。

图 3-13 画出了一个槽口滤波器的频率响应特性，它在频率 ω_0 和 ω_1 处的频率响应为 0。槽口滤波器在许多必须滤除指定的频率成分的应用中是很有用的。例如，在仪表应用和录音系统中，要求滤除电力线的 60 Hz 频率及其谐波。

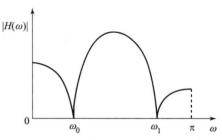

图 3-13 槽口滤波器的频率响应特性

为了使槽口滤波器频率响应特性在频率 ω_0 处产生零值，我们只需在单位圆的角 ω_0 处引入一对复共轭的零点，即

$$z_{1,2} = e^{\pm j\omega_0}$$

从而，槽口滤波器的系统函数仅仅是

$$H(z) = b_0(1 - e^{j\omega_0}z^{-1})(1 - e^{-j\omega_0}z^{-1}) = b_0(1 - 2\cos\omega_0 z^{-1} + z^{-2}) \tag{3-114}$$

如图 3-14 所示，该槽口滤波器的幅度响应在 $\omega = \pi/4$ 处为 0。槽口位于 $\omega = \pi/4$ 或 $f = 1/8$ 处，$H(z) = G(1 - 2\cos\omega_0 z^{-1} + z^{-2})$。

槽口滤波器的问题是槽口具有相对大的带宽，这意味着在期望为 0 的频率点周围的其他频率成分也受到严重衰减。为了缩小槽口零点的带宽，我们可以采用更复杂更长的滑动平均（FIR）槽口滤波器，设计标准将在第 6 章进行讲述。另一种可行的办法是，我们可以用一种特殊的方法，试图在系统函数中引入极点以改善频率响应特性。

假设在

$$p_{1,2} = re^{\pm j\omega_0}$$

处放置了一对复共轭的极点，极点的影响是在槽口零点处引起了共振，因而会缩小槽口的带宽。改善后的滤波器的系统函数为

$$H(z) = b_0 \frac{1 - 2\cos\omega_0 z^{-1} + z^{-2}}{1 - 2r\cos\omega_0 z^{-1} + r^2 z^{-2}} \tag{3-115}$$

式（3-115）中的槽口滤波器的幅度响应 $|H(\omega)|$ 如图 3-15 所示，其中 $\omega_0 = \pi/4$ 处，$r =$

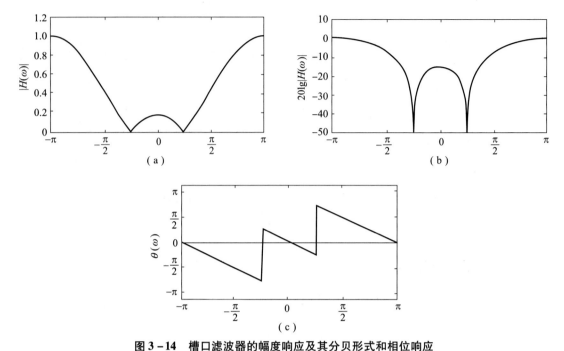

图 3 – 14　槽口滤波器的幅度响应及其分贝形式和相位响应
（a）槽口滤波器的幅度响应；（b）幅度响应的分贝形式；（c）槽口滤波器的相位响应

0. 85 以及在 $\omega_0 = \pi/4$ 处，$r = 0.95$，与图 3 – 14 所画的 FIR 槽口滤波器的频率响应相比，发现极点的影响是缩小槽口的带宽。

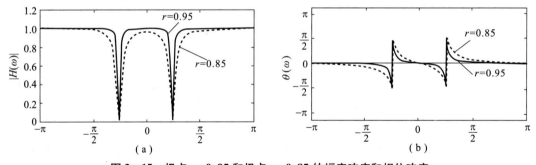

图 3 – 15　极点 $r = 0.95$ 和极点 $r = 0.85$ 的幅度响应和相位响应
（a）幅度响应；（b）相位响应

　　另外，在槽口零点附近引入极点来缩小槽口带宽，会导致在滤波器的通频带内产生小的纹波，这是由极点产生的共振造成的。为了减弱纹波的影响，可以在槽口滤波器系统函数中引入附加的极点和（或）零点。这种方法的主要问题是，它基本上是一种反复实验的方法。

3.4.5　梳状滤波器

　　梳状滤波器最简单的形式可以视为槽口滤波器，在它的频带范围内，槽口零值会周期性地出现。因此，类推到普通的梳状滤波器，也会有周期性间隔的牙齿。梳状滤波器在实际系统中有着广泛的应用，比如抑制电力线谐波，从电离层测得的电子浓度中分离出太阳和月亮成分，降低固定物体在运行目标指示雷达中产生的混乱等。

为了描述梳状滤波器的简单形式，考虑如下滑动平均（FIR）滤波器，它的差分方程为

$$y(n) = \frac{1}{M+1} \sum_{k=0}^{M} x(n-k) \tag{3-116}$$

这个 FIR 滤波器的系统函数为

$$H(z) = \frac{1}{M+1} \sum_{k=0}^{M} z^{-k} = \frac{1}{M+1} \frac{\left[1 - z^{-(M+1)} \right]}{(1 - z^{-1})} \tag{3-117}$$

它的频率响应为

$$H(\omega) = \frac{\mathrm{e}^{-\mathrm{j}\omega M/2}}{M+1} \frac{\sin\omega\left(\dfrac{M+1}{2} \right)}{\sin(\omega/2)} \tag{3-118}$$

从式（3-117）可以看出，该滤波器的零点位于单位圆上，

$$z = \mathrm{e}^{\mathrm{j}2\pi k/(M+1)}, k = 1, 2, 3, \cdots, M \tag{3-119}$$

我们注意到，在 $z = 1$ 处的极点实际上被 $z = 1$ 处的零点抵消了，这使得该滤波器实际上除 $z = 0$ 以外不再含有极点。

式（3-118）的频率响应特性清楚地说明了在频率 $\omega_k = 2\pi k/(M+1)$ 处有周期性间隔的零点存在，$k = 1, 2, 3, \cdots, M$。图 3-16 为 $M = 10$ 的 $|H(\omega)|$ 图。

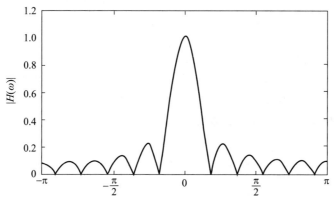

图 3-16　式（3-118）给出 $M = 10$ 的梳状滤波器的幅度响应特性

以更普通的形式，通过采用系统函数为

$$H(z) = \sum_{k=0}^{M} h(k) z^{-k} \tag{3-120}$$

的 FIR 滤波器，并用 z^L 来代替 z，就可以构造梳状滤波器，其中 L 为正整数，因而得到新的 FIR 滤波器的系统函数为

$$H_L(z) = \sum_{k=0}^{M} h(k) z^{-kL} \tag{3-121}$$

如果原 FIR 滤波器的频率响应为 $H(\omega)$，那么式（3-121）中 FIR 滤波器的频率响应为

$$H_L(\omega) = \sum_{k=0}^{M} h(k) z^{-jkL\omega} = H(L\omega) \tag{3-122}$$

因此，$H_L(\omega)$ 的频率响应特性仅仅是 $H(\omega)$ 在区间 $0 \leqslant \omega \leqslant 2\pi$ 内的 L 阶重复。图 3-17 画出了 $H(\omega)$ 和 $H_L(\omega)$ 在 $L = 5$ 时得到的原 FIR 滤波器和梳状滤波器的频率响应关系。

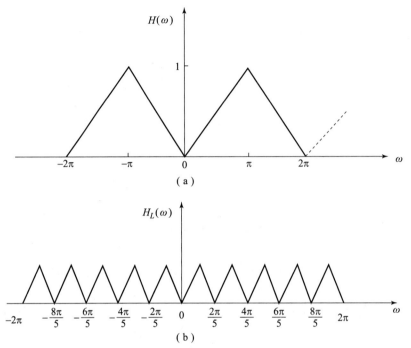

图 3 - 17 $H(\omega)$ 和 $H_L(\omega)$ 在 $L=5$ 时得到的原 FIR 滤波器和梳状滤波器的频率响应关系

(a) 原 FIR 滤波器的频率响应 $H(\omega)$；（b）梳状滤波器的频率响应 $H_L(\omega)$

现在假设原 FIR 滤波器的系统函数 $H(z)$ 的频谱在某个频率 ω_0 处为零值，于是滤波器的系统函数 $H_L(\omega)$ 会有周期间隔的零值出现在 $\omega_k = \omega_0 + 2k\pi/L, k = 0,1,2,\cdots,L-1$。作为说明，图 3 - 18 画出了一个 $M=3$ 及 $L=3$ 的 FIR 梳状滤波器。该 FIR 滤波器可以视为一个长度为 10 的 FIR 滤波器，但是 10 个滤波系数中只有 4 个为非零值。

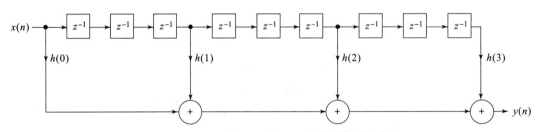

图 3 - 18 $M=3$ 及 $L=3$ 的 FIR 梳状滤波器的实现

现在再回到系统函数由式（3 - 117）给出的 FIR 滤波器。假设 Z^L 来代替 z，于是得到的 FIR 梳状滤波器的系统函数为

$$H_L(z) = \frac{1}{M+1} \frac{\left[1 - z^{-L(M+1)}\right]}{(1 - z^{-L})} \tag{3-123}$$

它的频率响应为

$$H_L(\omega) = \frac{1}{M+1} \frac{\sin\omega\left[\omega L(M+1)/2\right]}{\sin(\omega L/2)} e^{-j\omega LM/2} \tag{3-124}$$

该滤波器有零点位于单位圆上，

$$z_k = \mathrm{e}^{\mathrm{j}2\pi k/L(M+1)} \qquad\qquad (3-125)$$

其中，k 为不等于 $0,L,2L,\cdots,ML$ 的所有整数。图 3 − 19 为 $M = 10$ 及 $L = 3$ 梳状滤波器的频率响应特性。

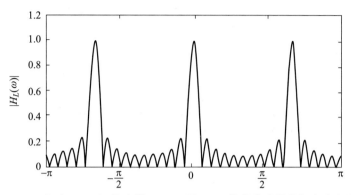

图 3 − 19　式（3 − 124）给出的 $M = 10$ 及 $L = 3$ 梳状滤波器的频率响应特性

3.4.6　全通滤波器

全通滤波器定义为对所有频率具有常数幅度响应的系统，即

$$|H(\omega)| = 1, 0 \leqslant \omega \leqslant \pi \qquad\qquad (3-126)$$

全通滤波器最简单的例子就是纯延时系统，它的系统函数为

$$H(z) = z^{-k}$$

这样的系统会通过所有信号而不产生改变，只是延迟了 k 个样本。具有线性相位响应特性的系统称为平凡全通系统。

一个更加有趣的全通滤波器的系统函数为

$$H(z) = \frac{a_N + a_{N-1}z^{-1} + \cdots + a_1z^{-N+1} + z^{-N}}{1 + a_1z^{-1} + \cdots + a_Nz^{-N}} = \frac{\sum_{k=0}^{N} a_k z^{-N+k}}{\sum_{k=0}^{N} a_k z^{-k}}, a_0 = 1 \qquad (3-127)$$

式中，所有滤波系统 $\{a_k\}$ 均为实数。如果将多项式 $A(z)$ 定义为

$$A(z) = \sum_{k=0}^{N} a_k z^{-k}, a_0 = 1$$

那么，式（3 − 127）可以表示为

$$H(z) = z^{-N} \frac{A(z^{-1})}{A(z)} \qquad\qquad (3-128)$$

因为

$$|H(\omega)|^2 = H(z)H(z^{-1})\big|_{z=\mathrm{e}^{\mathrm{j}\omega}} = 1$$

所以，式（3 − 128）给出的系统是一个全通系统。另外，如果 z_0 是 $H(z)$ 的极点，那么 $1/z_0$ 就是 $H(z)$ 的零点（即极点和零点互为倒数）。图 3 − 20 为一阶和二阶全通滤波的零点—极点模型。全通滤波器的频率响应特性如图 3 − 21 所示，其中 $a = 0.6$，$r = 0.9$，$\omega_0 = \pi/4$。

实系数全通滤波器的系统函数具有最普通的表示形式，以极点和零点因子的方式可以表示为

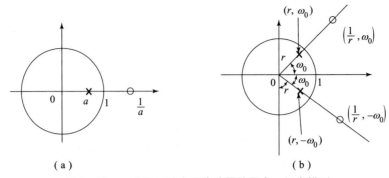

图 3 - 20 一阶和二阶全通滤波器的零点—极点模型

（a）一阶全通滤波器的零点—极点模型；（b）二阶全通滤波器的零点—极点模型

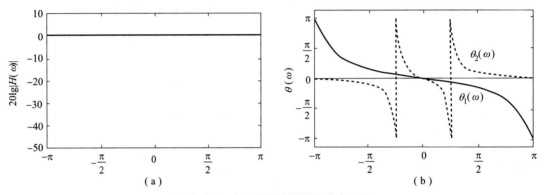

图 3 - 21 全通滤波器的频率响应特性

（a）分贝形式的幅度响应；（b）相位响应

$$H_{ap}(z) = \prod_{k=1}^{N_R} \frac{z^{-1} - \alpha_k}{1 - \alpha_k z^{-1}} \prod_{k=1}^{N_c} \frac{(z^{-1} - \beta_k)(z^{-1} - \beta_k^*)}{(1 - \beta_k z^{-1})(1 - \beta_k^* z^{-1})} \qquad (3-129)$$

式中，有 N_R 个实数的极点和零点，以及 N_c 个极点和零点的复共轭对。对于因果、稳定系统，要求 $-1 < \alpha_k < 1$ 且 $|\beta_k| < 1$。

利用本章 3.2.1 节所描述的方法，可以很容易地获得全通系统的相位响应和群时延的表达式。对于一个单极点—单零点的全通系统，可得到

$$H_{ap}(\omega) = \frac{e^{j\omega} - re^{-j\theta}}{1 - re^{j\theta}e^{-j\omega}}$$

因此，

$$\Theta_{ap}(\omega) = -\omega - 2\arctan\frac{r\sin(\omega - \theta)}{1 - r\cos(\omega - \theta)}$$

$$\tau_g(\omega) = -\frac{\mathrm{d}\Theta_{ap}(\omega)}{\mathrm{d}\omega} = \frac{1 - r^2}{1 + r^2 - 2r\cos(\omega - \theta)} \qquad (3-130)$$

我们注意到，对于因果、稳定系统，$r < 1$，所以 $\tau_g(\omega) \geqslant 0$。因为高阶零点—极点系统的群时延是由类似于式（3 - 130）的正数项的和组成的，所以群时延通常也是正数。

全通滤波器常被当作相位均衡器。当系统的相位响应达不要求时，级联一个相位均衡器以补偿系统不良的相频特性，因此能得到一个大体上的线性相位响应。

3.4.7 数字正弦振荡器

数字正弦振荡器可以视为两极点谐振器的限制形式，它的复共轭极点位于单位圆上。从前面的讨论，可以回想起二阶系统的系统函数

$$H(z) = \frac{b_0}{1 + a_1 z^{-1} + a_2 z^{-2}} \qquad (3-131)$$

其中，参数

$$\begin{cases} a_1 = -2r\cos\omega_0 \\ a_2 = r^2 \end{cases} \qquad (3-132)$$

该系统在 $p = re^{\pm j\omega_0}$ 处有复共轭的极点，并且它的采样响应为

$$h(n) = \frac{b_0 r^n}{\sin\omega_0}\sin(n+1)\omega_0 u(n) \qquad (3-133)$$

如果极点位于单位圆上（$r = 1$），并且 b_0 为 $A\sin\omega_0$，那么

$$h(n) = A\sin(n+1)\omega_0 u(n) \qquad (3-134)$$

因此，复共轭极点位于单位圆上的二阶系统的冲激响应是一条正弦曲线，这样的系统被称为数字正弦振荡器或数字正弦信号发生器。

数字正弦信号发生器是数字频率合成器中的基本元件。

图 3-22 用结构图来表示了式（3-131）给出的系统函数。该系统对应的差分方程为

$$y(n) = -a_1 y(n-1) - y(n-2) + b_0\delta(n) \qquad (3-135)$$

式中，参数 $a_1 = -2\cos\omega_0$，$b_0 = A\sin\omega_0$，并且初始状态为 $y(-1) = y(-2) = 0$。通过式（3-135）中的差分方程式的反复迭代，得到

$$\begin{cases} y(0) = A\sin\omega_0 \\ y(1) = 2\cos\omega_0 y(0) = 2A\sin\omega_0\cos\omega_0 = A\sin2\omega_0 \\ y(2) = 2\cos\omega_0 y(1) - y(0) = 2A\cos\omega_0\sin2\omega_0 - A\sin\omega_0 = A\sin3\omega_0 \end{cases}$$

并依次类推。我们注意到，在 $n = 0$ 处应用冲激信号来达到正弦振荡启动的目的。此后，振荡是自维持的，这是因为系统没有阻尼（即 $r = 1$）。

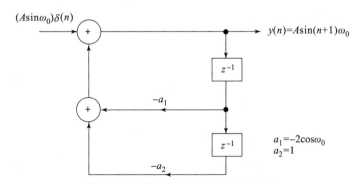

图 3-22　数字正弦信号发生器结构图

还有一个有趣的问题值得注意：由式（3-135）中系统得到的正弦振荡器，同样也可以通过把输入设置为 0 并设定初始条件为 $y(-1) = 0, y(-2) = -A\sin\omega_0$ 得到。因此，由齐次

差分方程式所描述的二阶系统为

$$y(n) = -a_1 y(n-1) - y(n-2) \tag{3-136}$$

当初始状态为 $y(-1) = 0, y(-2) = -A\sin\omega_0$ 时，它的 0 输入响应和式（3-135）给出的系统对冲激激励的响应完全相同。实际上，式（3-136）中的差分方程式可以由三角恒等式直接获得：

$$\sin\alpha + \sin\beta = 2\sin\frac{\alpha+\beta}{2}\cos\frac{\alpha-\beta}{2} \tag{3-137}$$

其中，定义 $\alpha = (n+1)\omega_0, \beta = (n-1)\omega_0$，并且 $y(n) = \sin(n+1)\omega_0$。

在一些实际应用中，包括两个正弦载波信号进行四分相位调制，需要产生正弦信号 $A\sin\omega_0 n$ 和 $A\cos\omega_0 n$。这些信号由所谓的耦合振荡器产生，这种振荡器可以由三角公式获得：

$$\cos(\alpha+\beta) = \cos\alpha\cos\beta - \sin\alpha\sin\beta$$

$$\sin(\alpha+\beta) = \sin\alpha\cos\beta + \cos\alpha\sin\beta$$

其中，定义 $\alpha = n\omega_0, \beta = \omega_0$，并且

$$y_c(n) = \cos n\omega_0 u(n) \tag{3-138}$$

$$y_s(n) = \sin n\omega_0 u(n) \tag{3-139}$$

因此，可以获得两个成对的差分方程式：

$$y_c(n) = (\cos\omega_0) y_c(n-1) - (\sin\omega_0) y_s(n-1) \tag{3-140}$$

$$y_s(n) = (\sin\omega_0) y_c(n-1) + (\cos\omega_0) y_s(n-1) \tag{3-141}$$

或者写成矩阵的表达形式：

$$\begin{bmatrix} y_c(n) \\ y_s(n) \end{bmatrix} = \begin{bmatrix} \cos\omega_0 & -\sin\omega_0 \\ \sin\omega_0 & \cos\omega_0 \end{bmatrix} \begin{bmatrix} y_c(n-1) \\ y_s(n-1) \end{bmatrix} \tag{3-142}$$

耦合振荡器的实现结构如图 3-23 所示。我们注意到，这是一个两输出的系统，它没有任何驱动输入，但是需要初始状态为 $y_c(-1) = A\cos\omega_0$ 并且 $y_s(-1) = A\sin\omega_0$，以启动它的自维持振荡。

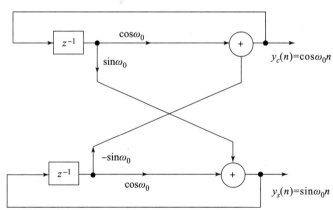

图 3-23　耦合振荡器的实现结构

最后，我们还发现一个有趣的问题，即式（3-142）对应坐标为 $y_c(n)$ 和 $y_s(n)$ 的二维坐标系中的矢量旋转。

3.5　逆系统和去卷积

我们已经看到，输入信号 $x(n)$ 经过线性时不变系统后，产生输出信号 $y(n)$，它是 $x(n)$ 与系统单位采样响应 $h(n)$ 的卷积。在许多实际的应用中，对于一个未知特性的系统，只给出了系统的输出信号，需要计算输入信号。例如，在电话信道上传输高速率的数字信息时，信道会使信号发生变形，并且在各数据符号间产生码间干扰。当我们试图恢复数据时，码间干扰可能会引起错误。在这种情况下，就需要设计一套纠错系统，当这套系统与信道级联后，产生的输出在某种意义上校正了由于信道引起的变形，因而得到期望的传输信号的副本。在数字通信中，这样的纠错系统称为均衡器。然而，在一般线性系统理论中，我们把纠错系统称为逆系统，这是因为纠错系统的频率响应基本上是引起失真系统频率响应的倒数。此外，因为引起失真的系统所产生的输出 $y(n)$ 是输入 $x(n)$ 和冲激响应 $h(n)$ 的卷积，而逆系统的作用是由 $y(n)$ 得到 $x(n)$，所以称为去卷积。

若失真系统的特性未知，如果可能，常常需要用已知的信号来激励这个系统，然后观察它的输出，并与输入进行比较。在一定情况下，可以确定系统的特性。例如，刚刚所述的数字通信问题，信道的频率响应是未知的。为了测出信道的频率响应，需要发送一组幅度相等、具有指定的相位集并且在信道频带范围之内的不同频率的正弦信号，信道会引起每个正弦信号的衰减和移相。通过比较接收信号与发送信号，接收者可以测出信道的频率响应，以此用来设计逆系统。通过对未知系统进行一序列的测量以确定未知系统的特性 $h(n)$ 或 $H(\omega)$ 的过程称为系统辨识。

"去卷积"这个术语常用于地震信号处理中，在地球物理学中，更普遍地用于描述从我们想测定的系统特性中分离输入信号的操作。去卷积运算的实际目的是辨识出系统的特性，在这种情况下，最终可以视为系统辨识问题。在这种情况下，逆系统频率响应是原系统频率响应的倒数。

3.5.1　线性时不变系统的可逆性

如果输入和输出信号是一一对应的，那这个系统称为可逆的。这个定义意味着，如果我们知道了一个可逆系统 $\varGamma$ 的输出序列 $y(n)$，$-\infty < n < \infty$，那么就可以惟一地确定它的输入 $x(n)$，$-\infty < n < \infty$。对于输入为 $y(n)$、输出为 $x(n)$ 的逆系统，用 $\varGamma^{-1}$ 表示。很明显，一个系统与它的逆系统的级联等价于一个恒等系统，这是因为

$$w(n) = \varGamma^{-1}[y(n)] = \varGamma^{-1}\{\varGamma[x(n)]\} = x(n) \qquad (3-143)$$

系统 $\varGamma$ 与逆系统 $\varGamma^{-1}$ 的级联如图 3-24 所示。例如，由输入—输出关系 $y(n) = ax(n)$ 及 $y(n) = x(n-5)$ 定义的系统是可逆的，而由输出关系 $y(n) = x^2(n)$ 及 $y(n) = 0$ 表示的系统是不可逆的。

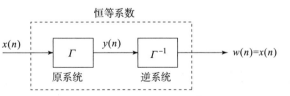

图 3-24　系统 $\varGamma$ 与逆系统 $\varGamma^{-1}$ 的级联

正如上面所指出的，逆系统在许多实际应用包括地球物理学与数字通信中是非常重要的。现在从计算给定系统的逆系统的问题入手，把讨论点限定在此类线性时不变离散时间系统上。

现在假设线性时不变系统 Γ 的冲激响应为 $h(n)$，令 $h_I(n)$ 表示逆系统 Γ^{-1} 的冲激响应。于是式（3-143）等价于卷积方程

$$w(n) = h_I(n) * h(n) * x(n) = x(n) \qquad (3-144)$$

而式（3-144）意味着

$$h(n) * h_I(n) = \delta(n) \qquad (3-145)$$

式（3-145）中的卷积方程可以用来求解一个给定 $h(n)$ 的 $h_I(n)$。然而，式（3-145）是在时域中进行求解，通常很困难。更简单的方法是将式（3-145）转换到 z 域来求解 Γ^{-1}，因而在 z 变换域，式（3-145）变为

$$H(z)H_1(z) = 1$$

所以，逆系统的系统函数为

$$H_1(z) = \frac{1}{H(z)} \qquad (3-146)$$

如果 $H(z)$ 是有理系统函数

$$H(z) = \frac{B(z)}{A(z)} \qquad (3-147)$$

那么

$$H_1(z) = \frac{A(z)}{B(z)} \qquad (3-148)$$

因此，$H(z)$ 的零点变成了逆系统的极点，反之亦然。此外，如果 $H(z)$ 是线性时不变系统，那么 $H_1(z)$ 就是全极点系统；或者如果 $H(z)$ 是全极点系统，那么 $H_1(z)$ 就是线性时不变系统。

【例 3-10】

一个系统的冲激响应为

$$h(n) = \left(\frac{1}{2}\right)^n u(n)$$

求解它的逆系统。

解：

对应于 $h(n)$ 的系统函数为

$$H(z) = \frac{1}{1 - \frac{1}{2}z^{-1}}, \quad \text{收敛域：} |z| > \frac{1}{2}$$

这个系统是因果稳定的。因为 $H(z)$ 是全极点系统，所以它的逆系统是线性时不变系统，其系统函数为

$$H_1(z) = 1 - \frac{1}{2}z^{-1}$$

因此，它的冲激响应为

$$h_I(n) = \delta(n) - \frac{1}{2}\delta(n-1)$$

【例 3-11】

一个系统的冲激响应为

$$h(n) = \delta(n) - \frac{1}{2}\delta(n-1)$$

求解它的逆系统。

解：

　　这是一个线性时不变系统，它的系统函数为

$$H(z) = 1 - \frac{1}{2}z^{-1}, \quad 收敛域：|z| > 0$$

逆系统的系统函数为

$$H_1(z) = \frac{1}{H(z)} = \frac{1}{1 - \frac{1}{2}z^{-1}} = \frac{z}{z - \frac{1}{2}}$$

因而，$H_1(z)$ 在原点处存在一个零点，并且在 $z = 1/2$ 处存在一个极点。在这种情况下，存在两个可能的收敛域，因此有两个可能的逆系统，如图 3−25 所示。

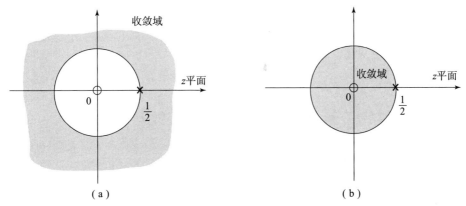

图 3−25　$H(z) = z/\left(z - \frac{1}{2}\right)$ 的两种可能的收敛域

（a）收敛域为 $|z| > \frac{1}{2}$；（b）收敛域为 $|z| < \frac{1}{2}$

　　如果 $H_1(z)$ 的收敛域为 $|z| > \frac{1}{2}$，那么由逆变换可得出

$$h_I(n) = \left(\frac{1}{2}\right)^n u(n)$$

这是因果稳定系统的冲激响应。另一方面，如果假定收敛域取 $|z| < \frac{1}{2}$，则逆系统的冲激响应为

$$h_I(n) = -\left(\frac{1}{2}\right)^n u(-n-1)$$

在这种情况下，逆系统是非因果且不稳定的。

　　可以看出，除非我们指定了逆系统的系统函数的收敛域，否则并不能利用式（3−148）来惟一地确定式（3−145）的值。

　　在某些实际应用中，冲激响应 $h(n)$ 并不具有 z 变换，但可以用接近的形式来表示。一种方法是我们可以直接利用数字计算机来对式（3−145）求解。因为式（3−145）通常并

不具有惟一解，所以假定该系统及它的逆系统是因果的，于是式（3-145）可以简化为等式

$$\sum_{k=0}^{n} h(k)h_I(n-k) = \delta(n) \tag{3-149}$$

假设当 $n < 0$ 时，$h_I(n) = 0$，对于 $n = 0$，得出

$$h_I(0) = 1/h(0) \tag{3-150}$$

对于 $n \geq 1$，$h_I(n)$ 的值可以通过以下等式以递推方式获得：

$$h_I(n) = \sum_{k=1}^{n} \frac{h(n)h_I(n-k)}{h(0)}, n \geq 1 \tag{3-151}$$

这种递推关系很容易在数字计算机上进行编程。

式（3-151）的方法具有两个问题：①如果 $h(0) = 0$，则这种方法就不再适用，但是这个问题可以很容易地通过在式（3-149）的右边引入适当的延迟来解决，即用 $\delta(n-m)$ 来代替 $\delta(n)$，当 $m = 1$ 时，若 $h(0) = 0$，则 $h(1) \neq 0$，依次类推；②式（3-151）的递推随着的 $x(n)\cos(\omega_0 n)$ 增大会引起截取误差，因而对于大的 n，$h(n)$ 的数值准确性就会变差。

【例 3-12】

求解 FIR 的因果逆系统，它的冲激响应为

$$h(n) = \delta(n) - \alpha\delta(n-1)$$

解：

因为 $h(0) = 1, h(1) = -a$，并且当 $n > 1$ 时，$h(n) = 0$，所以得出

$$h_I(0) = 1/h(0) = 1$$

并且

$$h_I(n) = \alpha h_I(n-1), n \geq 1$$

因此

$$h_I(1) = \alpha, h_I(2) = \alpha^2, \cdots, h_I(n) = \alpha^n$$

这与期望的因果 FIR 系统相一致。

3.5.2 最小相位、最大相位及混合相位系统

线性时不变系统的可逆性与系统的相位谱函数的特性紧密联系在一起。为了说明这一点，我们考虑两个 FIR 系统，它们的系统函数为

$$H_1(z) = 1 + \frac{1}{2}z^{-1} = z^{-1}\left(z + \frac{1}{2}\right) \tag{3-152}$$

$$H_2(z) = \frac{1}{2} + z^{-1} = z^{-1}\left(\frac{1}{2}z + 1\right) \tag{3-153}$$

式（3-152）中系统在 $z = -1/2$ 处有一个零点，并且冲激响应 $h(0) = 1, h(1) = 1/2$。式（3-153）中系统在 $z = -2$ 处有一个零点，并且冲激响应 $h(0) = 1/2, h(1) = 1$，它与式（3-152）中的系统相反，这是由于 $H_1(z)$ 和 $H_2(z)$ 的零点互为倒数的原因。

在频域，这两个 FIR 系统的特性由它们的频率响应函数进行描述，可以表示为

$$|H_1(\omega)| = |H_2(\omega)| = \sqrt{\frac{4}{5}\cos\omega} \tag{3-154}$$

和

$$\Theta_1(\omega) = -\omega + \arctan \frac{\sin\omega}{\dfrac{1}{2} + \cos\omega} \tag{3-155}$$

$$\Theta_2(\omega) = -\omega + \arctan \frac{\sin\omega}{2 + \cos\omega} \tag{3-156}$$

因为 $H_1(z)$ 和 $H_2(z)$ 的零点互为倒数，所以这两个系统的幅频特性是相同的。

图 3-26 画出了 $\Theta_1(\omega)$ 和 $\Theta_2(\omega)$ 的图形。我们观察到，图 3-26（a）系统的相频特性 $\Theta_1(\omega)$ 开始于 $\omega = 0$ 处的零相位，并且终止于频率 $\omega = \pi$ 处的零相位，因此净相位变化 $\Theta_1(\pi) - \Theta_1(0) = 0$。图 3-26（b）是零点位于单位圆之外的系统，它的相频特性经历的净相位变化为 $\Theta_2(\pi) - \Theta_2(0) = \pi\text{rad}$。由于相频特性的不同，我们称图 3-26（a）系统为最小相位系统，图 3-26（b）系统为最大相位系统。

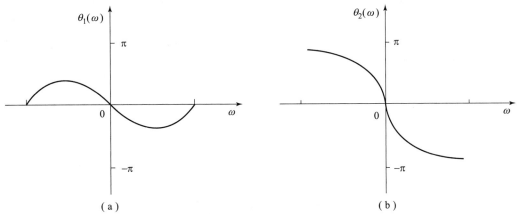

图 3-26　式（3-152）和式（3-153）给出的系统的相位响应特性

（a）最小相位系统响应特性；（b）最大相位系统响应特性

这些定义很容易扩展到任意长度的线性时不变系统。作为一个特例，一个长度为 $M+1$ 且有 M 个零点的线性时不变系统，它的频率响应可以表示为

$$H(\omega) = b_0(1 - z_1 \mathrm{e}^{-\mathrm{j}\omega})(1 - z_2 \mathrm{e}^{-\mathrm{j}\omega}) \cdots (1 - z_M \mathrm{e}^{-\mathrm{j}\omega}) \tag{3-157}$$

式中：$\{z_i\}$ 表示零点；b_0 为任意常数。当所有零点位于单位圆内时，式（3-157）中的所有乘积项都对应于实值零点，它们在 $\omega = 0$ 和 $\omega = \pi$ 之间经历的净相位变化为 0。同样，$H(\omega)$ 中的每对复共轭的因子经历的净相位变化也为 0，因此，

$$\sphericalangle H(\pi) - \sphericalangle H(0) = 0 \tag{3-158}$$

所以这样的系统称为最小相位系统。另一方面，当所有零点位于单位圆外时，当频率从 $\omega = 0$ 变化到 $\omega = \pi$ 时，每个实值零点都会带来 πrad 的净相位变化，并且在同样的频率区间 ω，每对复共轭零点都会带来 $2\pi\text{rad}$ 的净相位变化。因此

$$\sphericalangle H(\pi) - \sphericalangle H(0) = M\pi \tag{3-159}$$

这是具有 M 个零点的线性时不变系统可能的最大相位变化，所以这样的系统称为最大相位系统。从上面的讨论可以得出

$$\sphericalangle H_{\max}(\pi) \geqslant \sphericalangle H_{\min}(\pi) \tag{3-160}$$

如果一个具有 M 个零点的线性时不变系统，其中一部分的零点位于单位圆内，其余的零点位于单位圆外，则这样的系统称为混合相位系统或者非最小相位系统。

因为系统相频特性的导数是度量信号频率成分通过系统后产生时间延迟的一种方法，所以最小相位特性意味着最小的延迟函数，而最大相位特性意味着延迟特性同样也是最大的。

现在假设一个线性时不变系统具有实系数，于是它的频率响应的幅度平方值为

$$|H(\omega)|^2 = H(z) H(z^{-1})|_{z=e^{j\omega}} \qquad (3-161)$$

这个关系意味着，如果我们把系统的零点 z_k 用它的倒数 $1/z_k$ 进行替换，那么系统的幅频特性并没有变化。因此，如果我们将单位圆内的零点 z_k 映射到单位圆外的零点 $1/z_k$，那么就可以看到频率响应的幅频特性对这样的变换是没有改变的。

以上讨论显而易见，如果 $|H(\omega)|^2$ 是一个具有 M 个零点的 FIR 系统频率响应的幅度平方值，那么零点就有 2^M 种可能的分布情况，其中有一部分位于单位圆内，其余位于单位圆外。很明显，存在一种情况是它的所有零点均位于单位圆内，这对应于最小相位系统；第二种情况是所有零点位于单位圆外，这对应于最大相位系统；剩下的 $2^M - 2$ 种情况对应于混合相位系统。然而，并不是所有 $2^M - 2$ 种混合相位系统都需要对应于具有实值系数的线性时不变系统。特别指出，任何一对复轭零点仅有两种可能的分布情况，但是一对实值的零点却会产生出 4 种可能的分布。

【例 3–13】

计算以下线性时不变系统的零点，并指出这些系统是最小相位系统、最大相位系统还是混合相位系统。

$$\begin{cases} H_1(z) = 6 + z^{-1} - z^{-2} \\ H_2(z) = 1 - z^{-1} - 6z^{-2} \\ H_3(z) = 1 - \dfrac{5}{2}z^{-1} - \dfrac{3}{2}z^{-2} \\ H_4(z) = 1 + \dfrac{5}{3}z^{-1} - \dfrac{2}{3}z^{-2} \end{cases}$$

解：

通过分解系统函数，可以得到 4 个系统的零点为

$$\begin{cases} H_1(z) \rightarrow z_{1,2} = -\dfrac{1}{2}, \dfrac{1}{3} \rightarrow 最小相位 \\ H_2(z) \rightarrow z_{1,2} = -2, 3 \rightarrow 最大相位 \\ H_3(z) \rightarrow z_{1,2} = -\dfrac{1}{2}, 3 \rightarrow 混合相位 \\ H_4(z) \rightarrow z_{1,2} = -2, \dfrac{1}{3} \rightarrow 混合相位 \end{cases}$$

因为 4 个系统的零点相互之间互为倒数，所以 4 个系统具有相同的幅频响应特性，但相频特性却不相同。

由最小相位线性时不变系统的特性可以得出，线性时不变系统具有有理系统函数。特别指出，当一个线性时不变系统的系统函数为

$$H(z) = \frac{B(z)}{A(z)} \qquad (3-162)$$

如果它的所有极点和零点都在单位圆内，则称之为最小相位系统。对于一个稳定因果系统 $[A(z)$ 的所有根都落在单位圆内$]$，如果它的所有零点都在单位圆外，则称之为最大相位系

统；如果只是部分而不是全部零点位于单位圆外，则称之为混合相位系统。

以上讨论提出了一个值得强调的重点：一个稳定的、具有最小相位的零点—极点系统具有同样也是最小相位的逆系统。这个逆系统的系统函数为

$$H^{-1}(z) = \frac{A(z)}{B(z)} \tag{3-163}$$

因此，$H(z)$ 的最小相位性保证了逆系统 $H(z)^{-1}$ 的稳定性，并且 $H(z)$ 的稳定性又意味着 $H(z)^{-1}$ 的最小相位性。混合相位系统和最大相位系统导致了逆系统的不稳定。

非最小相位零点—极点系统的分解。任何非最小相位零点—极点系统可表示为

$$H(z) = H_{\min}(z) H_{ap}(z) \tag{3-164}$$

式中：$H_{\min}(z)$ 为最小相位系统；$H_{ap}(z)$ 为全通系统。对于这类具有有理系统函数 $H(z) = B(z)/A(z)$ 的因果稳定系统，现在我们来论证上式的有效性。通常，如果 $B(z)$ 有一个或多个根位于单位圆外，那么可以将 $B(z)$ 分解成积 $B_1(z)B_2(z)$，其中 $B_1(z)$ 的所有根位于单位圆内，而 $B_2(z)$ 的所有根位于单位圆外。于是，$B_2(z^{-1})$ 的所有根位于单位圆内。我们定义最小相位系统为

$$H_{\min}(z) = \frac{B_1(z) B_2(z^{-1})}{A(z)}$$

以及全通系统为

$$H_{ap}(z) = \frac{B_2(z)}{B_2(z^{-1})}$$

因而，$H(z) = H_{\min}(z) H_{ap}(z)$。注意，$H_{ap}(z)$ 是一个稳定的、全通的最大相位系统。

非最小相位系统的群时延。基于式（3-164）给出的非最小相位系统的分解，$H(z)$ 的群时延可以表示为

$$\tau_g(\omega) = \tau_g^{\min}(\omega) + \tau_g^{ap}(\omega) \tag{3-165}$$

因为对于 $0 \leqslant \omega \leqslant \pi$，$\tau_g^{ap}(\omega) \geqslant 0$，由此得出 $\tau_g(\omega) \geqslant \tau_g^{\min}(\omega)$，$0 \leqslant \omega \leqslant \pi$。从式（3-165）可以总结出：在所有具有相同幅度响应的零点—极点系统中，最小相位系统的群时延最小。

非最小相位系统的偏能。冲激响应为 $h(n)$ 的因果系统的偏能定义为

$$E(n) = \sum_{k=0}^{n} |h(k)|^2 \tag{3-166}$$

可以看出，在所有具有相同幅度响应的系统中，对于同样的总能量 $E(\infty)$，最小相位系统具有最大的偏能 [即 $E_{\min}(n) \geqslant E(n)$，其中 $E_{\min}(n)$ 是最小相位系统的偏能]。

3.5.3　系统辨识与去卷积

假如用输入序列 $x(n)$ 来激励一个未知的线性时不变系统，并观察输出序列 $y(n)$，我们希望能从输出序列求解出该未知系统的冲激响应。这是系统辨识问题，可以通过去卷积来解决，因而得出

$$y(n) = h(n) * x(n) = \sum_{k=-\infty}^{\infty} h(k) x(n-k) \tag{3-167}$$

去卷积问题的解析方法可以通过对式（3-167）进行 z 变换获得，在 z 变换域得到

$$Y(z) = H(z)X(z)$$

因此，

$$H(z) = \frac{Y(z)}{X(z)} \qquad (3-168)$$

式中，$X(z)$ 和 $Y(z)$ 分别为有用的输入信号 $x(n)$ 及观察到的输出信号 $y(n)$ 的 z 变换。这种方法只适用于 $X(z)$ 和 $Y(z)$ 具有相近表达形式的情况。

【例 3 - 14】

一个因果系统的输出序列为

$$y(n) = \begin{cases} 1, n = 0 \\ \dfrac{7}{10}, n = 1 \\ 0, 其他 \end{cases}$$

激励的输入序列为

$$x(n) = \begin{cases} 1, n = 0 \\ -\dfrac{7}{10}, n = 1 \\ \dfrac{1}{10}, n = 2 \\ 0, 其他 \end{cases}$$

计算它的冲激响应及它的输入—输出方程。

解：

通过对 $x(n)$ 和 $y(n)$ 进行 z 变换，很容易求得系统函数，因此得出

$$H(z) = \frac{Y(z)}{X(z)} = \frac{1 + \frac{7}{10}z^{-1}}{1 - \frac{7}{10}z^{-1} + \frac{1}{10}z^{-2}} = \frac{1 + \frac{7}{10}z^{-1}}{\left(1 - \frac{1}{2}z^{-1}\right)\left(1 - \frac{1}{5}z^{-1}\right)}$$

因为该系统是因果的，所以它的收敛域为 $z > \dfrac{1}{2}$。由于系统的极点位于单位圆内，因而它也是稳定的。

系统的输入—输出差分方程式为

$$y(n) = \frac{7}{10}y(n-1) - \frac{1}{10}y(n-1) + x(n) + \frac{7}{10}x(n-1)$$

通过对 $= H(z)$ 进行部分分数展开来求解冲激响应，并对结果进行逆变换，计算结果为

$$h(n) = \left[4\left(\frac{1}{2}\right)^n - 3\left(\frac{1}{5}\right)^n\right]u(n)$$

可以看出，如果知道未知系统是因果的，用式（3 - 168）就能惟一地对未知系统求解。然而上述例子是人为设计的，因为系统的响应 $\{y(n)\}$ 很可能是无限长的。因此，这种方法通常不适用。

作为另一种选择，我们可以直接计算式（3 - 168）给出的时域表达式。如果系统是因果的，得出

$$y(n) = \sum_{k=0}^{n} h(k)x(n-k), n \geq 0$$

因而

$$h(0) = \frac{y(0)}{x(0)}$$

$$h(n) = \frac{y(n) - \sum_{k=0}^{n-1} h(k) x(n-k)}{x(0)}, n \geqslant 1 \tag{3-169}$$

这种递推方法要求 $x(n) \neq 0$。然而，我们又注意到，当 $\{h(n)\}$ 无限长时，这种方法可能不再适用，除非我们在递推阶段对递推方法进行截断处理〔即缩短 $\{h(n)\}$〕。

对于未知系统辨识的另一种方法基于互相关技术。输入—输出互相关函数为

$$r_{yx}(m) = \sum_{k=0}^{\infty} h(k) r_{xx}(m-k) = h(n) * r_{xx}(m) \tag{3-170}$$

式中：$r_{yx}(m)$ 为系统输入 $\{x(n)\}$ 与系统输出 $\{y(n)\}$ 的互相关序列；$r_{xx}(m)$ 为输入信号的自相关序列。在频域，对应的关系为

$$S_{yx}(\omega) = H(\omega) S_{xx}(\omega) = H(\omega) |X(\omega)|^2$$

因此，

$$H(\omega) = \frac{S_{yx}(\omega)}{S_{xx}(\omega)} = \frac{S_{yx}(\omega)}{|X(\omega)|^2} \tag{3-171}$$

这些关系表明，对未知系统的冲激响应 $\{h(n)\}$ 或频率响应的求解（测量），通过先确定输入序列 $\{x(n)\}$ 和输出序列 $\{y(n)\}$ 的互相关特性，然后利用式（3-169）的递推方程来求解式（3-170）中的去卷积问题；或者，只是计算式（3-170）的傅里叶变换，并求解式（3-171）给出的频率响应。另外，如果选择输入序列 $\{x(n)\}$ 使得它的自相关序列 $\{r_{xx}(n)\}$ 是单位采样序列，或者等价地在 $H(\omega)$ 的通频带内，它的频谱是平坦的（常数），则冲激响应 $\{h(n)\}$ 的值仅仅等于互相关序列 $\{r_{yx}(n)\}$。

通常，上述的互相关方法是一种有效的、实用的系统辨识方法。

3.5.4　同态去卷积

第 2 章 2.2.7 节介绍的复数倒频谱，在某些应用（如地震信号处理）中是一种非常有用的去卷积运算工具。为了描述这种方法，假设 $\{y(n)\}$ 是输入序列 $\{x(n)\}$ 激励线性时不变系统后的输出序列，那么

$$Y(z) = X(z) H(z) \tag{3-172}$$

式中：$H(z)$ 为系统函数；$Y(z)$ 的自然对数为

$$C_y(z) = \ln Y(z) = \ln X(z) + \ln H(z) = C_x(z) + C_h(z) \tag{3-173}$$

因此，输出序列 $\{y(n)\}$ 的复数倒频谱可表示为 $\{x(n)\}$ 和 $\{h(n)\}$ 的倒频谱之和，即

$$c_y(n) = c_x(n) + c_h(n) \tag{3-174}$$

我们看到，两个序列在时域的卷积对应于在倒频域的倒频谱序列之和。进行这些变换的系统称为同态系统，如图 3-27 所示。

图 3-27　用于获得序列 $\{y(n)\}$ 的倒频谱 $\{c_y(n)\}$ 的同态系统

在某些应用中，如地震信号处理以及语音信号处理中，倒频序列 $\{c_x(n)\}$ 和 $\{c_h(n)\}$ 的特性的差异非常大，它们在倒频域很容易分离。特别指出，我们设想 $\{c_h(n)\}$ 的主要成分（主能量）存在于 n 取较小值的部分，而 $\{c_x(n)\}$ 的成分主要集中在 n 取较大值附近，我们称 $\{c_h(n)\}$ 为"低通"，称 $\{c_x(n)\}$ 为"高通"。通过利用适当的"低通"或"高通"窗口，就可以从 $\{c_x(n)\}$ 中分离出 $\{c_h(n)\}$，如图 3-28 所示。

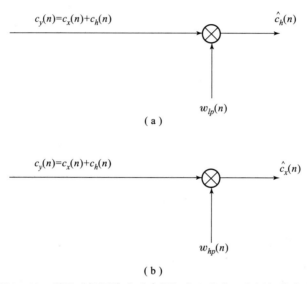

(a)

(b)

图 3-28　利用"低通"或"高通"窗口分离两个倒频谱成分

（a）利用"低通"窗口分离倒频谱成分；（b）利用"高通"窗口分离倒频谱成分

因此，

$$\hat{c}_h(n) = c_y(n) w_{lp}(n) \tag{3-175}$$

并且

$$\hat{c}_x(n) = c_y(n) w_{hp}(n) \tag{3-176}$$

其中，

$$w_{lp}(n) = \begin{cases} 1, & |n| \leqslant N_1 \\ 0, & \text{其他} \end{cases} \tag{3-177}$$

$$w_{hp}(n) = \begin{cases} 0, & |n| \leqslant N_1 \\ 1, & |n| > N \end{cases} \tag{3-178}$$

前面我们已经通过加窗的方法分离出倒频序列 $\{c_h(n)\}$ 和 $\{c_x(n)\}$，再将 $\{c_h(n)\}$ 和 $\{c_x(n)\}$ 通过逆同态系统，就可得到 $\{x(n)\}$ 和 $\{h_h(n)\}$，如图 3-29 所示。

图 3-29　从对应的倒频谱中恢复出序列 $\{x(n)\}$ 和 $\{h_h(n)\}$ 的逆同态系统

在实际中，用数字计算机来计算序列 $\{y(n)\}$ 的倒频谱，执行加窗函数，并实现如

图 3 – 29所示的逆同态系统。我们将用一种特殊形式的傅里叶变换及其逆变换，来代替 z 变换及逆 z 变换。这种特殊的形式称为离散傅里叶变换。

3.6　小　　结

在本章中，首先，我们介绍了 LTI 系统的频域特性，展示了通过频率响应函数 $H(\omega)$，即系统冲激响应的傅里叶变换，描述 LTI 系统在频域的特性。我们同样也看到，频率响应函数决定了系统对任何输入信号的影响。实际上，通过把输入信号变换到频域，可以使计算系统对信号的影响以及计算系统输出变得非常简单。从频域来看，LTI 系统对输入信号进行了频谱整形或频谱滤波。

其次，本章还从零点—极点布局角度介绍了简单的 IIR 滤波器的设计。通过这种方法，可以设计出简单的数字谐振器、槽口滤波器、梳状滤波器、全通滤波器以及数字正弦信号发生器。更加复杂的 IIR 滤波器设计及其相关参考文献将在第 6 章详细论述。数字正弦信号发生器常用于频率合成，在戈尔科（Gorski）主编的书（1975）中，给出了频率合成技术更全面的论述。

最后，我们依据极点和零点在频域的位置，将 LTI 系统描述为最小相位、最大相位以及混合相位系统。利用 LTI 系统的这些基本特性，我们介绍了在逆滤波、去卷积以及系统辨识中的实际问题。基于对 LTI 系统输出信号的频谱分析，我们描述了去卷积的方法。

第4章

离散时间信号的频域分析

由于计算机只能计算有限长离散序列，因此有限长离散序列在数字信号处理中就显得很重要，虽然可以用 z 变换和序列的傅里叶变换来研究有限长离散序列，但是这两种变换无法直接利用计算机进行数值计算。针对序列"有限长"这一特点，可以导出一种更有效的变换：离散傅里叶变换（DFT）。作为有限长序列的一种表示方法，离散傅里叶变换除了在理论上相当重要之外，由于存在有效的快速算法——快速傅里叶变换（FFT），因而在各种数字信号处理的算法中起着核心作用。本章主要讨论离散傅里叶变换、快速傅里叶变换、利用离散傅里叶变换计算线性卷积和以及对连续时间信号进行频谱分析等内容。

4.1 时域—频域的周期—离散对应关系

傅里叶变换就是以时间 $(t、n)$ 为自变量的"信号"与以频率（Ω 或 f、ω）为自变量的"频谱"函数之间的一种变换关系。当自变量"时间"与"频率"为连续形式和离散形式的不同组合时，就形成了各种不同形式的傅里叶变换对，即"信号"与"频谱"的对应关系。

4.1.1 连续时间非周期信号的傅里叶变换

对于连续时间信号，傅里叶级数的理论告诉我们：任何周期信号只要满足狄里赫利条件就可以分解成许多指数分量之和或直流分量与正弦、余弦分量之和，而非周期信号不能直接用傅里叶级数表示，但可以利用傅里叶分析方法导出非周期信号的傅里叶变换。

设连续时间非周期信号 $x(t)$ 的傅里叶变换为 $X(j\Omega)$，则傅里叶变换对为

$$\begin{cases} X(j\Omega) = \displaystyle\int_{-\infty}^{\infty} x(t)\,\mathrm{e}^{-\mathrm{j}\Omega t}\mathrm{d}t \\ x(t) = \dfrac{1}{2\pi}\displaystyle\int_{-\infty}^{\infty} X(j\Omega)\,\mathrm{e}^{\mathrm{j}\Omega t}\mathrm{d}\Omega \end{cases} \qquad (4-1)$$

以单边指数信号为例，其变换对对应的时域—频域关系如图 4-1 所示。由图 4-1 可以看出，时域连续的非周期信号对应的频谱是非周期的连续频谱。

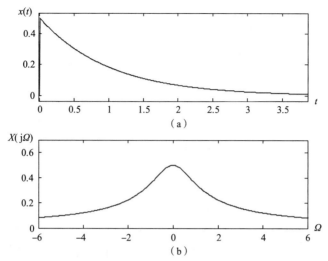

图 4 - 1　某时域连续的非周期信号及对应的非周期的连续频谱

（a）某时域连续的非周期信号；（b）对应的非周期的连续频谱

4.1.2　连续时间周期信号的傅里叶级数

设连续时间周期信号 $x(t)$（周期为 T_0）的傅里叶系数为 $X(jk\Omega_0) = F_k$，则有

$$\begin{cases} X(jk\Omega_0) = \dfrac{1}{T_0}\displaystyle\int_{-T_0/2}^{T_0/2} x(t)\,\mathrm{e}^{-jk\Omega_0 t}\mathrm{d}t \\ x(t) = \displaystyle\sum_{n=-\infty}^{\infty} X(jk\Omega_0)\,\mathrm{e}^{jk\Omega_0 t} \end{cases} \tag{4-2}$$

式中：$\Omega_0 = 2\pi/T_0$ 为 $x(t)$ 的基频，也是离散谱相邻谱线之间的角频率间隔；k 为整数。

以周期矩形脉冲信号为例，这一变换对的时域—频域关系如图 4 - 2 所示。由图 4 - 2 可以看出，时域连续的周期信号对应的频谱是非周期的离散频谱。

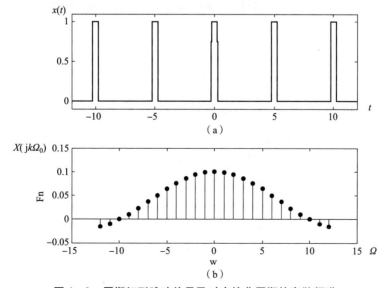

图 4 - 2　周期矩形脉冲信号及对应的非周期的离散频谱

（a）周期矩形脉冲信号；（b）对应的非周期的离散频谱

4.1.3 非周期序列的傅里叶变换

设非周期序列（离散时间信号）$x(n)$ 的傅里叶变换为 $X(e^{j\omega})$，则有

$$\begin{cases} X(e^{j\omega}) = \sum_{n=-\infty}^{\infty} x(n)e^{-j\omega n} \\ x(t) = \dfrac{1}{2\pi} \int_{-\pi}^{\pi} X(e^{j\omega})e^{j\omega n}d\omega \end{cases} \tag{4-3}$$

这一变换对应的时域—频域关系如图 4-3 所示。由图 4-3 可以看出，时域离散的非周期序列对应的频谱为周期的连续频谱。

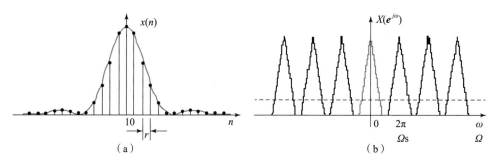

图 4-3　时域离散的非周期序列及对应的周期的连续频谱

（a）时域离散的非周期信号；（b）对应的周期的连续频谱

4.1.4 周期序列的离散傅里叶级数

前面讨论的 3 种傅里叶变换对都至少有一个域（时域或频域）是连续的，所以不适合在计算机上运算，因为从数字计算角度，我们感兴趣的是时域及频域都是离散的情况，这就是我们要谈到的离散傅里叶变换。根据频域采样定理，若对非周期序列 $x(n)$ 的周期连续谱 $X(e^{j\omega})$ 以 $\omega_0 = 2\pi/N$ 为间隔进行等间隔采样（即每周期抽取 N 个点），就得到周期的离散谱 $X(e^{jk\omega_0})$，同时时域以 N 为周期延拓为周期序列 $\tilde{x}(n)$，这一变换对可以表示为

$$\begin{cases} X(k) = X(e^{jk\omega_0}) = \sum_{n=0}^{N-1} x(n)e^{-j\frac{2\pi}{N}nk} \\ \tilde{x}(n) = \dfrac{1}{N} \sum_{n=0}^{N-1} X(k)e^{j\frac{2\pi}{N}nk} \end{cases} \tag{4-4}$$

这一变换对称为离散傅里叶级数对，以一离散周期矩形波为例，它所表示的时域—频域关系如图 4-4 所示。可以看出，时域离散的周期序列对应的频谱是周期的离散频谱，因此适合于计算机运算，是数字信号处理所用到的重要形式。

综合前面 4 种"信号"与"频谱"的对应关系可知，时域的连续性造成频域的非周期性，而时域的离散性造成频域的周期性；时域的非周期性造成频域的连续性，而时域的周期性造成频域的离散性。也就是说，时域和频域之间存在着连续—非周期、离散—周期的对应关系。

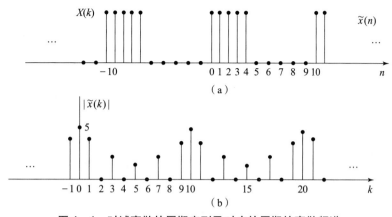

图 4 - 4　时域离散的周期序列及对应的周期的离散频谱

（a）时域离散的周期信号；（b）对应的周期的离散频谱

4.2　离散傅里叶级数

周期序列不满足绝对可和的条件，所以不能用 z 变换表示。但是，和连续时间周期信号一样，周期序列也可以展开为傅里叶级数，称为离散傅里叶级数（DFS），即用正弦序列或复指数序列的线性组合来表示。

设 $x(n)$ 是一个周期为 N 的周期序列，即 $x(n) = x(n + rN)$（r 为任意整数），其基频频率为 $\omega_0 = 2\pi/N$，k 次谐波频率为 $\omega_k = k\omega_0 = 2\pi k/N$，构成 $x(n)$ 的直流分量（常数序列）、基波分量和各次谐波分量可以表示为复指数序列 $x_k(n)(k = 0, \pm1, \pm2, \cdots)$，即

$$x_k(n) = \mathrm{e}^{\mathrm{j}\frac{2\pi}{N}kn}, k = 0, \pm1, \pm2, \cdots \tag{4-5}$$

由于复指数序列 $x_k(n)$ 是 k 的周期函数，即有

$$x_{k+rN}(n) = \mathrm{e}^{\mathrm{j}\frac{2\pi}{N}(k+rN)n} = \mathrm{e}^{\mathrm{j}\frac{2\pi}{N}kn} = x_k(n), k = 0, \pm1, \pm2, \cdots$$

所以，离散傅里叶级数和连续傅里叶级数的区别是：后者有无穷多个独立分量，而前者的各分量中只有 N 个是相互独立的，即 $x_k(n)(k = 0,1,2,\cdots N-1)$。因此根据式（4-2）。周期函数 $x(n)$（周期为 N）的离散傅里叶级数展开可以写为

$$x(n) = \frac{1}{N}\sum_{n=0}^{N-1}X(k)\mathrm{e}^{\mathrm{j}\frac{2\pi}{N}nk} \tag{4-6}$$

式中：乘以系数 $1/N$ 是为了后面计算的方便；$X(k)$ 为 $x(n)$ 的 k 次谐波系数，即第 k 次谐波分量的复振幅，称为 $x(n)$ 的离散傅里叶级数的系数。

为了求 $X(k)$，将式（4-6）两边乘以 $\mathrm{e}^{-\mathrm{j}\frac{2\pi}{N}kn}$，然后在 $0 \leqslant n \leqslant N-1$ 这一个周期内求和，可得

$$\sum_{n=0}^{N-1}x(n)\mathrm{e}^{-\mathrm{j}\frac{2\pi}{N}ln} = \sum_{n=0}^{N-1}\left[\frac{1}{N}\sum_{k=0}^{N-1}X(k)\mathrm{e}^{\mathrm{j}\frac{2\pi}{N}kn}\right]\mathrm{e}^{-\mathrm{j}\frac{2\pi}{N}ln}$$

$$= \frac{1}{N}\sum_{k=0}^{N-1}X(k)\left[\sum_{n=0}^{N-1}\mathrm{e}^{\mathrm{j}\frac{2\pi}{N}(k-l)n}\right]$$

由于复指数信号具有以下性质：

$$\sum_{n=0}^{N-1} e^{j\frac{2\pi}{N}(k-l)n} = \frac{1 - e^{j\frac{2\pi}{N}(k-l)N}}{1 - e^{j\frac{2\pi}{N}(k-l)}} = \begin{cases} N, k = l \\ 0, k \neq l \end{cases} \qquad (4-7)$$

因此可得

$$\sum_{n=0}^{N-1} x(n) e^{-j\frac{2\pi}{N}ln} = X(l)$$

将 l 换成 k 可得

$$X(k) = \sum_{n=0}^{N-1} x(n) e^{-j\frac{2\pi}{N}nk} \qquad (4-8)$$

由式（4-8）可以看出，$X(k)$ 也是一个以 N 为周期的周期序列，即有

$$X(k + rN) = \sum_{n=0}^{N-1} x(n) e^{-j\frac{2\pi}{N}(k+rN)n} = \sum_{n=0}^{N-1} x(n) e^{-j\frac{2\pi}{N}kn} = X(k), r = 0, \pm 1, \pm 2, \cdots$$

这与式（4-6）表示的 $x(n)$ 只有 N 个独立分量的结论是一致的，即离散傅里叶级数只有 N 个不同的系数。可见，时域周期序列的离散傅里叶级数在频域（即其系数）也是一个同周期的周期序列。我们将式（4-6）和式（4-8）称为周期序列的离散傅里叶级数对，即

$$\begin{cases} 正变换 X(k) = DFS[x(n)] = \sum_{n=0}^{N-1} x(n) e^{-j\frac{2\pi}{N}nk} = \sum_{n=0}^{N-1} x(n) W_N^{kn} & (4-9) \\ 反变换 x(n) = IDFS[X(k)] = \frac{1}{N}\sum_{n=0}^{N-1} X(k) e^{j\frac{2\pi}{N}nk} = \frac{1}{N}\sum_{n=0}^{N-1} X(k) W_N^{-kn} & (4-10) \end{cases}$$

式中，$W_N = e^{-j\frac{2\pi}{N}}$ 称为旋转因子。

用相近的方法，离散傅里叶级数对也可以从式（4-3）获得。由于 $x(n)$ 是一个周期为 N 的周期序列，因此式（4-3）出现如下变化：

$$\omega \to \omega_k = k\omega, \int_{-\pi}^{\pi} \to \sum_{k=0}^{N-1}, \quad d\omega \to \omega_0$$

则式（4-3）变换为

$$\begin{cases} X(k) = X(e^{j\omega_k}) = \sum_{n=0}^{N-1} x(n) e^{-j\omega_k n} = \sum_{n=0}^{N-1} x(n) e^{-j\frac{2\pi}{N}kn} \\ x(n) = \frac{1}{2\pi}\sum_{k=0}^{N-1} X(e^{j\omega_k}) e^{j\omega_k n} \omega_0 = \frac{1}{N}\sum_{k=0}^{N-1} X(k) e^{j\frac{2\pi}{N}kn} \end{cases}$$

同样得到的离散傅里叶级数变换对，并与由式（4-2）得到的结论相同。

显然，离散傅里叶级数在时域和频域都是周期、离散的，一个周期序列可以用其离散傅里叶级数的系数来表示它的频谱分布规律。

【例 4-1】

已知周期序列 $x(n)$ 如图 4-5（a）所示，求其离散傅里叶级数的系数 $X(k)$。

解：

由图 4-5 可知，$x(n)$ 的周期为 $N = 10$，则根据式（4-9）：

$$X(k) = \sum_{n=0}^{N-1} x(n) e^{-j\frac{2\pi}{N}kn} = \sum_{n=0}^{4} e^{-j\frac{\pi}{5}kn}$$

$$= \begin{cases} 5, k = 10r, r = 0, \pm 1, \pm 2, \cdots \\ \frac{1 - e^{-j\pi k}}{1 - e^{-j\frac{\pi}{5}k}} = \frac{e^{-j\frac{\pi k}{2}}(e^{j\frac{\pi k}{2}} - e^{-j\frac{\pi k}{2}})}{e^{-j\frac{\pi k}{10}}(e^{j\frac{\pi k}{10}} - e^{-j\frac{\pi k}{10}})} = \frac{\sin(\pi k/2)}{\sin(\pi k/10)} e^{-j\frac{2\pi}{5}k}, 其他 k \end{cases}$$

其中 $X(k)$ 在一个周期内的幅度值为

$$|X(0)| = 5, \quad |X(1)| = |X(9)| = 3.23, \quad |X(2)| = |X(8)| = 0$$

$$|X(3)| = |X(7)| = 1.23, \quad |X(4)| = |X(6)| = 0, \quad |X(5)| = 1$$

则 $x(n)$ 的幅度频谱 $\tilde{x}(k)-k$ 如图 4-5 （b）所示。

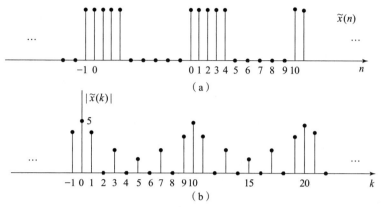

图 4-5　例 4-1 的周期序列及对应的幅度频谱

（a）周期序列 $\tilde{x}(n)$；（b）对应的幅度频谱 $|\tilde{x}(k)-k|$

可见，对于周期序列，只要知道任一个周期的内容，就可以确定它的全部内容。所以，周期为 N 的周期序列实际上只有 N 个序列值（而不是无穷多个序列值）有信息，式（4-9）和式（4-10）也正说明了这一点。也就是说，周期序列和有限长序列之间有着根本的联系，即：有限长序列进行周期延拓得到周期序列，周期序列的主值序列是有限长序列。

4.3　离散傅里叶变换及其性质

由上节可知，由于周期序列实际上只有有限个序列值有意义，因此，可以把长度为 N 的有限长序列看成周期为 N 的周期序列的一个周期。则周期序列的离散傅里叶级数（DFS）表达式也同样适用于有限长序列。这样，我们就得到了有限长序列的离散傅里叶变换。

4.3.1　离散傅里叶变换

设 $x(n)$ 为有限长序列，长度为 N，即仅在 $0 \leqslant n \leqslant N-1$ 区间内有非零值，其他 n 时，$x(n) = 0$。可以把 $x(n)$ 看成周期为 N 的周期序列 $\tilde{x}(n)$ 的一个周期，而把 $\tilde{x}(n)$ 看成 $x(n)$ 以 N 为周期的周期延拓，可以表示为

$$x(n) = \tilde{x}(n)R_N(n) = \begin{cases} \tilde{x}(n), & 0 \leqslant n \leqslant N-1 \\ 0, & \text{其他 } n \end{cases} \tag{4-11}$$

$$\tilde{x}(n) = \sum_{r=-\infty}^{\infty} x(n+rN) \tag{4-12}$$

通常把 $\tilde{x}(n)$ 的第一个周期 $0 \leqslant n \leqslant N-1$ 定义为"主值区间"，故 $x(n)$ 是 $\tilde{x}(n)$ 的"主值序列"。由于 $x(n)$ 的长度为 N，对于不同 r 值，$x(n+rN)$ 之间彼此并不重叠，故式（4-12）可以写为

$$\tilde{x}(n) = x(n \text{ 模 } N) = x((n))_N \tag{4-13}$$

我们用 $((n))_N$ 表示（n 模 N），其数学上就是表示"n 对 N 取余数（或模值）"。若 $n = n_1 + mN, 0 \leqslant n_1 \leqslant N+1$，$m$ 为整数，则 n_1 即为 n 对 N 的余数，不管 n_1 加上多少倍的 N，其

余数皆为 n_1，也就是说，周期性重复出现的 $x((n))_N$ 数值是相等的。

【例 4 - 2】

已知周期序列 $\tilde{x}(n)$ 的周期 $N = 6$，求 $n = 8$ 和 $n = -4$ 两数对 N 的余数。

解：

因为 $8 = 2 + 1 \times 6$，所以 $((8))_6 = 2$；因为 $-4 = 2 + (-1) \times 6$，所以 $((-4))_6 = 2$。

因此，$\tilde{x}(8) = x((8))_6 = x(2)$，$\tilde{x}(-4) = x((-4))_6 = x(2)$。

同理，频域的周期序列 $\tilde{X}(k)$（周期为 N）也可以看成是 N 点有限长序列 $X(k)(0 \leqslant k \leqslant N-1)$ 以 N 为周期的周期延拓，而将 $X(k)$ 看成是 $\tilde{X}(k)$ 的主值序列，即

$$\tilde{X}(k) = X((k))_N \tag{4-14}$$

$$X(k) = \tilde{X}(k) R_N(k) \tag{4-15}$$

从离散傅里叶级数（DFS）的表达式（4-9）和式（4-10）可以看出，它的求和只限于主值区间，即在 $(0 \leqslant n \leqslant N-1)$ 和 $(0 \leqslant k \leqslant N-1)$ 区间内进行，因而也适用于主值序列 $x(n)$ 与 $X(k)$，于是得到有限长序列的离散傅里叶变换（DFT）定义：

$$正变换 \ X(k) = \mathrm{DFT}[x(n)] = \sum_{n=0}^{N-1} x(n) W_N^{kn}, 0 \leqslant k \leqslant N-1 \tag{4-16}$$

$$反变换 \ x(n) = \mathrm{IDFT}[X(k)] = \frac{1}{N} \sum_{k=0}^{N-1} X(k) W_N^{-kn}, 0 \leqslant n \leqslant N-1 \tag{4-17}$$

或写为

$$\begin{cases} X(k) = \mathrm{DFT}[x(n)] = \left[\sum_{n=0}^{N-1} x(n) W_N^{kn} \right] R_N(k) = \tilde{X}(k) R_N(k) \\ x(n) = \mathrm{IDFT}[X(k)] = \frac{1}{N} \left[\sum_{k=0}^{N-1} X(k) W_N^{-kn} \right] R_N(n) = \tilde{x}(n) R_N(n) \end{cases} \tag{4-18}$$

可见，离散傅里叶变换变换对 $x(n)$ 和 $X(k)$ 都是 N 点有限长序列，它们是一一对应的。若有限长序列 $x(n)$ 的点数 M 小于离散傅里叶变换的点数 N，则应先将 $x(n)$ 后补 $N-M$ 个零值点变成 N 点序列，然后再进行 N 点离散傅里叶变换。离散傅里叶变换并不是一个新的傅里叶变换形式，它实际上来自离散傅里叶级数（DFS），是对离散傅里叶级数的时域和频域截取主值区间得到的。因此，有限长序列的 DFT 变换对具有隐含的周期性。

4.3.2 离散傅里叶变换与离散傅里叶级数及 z 变换的关系

离散傅里叶级数表达式还可以用频率采样的方式获得。设 N 点有限长序列 $x(n)(0 \leqslant n \leqslant N-1)$ 的傅里叶变换为

$$X(e^{j\omega}) = \mathrm{DTFT}[x(n)] = \sum_{n=0}^{N-1} x(n) e^{-j\omega n} \tag{4-19}$$

由前面的分析可知，$X(e^{j\omega})$ 是以 2π 为周期的、ω 的连续函数，$e^{j\omega}$ 为矢量。现将 $X(e^{j\omega})$ 离散化，方法是在每一周期内均匀采样 N 个点，即采样间隔为 $2\pi/N$，得

$$X(e^{j\omega}) \big|_{\omega = \frac{2\pi k}{N}} = \sum_{n=0}^{N-1} x(n) e^{-j\frac{2\pi}{N} kn} = \tilde{X}(k) \tag{4-20}$$

根据频域采样定理，频域采样则出现周期性延拓，延拓周期恰好是频域在一周期内的采样点数 N，即得频域的周期序列 $\tilde{x}(n) = x((n))_N$，$\tilde{x}(n)$ 和 $\tilde{X}(k)$ 构成离散傅里叶变换对。

因此，$x(n)$ 的离散傅里叶变换的系数 $X(k)$ 可以看成是对其离散时间傅里叶变换 $X(e^{j\omega})$（连续频谱）主值区间 $[0, 2\pi)$ 的 N 点等间隔采样，也就是对其 z 变换 $X(z) = L[x(n)]$ 在单位圆上的 N 点等间隔采样（图 4 – 6），即

$$X(k) = X(e^{j\omega})\big|_{\omega = \frac{2\pi k}{N}} = X(z)\big|_{z = e^{j\frac{2\pi k}{N}}} = w_N^{-k}, 0 \leqslant k \leqslant N - 1 \qquad (4-21)$$

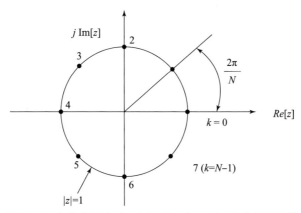

图 4 – 6 在单位圆上对 $X(z)$ 的 $N(N=8)$ 点等间隔采样

同样也可以用 $X(k)$ 来表示 $X(z)$ 和 $X(e^{j\omega})$，即

$$X(z) = L[x(n)] = \sum_{n=0}^{N-1} x(n) z^{-n} = \sum_{n=0}^{N-1} \left[\frac{1}{N} \sum_{k=0}^{N-1} X(k) W_N^{-kn} \right] z^{-n}$$

$$= \frac{1}{N} \sum_{k=0}^{N-1} X(k) \left[\sum_{n=0}^{N-1} (W_N^{-k} z^{-1})^n \right]$$

则有

$$X(z) = \frac{1 - z^{-N}}{N} \sum_{k=0}^{N-1} \frac{X(k)}{1 - W_N^{-k} z^{-1}} \qquad (4-22)$$

式（4 – 22）称为内插公式，该公式说明 N 点有限长序列的 z 变换可以用其 N 点离散傅里叶变换的系数表示。

同理，$X(e^{j\omega})$ 也可以由 $X(k)$ 经插值获得，即

$$X(e^{j\omega}) = X(z)\big|_{z = e^{j\omega}} = \frac{1 - e^{-j\omega N}}{N} \sum_{k=0}^{N-1} \frac{X(k)}{1 - W_N^{-k} e^{-j\omega}} \qquad (4-23)$$

【例 4 – 3】

计算 $x(n) = R_4(n)$ 的 4 点 DFT $X_1(k)$ 和 6 点 DFT $X_2(k)$。

解：

根据式（4 – 16）可得

（1）$X_1(k) = \sum_{n=0}^{3} x(n) W_4^{kn} = \sum_{n=0}^{3} e^{-j\frac{2\pi}{4} kn} = \sum_{n=0}^{3} e^{-j\frac{\pi}{2} kn} = 1 + e^{-j\frac{\pi}{2} k} + e^{-j\pi k} + e^{-j\frac{3}{2}\pi k}$，

$\quad\quad 0 \leqslant k \leqslant 3$

式中，

$$X_1(0) = 4, X_1(1) = X_1(2) = X_1(3) = 0$$

（2）$X_2(k) = \sum_{n=0}^{5} x(n) W_6^{kn} = \sum_{n=0}^{5} e^{-j\frac{2\pi}{6} kn} = \sum_{n=0}^{5} e^{-j\frac{\pi}{3} kn}$

式中，

$$X_2(0) = 4, X_2(1) = -j\sqrt{3}, X_2(2) = 1, X_2(3) = 0, X_2(4) = 1, X_2(5) = j\sqrt{3}$$

$X_1(k)$ 和 $X_2(k)$ 分别为对 $x(n)$ 的连续频谱 $X(e^{j\omega})$ 主值区间 $[0, 2\pi]$ 内的 4 点和 6 点等间隔采样，相应的连续幅度谱 $|X(e^{j\omega})| - \omega$（仅画出了 $0 \sim 2\pi$ 部分）和数字幅度谱 $|X_1(k)| - k$、$|X_2(k)| - k$，如图 4 - 7 所示。

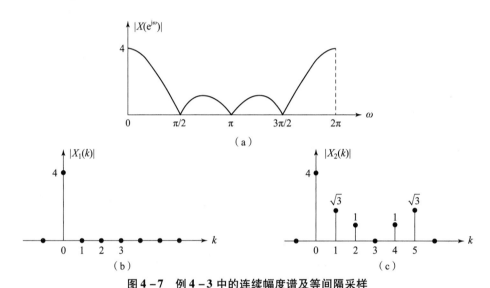

图 4 - 7 例 4 - 3 中的连续幅度谱及等间隔采样

（a）$X(e^{j\omega})$ 的连续幅度谱；（b）$[0, 2\pi]$ 内的 4 点等间隔采样；（c）$[0, 2\pi]$ 内的 6 点等间隔采样

离散傅里叶变换数字信号处理中最重要的数学工具之一，其实质是对有限长序列频谱的离散化，即通过离散傅里叶变换使时域有限长序列与频域有限长序列相对应，从而可以在频域用计算机进行信号处理。通常将用离散傅里叶变换分析信号频谱的方法称为数字频域分析，将它所表示的离散频谱称为数字频谱。

4.3.3 离散傅里叶变换的性质

由于离散傅里叶变换与 z 变换之间存在着采样关系，因此离散傅里叶变换的许多性质与 z 变换性质相类似。但是，离散傅里叶变换对虽然是有限长序列，由于具有隐含的周期性，故不能直接按照第 3 章中的方法进行移位、反褶及卷积和等线性运算，而必须仿效周期序列进行圆周运算，以保证运算前后其长度、非零值区间都不变，如圆周移位、圆周反褶及圆周卷积和等，所以离散傅里叶变换的性质与 z 变换性质又有着一定的本质差别。

4.3.3.1 有限长序列的圆周运算

1. 圆周移位（又循环移位）

N 点有限长序列 $x(n)(0 \le n \le N - 1)$ 的 m 点圆周移位序列定义为

$$y(n) = x((n + m))NR_N(n) \tag{4 - 24}$$

式中，m 为正整数。

圆周移位序列 $y(n)$ 的获得方法为：首先，将 $x(n)$ 周期延拓为周期序列 $\tilde{x}(n) = x((n))_N$；其次，将 $\tilde{x}(n)$ 左移或右移得到 $\tilde{x}(n \pm m)$；最后，截取其主值序列即得 $y(n)$，

如图 4-8 所示。由图 4-8 可以看出周期序列移位时，在 $[0, N-1]$ 区间，当某序列值从该区间的一端移出时，相同的序列值又从此区间的另一端移入，所以 $x(n)$ 的圆周移位相当于其序列值在圆上的旋转，如图 4-9 所示。

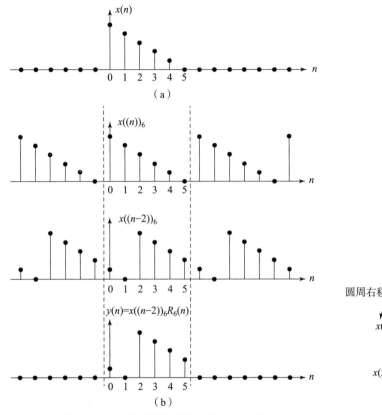

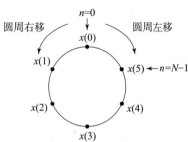

图 4-8　序列的圆周移位过程（$N=6$）　　　　**图 4-9　圆周移位**

（a）n 点有限长序列 $x(n)$；（b）$x(n)$ 的移位过程

5 点有限长序列 $x(n) = [5, 4, 3, 2, 1]$ 的圆周右移序列 $y_1(n) = x((n-2))_5 R_5(n) = [2, 1, 5, 4, 3]$，$y_2(n) = x((n-2))_6 R_6(n) = [1, 0, 5, 4, 3, 2]$，圆周左移序列 $y_3(n) = x((n+2))_5 R_5(n) = [3, 2, 1, 5, 4]$。可见，隐含周期 N 不同，则圆周移位序列不同。

2. 圆周反褶

N 点有限长序列 $x(n)(0 \leqslant n \leqslant N-1)$ 的圆周反褶序列定义为

$$y(n) = x((-n))_N R_N(n) = x((N-n))_N R_N(n) \qquad (4-25)$$

圆周反褶序列 $y(n)$ 的获得方法是：首先，将 $x(n)$ 周期延拓为周期序列 $\tilde{x}(n) = x((n))_N$；其次，将 $\tilde{x}(n)$ 反褶得到 $\tilde{x}(-n)$；最后，截取其主值序列得 $y(n)$。

5 点有限长序列 $x(n) = [5, 4, 3, 2, 1]$ 的圆周反褶序列 $y_1(n) = x((-n))_5 R_5(n) = [5, 1, 2, 3, 4]$，$y_2(n) = x((-n))_6 R_6(n) = [5, 0, 1, 2, 3, 4]$。

3. 圆周卷积和

N 点有限长序列 $x_1(n)$、$x_2(n)(0 \leqslant n \leqslant N-1)$ 的 N 点圆周卷积和定义为

$$y(n) = x_1(n) \otimes x_2(n) = \left[\sum_{m=0}^{N-1} x_1(m) x_2((n-m))_N \right] R_N \qquad (4-26)$$

式中，符号$\otimes$表示 N 点圆周卷积和，N 点圆周卷积和序列 $y(n)$ 同样是 N 点有限长序列。

若 4 点有限长序列 $x_1(n) = R_4(n)$，6 点有限长序列 $x_2(n) = [0, 0, 1, 1, 1, 1]$，则 $N=8$ 点圆周卷积和 $y(n) = x_1(n)x_2(n) = [1, 0, 1, 2, 3, 4, 3, 2]$ 的运算过程如图 4-10 所示，其计算步骤如下：

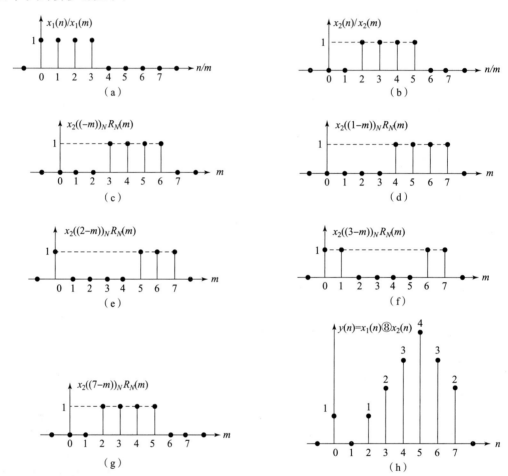

图 4-10 两个有限长序列的 $N=8$ 点圆周卷积和求解过程

（a）4 点有限长序列 $x_1(n)/x_1(m)$；（b）6 点有限长序列 $x_2(n)/x_2(m)$；（c）$x_2(m)$ 的圆周反褶；（d）圆周右移 1 点；（e）圆周右移 2 点；（f）圆周右移 3 点；（g）圆周右移 7 点；（h）$N=8$ 点圆周卷积 $y(n) = x_1(n)x_2(n)$

（1）若 $x_1(n)$ 和 $x_2(n)$ 的长度不足 N 点，则将其后补零值点变成 N 点序列。

（2）变量代换，将自变量 n 变为 m，得到 $x_1(m)$ 和 $x_2(m)$。

（3）圆周反褶，将 $x_2(m)$ 圆周反褶，得到 $x_2((-m))_N R_N(m)$。

（4）圆周移位，给定一个 n 值（$0 \leqslant n \leqslant N-1$），对 $x_2((-m))_N R_N(m)$ 圆周右移 n 点得到 $x_2((n-m))_N R_N(m)$。

（5）相乘，将 $x_1(m)$ 与 $x_2((n-m))_N R_N(m)$ 相乘，得到 $x_1(m)x_2((n-m))_N R_N(m)$。

（6）求和，对 $x_1(m)x_2((n-m))_N R_N(m)$ 全部序列值求和，即得 $y(n)$。

（7）将 n 在 $0 \leqslant n \leqslant N-1$ 内取值，重复（4）~（6），进而得到 N 点圆周卷积和序列 $y(n)(0 \leqslant n \leqslant N-1)$ 的表达式或波形。

同理，可求得 $N=10$ 点圆周卷积和 $y_1(n) = x_1(n)x_2(n) = [0, 0, 1, 2, 3, 4, 3, 2, 1, 0]$。

4. 圆周相关

N 点有限长序列 $x(n)$、$y(n)$ $(0 \leqslant n \leqslant N-1)$ 的 N 点圆周相关定义为

$$R_{xy}(m) = \left[\sum_{n=0}^{N-1} x(n)y^*((n-m))_N \right] R_N(m), n=0 \qquad (4-27)$$

圆周相关与圆周卷积和的关系类似于线性相关与线性卷积和的关系，这里不再详述。

4.3.3.2　圆周共轭对称分解

对于 N 点有限长序列 $x(n)(0 \leqslant n \leqslant N-1)$，其共轭对称分量 $x_e(n)$ 与共轭反对称分量 $x_0(n)$ 均为 $2N-1$ 点序列。显然，离散傅里叶变换对不能采用这样的分解方法，它的分解也应从周期序列入手。

设 N 点有限长序列 $x(n)(0 \leqslant n \leqslant N-1)$，其以 N 为周期的周期延拓序列 $\tilde{x}(n) = x((n))_N$ 的共轭对称分量 $\tilde{x}_e(n)$ 和共轭反对称分量 $\tilde{x}_0(n)$ 为

$$\begin{cases} \tilde{x}_e(n) = \dfrac{1}{2}[\tilde{x}(n) + \tilde{x}^*(-n)] = \dfrac{1}{2}[x((n))_N + x^*((N-n))_N] \\[2mm] \tilde{x}_0(n) = \dfrac{1}{2}[\tilde{x}(n) - \tilde{x}^*(-n)] = \dfrac{1}{2}[x((n))_N - x^*((N-n))_N] \end{cases} \qquad (4-28)$$

取 $\tilde{x}_e(n)$ 和 $\tilde{x}_0(n)$ 的主值序列，得

$$\begin{cases} x_{ep}(n) = \tilde{x}_e(n)R_N(n) = \dfrac{1}{2}[x((n))_N + x^*((N-n))_N]R_N(n) \\[2mm] \qquad\quad = \dfrac{1}{2}[x(n) + x^*((N-n))_N R_N(n)] \\[3mm] x_{op}(n) = \tilde{x}_0(n)R_N(n) = \dfrac{1}{2}[x((n))_N - x^*((N-n))_N]R_N(n) \\[2mm] \qquad\quad = \dfrac{1}{2}[x(n) - x^*((N-n))_N R_N(n)] \end{cases} \qquad (4-29)$$

则有

$$x(n) = x_{ep}(n) + x_{op}(n) \qquad (4-30)$$

将 $x_{ep}(n)$ 称 $x(n)$ 的 N 点圆周共轭对称分量，$x_{op}(n)$ 称 $x(n)$ 的 N 点圆周共轭反对称分量，它们同样都是 N 点有限长序列。

对于有限长序列 $x(n) = [2, 4, 6, 8, 10]$，其 $N=5$ 点圆周共轭对称分量和圆周共轭反对称分量分别为 $x_{ep}(n) = [2, 7, 7, 7, 7]$ 和 $x_{op}(n) = [0, -3, -1, 1, 3]$；$N=6$ 点圆周共轭对称分量和圆周共轭反对称分量分别为 $x_{ep}(n) = [2, 2, 8, 8, 8, 2]$ 和 $x_{op}(n) = [0, 2, -2, 0, 2, -2]$。观察这两组 $x_{ep}(n)$ 和 $x_{op}(n)$ 序列可以发现，当 $x(n)$ 为实序列时，若在 $x_{ep}(n)$ 和 $x_{op}(n)$ 序列的最后（即 $n=N$ 序号处）增加一个与其 $n=0$ 序号处相等的序列值，则这两个 $N+1$ 点序列关于 $n=N/2$ 点分别为偶对称和奇对称。当 N 为偶数时，中心对称点 $n=N/2$ 为一个序列值点；当 N 为奇数时，中心对称点 $n=N/2$ 为两个序列值点的中间位置。

4.3.3.3 DFT 的基本性质

设 N 点有限长序列 $x(n)$、$y(n)$ （$0 \leqslant n \leqslant N-1$） 的 N 点 DFT 分别为 $X(k)$ 和 $Y(k)$，即 DFT$[x(n)] = X(k)$、DFT$[y(n)] = Y(k)$。

1. 线性

如果有两个有限长序列 $x_1(n)$ 和 $x_2(n)$，长度分别为 N_1 和 N_2，且 DFT$[x_1(n)] = X_1(k)$，DFT$[x_2(n)] = X_2(k)$，则序列 $y(n) = a_1 x_1(n) + a_2 x_2(n)$ 的 N 点 DFT 为

$$Y(k) = \text{DFT}[y(n)] = a_1 X_1(k) + a_2 X_2(k) \tag{4-31}$$

式中：a_1、a_2 为任意常数；$X_1(k)$、$X_2(k)$ 和 $Y(k)$ 均为 N 点 DFT，要求 $N \geqslant \max[N_1, N_2]$。

2. 隐含周期性

N 点 DFT 的定义区间是 $[0, N-1]$，但若将 k 的取值域变为 $(-\infty, \infty)$，就会发现 $X(k)$ 的隐含周期为 N，即

$$X(k + rN) = X(k)，r 为任意整数 \tag{4-32}$$

3. 圆周移位

DFT 的时域圆周移位性质为

$$\text{DFT}[x((n \pm m))_N R_N(n)] = W_N^{\mp km} X(k) \tag{4-33}$$

DFT 的时域圆周移位性质表明，时域序列的圆周移位，在数字频域中只引入线性相移，而幅度谱不变。

DFT 的数字频域圆周移位性质为

$$\text{IDFT}[X((k \pm l))_N R_N(k)] = W_N^{\pm nl} x(n) = e^{\mp j \frac{2\pi}{N} nl} x(n) \tag{4-34}$$

这是调制特性，表明时域序列的调制，在数字频域引起圆周移位。

4. 共轭对称性

$$
\begin{cases}
\text{DFT}[x^*(n)] = X^*((-k))_N R_N(k) = X^*((N-k))_N R_N(k) \\[6pt]
\text{DFT}[x^*((-n))_N R_N(n)] = X^*(k) \\[6pt]
\text{DFT}\{\text{Re}[x(n)]\} = X_{ep}(k) = \dfrac{1}{2}[X((k))_N + X^*((N-k))_N] R_N(k) \\[6pt]
\text{DFT}\{\text{iJm}[x(n)]\} = X_{op}(k) = \dfrac{1}{2}[X((k))_N - X^*((N-k))_N] R_N(k) \\[6pt]
\text{DFT}[X_{ep}(n)] = \text{Re}[X(k)] \\[6pt]
\text{DFT}[X_{op}(n)] = \text{iJm}[X(k)]
\end{cases}
\tag{4-35}
$$

显然，离散傅里叶变换的共轭对称性与离散时间傅里叶变换类似，有限长序列的时域与数字频域之间存在着实函数—圆周共轭对称、虚函数—圆周共轭反对称的对应关系。

5. 圆周卷积和定理

（1）时域圆周卷积和定理：

$$\text{DFT}[x(n) \bigcirc y(n)] = X(k) Y(k) \tag{4-36}$$

（2）频域圆周卷积和定理：

$$\text{DFT}[x(n) y(n)] = \frac{1}{N} X(k) Y(k) \tag{4-37}$$

可见，离散傅里叶变换对应的时域和数字频域之间存在着乘积—圆周卷积和的对应关系。

6. 圆周相关

$$\mathrm{DFT}\big[R_{xy}(m)\big] = X(k)Y^{*}(k) \qquad (4-38)$$

帕塞瓦定理：

$$\sum_{n=0}^{N-1} |x(n)|^{2} = \frac{1}{N}\sum_{k=0}^{N-1} |X(k)|^{2} \qquad (4-39)$$

离散傅里叶变换形式下的帕塞瓦定理表明，时域、数字频域能量守恒。

4.4　离散傅里叶变换的快速算法——快速傅里叶变换

离散傅里叶变换（DFT）是信号处理中最基本也是最常用的运算，但是由于离散傅里叶变换的计算量较大，所需时间过长，即使采用计算机也难于实时实现，因此有必要在计算方法上改进 DFT 算法。20 世纪 60 年代库利（Cooley）和图基（Tukey）提出了一种 DFT 的快速算法，经过后人的改进，形成了现在的快速傅里叶变换（Fast Fourier Transform，FFT）。需注意的是，FFT 并不是一种新的变换，而是 DFT 的一种快速算法。

4.4.1　减少 DFT 运算量的基本途径

1. 问题的提出

对于 N 点有限长序列 $x(n)(0 \leqslant n \leqslant N-1)$，其离散傅里叶变换对为

$$\begin{cases} X(k) = \mathrm{DFT}\big[x(n)\big] = \sum_{n=0}^{N-1} x(n)W_{N}^{kn}, 0 \leqslant k \leqslant N-1 \\ x(n) = \mathrm{IDFT}\big[X(k)\big] = \dfrac{1}{N}\sum_{k=0}^{N-1} X(k)W_{N}^{-kn}, 0 \leqslant n \leqslant N-1 \end{cases}$$

可见，DFT 和 IDFT（离散傅里叶反变换）运算的差别仅在于旋转因子 W_N 的指数符号不同，以及差一个常数 $1/N$，但其运算量是完全相同的，所以只分析 DFT 的运算量即可。

一般情况下，时域序列 $x(n)$ 及其 DFT 系数 $X(k)$ 都是用复数表示的。计算 $X(k)$ 的每一个序列值需要 N 次复数乘法和 $N-1$ 次复数加法。由于 $X(k)$ 是 N 点序列，因此直接计算 N 点 DFT 需要 N^2 次复数乘法和 $N(N-1)$ 次复数加法。当 $N \gg 1$ 时，直接计算 DFT 的复数运算量为 N^2 数量级，运算量是相当可观的。实际计算时，复数运算是用实数运算实现的，每一次复数乘法（例如 $(a+jb)(c+jd) = (ac-bd) + j(ad+bc)$）需要 4 次实数乘法和 2 次实数加法；每一次复数加法（例如 $(a+jb)+(c+jd) = (a+c)+j(b+d)$）需要 2 次实数加法，因此直接计算 N 点 DFT 需要 $4N^2$ 次实数乘法和 $2N(2N-1)$ 次实数加法。当 $N \gg 1$ 时，直接计算 N 点 DFT 的实数运算量和复数运算量都是 N^2 数量级的，所以在后面的分析中只讨论复数运算量。

当采用 FFT 算法计算 DFT 时，如基 -2 FFT，需要 $\dfrac{N}{2}\log_{2}N$ 次复数乘法和 $N\log_{2}N$ 次复数加法，在 $N \gg 1$ 时，运算速度将大幅度提高。直接计算 DFT 和采用基 -2 FFT 计算 DFT 的运算量比较如表 4-1 所示。

表 4 – 1　直接计算 DFT 和采用基 – 2 FFT 计算 DFT 的运算量比较

N	2	4	8	16	32	64	128	256	512	1 024	2 048
N^2	4	16	64	256	1 024	4 096	16 384	65 536	262 114	1 048 576	4 194 304
$\frac{N}{2}\log_2 N$	1	4	12	32	80	192	448	1 024	2 304	5 120	11 264

2. 减少运算量的基本途径

在 DFT 运算中，利用旋转因子 W_N^{kn} 的性质，一方面可以将某些项合并，另一方面可以不断地将长序列分解为短序列的组合，用短序列的 DFT 计算来代替长序列 DFT 计算。由于直接计算 DFT 的运算量与序列长度 N 的平方成正比，这样显然可以减少运算量。旋转因子 W_N^{kn} 的主要性质为：

（1）周期性：
$$W_N^{kn} = W_N^{k(n+N)} = W_N^{(k+N)n} \tag{4 – 40}$$

（2）对称性：
$$(W_N^{kn})^* = W_N^{-kn} = W_N^{n(N-k)} = W_N^{k(N-n)} \tag{4 – 41}$$

（3）可约性：
$$W_N^{kn} = W_{N/m}^{kn/m} = W_{mN}^{mkn} \tag{4 – 42}$$

由此可得
$$W_N^0 = 1, W_N^{N/2} = -1, W_N^{N/4} = -j, W_N^{3N/4} = j, W_N^{kN} = 1, W_N^{N/2+k} = -W_N^k$$

FFT 算法就是在这一基本思路基础上发展起来的，可以分为按时间抽取（DIT）法和按频率抽取（DIF）法两大类。其中，基 – 2 FFT 是最基本的 FFT 算法，它要求 FFT 的点数 $N = 2^L$（L 为正整数），如果序列长度不满足这一条件，需要用后补零值点的方法来补齐。

4.4.2　按时间抽取的基 – 2 FFT 算法

按时间抽取的基 – 2 FFT 算法就是在时域将序列逐次分解为长度减半的奇序号子序列和偶序号子序列，用子序列的 DFT 来实现整个序列 DFT 的算法。

1. 基本原理

设 N 点有限长序列 $x(n)(0 \le n \le N-1)$，$N = 2^L$（L 为正整数）。首先按奇序号、偶序号将 $x(n)$ 分解为两个长度为 $N/2$ 的子序列，即

$$\begin{cases} x_1(r) = x(2r) \\ x_2(r) = x(2r+1) \end{cases}, r = 0,1,\cdots,\frac{N}{2}-1 \tag{4 – 43}$$

则 $x(n)$ 的 DFT 转化为

$$\begin{aligned} X(k) = \text{DFT}[x(n)] &= \sum_{n=0}^{N-1} x(n) W_N^{kn} = \sum_{r=0}^{N/2-1} x(2r) W_N^{2kr} + \sum_{r=0}^{N/2-1} x(2r+1) W_N^{k(2r+1)} \\ &= \sum_{r=0}^{N/2-1} x_1(r) W_N^{2kr} + W_N^k \sum_{r=0}^{N/2-1} x_2(r) W_N^{2kr} \\ &= \sum_{r=0}^{N/2-1} x_1(r) W_{N/2}^{rk} + W_N^k \sum_{r=0}^{N/2-1} x_2(r) W_{N/2}^{rk} \\ &= X_1(k) + W_N^k X_2(k), k = 0,1,\cdots,N/2-1 \end{aligned}$$

式中，$X_1(k)$ 和 $X_2(k)$ 分别为子序列 $x_1(r)$ 和 $x_2(r)$ 的 $N/2$ 点 DFT。由于 $X(k)$ 是 N 点 DFT，因此这只表示出了 $X(k)$ 的前一半值。由 DFT 的隐含周期性（式（4 – 32））可知，$X_1(k+N/2) = X_1(k)$，$X_2(k+N/2) = X_2(k)$，因此 $X(k)$ 的后一半值可以表示为

$$X(k + N/2) = X_1(k + N/2) + W_N^{k+N/2}X_2(k + N/2)$$
$$= X_1(k) - W_N^kX_2(k), k = 0, 1, \cdots, N/2 - 1$$

这样就将 N 点 DFT 分解为两个 $N/2$ 点的 DFT，只要求出 $[0, N/2 - 1]$ 区间的 $X_1(k)$ 和 $X_2(k)$，就可以求出 $[0, N-1]$ 区间的全部 $X(k)$ 的值，即

$$\begin{cases} X(k) = X_1(k) + W_N^kX_2(k) \\ X(k + N/2) = X_1(k) - W_N^kX_2(k) \end{cases}, k = 0, 1, \cdots, N/2 - 1 \qquad (4-44)$$

式（4-44）的运算可以用蝶形运算信号流图符号表示，如图 4-11 所示。可以看出，要完成一个蝶形运算，需要一次复数乘法和两次复数加法。

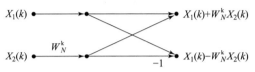

图 4-11 按时间抽取的蝶形运算信号流图符号

经过第一次分解，一个 N 点 DFT 分解为两个 $N/2$ 点 DFT，由于直接计算一个 $N/2$ 点 DFT 需要 $\left(\dfrac{N}{2}\right)^2 = \dfrac{N^2}{4}$ 次复数乘法和 $\dfrac{N}{2}\left(\dfrac{N}{2} - 1\right)$ 次复数加法，将两个 $N/2$ 点 DFT 合成 N 点 DFT 时，有 $N/2$ 个蝶形运算，又需要 $N/2$ 次复数乘法和 N 次复数加法，所以共需要 $\dfrac{N^2}{2} + \dfrac{N}{2} \approx \dfrac{N^2}{2}$（$N \gg 1$ 时）次复数乘法和 $N\left(\dfrac{N}{2} - 1\right) + N = \dfrac{N^2}{2}$ 次复数加法。由此可见，经过第一次分解，DFT 的运算量基本上减少了一半。

由于 $N = 2^L$，所以 $N/2$ 仍是偶数，可以按照上述方法进一步分解，将每个 $N/2$ 点子序列分解为两个 $N/4$ 点子序列。其中，$x_1(r)$ 可以分解为

$$\begin{cases} x_3(l) = x_1(2l) \\ x_4(l) = x_1(2l + 1) \end{cases}, l = 0, 1, \cdots, \dfrac{N}{4} - 1 \qquad (4-45)$$

则有

$$\begin{cases} X_1(k) = X_3(k) + W_{N/2}^kX_4(k) = X_3(k) + W_N^{2k}X_4(k) \\ X_1(N/4 + k) = X_3(k) - W_{N/2}^kX_4(k) = X_3(k) - W_N^{2k}X_4(k) \end{cases}, k = 0, 1, \cdots, \dfrac{N}{4} - 1$$

$$(4-46)$$

式中，$X_3(k)$ 和 $X_4(k)$ 分别为 $x_3(l)$ 和 $x_4(l)$ 的 $N/4$ 点 DFT。

同理，$x_2(r)$ 可以分解为两个 $N/4$ 点子序列 $x_5(l)$ 和 $x_6(l)$，得到

$$\begin{cases} X_2(k) = X_5(k) + W_N^{2k}X_6(k) \\ X_2(N/4 + k) = X_5(k) - W_N^{2k}X_6(k) \end{cases}, k = 0, 1, \cdots, \dfrac{N}{4} - 1 \qquad (4-47)$$

经过第二次分解，一个 N 点 DFT 分解为 4 个 $N/4$ 点 DFT，运算量进一步减半。

依此类推，可以按上述方法继续分解下去，直到剩下 2 点 DFT 为止。当 $N = 8 = 2^3$ 时，其分解过程如图 4-12（a）、（b）所示。对于剩下的 2 点 DFT 有

$$X_3(k) = \sum_{l=0}^1 x_3(l)W_2^{lk} = x_3(0)W_2^0 + x_3(1)W_2^k = x_3(0) + x_3(1)W_2^k, (k = 0, 1)$$

即

$$\begin{cases} X_3(0) = x_3(0) + x_3(1)W_2^0 = x_3(0) + x_3(1) = x_3(0) + W_N^0 x_3(1) \\ X_3(1) = x_3(0) + x_3(1)W_2^1 = x_3(0) - x_3(1) = x_3(0) - W_N^0 x_3(1) \end{cases} \qquad (4-48)$$

式（4-48）表明，2 点 DFT 也可以表示为一个蝶形运算。由于 1 点序列的 1 点 DFT 就是其本身，故 2 点 DFT 可以视为 2 个 1 点 DFT 的组合。由此，N 点 DFT 的最后一次分解是将 $N/2$ 个 2 点 DFT 分解为 N 个 1 点 DFT，与前面的分解过程不同的是，这次分解并不改变时域序列值的排列顺序，如图 4-12（c）所示。

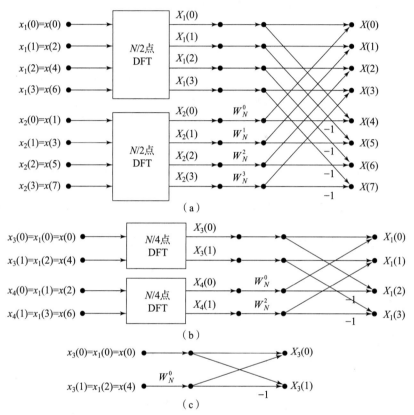

图 4-12　按时间抽取的基-2 FFT 分解过程（$N=8$）

（a）第一次分解：8 点 DFT 分解为两个 4 点 DFT；（b）第二次分解：4 点 DFT 分解为两个 2 点 DFT（$x_2(r)$ 的分解与此类似，略）；（c）第三次分解：2 点 DFT 分解为两个 1 点 DFT（$x_4(l)$、$x_5(l)$、$x_6(l)$ 的分解与此类似，略）

经过上述 3 次分解，一个 $N=8$ 点的按时间抽取基-2 FFT 运算流图如图 4-13 所示。

2. 算法规律

观察按时间抽取的基-2 FF 运算流图（图 4-13），可以找到该算法的一般规律。

（1）"级"的概念。时域序列的分解过程为：先将 N 点 DFT 分解为两 $N/2$ 个点 DFT，再分解为 4 个 $N/4$ 点 DFT，进而是 8 个 $N/8$ 点 DFT，直至 $N/2$ 个 2 点 DFT，最后是 N 个 1 点 DFT。每分解一次称为一级运算。对于 $N=2^L$ 点 DFT，共有 $L=\log_2 N$ 级运算。例如 $N=8$ 时，8 点 DFT 分成 3 级，从左到右依次为第 1 级、第 2 级和第 3 级。按时间抽取时，首先分解得到的是最后一级运算，即第 3 级，然后依次向前一级分解。

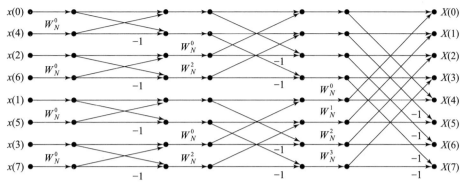

图 4 – 13　一个 $N = 8$ 点的按时间抽取的基 – 2 FFT 运算流图

（2）蝶形单元。DFT 各级的运算都是由蝶形运算构成的，每一级中都含有 $N/2$ 个蝶形单元，每个蝶形单元有两个节点 (i,j) 参加运算，前一级（第 $m - 1$ 级）蝶形单元的输出是后一级（第 m 级）蝶形单元的输入，如图 4 – 14 所示。每一个蝶形单元的运算需要一次复数乘法和两次复数加法，所以完成 $L = \log_2 N$ 级蝶形运算共需要的运算量为：

复数乘法：
$$M_c = L \times \frac{N}{2} = \frac{N}{2}\log_2 N$$

复数加法：
$$A_c = L \times \frac{N}{2} \times 2 = N\log_2 N$$

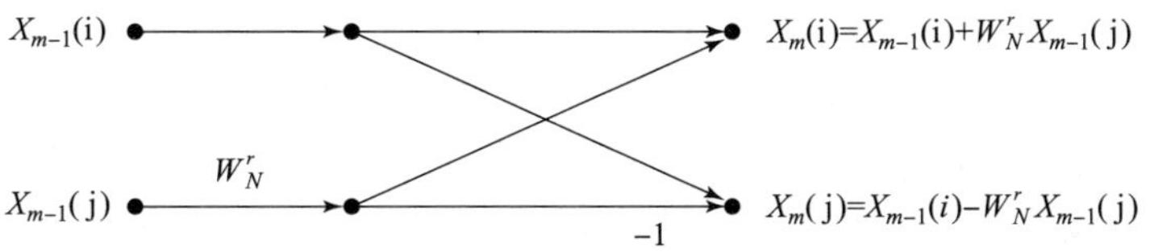

图 4 – 14　按时间抽取的蝶形单元

（3）蝶形单元的节点距离。在每一级运算中，蝶形单元两节点 (i,j) 间的距离是不等的。第 1 级蝶形单元的节点距离为 1，第 2 级蝶形单元的节点距离为 2，第 3 级蝶形单元的节点距离为 4，…，第 $m(m = 1,2,\cdots,L)$ 级蝶形单元的节点距离为 2^{m-1}，即 $j = i + 2^{m-1}$。

（4）"组"的概念。每一级运算的 $N/2$ 个蝶形单元通常分为若干组，同级的每一组都具有相同的结构和 W_N^r 分布。如第 1 级蝶形单元分为 $N/2$ 组，第 2 级分为 $N/4$ 组，…，第 L 级为 1 组。由此，第 $m(m = 1,2,\cdots,L)$ 级蝶形单元分为 2^{L-m} 组，每组有 2^{m-1} 个蝶形单元。

（5）旋转因子 W_N^r 的分布。根据式（4 – 44）~式（4 – 48），第 L 级（即第 1 次分解）蝶形单元的旋转因子为 $W_N^r(k = 0,1,\cdots,N/2 - 1)$，第 $L - 1$ 级（即第 2 次分解）为 $W_{N/2}^k = W_N^{2k}(k = 0,1,\cdots,N/4 - 1)$，依此类推，再往下分时旋转因子依次为 $W_{N/4}^k = W_N^{4k}(k = 0,1,\cdots,N/8 - 1)$……直至第 1 级（即最后一次分解）为 W_N^0。由此，第 $m(m = 1,2,\cdots,L)$ 级蝶形单元的旋转因子为

$$W_N^r = W_{2^m}^k = W_N^{k2^{L-m}}, \quad k = 0,1,\cdots,2^{m-1} - 1$$

（6）倒位序。由图 4 – 13 可以看出，变换后的输出序列 $X(k)$ 的序号按照自然顺序排列，但输入序列 $x(n)$ 的序号却已不再是自然顺序，这是由于按奇、偶序号不断分解而产生的。以 $N = 8$ 为例，如果 n 用二进制数 $n_2 n_1 n_0$ 表示，第 1 次分解是按 n_0 的 "0" 和 "1" 分

解为两个 $N/2$ 点子序列，"0" 对应于偶序号子序列排在上半部分，"1" 对应于奇序号子序列排在下半部分；第 2 次分解是按 n_1 的 "0" 和 "1" 来分解……这种不断分解的过程可以用二进制树状图来描述，如图 4 – 15 所示。将输入序列的这种排列顺序称为倒位序，就是将自然顺序的二进制位倒置，将 $n_2 n_1 n_0$ 倒置为 $n_0 n_1 n_2$。

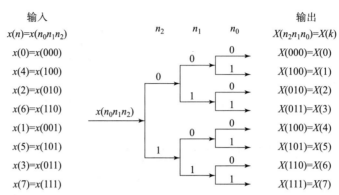

图 4 – 15　倒位序二进制的树状图

（7）原位运算。

①每一级的蝶形运算有 N 个节点（从第一行开始依次为节点 0，1，…，$N{-}1$）和 $N/2$ 个蝶形单元，每两个节点只参加一个蝶形单元的运算，而与同级的其他蝶形单元无关。也就是说，若将输入 $x(0)$、$x(4)$、$x(2)$、$x(6)$、$x(1)$、$x(5)$、$x(3)$、$x(7)$ 分别存入 $M(0)$，$M(1)$，…，$M(7)$ 存储单元中。在第 1 级运算时，蝶形单元的节点距离为 1，首先将 $M(0)$、$M(1)$ 单元的数据进行蝶形运算，结果依旧存回 $M(0)$、$M(1)$ 单元中；然后将 $M(2)$、$M(3)$ 单元的数据进行蝶形运算，结果存回 $M(2)$、$M(3)$ 单元中，依此类推直至第 1 级运算结束。

②第 2 级运算与第 1 级运算类似，不过是做蝶形运算的存储单元不同，节点距离为 2，即 $M(0)$、$M(2)$ 单元的数据进行蝶形运算，结果存回 $M(0)$、$M(2)$ 单元中；将 $M(1)$、$M(3)$ 单元的数据进行蝶形运算，结果存回 $M(1)$、$M(3)$ 单元中……依此类推，这样一直到最后一级的最后一个蝶形运算完成。整个运算过程中，每一级蝶形运算的输入和输出在运算前后都存储在同一组存储单元中，直至最后输出，中间不需要占用其他存储单元，这就是原位运算。这种原位运算结构可以节省存储单元，降低设备成本。

③按自然顺序存放在存储单元中的输入序列值，只要将某些单元的内容对调即可得到按倒位序存储的输入序列值，如图 4 – 16 所示。

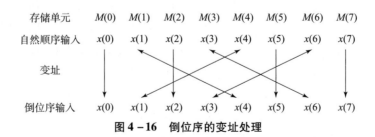

图 4 – 16　倒位序的变址处理

3. 其他形式的流图

对于任何流图，只要保持各节点所连的支路及其传输系数不变，无论节点顺序如何排列所得到的流图都是等效的，只是数据的提取和存放次序不同而已。这样，DIT - FFT 就可以有若干不同形式的流图，图 4 - 13 所示只是其中最典型的一种形式——倒位序的变址处理，前面的算法规律也是针对于这种形式的。

4.4.3　按频率抽取的基 -2FFT 算法

与按时间抽取相对应，按频率抽取是在频域内将 $X(k)$ 逐次分解为长度减半的奇、偶序号子序列。

1. 基本原理

设 N 点有限长序列 $x(n)(0 \leqslant n \leqslant N - 1)$，$N = 2^L$（$L$ 为正整数）。在将 $X(k)$ 按奇、偶序号分解之前，先将输入序列 $x(n)$ 按 n 的顺序分为前后两部分，则 $x(n)$ 的 DFT 为

$$X(k) = \mathrm{DFT}[x(n)] = \sum_{n=0}^{N-1} x(n) W_N^{kn} = \sum_{n=0}^{N/2-1} x(n) W_N^{kn} + \sum_{n=N/2}^{N-1} x(n) W_N^{kn}$$

$$= \sum_{n=0}^{N/2-1} x(n) W_N^{kn} + \sum_{n=0}^{N/2-1} x\left(n + \frac{N}{2}\right) W_N^{k\left(n+\frac{N}{2}\right)}$$

$$= \sum_{n=0}^{N/2-1} \left[x(n) + x\left(n + \frac{N}{2}\right) W_N^{kN/2} \right] W_N^{kn}, k = 0,1,\cdots,N - 1 \tag{4-49}$$

式中用的是 W_N^{kn}，所以仍是 N 点 DFT。

由于 $W_N^{N/2} = -1$，故 $W_N^{Nk/2} = (-1)^k$，则式（4 - 49）变为

$$X(k) = \sum_{n=0}^{N/2-1} \left[x(n) + (-1)^k x\left(n + \frac{N}{2}\right) \right] W_N^{kn}, \quad k = 0,1,\cdots,N - 1 \tag{4-50}$$

当 k 为偶数时，$(-1)^k = 1$；当 k 为奇数时，$(-1)^k = 1$。因此，将 $X(k)$ 按 k 为奇、偶序号分解为两个 $N/2$ 点子序列，即

$$\begin{cases} X_1(r) = X(2r) \\ X_2(r) = X(2r+1) \end{cases}, r = 0,1,\cdots,\frac{N}{2} - 1$$

代入式（4 - 50），得

$$\begin{cases} X_1(r) = \sum_{n=0}^{N/2-1} \left[x(n) + x\left(n + \frac{N}{2}\right) \right] W_N^{2rn} = \sum_{n=0}^{N/2-1} \left[x(n) + x\left(n + \frac{N}{2}\right) \right] W_{N/2}^{rn} \\ X_2(r) = \sum_{n=0}^{N/2-1} \left[x(n) - x\left(n + \frac{N}{2}\right) \right] W_N^{(2r+1)n} = \sum_{n=0}^{N/2-1} \left[x(n) - x\left(n + \frac{N}{2}\right) W_N^n \right] W_{N/2}^{rn} \end{cases}$$

$$\tag{4-51}$$

令

$$\begin{cases} x_1(n) = x(n) + x\left(n + \frac{N}{2}\right) \\ x_2(n) = \left[x(n) - x\left(n + \frac{N}{2}\right) \right] W_N^n \end{cases}, n = 0,1,\cdots,\frac{N}{2} - 1 \tag{4-52}$$

显然，$x_1(n)$ 和 $x_2(n)$ 均为 $N/2$ 点序列。将式（4 - 52）代入式（4 - 51），得

$$\begin{cases} X_1(r) = X(2r) = \sum_{n=0}^{N/2-1} x_1(n) W_{N/2}^{rn} = \mathrm{DFT}[x_1(n)] \\ X_2(r) = X(2r + 1) = \sum_{n=0}^{N/2-1} x_2(n) W_{N/2}^{rn} = \mathrm{DFT}[x_2(n)] \end{cases}, r = 0,1,\cdots,\frac{N}{2} - 1 \tag{4-53}$$

式中，$X_1(r)$、$X_2(r)$ 分别为 $x_1(n)$ 和 $x_2(n)$ 序列的 $N/2$ 点 DFT。

式（4 - 52）的运算可以用蝶形运算信号流图符号表示，如图 4 - 17 所示。可以看出，

完成一个蝶形运算，也需要一次复数乘法和两次复数加法。

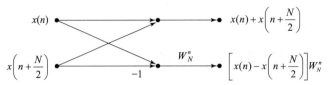

图 4 - 17 按频率抽取的蝶形运算信号流图符号

经过第 1 次分解，一个 N 点 DFT 按 k 的奇、偶序号分解为两个 $N/2$ 点 DFT。与按时间抽取法的推导过程一样，$N/2$ 点 DFT 可以继续分解，直至分解为 2 点 DFT 为止，2 点 DFT 同样是一个基本蝶形运算。$N = 8$ 点按频率抽取基 -2 FFT 的分解过程如图 4 - 18 所示，完整的 $N = 8$ 点按频率抽取基 -2 FFT 运算信号流图如图 4 - 18（c）所示。

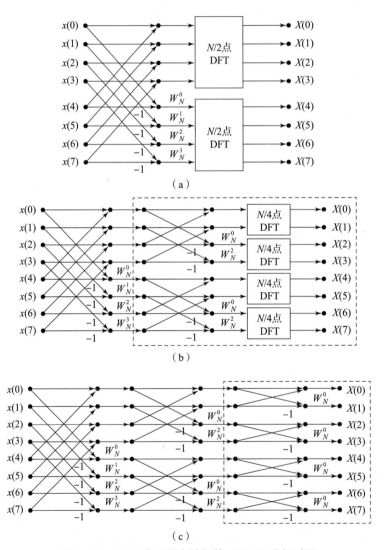

图 4 - 18 $N = 8$ 点按频率抽取基 -2 FFT 分解过程

（a）第一次分解：将 8 点 DFT 分解为 2 个 4 点 DFT；（b）第二次分解：将 8 点 DFT 分解为
4 个 2 点 DFT；（c）第三次分解：将 8 点 DFT 分解为 8 个 1 点 DFT

同样，通过节点重排也可以得到不同形式的 DIF - FFT 流图。

2. 算法规律

按频率抽取基 - 2 FFT 算法和按时间抽取基 - 2 FFT 算法类似，共有 $L = \log_2 N$ 级运算，每级有 N/2 个蝶形单元，所以两种算法的运算量相同，也都是原位运算。两种算法的对照如表 4 - 2 所示。

表 4 - 2　按时间抽取基 - 2 FFT 算法和按频率抽取基 - 2 FFT 算法对照表

规则	按时间抽取基 - 2 FFT 算法	按频率抽取基 - 2 FFT 算法
输入、输出序列的序号排列	输入倒位序，输出自然顺序	输入自然顺序，输出倒位序
蝶形单元	$\begin{cases} X_m(i) = X_{m-1}(i) + W_N^r X_{m-1}(j) \\ X_m(j) = X_{m-1}(i) + W_N^r X_{m-1}(j) \end{cases}$	$\begin{cases} X_m(i) = X_{m-1}(i) + X_{m-1}(j) \\ X_m(j) = [X_{m-1}(i) - X_{m-1}(j)] W_N^r \end{cases}$
蝶形运算级数	$L = \log_2 N$	$L = \log_2 N$
第 m 级蝶形单元节点距离	2^{m-1}，即 $j = i + 2^{m-1}$	2^{L-m}，即 $j = i + 2^{L-m}$
第 m 级蝶形单元 W_N^r 因子	$W_{2m}^k = W_N^{k2^{L-m}}, k = 0,1,\cdots,2^{m-1}-1$	$W_N^{k2^{m-1}}, k = 0,1,\cdots,2^{L-m}-1$
运算量	复数乘法：$M_c = \dfrac{N}{2}\log_2 N$ 复数加法：$A_c = N\log_2 N$	复数乘法：$M_c = \dfrac{N}{2}\log_2 N$ 复数加法：$A_c = N\log_2 N$

由表 4 - 12、图 4 - 13 和图 4 - 18（c）可知，DIT - FFT 与 DIF - FFT 的基本蝶形单元之间、FFT 运算流图之间都是转置的关系。两种算法的运算量相同，运算过程也类似，在实际应用中可以任意选用。

FFT 算法大大地减少了 DFT 的运算量，使计算机数字信号处理得以广泛应用。

4.4.4　离散傅里叶反变换的快速算法

根据 DFT（式（4 - 16））和 IDFT（式（4 - 17））表达式，只要将 DFT 运算中的系数 W_N^{kn} 更换为 W_N^{-kn}，最后再乘以常数 $1/N$ 就可以按照前面的 DIT - FFT 来实现 IDFT 的快速运算，即 IFFT 算法。

用这种方法得到的 IFFT 算法需要稍稍改动 FFT 的程序和系数。为了不改变 FFT 程序就可以计算 IFFT，将 IDFT 表达式两边取共轭，得

$$x^*(n) = \frac{1}{N} \sum_{k=0}^{N-1} X^*(k) W_N^{kn}, 0 \leqslant n \leqslant N-1$$

则有

$$x(n) = \frac{1}{N} \left[\sum_{k=0}^{N-1} X^*(k) W_N^{kn} \right]^* = \frac{1}{N} \{\text{DFT}[X^*(k)]\}^*, 0 \leqslant n \leqslant N-1 \quad (4-54)$$

式（4 - 54）表明，只要对 $X(k)$ 取共轭作为输入，就可以直接利用 FFT 程序，最后将输出再取一次共轭，并乘以常数 $1/N$ 即可得到序列 $x(n)$。这样，FFT 和 IFFT 就可以共用一

个子程序。

Matlab 提供了相应的 FFT 和 IFFT 函数，即 fft（）和 ifft（），常用格式为

$$X = \text{fft}(x,N) \text{ 和 } x = \text{ifft}(X,N)$$

式中，$X = \text{fft}(x, N)$ 的功能为计算序列向量 x 的 N 点 DFT；$x = \text{ifft}(X, N)$ 的功能为计算序列向量 X 的 N 点 IDFT。当 x 或 X 的长度小于 N 时，函数自动对其进行后补零值点来补齐；当 x 或 X 的长度大于 N 时，函数自动对其进行截尾；当 N 值不等于 2 的整数次幂时，fft 和 ifft 将按照混合基 FFT 算法计算。

4.4.5　进一步减少运算量的措施

根据基 – 2 FFT 的基本原理，FFT 运算时间主要消耗在复数乘法运算中。由于 DIT – FFT 和 DIF – FFT 运算量相同，下面就从 DIT – FFT 出发讨论进一步减少运算量的方法。

1. 多类蝶形单元

由前面的分析可知，在 $N = 2^L$（L 为正整数）的基 – 2 FFT 算法中，共有 L 级（$m = 1$，$2, \cdots, L$）蝶形运算，每一级都有 $N/2$ 个蝶形单元，分为 2^{L-m} 组，整个 FFT 有 $N/2$ 个不同的旋转因子，即 $W_N^r (0 \leq r \leq N/2 - 1)$。根据旋转因子的不同，蝶形单元可以分为以下几种类型。

（1）旋转因子为 W_N^0 的蝶形单元。观察图 4 – 13 可以发现，L 级蝶形运算的每一组中都有一个 W_N^0 旋转因子，则整个基 – 2 FFT 中 W_N^0 旋转因子的个数为

$$C_1 = \frac{N}{2} + \frac{N}{4} + \frac{N}{8} + \cdots + 1 = \sum_{m=1}^{L} 2^{L-m} = N - 1$$

由于 $W_N^0 = 1$，因此这类蝶形单元不需要乘法运算。

（2）旋转因子为 $W_N^{N/4}$ 的蝶形单元。从第 2 级蝶形运算开始，$L - 1$ 级蝶形运算的每一组中都有一个 $W_N^{N/4}$ 旋转因子，因此整个基 – 2 FFT 中 $W_N^{N/4}$ 旋转因子的个数为

$$C_2 = \frac{N}{4} + \frac{N}{8} + \cdots + 1 = \sum_{m=2}^{L} 2^{L-m} = \frac{N}{2} - 1$$

由于 $W_N^{N/4} = -j$，因此这类蝶形单元也不需要乘法运算，只要将节点的实部、虚部互换，然后将虚部符号取反即可。

（3）旋转因子为 $W_N^{N/8}$ 的蝶形单元。从第 3 级蝶形运算开始，$L - 2$ 级蝶形运算的每一组中都有一个 $W_N^{N/8}$ 旋转因子，因此整个基 – 2 FFT 中 $W_N^{N/8}$ 旋转因子的个数为 $C_3 = N/4 - 1$。由于 $W_N^{N/8} = (1 - j)\sqrt{2}/2$，则任意复数 $a + jb$ 与 $W_N^{N/8}$ 的乘法运算变为

$$\frac{\sqrt{2}}{2}(1 - j)(a + jb) = \frac{\sqrt{2}}{2}[(a + b) + j(b - a)]$$

这类蝶形单元只需要两次实数乘法，但要增加两次实数加法运算。

（4）其他旋转因子的蝶形单元。这类蝶形单元通常需要乘法运算。

一个旋转因子对应于一个蝶形单元，将具有上述所有类型旋转因子的基 – 2 FFT 称为具有一类蝶形单元；若去掉 $W_N^r = \pm 1$，则称为具有二类蝶形单元；若再去掉 $W_N^r = \pm j$，则称为具有三类蝶形单元；若再去掉 $W_N^r = (1 - j)\sqrt{2}/2$，则称为具有四类蝶形单元，并称具有后三类蝶形单元的基 – 2 FFT 具有多类蝶形单元。显然，蝶形单元类型越多，随着 N 值的增加，减少的乘法运算量越可观，编程也越复杂。具有多类蝶形单元的基 – 2 FFT 的实数乘法运算

量如表 4 - 3 所示。

表 4 - 3　具有各类蝶形单元的基 - 2 FFT 的实数乘法运算量

蝶形单元	N					
	2	8	32	128	512	2 048
一类蝶形单元	4	48	320	1 792	9 216	45 056
二类蝶形单元	0	20	196	1 284	7 172	36 868
三类蝶形单元	0	8	136	1 032	6 152	32 776
四类蝶形单元	0	4	108	908	5 644	30 732

2. 旋转因子 W_N^r 的生成

根据基 - 2 FFT 的基本原理，乘法运算主要来自旋转因子 W_N^r，转换为实数运算时，旋转因子 W_N^r 的实部和虚部都是正弦序列，即

$$W_N^r = \cos\left(\frac{2\pi}{N}r\right) - j\sin\left(\frac{2\pi}{N}r\right)$$

因此，N 点基 - 2 FFT 的运算量中还应该包括 $2N^2$ 次三角函数运算。

在实现 FFT 时，各三角函数值可以在每一步计算中直接产生，也可以预先计算出来并形成表格存放在存储器中，在每一步计算中直接查表即可获得。查表法可以提高运算速度，但需要占用较多的存储空间。

3. 用复数 FFT 计算实序列 DFT

在实际应用中，输入序列 $x(n)$ 通常是实序列，由于 FFT 是按照复数运算逐步实现的，因此其中有关 $x(n)$ 虚部（视为 0）的运算是无效的，增加了运算时间。为了解决这一问题，实序列 DFT 常采用以下方法，可以减少近一半的运算量。

（1）用一个 N 点复数 FFT 计算两个 N 点实序列 DFT。

假设 $x_1(n)$ 和 $x_2(n)(0 \leqslant n \leqslant N - 1)$ 为两个 N 点有限长实序列。定义一个 N 点复序列 $x(n) = x_1(n) + jx_2(n)$，则根据 DFT 的线性性质，$x(n)$ 的 N 点 DFT 为

$$X(k) = \mathrm{DFT}[x(n)] = X_1(k) + jX_2(k), 0 \leqslant k \leqslant N - 1$$

根据 DFT 的共轭对称性质，可得

$$\begin{cases} X_1(k) = \mathrm{DFT}[x_1(n)] = \mathrm{DFT}\{\mathrm{Re}[x(n)]\} = X_{ep}(k)) \\ X_2(k) = \mathrm{DFT}[x_2(n)] = \mathrm{DFT}\{\mathrm{Im}[x(n)]\} = -jX_{op}(k) \end{cases} \tag{4-55}$$

（2）用一个 N 点复数 FFT 计算一个 $2N$ 点实序列 DFT。

假设 $x(n)(0 \leqslant n \leqslant 2N - 1)$ 为一个 $2N$ 点有限长实序列。仿照基 - 2 FFT 算法，按照奇、偶序号将 $x(n)$ 分解为两个 N 点实序列 $x_1(n) = x(2n)$ 和 $x_2(n) = x(2n + 1)(0 \leqslant n \leqslant N - 1)$，并定义一个 N 点复序列 $y(n) = x_1(n) + jx_2(n)$，则 $y(n)$ 的 N 点 DFT 为

$$Y(k) = \mathrm{DFT}[y(n)] = X_1(k) + jX_2(k), 0 \leqslant k \leqslant N - 1$$

根据 DIT - FFT 算法原理，可得

$$\begin{cases} X(k) = X_1(k) + W_N^k X_2(k), \\ X(k + N) = X_1(k) - W_N^k X_2(k), \end{cases} 0 \leqslant k \leqslant N - 1 \tag{4-56}$$

4.4.6 其他 FFT 算法

在基本的 FFT 算法中，除了基 -2 FFT 算法之外，还有基 -4 FFT 算法、分裂基 FFT 算法、混合基 FFT 算法和线性调频 z 变换（CZT）等算法。

1. 基 -4 FFT 算法

在 DFT 的点数 $N = 4^L$（L 为正整数）时，可以继续用基 -2 FFT 算法来计算 DFT，但是采用基 -4 FFT 算法来计算更有效。基 -4 FFT 算法的原理与基 -2 FFT 算法的原理相近，也可以分为按时间抽取（DIT）法和按频率抽取（DIF）法两大类，下面仅以 DIT $-$ FFT 说明基 -4 FFT 算法的基本原理。

设 $N = 4^L$（L 为正整数）点有限长序列 $x(n)(0 \leqslant n \leqslant N-1)$，首先按序号将 $x(n)$ 分解为 4 个长度为 $N/4$ 的子序列，即

$$\begin{cases} x_1(m) = x(4m), x_2(m) = x(4m+1), \\ x_3(m) = x(4m+2), x_4(m) = x(4m+3), \end{cases} \quad m = 0,1,\cdots,N/4-1$$

则 $x(n)$ 的 N 点 DFT 转化为

$$\begin{cases} X(k) = X_1(k) + W_N^k X_2(k) + W_N^{2k} X_3(k) + W_N^{3k} X_4(k), \\ X(k+N/4) = X_1(k) - jW_N^k X_2(k) - W_N^{2k} X_3(k) + jW_N^{3k} X_4(k), \\ X(k+N/2) = X_1(k) - W_N^k X_2(k) + W_N^{2k} X_3(k) - W_N^{3k} X_4(k), \\ X(k+3N/4) = X_1(k) + jW_N^k X_2(k) - W_N^{2k} X_3(k) - jW_N^{3k} X_4(k), \end{cases} \quad 0 \leqslant k \leqslant \frac{N}{4} - 1$$

用矩阵可以表示为

$$\begin{bmatrix} X(k) \\ X(k+N/4) \\ X(k+N/2) \\ X(k+3N/4) \end{bmatrix} = \begin{bmatrix} 1 & 1 & 1 & 1 \\ 1 & -j & -1 & j \\ 1 & -1 & 1 & -1 \\ 1 & j & -1 & -j \end{bmatrix} \begin{bmatrix} X_1(k) \\ X_2(k)W_N^k \\ X_3(k)W_N^{2k} \\ X_4(k)W_N^{3k} \end{bmatrix} \tag{4-57}$$

式（4 $-$ 57）表示的基 -4 FFT 算法的 4 点 DFT 蝶形运算可以用基 -2 FFT 算法实现，如图 4 $-$ 19 所示，虚线部分为基 -4 FFT 算法的一个基本蝶形单元。

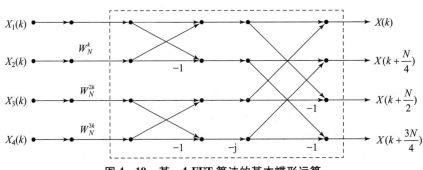

图 4 $-$ 19 基 -4 FFT 算法的基本蝶形运算

按照这个思路继续对 4 个子序列进行分解，就可以得到完整的基 -4 FFT 信号流图，基 -4 FFT 算法与基 -2 FFT 算法有相近的算法规则。

由图 4 $-$ 19 可以看出，4 点基本蝶形单元中的旋转因子仅为 $W_4^0 = 1$、$W_4^1 = -j$ 和 $W_4^2 =$

-1，不需要乘法运算，基 -4 FFT 算法的乘法运算只出现在相邻两级蝶形运算之间（如图 $4-19$ 中的 W_N^k、W_N^{2k} 和 W_N^{3k}），因此基 -4 FFT 算法比基 -2 FFT 算法更节省运算量。$N = 4^L$ 点基 -4 FFT 算法的复数乘法运算量为

$$M_c = \frac{3}{4}N(L-1) \approx \frac{3}{8}N\log_2 N, N \gg 1$$

2. 分裂基 FFT 算法

观察图 $4-13$ 和图 $4-18$ 可以看出，在基 -2 FFT 算法（DIT 和 DIF）每一级的每一组蝶形运算中，上半部分运算都没有乘旋转因子，它们都是对应于偶序号部分（DIT 为输入序号，DIF 为输出序号），乘旋转因子只出现在奇序号部分。分裂基 FFT 就是利用这一特点，对偶序号部分用基 -2 FFT 算法，而奇序号部分用基 -4 FFT 算法。因此，分裂基 FFT 算法是 $N = 2^L$ 点 DFT 中乘法运算量最少的 FFT 算法。设 $N = 2^L$（L 为正整数）点有限长序列 $x(n)(0 \leq n \leq N-1)$，首先按序号将 $x(n)$ 分解为 3 个子序列，即

$$\begin{cases} x_1(m) = x(2m) & ,0 \leq m \leq N/2 - 1 \\ \left.\begin{array}{l} x_2(r) = x(4r+1) \\ x_3(r) = x(4r+3) \end{array}\right\} & ,0 \leq r \leq \dfrac{N}{4} - 1 \end{cases}$$

则 $x(n)$ 的 N 点 DFT 可以转化为

$$\begin{aligned} X(k) &= \sum_{m=0}^{N/2-1} x_1(m) W_N^{2km} + \sum_{r=0}^{N/4-1} x_2(r) W_N^{k(4r+1)} + \sum_{r=0}^{N/4-1} x_3(r) W_N^{k(4r+3)} \\ &= X_1(k) + W_N^k X_2(k) + W_N^{3k} X_3(k) \end{aligned}$$

式中：$X_1(k)$ 为 $x_1(m)$ 的 $N/2$ 点 DFT；$X_2(k)$ 和 $X_3(k)$ 分别为 $x_2(r)$ 和 $x_3(r)$ 的 $N/4$ 点 DFT。则 N 点 DFT $X(k)$ 可以分为 4 段，即

$$\begin{cases} X(k) = X_1(k) + W_N^k X_2(k) + W_N^{3k} X_3(k), \\ X\left(k + \dfrac{N}{4}\right) = X_1\left(k + \dfrac{N}{4}\right) - jW_N^k X_2(k) + jW_N^{3k} X_3(k), \\ X\left(k + \dfrac{N}{2}\right) = X_1(k) - W_N^k X_2(k) - W_N^{3k} X_3(k), \qquad 0 \leq k \leq \dfrac{N}{4} - 1 \quad (4-58) \\ X\left(k + \dfrac{3N}{4}\right) = X_1\left(k + \dfrac{N}{4}\right) + jW_N^k X_2(k) - jW_N^{3k} X_3(k), \end{cases}$$

式（$4-58$）所表示的基本蝶形单元如图 $4-20$ 所示，虚线部分为分裂基 FFT 算法的一个基本蝶形单元。

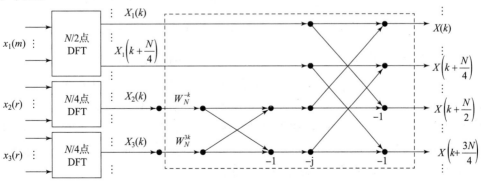

图 4 - 20　分裂基 FFT 的一个基本蝶形单元

按照这个思路继续对 3 个子序列进行分解，就可以得到完整的分裂基 FFT 信号流图。

从图 4 – 20 可以看出，一个基本蝶形单元需要两次复数乘法运算，$N = 2^L (L \geq 4)$ 分裂基 FFT 算法的基本蝶形单元个数为

$$B_L = 2^{L-2} + B_{L-1} + 2B_{L-2}$$

式中：$B_2 = 0$；$B_3 = 2$。

3. 混合基 FFT 算法

前面的基 – 2 FFT 算法、基 – 4 FFT 算法和分裂基 FFT 算法对 DFT 的点数 N 都有严格的要求，当 N 与 2^L 或 4^L 显相差甚远时，这 3 种 FFT 算法都不适宜。混合基 FFT 算法减低了对 N 的要求，只要求 N 为一个复合数，即 $N = N_1 N_2 \cdots N_L$（L 为正整数）。

设 $N = N_1 N_2$ 点有限长序列 $x(n)(0 \leq n \leq N - 1)$，首先将 $x(n)$ 的序号 n 分解为

$$n = N_1 n_1 + n_0, 0 \leq n_1 \leq N_2 - 1, 0 \leq n_0 \leq N_1 - 1$$

由此可以将序列 $x(n) = x(n_1, n_0)$ 表示为 $N_1 \times N_2$ 矩阵形式，如表 4 – 4 所示。其中，n_1 为行号、n_0 为列号。

表 4 – 4　序列 $x(n)$ 的矩阵形式（$N = 3 \times 4$）

n_1	n_0			
	0	1	2	3
0	$x(0)$	$x(1)$	$x(2)$	$x(3)$
1	$x(4)$	$x(5)$	$x(6)$	$x(7)$
2	$x(8)$	$x(9)$	$x(10)$	$x(11)$

同理，将 $X(k) = \text{DFT}[x(n)]$ 的序号 k 分解为

$$k = N_2 k_1 + k_0, 0 \leq k_1 \leq N_1 - 1, 0 \leq k_0 \leq N_2 - 1$$

则 $x(n)$ 的 N 点 DFT 可以转化为

$$
\begin{aligned}
X(k) = X(k_1, k_0) &= \sum_{n_0=0}^{N_1-1} \sum_{n_1=0}^{N_2-1} x(n_1, n_0) W_N^{(N_2 k_1 + k_0)(N_1 n_1 + n_0)} \\
&= \sum_{n_0=0}^{N_1-1} \sum_{n_1=0}^{N_2-1} x(n_1, n_0) W_N^{N k_1 n_1} W_N^{N_2 k_0 n_1} W_N^{N_1 k_0 n_1} W_N^{k_0 n_0} \\
&= \sum_{n_0=0}^{N_1-1} \left[\sum_{n_1=0}^{N_2-1} x(n_1, n_0) W_{N_2}^{k_0 n_1} \right] W_N^{k_0 n_0} W_{N_1}^{k_1 n_0} \\
&= \sum_{n_0=0}^{N_1-1} \left[X_1(k_0, n_0) W_N^{k_0 n_0} \right] W_{N_1}^{k_1 n_0} = X_2(k_0, k_1)
\end{aligned}
$$

式中，$X_1(k_1, k_0) = \sum_{n_1=0}^{N_2-1} x(n_1, n_0) W_{N_2}^{k_0 n_1}$，是以 n_1 为变量、n_0 为参变量的 $x(n)$ 各列序列的点 DFT，共有 N_1 个 N_2 点 DFT。$X_2(k_0, k_1) = \sum_{n_1=0}^{N_1-1} \left[X_1(k_0, n_0) W_N^{k_0 n_0} \right] W_{N_1}^{k_1 n_0}$ 是以 n_0 为变量、k_0 为参变量的序列 $x_2(k_0, n_0) = X_1(k_0, n_0) W_N^{k_0 n_0}$ 的各行序列的 N_1 点 DFT，共有 N_2 个 N_1 点 DFT。$X_2(k_0, k_1)$ 为 $X(k) = X(k_1, k_0)$ 的倒位序序列，即 $X(k_1, k_0) = X_2(k_0, k_1)$。

由上面的分析可知，N_1 个 N_2 点 DFT 的复数乘法运算量为 $M_{c1} = N_1 N_2^2$，N_2 个 N_1 点 DFT 的复数乘法运算量为 $M_{c2} = N_2 N_1^2$，产生序列 $x_2(k_0, n_0) = X_1(k_0, n_0) W_N^{k_0 n_0}$。需要 N 次复数乘法，则 $N = N_1 N_2$ 点混合基 FFT 算法的复数乘法运算量为

$$M_c = N_1 N_2^2 + N_2 N_1^2 + N = N(N_1 + N_2 + 1)$$

显然，N 分解的基数 $N_i(1 \leq i \leq L)$ 越多，运算量越节省。基 -2 FFT 算法、基 -4 FFT 算法都是混合基 FFT 算法的特殊形式，即 $N_i = 2(1 \leq i \leq L)$ 或 $N_i = 4(1 \leq i \leq L)$。

4. 线性调频 z 变换（CZT）算法

前面的 FFT 算法不仅对 N 有特殊要求，而且所得到的 N 点 DFT 是信号频谱在一个周期内的 N 点等间隔采样，也是序列 z 变换在单位圆上的 N 点等间隔采样，其输入、输出序列均为 N 点。但是这些算法不适合分析窄带信号，因为此时 DFT 点数 N 必须很大时才能在很窄的频带内得到足够多的采样点，增加了窄带以外大量采样点的运算量。线性调频 z 变换算法在 z 平面上采用螺旋曲线采样，不仅能求解出序列 z 变换在 z 平面单位圆上某一段频谱的采样点，也可以求出在 z 平面非单位圆上的采样点，且输入序列（N 点）与输出序列（M 点）的点数可以不同。

设 N 点有限长序列 $x(n)(0 \leq n \leq N-1)$，其 z 变换为

$$X(z) = \sum_{n=0}^{N-1} x(n) z^{-n} \qquad (4-59)$$

为了在 z 平面上选择一个更一般的路径，令 z 的第 k 个采样点 $z_k = AW^{-k}(0 \leq k \leq M-1)$，其中 A 和 W 是任意复数，即 $A = A_0 \mathrm{e}^{\mathrm{j}\theta_0}$、$W = W_0 \mathrm{e}^{-\mathrm{j}\varphi_0}$，则有

$$z_k = A_0 W_0^{-k} \mathrm{e}^{\mathrm{j}(\theta_0 + k\varphi_0)}, 0 \leq k \leq M-1 \qquad (4-60)$$

式中：z_0 为采样螺旋曲线（图 $4-21$）的起点；A_0 和 θ_0 分别为其矢量的模和幅角，可以任意选择，因此 CZT 算法可以从任意频率点开始分析；φ_0 为相邻采样点的角频率间隔，也可以任意选择，因此 CZT 算法可以得到任意频率分辨力，$\varphi_0 > 0$ 时采样路径为逆时针旋转的，$\varphi_0 < 0$ 时采样路径为顺时针旋转的；W_0 用于控制路径的曲度，$W_0 = 1$ 时采样路径是半径为 A_0 的一段圆弧，$W_0 \neq 1$ 时采样路径为螺旋线，$W_0 > 1$ 时随着 k 值的增加螺旋线内旋，$W_0 < 1$ 时随着 k 值的增加螺旋线外旋。

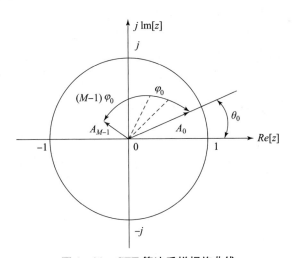

图 $4-21$　CZT 算法采样螺旋曲线

将式（$4-60$）代入式（$4-59$），得

$$X(z_k) = \sum_{n=0}^{N-1} x(n) z_k^{-n} = \sum_{n=0}^{N-1} x(n) A^{-n} W^{nk}, 0 \leq k \leq M-1 \qquad (4-61)$$

由于 $nk = \dfrac{1}{2}\big[k^2 + n^2 - (k-n)^2\big]$，则得

$$X(z_k) = \sum_{n=0}^{N-1} x(n) A^{-n} W^{k^2/2} W^{n^2/2} W^{-(k-n)^2/2}$$

令

$$\begin{cases} g(n) = x(n) A^{-n} W^{n^2/2} \\ h(n) = W^{-n^2/2}, \end{cases} , 0 \leq n \leq N-1 \qquad (4-62)$$

则得

$$X(z_k) = W^{k^2/2} \sum_{n=0}^{N-1} g(n) h(k-n) = W^{k^2/2} [g(k) * h(k)], 0 \leq k \leq M-1 \qquad (4-63)$$

根据式（4-63）即可计算出 M 点 $X(z_k)(0 \leq k \leq M-1)$ 序列，实现过程如图 4-22 所示，其中的卷积和运算可以借助 DFT 的 FFT 算法实现。

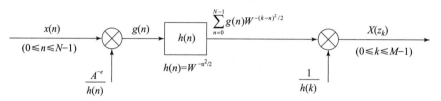

图 4-22 CZT 运算的实现过程

相比较而言，CZT 算法在以下 3 种情况下具有优势：
（1）N 为很大的素数不能再分解。
（2）窄带信号频谱分析。
（3）分析 z 平面非单位圆上的采样点（如非单位圆上的极点分析）。

4.5 用 DFT 计算线性卷积和

由时域圆周卷积和定理可知，时域圆周卷积和对应于数字频域两序列 DFT 的乘积，因此可以用 DFT 的快速算法 FFT 来计算。由于在实际应用中，系统输入、输出的关系是用线性卷积和来描述的，如果能用圆周卷积和来代替线性卷积和，从而利用 DFT 来计算线性卷积和，就可以使运算速度大幅度提高，那么在什么条件下圆周卷积和可以代替线性卷积和呢？

4.5.1 圆周卷积和与线性卷积和的关系

设 $x_1(n)$ 为 N_1 点有限长序列（$0 \leq n \leq N_1-1$），$x_2(n)$ 为 N_2 点有限长序列（$0 \leq n \leq N_2-1$），则它们的线性卷积和与 $N(N2 \geq \max[N_1, N_2])$ 点圆周卷积和如下：

1. 线性卷积和

线性卷积和为

$$y_l(n) = x_1(n) * x_2(n) = \sum_{m=-\infty}^{\infty} x_1(m) x_2(n-m)$$
$$= \sum_{m=0}^{N_1-1} x_1(m) x_2(n-m)$$

其中，线性卷积和序列 $y_l(n)$ 为 $N_1 + N_2 - 1$ 点序列，非零值区间为 $0 \leq n \leq N_1 + N_2 - 2$。

2. N 点圆周卷积和

N 点圆周卷积和为

$$y(n) = x_1(n) \bigcirc x_2(n) = \left[\sum_{m=0}^{N-1} x_1(m) x_2(n-m)_N \right] R_N(n)$$

式中，N 点圆周卷积和序列 $y(n)$ 为 N 点序列，非零值区间为 $0 \leqslant n \leqslant N-1$。

由于 $x((n))_N = \sum_{r=-\infty}^{\infty} x(n+rN)$，所以有

$$
\begin{aligned}
y(n) &= \left[\sum_{m=0}^{N-1} x_1(m) x_2(n-m)_N \right] R_N(n) \\
&= \left[\sum_{m=0}^{N-1} x_1(m) \sum_{r=-\infty}^{\infty} x_2(n-m+rN) \right] R_N(n) \\
&= \sum_{r=-\infty}^{\infty} \left[\sum_{m=0}^{N-1} x_1(m) x_2(n-m+rN) R_N(n) \right] \\
&= \left[\sum_{r=-\infty}^{\infty} y_l(n+rN) \right] R_N(n)
\end{aligned}
$$

因此 N 点圆周卷积和序列 $y(n)$ 与线性卷积和 $y_l(n)$ 的关系为

$$
y(n) = \left[\sum_{r=-\infty}^{\infty} y_l(n+rN) \right] R_N(n) = y_l((n))_N R_N(n) \tag{4-64}
$$

式（4-64）表明，N 点圆周卷积和序列 $y(n)$ 是线性卷积和 $y_l(n)$ 序列以 N 为周期的周期延拓序列的主值序列。由于 $y_l(n)$ 的长度为 $N_1 + N_2 - 1$，因此只有满足 $N \geqslant N_1 + N_2 - 1$ 时，$y_l(n)$ 以 N 为周期进行周期延拓才不会出现混叠现象，此时的主值序列 $y(n) = y_l(n)$，即圆周卷积和等于线性卷积和。所以，N 点圆周卷积和与线性卷积和相等的条件是 $N \geqslant N_1 + N_2 - 1$。此时可用 N 点圆周卷积和来代替线性卷积和，从而可用 DFT 计算线性卷积和，即

$$
x_1(n) * x_2(n) = x_1(n) x_2(n) = \mathrm{IDFT}[X_1(k) X_2(k)] \tag{4-65}
$$

式中，$X_1(k)$ 和 $X_2(k)$ 分别为 $x_1(n)$ 和 $x_2(n)$ 的 N 点 DFT。

这种用 DFT 计算线性卷积和的方法称为线性卷积和的快速算法，如图 4-23 所示，计算步骤如下：

（1）若 $x_1(n)$ 和 $x_2(n)$ 不足 N 点，则用后补零的方法补齐。

（2）对补齐后的 N 点序列 $x_1(n)$ 和 $x_2(n)$ 分别进行 N 点 DFT 运算得到 $X_1(k)$ 和 $X_2(k)$。将 $X_1(k)$ 和 $X_2(k)$ 相乘后，再求 N 点 IDFT 运算，即得序列 $y_l(n) = x_1(n) * x_2(n)$。

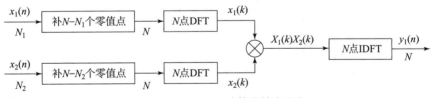

图 4-23 用 DFT 计算线性卷积和

4.5.2 线性卷积和的分段计算法

根据前面的介绍，为了能用 DFT 计算线性卷积和，需要将两序列 $x_1(n)$ 和 $x_2(n)$ 后补零值点加长为 $N \geqslant N_1 + N_2 - 1$ 点，$X_1(k) = \mathrm{DFT}[x_1(n)]$ 和 $X_2(k) = \mathrm{DFT}[x_2(n)]$ 也都是 N 点 DFT，当 N_1 与 N_2 的值相差很大时，这不仅加大了计算量，而且时延也可能不满足处理要求。为了避免这些问题的出现，可以采用分段卷积和的计算方法，其基本思路为：首先将长序列分段，使各分段的长度与短序列相近；然后分别计算各分段与短序列的线性卷积和；最

后按照一定的方式将各分段的线性卷积和组合起来，就可以得到原长序列与短序列的线性卷积和。分段卷积和有两种常用方法：重叠相加法和重叠保留法。

1. 重叠相加法

设 $h(n)$ 为 N 点有限长序列（$0 \leq n \leq N-1$），$x(n)$ 为 L_0 点有限长序列（$0 \leq n \leq L_0 - 1$），且 $L_0 \gg N$。现将 $x(n)$ 均匀分段，每段长度为 M 点，M 与 N 的数量级相同。假设共分 r 段（最后一段若不足 M 点，可以后补零值点来补齐），即

$$\begin{cases} x(n) = \sum_{i=o}^{r-1} x_i(n) \\ x_i(n) = x(n) R_M(n - iM), i = 0, 1, \cdots, r-1 \end{cases} \tag{4-66}$$

则 $h(n)$ 与 $x(n)$ 的线性卷积和为

$$y(n) = h(n) * x(n) = h(n) * \left[\sum_{i=o}^{r-1} x_i(n) \right] = \sum_{i=o}^{r-1} [h(n) * x_i(n)] = \sum_{i=o}^{r-1} y_i(n) \tag{4-67}$$

式中，$y_i(n) = h(n) * x_i(n)$。

式（4-67）表明，计算 $h(n)$ 与 $x(n)$ 的线性卷积和时，首先要计算分段卷积和 $y_i(n) = h(n) * x_i(n)$，然后把各分段卷积和的结果相加即可。其中，分段卷积和 $y_i(n)$ 是 $N+M-1$ 点有限长序列，可以用 $N+M-1$ 点 DFT 来计算，而且每个 $y_i(n)$ 都与它下一分段的卷积和 $y_{i+1}(n)$ 有 $N-1$ 个点重叠。在利用式（4-67）求和时，必须把重叠部分相加才能得到完整的卷积和序列 $y(n)$，这种分段卷积和计算方法也称为重叠相加法，其计算过程如图 4-24 所示。

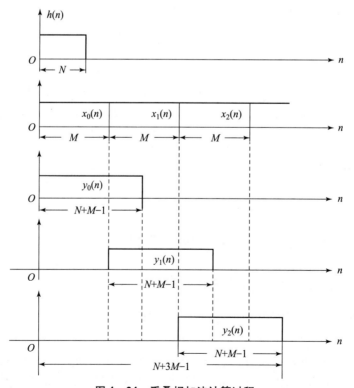

图 4-24　重叠相加法计算过程

【例 4 – 4】

设两个有限长序列 $x(n)=2n+3$ （$0 \leq n \leq 16$）和 $h(n)=n+1$，用重叠相加法，按分段长度 $M=7$ 计算线性卷积和 $y(n)=h(n)*x(n)$。

解：

按分段长度 $M=7$ 对 $x(n)$ 进行分段，得

$x_0(n)=[3,5,7,9,11,13,15]$，$x_1(n)=[17,19,21,23,25,27,29]$，$x_2(n)=[31,33,35]$

分别计算各分段线性卷积和（即 10 点圆周卷积和）：

$$\begin{cases} y_0(n)=x_0(n)*h(n)=[3,11,26,50,70,90,110,113,97,60] \\ y_1(n)=x_1(n)*h(n)=[17,53,110,190,210,230,250,239,195,116] \\ y_2(n)=x_2(n)*h(n)=[31,95,194,293,237,140] \end{cases}$$

相加（相邻段有 3 点重叠，需对应相加）得

$y(n)=h(n)*x(n)$

$\quad=[3,11,26,50,70,90,110,130,150,170,190,210,230,250,270,290,310,293,237,140]$

2. 重叠保留法

由圆周卷积和与线性卷积和的关系可知，N 点序列与 $L=N+M-1$ 点序列的 L 点圆周卷积和中，前 $N-1$ 个点存在混叠，只有后 M 点与线性卷积相对应。为此，重叠保留法在对 $x(n)$ 分段时，各分段 $x_k(n)(k=0,1,2,\cdots)$ 的长度为 $L=N+M-1$ 点，并使每段和其前一段有 $N-1$ 个重叠点。对于第一段 $x_0(n)$，由于没有前一段的重叠点，则需在序列前补充 $N-1$ 个零值点，然后计算各分段 $x_k(n)$ 与 $h(n)$ 的 L 点圆周卷积和 $y_k(n)$，最后将各分段圆周卷积和 $y_k(n)$ 的前 $N-1$ 个点删除，再将相邻段剩余部分依次衔接起来，就得到最终的线性卷积和 $y(n)=h(n)*x(n)$。

重叠保留法的 $L=N+M-1$ 点分段 $x_k(n)$，实际上是在重叠相加法 M 点分段 $x_i(n)$ 的基础上，再向前多取 $N-1$ 个点形成的。

【例 4 – 5】

用重叠保留法计算例 4 – 4 的线性卷积和 $y(n)=h(n)*x(n)$。

解：

首先按分段长度 $M=7$ 对 $x(n)$ 进行分段，然后每一段再向前多取 3 个点，得

$$\begin{cases} x_0(n)=[0,0,0,3,5,7,9,11,13,15] \\ x_1(n)=[11,13,15,17,19,21,23,25,27,291] \\ x_2(n)=[25,27,29,31,33,35,0,0,0,0] \end{cases}$$

分别计算各段的 10 点圆周卷积和，得

$$\begin{cases} y_0(n)=x_0(n)h(n)=[0,0,0,3,11,26,50,70,90,110] \\ y_1(n)=x_1(n)h(n)=[11,35,74,130,150,170,190,210,230,250] \\ y_2(n)=x_2(n)h(n)=[25,77,158,270,290,310,293,237,140] \end{cases}$$

将 $y_k(n)(k=0,1,2)$ 的前 3 个重叠点删除后依次衔接，得

$y(n)=x(n)*h(n)$

$\quad=[3,11,26,50,70,90,110,130,150,170,190,210,230,250,270,290,310,293,237,140]$

4.6 用 DFT 对连续时间信号及其频谱的近似分析

数字信号处理的一个重要部分是对连续时间信号与系统进行数字分析，DFT 就是其有力的分析工具。系统分析是在信号分析的基础上实现的，在用 DFT 对连续时间信号进行时域分析和频谱分析时，要经过时域、频域离散化（采样）和窗截取等变换，显然这只是一种近似计算，其近似程度与信号带宽、采样频率和窗截取的长度有关。

4.6.1 用 DFT 近似分析连续时间信号的频谱

1. 非周期连续谱的近似分析

设连续时间非周期信号 $x_a(t)$，其频谱为非周期连续谱，即

$$X_a(j\Omega) = \int_{-\infty}^{\infty} x_a(t)\mathrm{e}^{-\mathrm{i}\Omega t}\mathrm{d}t \qquad (4-68)$$

（1）时域采样。对 $x_a(t)$ 进行时域采样，采样周期为 T，采样频率 $f_s = 1/T$、$\Omega_s = 2\pi/T$。采样后得到序列 $x_0(n) = x_a(t)|_{t=nT}$。由于 $t = nT$，则 $\mathrm{d}t \to T$、$\int_{-\infty}^{\infty} \to \sum_{n=-\infty}^{\infty}$，故式（4-68）近似为

$$X_a(j\Omega) \approx \sum_{n=-\infty}^{\infty} x_0(n)\mathrm{e}^{-\mathrm{j}\Omega nT}T \qquad (4-69)$$

（2）时域窗截取。对以 $x_0(n)$ 截取 N 点得有限长序列 $x(n)(0 \leq n \leq N-1)$，则 $x(n)$ 所对应的 $x_a(t)$ 的截取长度为 $T_0 = NT$，也就是用 DFT 所能够分析的 $x_a(t)$ 信号的时间长度，称为记录长度。也可以先将 $x_a(t)$ 截取 T_0 长度，然后再进行 N 点等间隔采样得 $x(n)$。截取后式（4-69）近似为

$$X_a(j\Omega) \approx T\sum_{n=0}^{N-1} x(n)\mathrm{e}^{-\mathrm{j}\Omega nT} \qquad (4-70)$$

（3）频域采样并截取主值区间。时域的离散化导致频谱周期延拓，为了数值计算，频域也要进行离散化，即在频域的每周期内进行 N 点等间隔采样，并截取主值序列，采样间隔为 $\Omega_0 = \Omega_s/N$（或 $f_0 = f_s/N$），则时域记录长度 T_0 与频域采样间隔 f_0 互为倒数，即

$$T_0 = NT = \frac{N}{f_s} = \frac{1}{f_0} \qquad (4-71)$$

由于 $\Omega_0 T = \Omega_s T/N = 2\pi/N$，故式（4-70）近似为

$$X_a(jk\Omega_0) \approx T\sum_{n=0}^{N-t} x(n)\mathrm{e}^{-\mathrm{j}k\Omega_0 nT} = T\sum_{n=0}^{N-1} x(n)\mathrm{e}^{-\mathrm{j}\frac{2\pi}{N}kn}$$
$$= T \cdot \mathrm{DFT}[x(n)], 0 \leq k \leq N-1 \qquad (4-72)$$

式（4-72）表明，若 $X(k) = \mathrm{DFT}[x(n)](0 \leq k \leq N-1)$，则用 $X(k)$ 分析 $X_a(j\Omega)$ 只差一个常数，那么，$X(k)$ 的 N 个样值与 $X_a(j\Omega)$ 的各频率分量的对应关系如何？

由 s 平面到 z 平面的映射关系可知，$X_a(j\Omega)$ 在 $[0, \Omega_s/2)$ 区间的频谱对应于 $x(n)$ 频谱 $X(\mathrm{e}^{\mathrm{j}\omega})$ 的 $[0, \pi)$ 区间，也就是对应于 $X(k)$ 的第 $k = 0 \sim N/2-1$ 样值；$X_a(j\Omega)$ 在 $[-\Omega_s/2, 0)$ 区间的频谱对应于 $x(n)$ 频谱 $X(\mathrm{e}^{\mathrm{j}\omega})$ 的 $[\pi, 2\pi)$ 区间，也就是对应于 $X(k)$ 的第 $k = N/2 \sim N-1$ 样值。所以，$X(0)$ 对应于 $X_a(j\Omega)$ 的直流分量，$X(1)$ 和 $X(N-1)$ 分别对应 $X_a(j\Omega)$ 的基频 $\pm\Omega_0 = \pm\Omega_s/N(\pm f_0 = \pm f_s/N)$ 分量，$X(2)$ 和 $X(N-2)$ 分别对应于

$X_a(\mathrm{j}\Omega)$ 的二次谐波频率 $\pm 2\Omega_0(\pm 2f_0)$ 分量……软件提供了专门对 $X(k)$ 进行重排（将其前后两部分进行交换），从而把零频（直流分量）移到频谱中心的函数。

2. 非周期离散谱的近似分析

设连续时间周期信号 $\tilde{x}_a(t)$，周期为 T_0，其频谱为非周期离散谱，即

$$X_a(\mathrm{j}k\Omega_0) = \frac{1}{T_0}\int_0^{T_0} \tilde{x}_a(t)\mathrm{e}^{-\mathrm{j}k\Omega_0 t}\mathrm{d}t \tag{4-73}$$

式中，$\Omega_0 = 2\pi f_0 = 2\pi/T_0$ 为基频角频率。

（1）时域采样并截取主值区间。以采样周期 T 对 $\tilde{x}_a(t)$ 的每一周期进行 N 点等间隔采样，即 $T_0 = NT$，并截取主值序列得 $x(n) = \tilde{x}_a(t)\big|_{t=nT}(0 \leqslant k \leqslant N-1)$。由于 $t = nT$，则 $\mathrm{d}t \rightarrow T$、$\int_0^{T_0} \rightarrow \sum_{n=0}^{N-1}$，故式（4-73）近似为

$$X_a(\mathrm{j}k\Omega_0) \approx \frac{T}{T_0}\sum_{n=0}^{N-1} x(n)\mathrm{e}^{-\mathrm{j}k\Omega_0 nT} = \frac{1}{N}\sum_{n=0}^{N-1} x(n)\mathrm{e}^{-\mathrm{j}k\Omega_0 nT} \tag{4-74}$$

（2）频域截取主值区间。时域离散化则频域周期延拓，延拓周期 $\Omega_s = \dfrac{2\pi}{T} = \dfrac{2\pi N}{T_0} = N\Omega_0$，因此，频域也是周期为 N 的周期序列，截取其主值序列可得

$$X_a(\mathrm{j}k\Omega_0) \approx \frac{1}{N}\sum_{n=0}^{N-1} x(n)\mathrm{e}^{-\mathrm{j}k\Omega_0 nT} = \frac{1}{N}\sum_{n=0}^{N-1} x(n)\mathrm{e}^{-\mathrm{j}\frac{2\pi}{N}kn}$$

$$= \frac{1}{N}\mathrm{DFT}[x(n)], 0 \leqslant k \leqslant N-1 \tag{4-75}$$

式（4-72）和式（4-74）表明，用 DFT 分析连续时间信号的频谱只差一个常数。

4.6.2　用 IDFT 近似分析连续时间信号

若已知连续时间信号的频谱（即非周期频谱），可以用 IDFT 近似分析其时域信号，分析过程与前面类似。

1. 非周期连续时间信号的近似分析

设非周期连续谱 $X_a(j\Omega)$，其时域为连续时间非周期信号，即

$$x_a(t) = \frac{1}{2\pi}\int_{-\infty}^{\infty} X_a(\mathrm{j}\Omega)\mathrm{e}^{\mathrm{j}\Omega t}\mathrm{d}\Omega \tag{4-76}$$

（1）频域采样及窗截取。以 Ω_1（或 $f_1 = \Omega_1/2\pi$）为间隔对频谱 $X_a(\mathrm{j}\Omega)$ 进行等间隔采样，并截取 N 点，得有限长序列 $X(k) = X_a(\mathrm{j}\Omega)\big|_{\Omega=k\Omega_1}(0 \leqslant k \leqslant N-1)$，则时域信号 $x_a(t)$ 近似为

$$x_a(t) = \frac{\Omega_1}{2\pi}\sum_{k=0}^{N-1} X(k)\mathrm{e}^{\mathrm{j}k\Omega_1 t} \tag{4-77}$$

（2）时域采样并截取主值区间。频域离散化则时域周期延拓，延拓周期为 $T_1 = 2\pi/\Omega_1$，对时域信号的每周期进行 N 点等间隔采样，采样间隔 $T = T_1/N$，然后截取主值序列，则式（4-77）近似为

$$x_a(nt) = x_a(t)\big|_{t=nT} = \frac{\Omega_1}{2\pi}\sum_{k=0}^{N-1} X(k)\mathrm{e}^{\mathrm{j}k\Omega_1 t} = \frac{1}{T_1}\cdot\sum_{k=0}^{N-1} X(k)\mathrm{e}^{\mathrm{j}\frac{2\pi}{N}kn}$$

$$= \frac{N}{T_1}\cdot\mathrm{IDFT}[X(k)] = \frac{1}{T}\cdot\mathrm{IDFT}[X(k)], 0 \leqslant n \leqslant N-1 \tag{4-78}$$

2. 连续时间周期信号的近似分析

设非周期离散谱 $X_a(jk\Omega_1)(-\infty \leq k \leq \infty)$，其时域为连续时间周期信号，即

$$\tilde{x}_a(t) = \sum_{k=-\infty}^{\infty} X_a(jk\Omega_1) e^{jk\Omega_1 t} \qquad (4-79)$$

（1）频域窗截取。频域截取 N 点得有限长序列 $X(k) = X_a(jk\Omega_1)(0 \leq k \leq N-1)$，则式（4-79）变为

$$\tilde{x}_a(t) \approx \sum_{k=0}^{N-1} X(k) e^{jk\Omega_1 t} \qquad (4-80)$$

（2）时域采样。时域采样间隔为 $T = \dfrac{T_1}{N} = \dfrac{2\pi}{N\Omega_1}$，则式（4-80）近似为

$$\begin{aligned}\tilde{x}_a(nT) = \tilde{x}_a(t)\,|_{t=nT} &\approx \sum_{k=0}^{N-1} X(k) e^{jk\Omega_1 nt} = \sum_{k=0}^{N-1} X(k) e^{j\frac{2\pi}{N}kn} \\ &= N \cdot \mathrm{IDFS}[X(k)], \quad -\infty < n < \infty\end{aligned} \qquad (4-81)$$

若 $x(n) = \mathrm{IDFT}[X(k)](0 \leq n \leq N-1)$，则

$$\tilde{x}_a(nT) = \tilde{x}_a(t)\,\Big|_{t=nT} \approx Nx((n))_N$$

式（4-78）和式（4-81）表明，用 IDFT 分析连续时间周期信号也只差一个常数。

4.6.3 用 DFT 近似分析连续时间信号频谱时出现的问题

在用 DFT 分析连续时间信号频谱的过程中，需要对连续时间信号及其频谱进行采样和截取处理，同时也带来混叠失真、频谱泄漏和栅栏效应等问题。

1. 混叠失真

对连续时间信号进行频谱分析时，首先要进行采样，为了避免混叠失真，必须满足采样定理。一般应取采样频率 $f_s = (2.5 \sim 3.0)f_m$（f_m 为连续时间信号频谱的最高频率）。对频谱很宽或无限宽的连续时间信号，为了避免采样频率过高和频谱混叠现象，一般采用预滤波法，在采样前先滤除其不必要的高频分量（频率超过 $f_s/2$ 的部分）。

由前面的分析可知，在用 DFT 对信号频谱进行近似分析时，它能够分析的信号频谱的最高频率 f_m 和频率分辨力之间存在着矛盾。在采样点数 N 一定时，若提高最高频 f_m，则需增大采样频率 f_s（采样定理要求 $f_s \geq 2f_m$），由于 $f_s = NF_0$（F_0 为频域采样间隔，单位为 Hz），所以 F_0 增大，即频域采样间隔加大，因此频率分辨力下降；若减小 F_0 以提高频率分辨力，则 f_s 随之减小，因此 DFT 所能分析的最高频率 f_m 必须减小。所以兼顾最高频率和频率分辨力的惟一办法就是增加记录长度的采样点数 N，即满足

$$N = \frac{f_s}{F_0} > \frac{2f_m}{F_0} \qquad (4-82)$$

【例 4-6】

设有一频谱分析用的信号处理器，采样点数必须为 2 的整数幂，要求频率分辨力 $F_0 \leq 10$ Hz，如果采用的采样间隔为 0.1 ms，试确定：①最小记录长度 T_0；②允许处理的信号最高频率 f_m；③最少的采样点数。

解：

（1）由于记录长度 T_0 和频率分辨力 F_0 之间需满足式（4-71）$T_0 = 1/F_0$，所以最小记录长度为

$$T_0 = 1/F_0 = 1/10 = 0.1(\mathrm{s})$$

（2）采样频率 $f_s = 1/0.1\ \text{ms} = 10\ \text{kHz}$，由于 $f_s \geqslant 2f_m$，则 $f_m \leqslant f_s/2 = 5\ \text{kHz}$，所以允许处理的信号最高频率 $f_m = 5\ \text{kHz}$。

（3）由式（4 – 82）可得 $N_{\min} = 2f_m/F_0 = 2 \times 5 \times 10^3/10 = 10^3$，由于采样点数必须为 2 的整数幂，所以最少的采样点数应取 $2^{10} = 1\,024$。

2. 频谱泄漏

若连续时间信号持续时间很长或无限长，用 DFT 分析其频谱时必须将时域采样序列 $x_0(n)$ 截取有限长得到 N 点有限长序列 $x(n)$，这就相当于在时域乘了一个矩形窗函数，即 $x(n) = x_0(n)R_N$。由序列傅里叶变换的卷积和定理可知，时域的乘积对应频域的卷积和，又由于 $R_N(n)$ 的频谱为 $Sa(\ )$ 函数而且无限长，所以 $x(n)$ 的频谱相对于原信号频谱出现拖尾，造成频谱扩散，这就是频谱的泄漏。频谱泄漏有可能使 $x(n)$ 频谱的最高频率超过奈奎斯特频率，从而造成混叠失真。为了减小泄漏，一般采用变化缓慢的窗函数（如升余弦函数等）取代矩形窗函数来进行截取。

3. 栅栏效应

由于 DFT 计算的频谱是离散的，谱线只限制在基频 f_0（频域采样间隔）的整数倍处，而相邻谱线之间的频谱是不知道的，不能反映原信号的全部频谱特性，就好像通过一个"栅栏"看景象一样，因此把这种现象称为栅栏效应。减小栅栏效应的方法就是增加频域的采样点数，减小采样间隔，使谱线变密。

下面是一个用 DFT 对连续时间信号作频谱分析的例子。用 Matlab 分析信号 $x_a(t) = \cos(200\pi t) + \sin(100\pi t)$ 频谱结构，分别选择 0.04 s、0.16 s 和 0.32 s 3 种记录长度 T_0，以观察用 DFT 进行频谱分析时存在的混叠失真、频谱泄漏等现象，结果如图 4 – 25 所示（频谱图的变量为 f，单位为 Hz）。

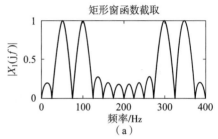
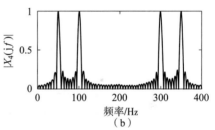
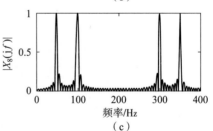

图 4 – 25　Matlab 频谱分析结果

（a）$T_0 = 0.04$ s 时 $x_a(t)$ 的频谱；
（b）$T_0 = 0.16$ s 时 $x_a(t)$ 的频谱；
（c）$T_0 = 0.32$ s 时 $x_a(t)$ 的频谱

4.7　多采样率信号处理

前面对信号与系统的分析都是将采样频率 f_s 视为固定数值，即为单采样率。在数字信号处理的许多实际应用中，时常面临着改变信号采样率的问题。如在数字电话系统中传输的信号，包括语音信号、传真信号和视频信号等，这些信号的类型不同、频率成分不同，甚至相差甚远，采样率过高则使低频信号的数据冗余太大，采样率过低则无法正确反映高频信号变化，因此，需要以不同的采样率进行处理。

实现采样率转换有 3 种方法：①记录原连续时间信号 $x_a(t)$，用不同的采样率重新采样；②将序列 $x(n)$ 通过 D/A 转换还原为连续时间信号 $x_a(t)$，然后再用不同的采样率重新采样；③直接对序列 $x(n)$ 在数字域做采样率转换。其中，方法①不现实；方法②会再次受到 A/D、D/A 所引起的信号失真和误差的影响；方法③是最理想的。

在数字域，降低采样率以去掉多余数据的过程即为序列的抽取，提高采样率以增加数据的过程即为序列的插值。

4.7.1　序列的抽取

设序列 $x(n) = x_a(t)|_{t=nT}$，采样周期为 T，采样频率 $f_s = 1/T$，将 $x(n)$ 每 D 个点抽取一个点得到新序列 $x_D(n) = x(Dn)$，则 $x_D(n) = x(Dn) = x_a(t)|_{t=DnT}$，采样周期为 DT，采样频率由 f_s 降低为 f_s/D。D 为正整数，称为抽取因子。

假设 $x(n)$ 的频谱为 $X(e^{j\omega})$，在一周期 $[-\pi, \pi]$ 内可以记为

$$X(e^{j\omega}) = \begin{cases} X(e^{j\omega}), 0 \leqslant |\omega| \leqslant \omega_m \\ 0, \omega_m < |\omega| \leqslant \pi \end{cases}$$

为了分析抽取序列的频谱，定义一个中间序列 $x_1(n)$，即

$$x_1(n) = x(n)p(n) = x(n) \sum_{r=-\infty}^{\infty} \delta(n-rD) = \sum_{r=-\infty}^{\infty} x(rD)\delta(n-rD)$$

如图 4-26 所示，用周期采样序列 $p(n) = \sum_{r=-\infty}^{\infty} \delta(n-rD)$（周期为 D）对序列 $x(n)$ 采样后得 $x_1(n)$，再将 $p(n)$ 中的零值点所对应的 $x_1(n)$ 的零值点去掉，即得抽取序列 $x_D(n)$

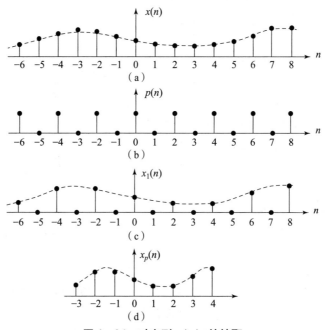

图 4-26　对序列 $x(n)$ 的抽取

(a) 序列 $x(n)$；(b) 周期采样序列 $p(n)$；(c) 采样序列 $x_1(n)$；(d) 抽取序列 $x_D(n)$

周期采样序列 $p(n)$ 的离散傅里叶级数为

$$p(k) = \text{DFS}[p(n)] = \sum_{n=0}^{D-1} \delta(n) e^{-j\frac{2\pi}{D}kn} = 1$$

因此，$p(n)$ 的离散傅里叶级数展开式为

$$p(n) = \frac{1}{D}\sum_{k=0}^{D-1}p(k)\,\mathrm{e}^{\mathrm{j}\frac{2\pi}{D}kn} = \frac{1}{D}\sum_{k=0}^{D-1}p\,\mathrm{e}^{\mathrm{j}\frac{2\pi}{D}kn}$$

则 $x_1(n)$ 的频谱为

$$
\begin{aligned}
X_1(\mathrm{e}^{\mathrm{j}\omega}) &= \mathrm{DTFT}[x_1(n)]\\
&= \sum_{n=-\infty}^{\infty}x(n)p(n)\mathrm{e}^{-\mathrm{j}\omega n}\\
&= \sum_{n=-\infty}^{\infty}x(n)\left[\frac{1}{D}\sum_{k=0}^{D-1}\mathrm{e}^{\mathrm{j}\frac{2\pi}{D}kn}\right]\mathrm{e}^{-\mathrm{j}\omega n}\\
&= \frac{1}{D}\sum_{k=0}^{D-1}X[\mathrm{e}^{\mathrm{j}(\omega-\frac{2\pi}{D}k)}]
\end{aligned}
$$

由此可得抽取序列 $x_D(n)$ 的频谱，即

$$
\begin{aligned}
X_D(\mathrm{e}^{\mathrm{j}\omega}) &= \mathrm{DTFT}[x_D(n)] = \sum_{n=-\infty}^{\infty}x(Dn)\mathrm{e}^{-\mathrm{j}\omega n}\\
&= \sum_{n=-\infty}^{\infty}x_1(Dn)\mathrm{e}^{-\mathrm{j}\omega n} = X_1(\mathrm{e}^{\mathrm{j}\frac{\omega}{D}})\\
&= \frac{1}{D}\sum_{k=0}^{D-1}X[\mathrm{e}^{\mathrm{j}(\frac{\omega-2\pi k}{D})}]
\end{aligned}
$$

显然，时域抽取后频谱展宽。当 $\omega_m < \pi/D$ 时，抽取序列的频谱不出现混叠，$X_D(\mathrm{e}^{\mathrm{j}\omega})$ 是原信号频谱 $X(\mathrm{e}^{\mathrm{j}\omega})$ 先作 D 倍的扩展再在 ω 轴上每隔 $2\pi/D$ 的移位叠加。当 $\pi/D < \omega_m < \pi$ 时，抽取序列的频谱出现混叠。为消除混叠，抽取过程分为两个步骤：①先进行低通滤波，滤除 $\omega_m > \pi/D$ 的部分；②然后再抽取，如图 4 – 27 所示。抽取过程中频谱的变化如图4 – 28 所示。

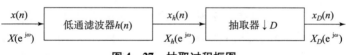

图 4 – 27 抽取过程框图

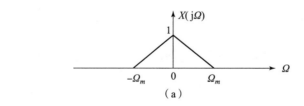

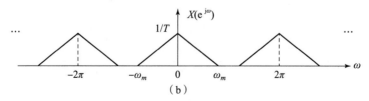

图 4 – 28 序列抽取过程频谱的变化

（a）原模拟信号 $x_a(t)$ 的频谱；（b）序列 $x(n)$ 的频谱，无频谱混叠（采样周期为 T）（$\omega_m = \Omega_m T$）

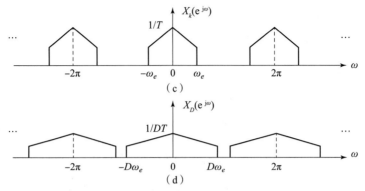

图 4-28　序列抽取过程频谱的变化（续）

（c）序列 $x(n)$ 经截止频率为 ω_c 的理想低通滤波后的频谱；（d）滤波后的抽取序列 $x_D(n)$ 的频谱

4.7.2　抽取与插值相结合的采样率转换

1. 序列的插值

将序列 $x(n)$ 的相邻点之间插入 $M-1$ 个 0，得到新序列 $x_1(n)=x(n/M)$，然后再进行低通滤波，得到平滑的插值序列 $x_M(n)$。M 为正整数，称为插值因子，通过插值采样频率提高了 M 倍。如图 4-29 所示，实际上插值过程可以视为抽取的逆过程（图 4-27），因此，其时域波形和频谱变化也是图 4-26 和图 4-28 的逆过程。

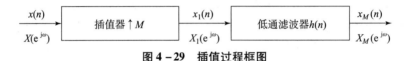

图 4-29　插值过程框图

2. 比值为有理数的采样频率转换

对于给定序列 $x(n)$，若希望将采样频率转变为原来的 M/D 倍，可以按照前面讨论的方法，先对 $x(n)$ 作 M 倍的插值，然后作 D 倍的抽取；或先作 D 倍的抽取，后作 M 倍的插值。由于抽取可能会导致频谱混叠失真，因此，最合理的方法是先作插值后作抽取，相应的频谱变换如图 4-30 所示。

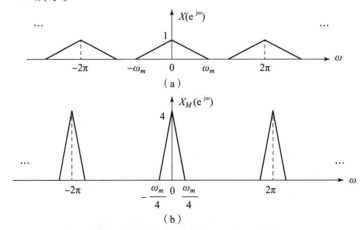

图 4-30　采样频率转变为 M/D 倍的频谱变化

（a）序列 $x(n)$ 的频谱；（b）插值序列 $x_M(n)$ 的频谱（$M=4$）

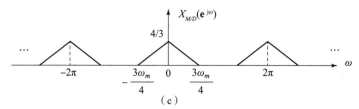

图 4 - 30 采样频率转变为 *M/D* 倍的频谱变化 （续）

（c）序列 $x_{M/D}(n)$ 的频谱 （$D = 3$）

4.8 信号处理的其他正交变换

本章 4.6 节、4.7 节在信号与系统的频域分析以及卷积的快速运算中，采用的都是傅里叶变换。以正弦—余弦函数为基础的傅里叶变换有着明确的物理意义，是信号与系统分析中最基本、最常用的一种正交变换。

信号与系统分析中的正交变换可以分为非正弦和正弦两大类。非正弦类正交变换以沃尔什变换（WHT）为代表，由于不需要乘法运算，因此在 20 世纪六七十年代常用于图像编码和数据压缩。但是，随着具有硬件乘法器的高速数字信号处理（DSP）器件的面世和飞速发展，正弦类正交变换的性能优势越来越显著，逐渐占据了正交变换的主导地位。正弦类正交变换包括离散傅里叶变换（DFT）、离散余弦变换（DCT）、离散正弦变换（DST）、离散哈特莱变换（DHT）和离散 W 变换（DWT）等。

任意序列（实序列、复序列）$x(n)$ 的 DFT 系数 $X(k)$ 通常为复数，因此 DFT 是复数变换，在复数域实现信号的频谱分析等功能。DCT、DST、DHT 和 DWT 都是实数变换，不需要复数运算，而且也都存在着类似 FFT 的快速算法，有效地节省了运算时间。DCT 和 DST 广泛应用于图像编码与数据压缩等领域，DHT 和 DWT 可以在实数域实现信号的频谱分析，并具有 DFT 的其他功能。这些正弦类正交变换虽然形式不同，但相互之间存在着密切的联系。下面以 DHT 为例进行简单介绍。

对于 N 点有限长实序列 $x(n)(0 \leqslant n \leqslant N - 1)$，离散哈特莱变换对的定义为

$$\begin{cases} X_H(k) = \text{DHT}[x(n)] = \sum_{n=0}^{N-1} x(n)\text{cas}\left(\frac{2\pi}{N}kn\right), 0 \leqslant k \leqslant N - 1, \\ x(n) = \text{IDHT}[X_H(k)] = \frac{1}{N}\sum_{n=0}^{N-1} X_H(k)\text{cas}\left(\frac{2\pi}{N}kn\right), 0 \leqslant n \leqslant N - 1 \end{cases} \quad (4-83)$$

其中，$\text{cas}\left(\frac{2\pi}{N}kn\right) = \cos\left(\frac{2\pi}{N}kn\right) + \sin\left(\frac{2\pi}{N}kn\right)$ 也具有周期性，对于 k 或 n 周期均为 N，因此离散哈特莱变换对 $X_H(k)$ 和 $x(n)$ 也具有隐含周期性，周期为 N。

为了分析 DFT 与 DHT 的关系，可将 DFT 重写为

$$\begin{aligned} X(k) &= \text{DFT}[x(n)] = \sum_{n=0}^{N-1} x(n)\text{e}^{-j\frac{2\pi}{N}kn} \\ &= \sum_{n=0}^{N-1} x(n)\left[\cos\left(\frac{2\pi}{N}kn\right) - j\sin\left(\frac{2\pi}{N}kn\right)\right], 0 \leqslant k \leqslant N - 1 \end{aligned} \quad (4-84)$$

比较式（4 - 84）和式（4 - 83）可得

$$\begin{cases} X(k) = \dfrac{2}{2}[X_H(k) + X_H(N-k)] - j\dfrac{2}{2}[X_H(k) - X_H(N-k)] \\ X_H(k) = \text{Re}[X(k)] - \text{Im}[X(k)] \end{cases} \quad (4-85)$$

因此，DHT 与 DFT 可以相互转换，可以在实数域实现信号的频谱分析，并且有很多与 DFT 相似的性质。与 DFT 相比较，DHT 是实数变换，不需要复数运算，节省了运算时间，而且 DHT 的正、反变换除去系数 $1/N$ 之外形式相同，所以可以用相同的硬件或软件实现，非常方便。

4.9 小　结

本章主要讨论了离散傅里叶变换、快速傅里叶变换、利用离散傅里叶变换计算线性卷积和以及对连续时间信号进行频谱分析等内容。学习了连续时间非周期和周期信号的傅里叶变换，讨论了离散傅里叶变换及其性质，用离散傅里叶变换近似分析连续时间信号频谱时出现的问题，并简单介绍了信号处理的其他正交变换。

第 5 章

数字滤波器的结构

任何 FIR 和 IIR 离散时间系统都有各种不同的配置和实现。在第 3 章中我们描述了最简单的结构，即直接型实现。然而，还有其他具有突出优点的实现应用于更实用的结构，特别是在考虑量化效应时，特别重要的是级联、并联和格形结构，它们在有限字长的世界中展示了其鲁棒性。本章描述了 FIR 系统的频域采样实现，频率采样实现和其他 FIR 实现相比具有更好的计算效率。其他滤波器结构可通过采用线性时不变系统的状态空间公式来得到。由于篇幅有限，我们将不探讨状态空间结构。

除了描述各种结构的离散时间系统外，我们同样考察由使用有限精度运算实现数字滤波带来的量化效应所引起的各种问题。这些内容包括离散时间系统数字化实现中由系数量化与舍入误差导致的滤波器的频率响应特性。

5.1　数字滤波器的实现结构

我们知道，一类重要的线性时不变系统可以用常系数线性差分方程式表示：

$$y(n) = - \sum_{k=1}^{N} a_k y(n-k) + \sum_{k=0}^{M} b_k x(n-k) \tag{5-1}$$

通过 z 变换，这类线性时不变系统同样可以被有理系统函数描述为

$$H(z) = \frac{\sum_{k=0}^{M} b_k z^{-k}}{1 + \sum_{k=1}^{N} a_k z^{-k}} \tag{5-2}$$

系统函数 $H(z)$ 是两个 z^{-1} 的多项式之比。从式（5-2）我们可以得到系统函数的零点与极点，它们依赖于决定系统频率响应的系统参数 $\{b_k\}$ 和 $\{a_k\}$。

我们可以用硬件方式或者在可编程计算机上以软件方式来实现式（5-1）或式（5-2）。一般来说，我们可以将式（5-1）视为一个计算过程（一个算法），它可以由输入序列 $x(n)$ 求得输出序列 $y(n)$。然而，计算式（5-1）的不同方法可以用不同的等价差分方程集合来表示，每种等价定义了系统实现的一个计算过程或算法。对每种公式集，我们可以画出由延迟单元、乘法器和加法器组成的流程图。我们将这种流程图称为滤波器系统的实现结构。

如果系统用软件实现，那么流程图或等价地通过重新排列式（5-1）得到的公式集，都可以被转换为计算机上的程序，或者可以从流程图得到系统的硬件实现。

5.2　有限长单位冲激响应滤波器的基本结构

有限长单位冲激响应（FIR）滤波器有以下几个特点：

（1）系统的单位冲激响应 $h(0)$ 在有限个 n 值处不为0。

（2）系统函数 $H(z)$ 在 $|z| > 0$ 处收敛，在 $|z| > 0$ 处只有零点，即有限 -1 平面只有零点，而全部极点都在 $z = 0$ 处（因果系统）。

（3）结构上主要是非递归结构，没有输出到输入的反馈，但有些结构中（如频率抽样结构）也包含有反馈的递归部分。

设一个 FIR 系统由差分方程式

$$y(0) = \sum_{k=0}^{M-1} b_k x(n-k) \tag{5-3}$$

描述，或由系统函数

$$H(z) = \sum_{k=0}^{M-1} b_k z^{-k} \tag{5-4}$$

描述。且该 FIR 系统的单位样本冲激响应与系数 $\{b_k\}$ 是相等的，即

$$h(n) = \begin{cases} b_n, & 0 \le n \le M-1 \\ 0, & \text{其他} \end{cases} \tag{5-5}$$

式中，M 为 FIR 滤波器的长度。

我们将从称为直接型的最简单结构开始，给出 FIR 系统的多种实现。第二种结构是级联型结构；第三种结构是频域采样结构；最后我们给出 FIR 的格形结构。

5.2.1　直接型结构

直接型结构可以直接由非递归差分方程式（5-6）得到，或由如下的卷积和得到：

$$y(n) = \sum_{k=0}^{M-1} h(k) x(n-k) \tag{5-6}$$

则其直接型结构如图 5-1 所示。

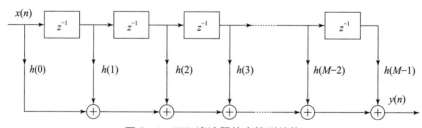

图 5-1　FIR 滤波器的直接型结构

由图 5-11 可见，该结构需要 $M-1$ 个存储空间来存放 $M-1$ 个输入，每个输出需要 M 次乘法和 $M-1$ 次加法。因为输出是输入的加权线性组合，图 5-1 组成了一个横向系统，所以，直接型实现通常被称为横向滤波器。

当 FIR 系统具有线性相位时，单位冲激响应函数服从下面的对称或不对称条件：

$$h(n) \pm h(M-1-n) \tag{5-7}$$

对该系统而言，乘法从 M 次减为 $M/2$（M 为偶数）次或 $(M-1)/2$ 次（M 为奇数）。图 5-

2 给出了 M 为奇数时利用对称性得到的直接型结构。

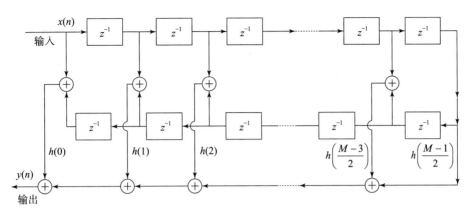

图 5 - 2　线性相位 FIR 系统（m 为奇数）的直接型结构

5.2.2　级联型结构

级联型结构可以自然地从式（5 - 4）的系统函数中得到，并且较容易地将 $H(z)$ 分解为二阶 FIR 系统，即

$$H(z) = \prod_{k=1}^{K} H_k(k) \tag{5-8}$$

其中，

$$H_k(z) = b_{k0} + b_{k1}z^{-1} + b_{k2}z^{-2}, k = 1, 2, \cdots, k \tag{5-9}$$

式中，k 为 $(M-1)/2$ 的整数部分，滤波器系数 b_0 可以均匀地分配到 k 个滤波器段中，即 $b_0 = b_{10}, b_{20}, \cdots, b_{k0}$，或者可以被指定到单个滤波器段。$H(z)$ 的零点可以成对匹配得到式（5 - 9）形式的二阶 FIR 滤波器。通常我们希望复共轭的根成对出现，这样式（5 - 9）中的系数 $\{b_{ki}\}$ 就为实值。另一方面，实根可以以任意方式组对。这种采用基本二阶段的级联型实现如图 5 - 3 所示。

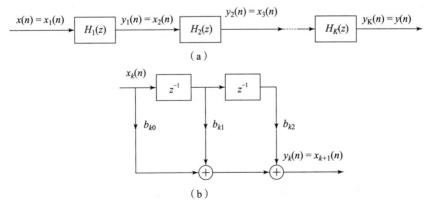

（a）

（b）

图 5 - 3　一个 FIR 系统的级联型实现

（a）系统的信号流图；（b）二阶 FIR 滤波器结构

在线性相位 FIR 滤波器中，$h(n)$ 的对称性意味着 $H(z)$ 的零点同样具有对称性。特别指

出，如果 z_k 和 z_k^* 为一对复共轭零点，那么 $1/z_k$ 与 $1/z_k^*$ 同样是一对复共轭零点。从而，我们可以利用其简化的四阶滤波器段来实现 FIR 系统：

$$H_k(z) = c_{k0}(1 - z_k z^{-1})(1 - z_k^* z^{-1})(1 - z^{-1}/z_k)(1 - z^{-1}/z_k^*) \qquad (5-10)$$

$$= c_{k0} + c_{k1}z - 1 + c_{k2}z^{-2} + c_{k1}z^{-3} + c_{k0}z^{-4}$$

式中，系数 $\{c_{k1}\}$ 与 $\{c_{k2}\}$ 为 z_k 的函数。所以，我们通过结合两对极点来组成一个四阶滤波器段，可以将乘法的次数从 5 次减少为 3 次（减少了 40%）。图 5-4 显示了基本的四阶 FIR 滤波器的结构。

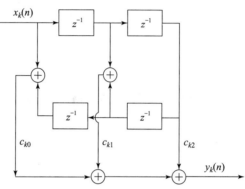

图 5-4　四阶 FIR 滤波器结构

5.2.3　频率采样结构

频率采样结构是 FIR 滤波器的另一种结构方式，其中描述滤波器的参数为所求的频率响应的参数，而不是冲激响应 $h(n)$。为了得到频率采样结构，我们通过等间距的频率采样指定需要的频率响应，即

$$\omega_k = \frac{2\pi}{M}(k + \alpha), k = 0, 1, \cdots, \frac{M-1}{2}, M \text{ 为奇数}, \alpha = 0 \text{ 或} \frac{1}{2}$$

$$k = 0, 1, \cdots, \frac{M}{2} - 1, M \text{ 为偶数}$$

并从等间隔频率采样中求解单位冲激响应 $h(n)$。所以，我们将频率响应写为

$$H(\omega) = \sum_{n=0}^{M-1} h(n) e^{-j\omega n}$$

$H(\omega)$ 在频率 $\omega_k = (2\pi/M)(k + \alpha)$ 处的值为

$$H(k + \alpha) = H\left(\frac{2\pi}{M}(k + \alpha)\right) \qquad (5-11)$$

$$= \sum_{n=0}^{M-1} h(n) e^{-j2\pi(k+\alpha)n/M}, k = 0, 1, \cdots, M-1$$

值 $\{H(k+\alpha)\}$ 的集合通常称为 $H(\omega)$ 的频率采样。当 $\alpha = 0$ 时，$\{H(k)\}$ 对应于 $\{h(n)\}$ 的 M 点离散傅里叶变换（DFT）。

对式（5-11）求逆，并用频率采样的方式表示 $h(n)$ 为

$$h(n) = \frac{1}{M} \sum_{k=0}^{M-1} H(k + \alpha) e^{j2\pi(k+\alpha)n/M}, \ n = 0, 1, \cdots, M-1 \qquad (5-12)$$

当 $\alpha = 0$ 时，式（5-12）为 $\{H(k)\}$ 的离散傅里叶逆变换（IDFT）。现在，如果我们采用式（5-12）替换 z 变换 $H(z)$ 中的 $h(n)$，则有

$$H(z) = \sum_{n=0}^{M-1} h(n) z^{-n} \qquad (5-13)$$

$$= \sum_{n=0}^{M-1} \left[\frac{1}{M} \sum_{k=0}^{M-1} H(k+\alpha) e^{j2\pi(k+\alpha)n/M} \right] z^{-n}$$

将式（5 – 13）中的求和顺序互换并对 n 求和，有

$$H(z) = \sum_{n=0}^{M-1} H(k+\alpha) \left[\frac{1}{M} \sum_{k=0}^{M-1} H(k+\alpha) \left(e^{j2\pi(k+\alpha)n/M} z^{-1} \right)^n \right] \qquad (5-14)$$

$$= \frac{1 - z^{-M} e^{j2\pi\alpha}}{M} \sum_{k=0}^{M-1} \frac{H(k+\alpha)}{1 - e^{j2\pi(k+\alpha)/M} z^{-1}}$$

所以，系统函数 $H(z)$ 可以通过频率采样 $\{H(k+\alpha)\}$ 而不是 $\{h(n)\}$ 来描述。

我们将这种滤波器实现视为两个滤波器的级联，即 $[H(z) = H_1(z) H_2(z)]$。其中之一是全零滤波器或梳状滤波器，其系统函数为

$$H_1(z) = \frac{1}{M} \left(1 - z^{-M} e^{j2\pi\alpha} \right) \qquad (5-15)$$

它的零点等距地分布在单位圆上，

$$z_k = e^{j2\pi(k+\alpha)/M}, \ k = 0, 1, \cdots, M-1$$

第二个滤波器的系统函数为

$$H_2(z) = \sum_{k=0}^{M-1} \frac{H(k+\alpha)}{1 - e^{j2\pi(k+\alpha)/M} z^{-1}} \qquad (5-16)$$

它由单极点并联滤波器组构成，其共振频率为

$$p_k = e^{j2\pi(k+\alpha)/M}, k = 0, 1, \cdots, M-1$$

注意极点位置和零点位置相同，都位于 $\omega_k = 2\pi(k+\alpha)/M$ 处，而这正是指定所需频率响应的频率。并联共振滤波器组的增益即为复参数 $\{H(k+\alpha)\}$。FIR 滤波器的频率采样实现如图 5 – 5 所示。

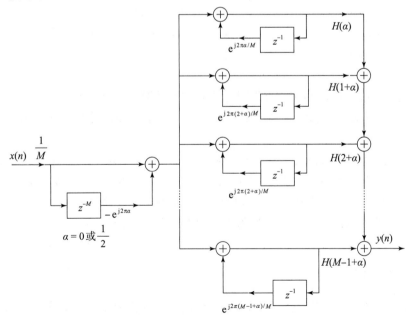

图 5 – 5　FIR 滤波器的频率采样实现

当所需 FIR 滤波器的频率响应特性为窄带时，增益参数 $\{H(k+\alpha)\}$ 的绝大多数系数为零，则对应的共振滤波器可以去掉，只有系数非零的滤波器被保留，因此，该方法比直接型实现需要更少计算量的滤波器（乘法和加法），使得我们可获得更有效的实现。

频率采样滤波器结构可以利用 $H(k+\alpha)$ 的对称性进一步简化，即利用

$$\begin{cases} H(k) = H^*(M-k), \alpha = 0 \\ H\left(k+\dfrac{1}{2}\right) = H\left(M-k-\dfrac{1}{2}\right), \alpha = \dfrac{1}{2} \end{cases}$$

这种关系可以简单地从式（5-11）导出。由于这种对称性，通过组合一对单极点滤波器可以获得一个实值双极点滤波器，所以，对 $\alpha = 0$，系统函数 $H_2(z)$ 简化为

$$\begin{cases} H_2(z) = \dfrac{H(0)}{1-z^{-1}} + \sum\limits_{k=1}^{\frac{M-1}{2}} \dfrac{A(k)+B(k)z^{-1}}{1-2\cos(2\pi k/M)z^{-1}+z^{-2}}, M \text{ 为奇数} \\ H_2(z) = \dfrac{H(0)}{1-z^{-1}} + \dfrac{H\left(\dfrac{M}{2}\right)}{1+z^{-1}} + \sum\limits_{k=1}^{\frac{M-1}{2}} \dfrac{A(k)+B(k)z^{-1}}{1-2\cos\left(\dfrac{2\pi k}{M}\right)z^{-1}+z^{-2}}, M \text{ 为偶数} \end{cases} \quad (5-17)$$

其中，

$$\begin{cases} A(k) = H(k) + H(M-k) \\ B(k) = H(k)\mathrm{e}^{-\mathrm{j}2\pi k/M} + H(M-k)\mathrm{e}^{\mathrm{j}2\pi k/M} \end{cases} \quad (5-18)$$

对于 $\alpha = \dfrac{1}{2}$，可以得到类似的结果。

【例 5-1】 对于具有频率样本

$$H\left(\frac{2\pi k}{32}\right) = \begin{cases} 1 & (k = 0,1,2) \\ \dfrac{1}{2} & (k = 3) \\ 0 & (k = 4,5,\cdots,15) \end{cases}$$

的线性相位（对称）FIR 滤波器，画出 $M=32$ 和 $\alpha=0$ 时的直接型实现的框图以及频率采样实现的框图，并比较两种结构的计算复杂度。

解：

因为滤波器对称，所以利用对称性可以将乘法次数减少一半。对于直接型实现，可以将乘法次数从 32 次减少为 15 次。每个输出需要的加法次数为 31。图 5-6 显示了直接型实现的框图。

我们利用式（5-15）和式（5-17）为其频率采样实现形式，并抛弃所有具有零增益系数 $\{H(k)\}$ 的项，则非零系数为 $H(k)$ 并且对应的对为 $H(M-k)$，$k = 0,1,2,3$。实现的框图如图 5-7 所示。因为 $H(0)=1$，故单极点滤波器不需要乘法；3 个双极点滤波器每个需 3 次乘法，共 5 次乘法；总加法次数为 13。所以，FIR 滤波器的频率采样实现与直接型实现相比效率更高。

5.2.4 格形结构

本节我们解释另一个 FIR 滤波器结构，这种结构称为格形滤波器或格形结构。格形结构有以下优点：①由于它的模块化结构，便于实现高速并行处理；②一个 m 阶格型滤波器，

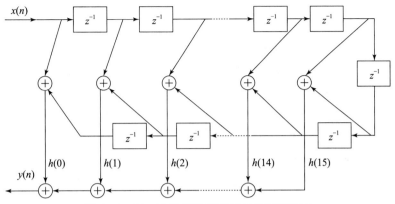

图 5 - 6　M = 32 的 FIR 滤波器的直接型实现

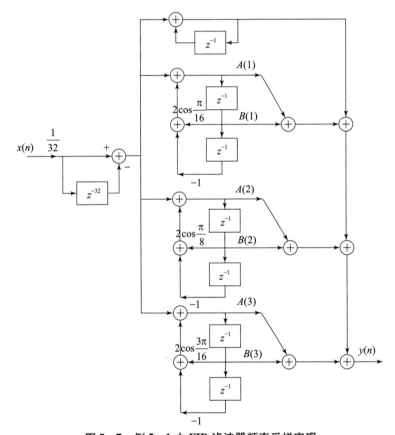

图 5 - 7　例 5 - 1 中 FIR 滤波器频率采样实现

可以产生从 1 阶到 m 阶的 m 个横向滤波器的输出性能；③它对于有限长的舍入误差不灵敏。由于存在这些优点，使得格形滤波器在现代谱估计、语音信号处理、自适应滤波等方面得到了广泛的应用。

我们先从一个 FIR 滤波器开始，其系统函数为

$$H_m(z) = A_m(z), m = 0, 1, 2, \cdots, M - 1 \qquad (5-19)$$

其中，$A_m(z)$ 为多项式

$$A_m(z) = 1 + \sum_{k=1}^{m} \alpha_m(k) z^{-k}, m \geq 1 \qquad (5-20)$$

并且 $A_0(z) = 1$。第 m 个滤波器的单位冲激响应为 $h_m(0) = 1$，且 $h_m(k) = \alpha_m(k), k = 1, 2, \cdots, m$。多项式 $A_m(z)$ 的下标 m 表示多项式的阶数。为了数学上的便利，我们定义 $\alpha_m(0) = 1$。

如果 $\{x(n)\}$ 是滤波器的输入序列，$\{y(n)\}$ 为输出序列，则有

$$y(n) = x(n) + \sum_{k=1}^{m} \alpha_m(k) x(n-k) \qquad (5-21)$$

FIR 滤波器的两种直接型结构如图 5-8 所示。

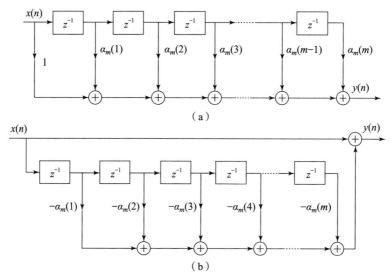

（a）

（b）

图 5-8　FIR 预测误差滤波器的直接型实现

（a）直接型结构 1；（b）直接型结构 2

图 5-8 中的 FIR 滤波器结构和线性预测之间有着紧密的联系，其中

$$\hat{x}(n) = - \sum_{k=1}^{m} \alpha(k) x(n-k) \qquad (5-22)$$

是基于过去 m 个值对 $x(n)$ 的单步预测，并且式（5-21）给出的 $y(n) = x(n) - \hat{x}(n)$ 表示预测误差序列。在这种前提下，图 5-8 中的滤波器结构为预测误差滤波器。

现在假设我们有一个 $m = $ 一阶滤波器，此滤波器的输出为

$$y(n) = x(n) + \alpha_1(1) x(n-1) \qquad (5-23)$$

这个结果同样可以从图 5-9 中的一阶或单段滤波器得到，两个输入都为 $x(n)$，选择上边的一个作为输出。

如果我们选择 $K_1 = \alpha_1(1)$，则输出恰好为式（5-23）。参数 K_1 被称为反射系数。

$$\begin{cases} f_0(n) = g_0(n) = x(n) \\ f_1(n) = f_0(n) + K_1 g_0(n-1) = x(n) + K_1 x(n-1) \\ g_1(n) = K_1 f_0(n) + g_0(n-1) = K_1 x(n) + x(n-1) \end{cases}$$

下面我们考虑 $m = 2$ 的滤波器。在这种情况下直接型结构的输出为

$$y(n) = x(n) + \alpha_2(1) x(n-1) + \alpha_2(2) x(n-2) \qquad (5-24)$$

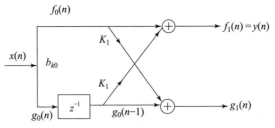

图 5 - 9　单段格形滤波器

通过将两个格形结构级联，如图 5 - 10 所示，得到与式（5 - 24）相同的结果。实际上，第 1 段的输出为

$$\begin{cases} f_1(n) = x(n) + K_1 x(n-1) \\ g_1(n) = K_1 x(n) + x(n-1) \end{cases} \tag{5-25}$$

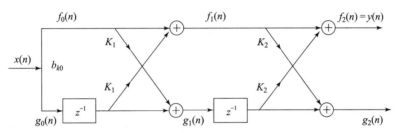

图 5 - 10　两个格形结构级联

第 2 段的输出为

$$\begin{cases} f_2(n) = f_1(n) + K_2 g_1(n-1) \\ g_2(n) = K_2 f_1(n) + g_1(n-1) \end{cases} \tag{5-26}$$

我们将注意力集中到 $f_2(n)$，并将式（5 - 25）中的 $f_1(n)$ 与 $g_1(n-1)$ 代入式（5 - 26），则得到

$$\begin{aligned} f_2(n) &= x(n) + K_1 x(n-1) + K_2 [K_1 x(n-1) + x(n-2)] \\ &= x(n) + K_1(1 + K_2) x(n-1) + K_2 x(n-2) \end{aligned} \tag{5-27}$$

式（5 - 27）等价于式（5 - 24）中直接型 FIR 滤波器的输出。如果写出系数的方程，即

$$\alpha_2(2) = K_2, \alpha_2(1) = K_1(1 + K_2) \tag{5-28}$$

或等价为

$$K_2 = \alpha_2(2), K_1 = \frac{\alpha_2(1)}{1 + \alpha_2(2)} \tag{5-29}$$

所以，格形滤波器的反射系数 K_1 与 K_2 可以通过直接型的系数 $\{\alpha_m(k)\}$ 得到。

继续这种过程，通过推导可以得到 $f_m(n)$ 阶直接型 FIR 滤波器与 m 阶或 m 段格形滤波器之间的等价关系。格形滤波器通常使用下列递归方程式描述：

$$f_0(n) = g_0(n) = x(n) \tag{5-30}$$

$$f_m(n) = f_{m-1}(n) + K_m g_{m-1}(n-1), m = 1, 2, \cdots, M-1 \tag{5-31}$$

$$g_m(n) = K_m f_{m-1}(n) + g_{m-1}(n-1), m = 1, 2, \cdots, M-1 \qquad (5-32)$$

$M-1$ 段滤波器的输出对应于 $M-1$ 阶 FIR 滤波器的输出，即

$$y(n) = f_{M-1}(n)$$

图 5 – 11 显示了 $M-1$ 段格形滤波器的框图以及执行式（5 – 31）与式（5 – 32）中的运算的典型滤波器段。

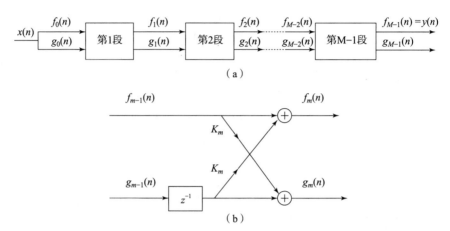

图 5 – 11 $M-1$ 段格形滤波器及典型滤波器段

（a）$M-1$ 段格形滤波器框图；（b）典型滤波器段

由于 FIR 滤波器与格形滤波器的等价性，m 段格形滤波器的输出 $f_m(n)$ 可以表示为

$$f_m(n) = \sum_{k=0}^{m} \alpha_m(k) x(n-k), \alpha_m(0) = 1 \qquad (5-33)$$

由于式（5 – 33）是一个卷积和，它满足 z 变换关系

$$F_m(z) = A_m(z) X(z)$$

或等价为

$$A_m(z) = \frac{F_m(z)}{X(z)} = \frac{F_m(z)}{F_0(z)} \qquad (5-34)$$

通过使用另外一组系数 $\{\beta_m(k)\}$，格形滤波器的另外一个输出量也能够用式（5 – 33）给出的卷积和的形式表达。如果仔细观察式（5 – 25）和式（5 – 26），这其实是很显然的。从式（5 – 25）我们注意到格形滤波器的滤波器系数 $f_1(n)$ 为 $\{1, K_1\} = \{1, \alpha_1(1)\}$，而滤波器系数 $g_1(n)$ 的系数为 $\{K_1, 1\} = \{\alpha_1(1), 1\}$。我们注意到这两组系数顺序相反。如果考虑两段格形滤波器，其输出由式（5 – 26）定义，那么 $g_2(n)$ 可以表示为

$$\begin{aligned}
g_2(n) &= K_2 f_1(n) + g_1(n-1) \\
&= K_2 x(n) + K_1 x(n-1) + K_1 x(n-1) + x(n-2) \\
&= K_2 x(n) + K_1(1+K_2) x(n-1) + x(n-2) \\
&= \alpha_2(2) x(n) + \alpha_2(1) x(n-1) + x(n-2)
\end{aligned}$$

从而，滤波器系数为 $\{\alpha_2(2), \alpha_2(1), 1\}$，产生输出 $f_2(n)$ 的滤波器的系数为 $\{1, \alpha_2(1), \alpha_2(2)\}$。这里，我们再一次看到两个滤波系数的顺序相反。

从这一点出发，一个 m 段格形滤波器的输出 $g_m(n)$ 可以表示为如下卷积和的形式：

$$g_m(n) = \sum_{k=0}^{m} \beta_m(k) x(n-k) \qquad (5-35)$$

其中，滤波器系数 $\{\beta_m(k)\}$ 与产生 $f_m(n) = y(n)$ 的滤波器有关，但顺序是相反的，从而有

$$\beta_m(k) = \alpha_m(m-k), k = 0,1,\cdots,m \tag{5-36}$$

当 $k = m$ 时，$\beta_m(m) = 1$。

在线性预测的情况下，通过使用系数为 $\{-\beta_m(k)\}$ 的滤波器，假设用数据 $x(n), x(n-1),\cdots,x(n-m+1)$ 来线性预测信号 $x(n-m)$ 的值，则预测值为

$$\hat{x}(n-m) = -\sum_{k=0}^{m-1}\beta_m(k)x(n-k) \tag{5-37}$$

因为数据反向通过预测器，所以式（5-37）中进行的预测被称为反向预测。相比之下，以 $A_m(z)$ 为系统函数的 FIR 滤波器被称为前向滤波器。

在 $A_m(z)$ 变换中，式（5-35）变为

$$G_m(z) = B_m(z)X(z) \tag{5-38}$$

或等价为

$$B_m(z) = \frac{G_m(z)}{X(z)} \tag{5-39}$$

式中，$B_m(z)$ 表示系数为 $\{\beta_m(k)\}$ 的 FIR 滤波器的系统函数，即

$$B_m(z) = \sum_{k=0}^{m}\beta_m(k)z^{-k} \tag{5-40}$$

因为 $\beta_m(k) = \alpha_m(m-k)$，式（5-40）可以表示为

$$B_m(z) = \sum_{k=0}^{m}\alpha_m(m-k)z^{-k} \tag{5-41}$$

$$= \sum_{l=0}^{m}\alpha_m(l)z^{l-m} = z^{-m}\sum_{l=0}^{m}\alpha_m(l)z^{l} = z^{-m}A_m(z^{-1})$$

式（5-41）中的关系表明以 $B_m(z)$ 为系数的 FIR 滤波器的零点和以 $A_m(z)$ 为系数的滤波器的零点互为倒数，所以 $B_m(z)$ 被称为 $A_m(z)$ 的倒数或者反多项式。

现在我们已经建立了直接型实现和格形滤波器之间的有趣关系，让我们回到式（5-30）~式（5-32）中描述的递归格形滤波器表达式并将其变换到 z 域，所以有

$$F_0(z) = G_0(z) = X(z) \tag{5-42}$$

$$F_m(z) = F_{m-1}(z) + K_m z^{-1} G_{m-1}(z), m = 1,2,\cdots,M-1 \tag{5-43}$$

$$G_m(z) = K_m F_{m-1} + z^{-1} G_{m-1}(z), m = 1,2,\cdots,M-1 \tag{5-44}$$

如果我们将每个等式除以 $X(z)$，则得到如下结果：

$$A_0(z) = B_0(z) = 1 \tag{5-45}$$

$$A_m(z) = A_{m-1}(z) + K_m z^{-1} B_{m-1}(z)m \tag{5-46}$$

$$B_m(z) = K_m A_{m-1}(z) + z^{-1} B_{m-1}(z), m = 1,2,\cdots,M-1 \tag{5-47}$$

所以，格形段可以在 z 域中用矩阵描述为

$$\begin{bmatrix} A_m(z) \\ B_m(z) \end{bmatrix} = \begin{pmatrix} 1 & K_m \\ K_m & 1 \end{pmatrix} = \begin{bmatrix} A_{m-1}(z) \\ B_m(z) \end{bmatrix} \tag{5-48}$$

在结束本节的讨论之前，我们期望得出格形滤波器参数 $\{K_i\}$，即反射系数和直接型滤波器系数 $\{\alpha_m(k)\}$ 的转换关系。

将格形滤波器的系数转换为直接型滤波器的系数。通过利用如下关系，直接型 FIR 滤波器系数 $\{\alpha_m(k)\}$ 可以从格形滤波器系数中获得：

$$A_0(z) = B_0(z) = 1 \qquad\qquad (5-49)$$

$$A_m(z) = A_{m-1}(z) + K_m z^{-1} B_{m-1}(z), m = 1,2,\cdots,M-1 \qquad (5-50)$$

$$B_m(z) = z^{-m} A_m(z^{-1})\, m = 1,2,\cdots,M-1 \qquad\qquad (5-51)$$

解可能通过递归得到，从 $m-1$ 开始。我们获得了 $M-1$ 个 FIR 滤波器的序列，每个滤波器对应于 m 的一个值。这个过程可以通过一个例子加以解释。

【例 5-2】

给出系数为 $K_1 = \dfrac{1}{4}$，$K_2 = \dfrac{1}{4}$，$K_3 = \dfrac{1}{3}$ 的一个三段格形滤波器，求直接型结构的 FIR 滤波器系数。

解：

我们对问题递归求解，从式（5-50）在 $m-1$ 时开始，所以有

$$\begin{aligned} A_1(z) &= A_0(z) + K_1 z^{-1} B_0(z) \\ &= 1 + K_1 z^{-1} = 1 + \frac{1}{4} z^{-1} \end{aligned}$$

所以，对应于单段格形的 FIR 的滤波器的系数为 $\alpha_1(0) = \dfrac{1}{4}$，$\alpha_1(1) = K_1 = \dfrac{1}{4}$。因为 $B_m(z)$ 为 $A_m(z)$ 的逆多项式，所以有

$$B_1(z) = \frac{1}{4} + z^{-1}$$

下面我们为格形 FIR 滤波器加上第 2 段。对于 $m=2$，从式（5-50）得到

$$\begin{aligned} A_2(z) &= A_1(z) + K_2 z^{-1} B_1(z) \\ &= 1 + \frac{3}{8} z^{-1} + \frac{1}{2} z^{-2} \end{aligned}$$

所以，对应于第 2 段的格形 FIR 滤波器的参数为 $\alpha_2(0) = 1$，$\alpha_2(1) = \dfrac{3}{8}$，$\alpha_2(2) = \dfrac{1}{2}$。同样，

$$B_2 = \frac{1}{2} + \frac{3}{8} z^{-1} + z^{-2}$$

最后，加上第 3 段的格形滤波器为多项式

$$\begin{aligned} A_3(z) &= A_2(z) + K_3 z^{-1} B_2(z) \\ &= 1 + \frac{13}{24} z^{-1} + \frac{5}{8} z^{-2} + \frac{1}{3} z^{-3} \end{aligned}$$

从而，所求得 FIR 滤波器系数为

$$\alpha_3(0) = 1,\ \alpha_3(1) = \frac{13}{24},\ \alpha_3(2) = \frac{5}{8},\ \alpha_3(3) = \frac{1}{3}$$

如此例所示，具有参数 K_1，K_2，$\cdots$，K_m 的格形滤波器对应具有系统函数 $A_1(z)$，$A_2(z)$，$\cdots$，$A_m(z)$ 的 m 类直接型 FIR 滤波器。有趣的是，m 类 FIR 滤波器的直接型需要 $m(m+1)/2$ 个滤波器系数。对比而言，格形滤波器只需要 m 个反射系数 $\{K_i\}$。格形滤波器表示更加紧凑是因为后加的段并不影响之前段的系数。另一方面，如果在 $m-1$ 段格形滤波器的基础上增加第 m 段，那么得到的系统函数为 $A_m(z)$ 的 FIR 滤波器的系数将与系统函数为 $A_{m-1}(z)$ 的低阶 FIR 滤波器的系数完全不同。

从式（5-49）~式（5-51）的多项式关系中，可以得到递归求解 $\{\alpha_m(k)\}$ 的公式。从式（5-50）中的关系有

$$A_m(z) = A_{m-1}(z)K_m z^{-1}B_{m-1}(z)$$

$$\sum_{k=0}^{m}\alpha_m(k)z^{-k} = \sum_{k=0}^{m-1}\alpha_{m-1}(k)z^{-k} + K_m\sum_{k=0}^{m-1}\alpha_{m-1}(m-1-k)z^{-(k-1)} \quad (5-52)$$

通过使具有相同幂次的 z^{-1} 的系数相等，并且回忆 $\alpha_m(0) = 1, m = 1, 2, \cdots, M-1$，我们得到所求的 FIR 滤波器系数的递归公式为

$$\alpha_m(0) = 1 \quad (5-53)$$

$$\alpha_m(m) = K_m \quad (5-54)$$

$$\alpha_m(k) = \alpha_{m-1}(k) + K_m\alpha_{m-1}(m-k) = \alpha_{m-1}(k) + \alpha_m\alpha_{m-1}(m-k) \quad (5-55)$$

$$1 \leqslant k \leqslant m-1, m = 1, 2, \cdots, M-1$$

将直接型 FIR 滤波器的系数转换为格形滤波器的系数。假设给出了直接型 FIR 滤波器的系数，或等价地给出了多项式 $A_m(z)$。我们希望确定对应的格形滤波器的系数 $\{K_i\}$。对于 m 段格形滤波器，我们一开始有 $K_m = \alpha_m(m)$。为了得到 K_{m-1}，我们需要多项式 $A_{m-1}(z)$，因为 K_m 是通过多项式 $A_m(z)$, $m = M-1, M-2, \cdots, 1$ 得到的，从而我们需要计算从 $m = M-1$ 递减到 $m = 1$ 的多项式 $A_m(z)$。

该多项式期望的递归关系可以通过式（5-46）和式（5-47）很容易得到，因此有

$$A_m(z) = A_{m-1}(z) + K_m z^{-1}B_{m-1}(z)$$
$$= A_{m-1}(z) + K_m[B_m(z) - K_m A_{m-1}(z)]$$

如果对 $A_{m-1}(z)$ 进行求解，可得

$$A_{m-1} = \frac{A_m(z) - K_m B_m(z)}{1 - K_m^2}, m = M-1, M-2, \cdots, 1 \quad (5-56)$$

所以，我们可以计算所有从 $A_{m-1}(z)$ 开始的低阶多项式 $A_m(z)$，并且从关系式 $K_m = \alpha_m(m)$ 得到所求得格形滤波器参数。通过观察可以知道此过程在 $|K_m| \neq 1$ $m = 1, 2, \cdots, M-1$ 时是可行的。

【例 5-3】

求对应具有如下系统函数的 FIR 滤波器的格形滤波器系数：

$$H(z) = A_3(z) = 1 + \frac{13}{24}z^{-1} + \frac{5}{8}z^{-2} + \frac{1}{3}z^{-3}$$

解：

首先，我们注意到 $K_3 = \alpha_3(3) = \frac{1}{3}$，进一步有

$$B_3(z) = \frac{1}{3} + \frac{5}{8}z^{-1} + \frac{13}{24}z^{-2} + z^{-3}$$

对 $m = 3$，由式（5-56）中的递降关系有

$$A_2(z) = \frac{A_3(z) - K_3 B_3(z)}{1 - K_3^2}$$
$$= 1 + \frac{3}{8}z^{-1} + \frac{1}{2}z^{-2}$$

所以，$K_2 = \alpha_2(2) = \frac{1}{2}, B_2 = \frac{1}{2} + \frac{3}{8}z^{-1} + z^{-2}$。通过重复式（5-53）中的递降递归过程，我

们得到

$$A_1(z) = \frac{A_2(z) - K_2 B_2(z)}{1 - K_2^2} = 1 + \frac{1}{4}z^{-1}$$

所以，$K_1 = \alpha_1(1) = \frac{1}{4}$。

从式（5-56）给出的递降递归公式，可以很容易地得到从 $m = M - 1$ 开始递降至 z 时递归计算 K_m 的公式。对于 $m = M - 1, M - 2, \cdots, 1$，有

$$K_m = \alpha_m(m) \quad \alpha_{m-1}(0) = 1 \qquad (5-57)$$

$$\alpha_{m-1}(k) = \frac{\alpha_m(k) - K_m \beta_m(k)}{1 - K_m^2}$$

$$= \frac{\alpha_m(k) - \alpha_m(m)\alpha_m(m-k)}{1 - \alpha_m^2(m)}, 1 \leqslant k \leqslant m - 1 \qquad (5-58)$$

如前面指出的，式（5-57）中的递归公式在 $|K_m|$ 时不能工作。如果出现这种情况，则表明多项式 $A_{m-1}(z)$ 存在单位圆上的根。这种根可以从 $A_{m-1}(z)$ 中分解出来，且式（5-57）中的递归过程就可以对降阶后的系统执行。

5.3　无限长单位冲激响应系统的结构

无限长单位冲激响应（IIR）滤波器有以下几个特点。

（1）系统的单位冲激响应 $h(n)$ 是无限长的。

（2）系统函数 $H(z)$ 在有限 z 平面（$0 < |z| < \infty$）上有极点存在。

（3）结构上存在着输出到输入的反馈，也就是结构上是递归型的。

同一种系统函数 $H(z)$ 可以有多种不同的结构，本节我们讨论用式（5-1）中的差分方程式或等价的式（5-2）中的系统函数描述的不同 IIR 系统的结构，包括直接型结构、级联型结构、格形结构和格形梯状结构。另外，IIR 系统还允许有一种并联型结构。我们先开始描述两种直接型结构。

5.3.1　直接型结构

由式（5-2）给出的有理系统函数表征了一个 IIR 系统，它可以被视为级联的两个系统，即

$$H(z) = H_1(z)H_2(z) \qquad (5-59)$$

式中，$H_1(z)$ 包含 $H(z)$ 的零点，$H_2(z)$ 包含 $H(z)$ 的极点，即

$$H_1(z) = \sum_{k=0}^{M} b_k z^{-k} \qquad (5-60)$$

且

$$H_2(z) = \frac{1}{1 + \sum_{k=1}^{N} a_k z^{-k}} \qquad (5-61)$$

因为 $H_1(z)$ 是一个 FIR 系统，它的直接型实现由图 5-1 给出。通过将全极点系统和 $H_1(z)$ 级联，我们得到了图 5-12 所示的直接 I 型结构。这种结构需要 $M + N + 1$ 次乘法、$M + N$ 次加法和 $M + N + 1$ 个存储空间。

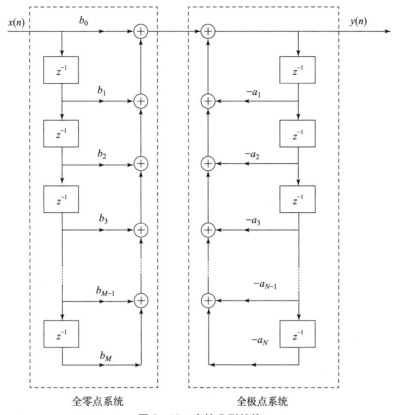

图 5 - 12　直接 Ⅰ 型结构

如果全极点滤波器 $H_2(z)$ 位于全零点滤波器 $H_1(z)$ 之前，那么可得到一个更加紧凑的结构。全极点滤波器的差分方程式为

$$\omega(n) = -\sum_{k=0}^{N} a_k \omega(n-k) + x(n) \tag{5-62}$$

因为 $\omega(n)$ 是全零点系统的输入，其输出为

$$y(n) = -\sum_{k=0}^{N} b_k w(n-k) \tag{5-63}$$

我们注意到式（5-62）和式（5-63）都包括了序列 $\{\omega(n)\}$ 的延迟形式。从而，只需要一条延迟线或者一组存储空间来存放 $\{\omega(n)\}$ 的过去值。实现式（5-62）和式（5-63）的最终结构被称为直接 Ⅱ 型结构，如图 5-13 所示。该结构需要 $M+N+1$ 次乘法、$M+N$ 次加法和最大 $\{M,N\}$ 个存储空间。因为直接 Ⅱ 型结构实现最小化了存储空间，所以被称为规范结构。

图 5-12 和图 5-13 中的结构都被称为直接型结构，因为它们都直接从系统函数 $H(z)$ 得到，并没有经过任何重新排列。遗憾的是，这两种结构都对参数量化非常敏感，一般来说，在实际应用中并不推荐这两种结构。该主题将在本章 5.5 节中详细讨论，那时我们将会演示当 N 很大时，参数量化导致的滤波器系数的很小改变，也会导致系统的零点和极点的位置的很大改变。

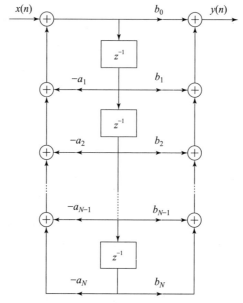

图 5–13   直接 Ⅱ 型结构（$M = N$）

5.3.2   信号流图和转置结构

信号流图提供了一种可以替代结构框图但与之等价的图形表示，我们可以用它来演示各种系统实现。信号流图的基本元素是支路和节点。由定义可知，信号流出一个支路等于该支路增益系（系统函数）乘以流入此支路的信号。另外，在信号流图节点处的信号等于所有和此节点相连的支路上的信号之和。

为了演示这些标准记法，我们考虑图 5–14（a）中以框图形式表示的双极点和双零点 IIR 系统。该系统框图可以转换为图 5–14（b）所示的信号流图。我们注意到信号流图包含 5 个节点，分别用 1~5 表示。其中两个节点（1，3）为加性节点（它们包含加法器），其他 3 个节点表示支路节点，信号流图中标出了支路的透射率。注意，延迟用支路透射率 z^{-1} 表示。当支路透射率为单位 1 时，则不做任何标识。输入信号从系统的源节点输入，输出信号从汇节点输出。

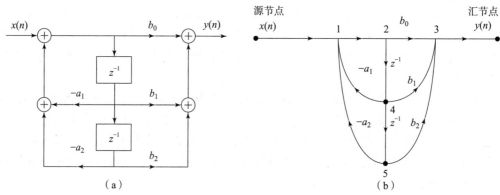

图 5–14   二阶滤波器结构框图及其信号流图
（a）二阶滤波器结构框图；（b）信号流图

我们观察到信号流图包含有与框图同样的基本信息。最明显的不同是，框图中的支路节点和加法器，在信号流图中均用节点表示。

线性信号流图在网络处理中具有重要地位，而且获得了很多有意义的结果。一种标准的记法包括将一个网络流图转换为另一个网络流图，而不改变基本的输入输出关系。其中一个用以产生新的 FIR 系统和 IIR 系统的有用方法源自转置定理或反转流图定理。简言之，如果我们将所有支路的传递方向逆转，并将输入和输出互换，那么系统函数是保持不变的，最终得到的结构称为转置结构或转置型结构。

例如，图 5 - 15 (a) 给出了图 5 - 14 (b) 的转置结构。对应的框图实现在图 5 - 15 (b) 中。我们注意到其中很有趣的一点是，支路节点变成了加法器节点，反之亦然。

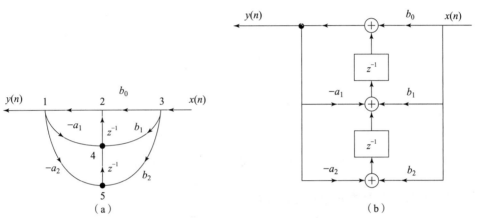

图 5 - 15　转置结构的信号流图及其实现

（a）转置结构的信号流图；（b）对应的框图

让我们将转置定理应用到直接 II 型结构中。首先，我们逆转图 5 - 13 中的所有信号流方向；其次，我们将支路节点变成加法器节点，而将加法器节点变成支路节点；最后，互换输入和输出。

这些操作导致了图 5 - 16 所示的转置直接 II 型结构。这种结构可以重画为图 5 - 17，它将输入放到左边，输出放到右边。

我们得到的转置直接 II 型结构可以由以下差分方程式描述：

$$y(n) = w_1(n - 1) + b_0 x(n) \quad (5 - 64)$$
$$w_k(n) = w_{k+1}(n - 1) - a_k y(n) + b_k x(n), k = 1, 2, \cdots, N - 1$$
$$(5 - 65)$$
$$w_N(n) = b_N x(n) - a_N y(n) \quad (5 - 66)$$

不失一般性，我们在写上述公式时假设 $M = N$。从式 (5 - 63) 可以很清楚地观察到上

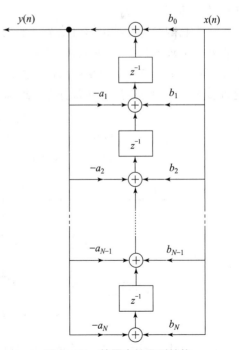

图 5 - 16　转置直接 II 型结构

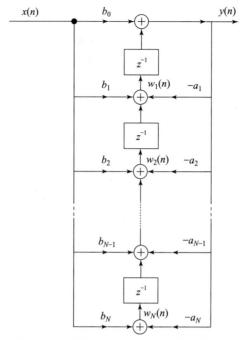

图 5 – 17　转置直接 Ⅱ 型结构的另一种画法

述差分方程组可以用单个差分方程式表示为

$$y(n) = - \sum_{k=1}^{N} a_k y(n-k) + \sum_{k=0}^{M} b_k x(n-k) \tag{5-67}$$

　　最后，我们观察到转置直接 Ⅱ 型结构和原先的直接 Ⅱ 型结果需要同样数目的乘法、加法以及存储空间。

　　尽管我们对转置结构的讨论主要是想得到对 IIR 系统的一般形式，但需要注意的是，通过令 $a_k = 0, k = 1,2,\cdots,N$ 从式（5 – 67）获得的 FIR 系统，同样有一个如图 5 – 18 所示的转置型 FIR 滤波器结构。该结构可以通过设置 $a_k = 0, k = 1,2,\cdots,N$ 从图 5 – 17 中简单地获得。这种转置型结构可以用下列差分方程组描述，即

$$w_M(n) = b_M x(n) \tag{5-68}$$

$$w_k(n) = w_{k+1}(n-1) + b_k x(n), k = M-1, M-2, \cdots, 1 \tag{5-69}$$

$$y(n) = w_1(n-1) + b_0 x(n) \tag{5-70}$$

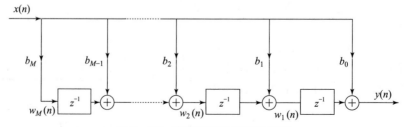

图 5 – 18　转置型 FIR 滤波器结构

　　综上所述，表 5 – 1 中给出了一个最基本的两极点和两零点 IIR 系统的直接型结构以及

相应的差分方程式，该系统的系统函数为

$$H(z) = \frac{b_0 + b_2 z^{-1} + b_2 z^{-2}}{1 + a_1 z^{-1} + a_2 z^{-2}} \tag{5-71}$$

这正是下面将要介绍的高阶 IIR 系统级联型实现的基础。在表 5-1 中给出的 3 种直接型结构及实现公式和系统函数，直接 II 型结构因具有更小的存储空间而广受欢迎。

表 5-1　3 种直接型结构及实现公式和系统函数

结构	实现公式	系统函数
直接型 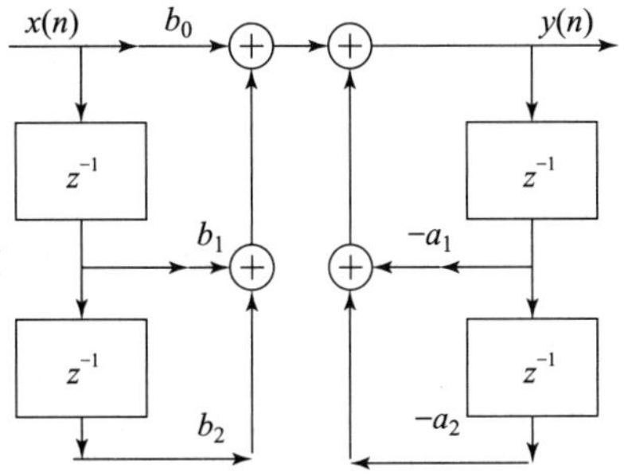	$y(n) = b_0 x(n) +$ $b_1 x(n-1) + b_2 x(n-2) -$ $a_1 y(n-1) - a_2 y(n-2)$	$H(z) = \dfrac{b_0 + b_1 z^{-1} + b_2 z^{-2}}{1 + a_1 z^{-1} + a_2 z^{-2}}$
常规直接 II 型 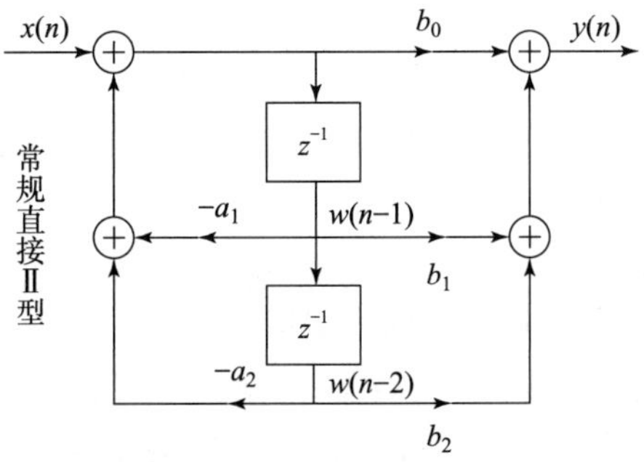	$w(n) = -a_1 w(n-1) -$ $a_2 w(n-2) + x(n)$ $y(n) = b_0 w(n) +$ $b_1 w(n-1 + b_2 w(n-2)$	$H(z) = \dfrac{b_0 + b_1 z^{-1} + b_2 z^{-2}}{1 + a_1 z^{-1} + a_2 z^{-2}}$
转置直接 II 型 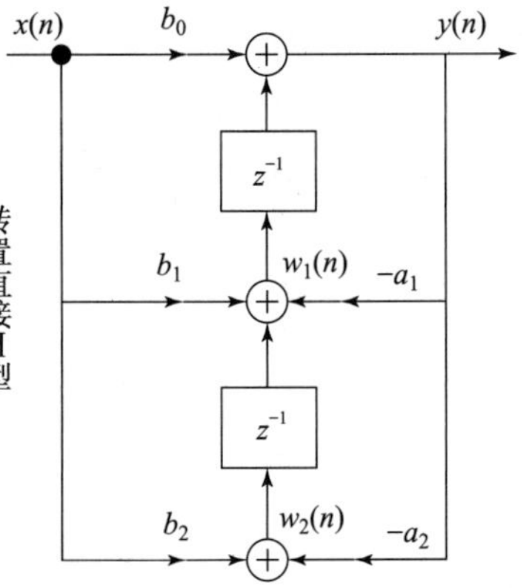	$y(n) = b_0 x(n) + w_1(n-1)$ $w_1(n) = b_1 x(n) -$ $a_1 y(n) + w_2(n-1)$ $w_2(n) = b_2 x(n) - a_2 y(n)$	$H(z) = \dfrac{b_0 + b_1 z^{-1} + b_2 z^{-2}}{1 + a_1 z^{-1} + a_2 z^{-2}}$

　　最后，我们注意到在 z 域中，描述线性信号流图的差分方程组成了一组线性公式。任何对这些公式的重新排列都等价于将信号流图重新排列得到新的结构，反之亦然。

5.3.3 级联型结构

让我们考虑式（5－2）给出的高阶 IIR 系统。不失一般性，我们假设 $N \geqslant M$，该系统可以分解为二阶子系统的级联形式，所以 $H(z)$ 可以表示为

$$H(z) = \prod_{k=1}^{K} H_k(z) \qquad (5-72)$$

式中，K 为 $(N+1)/2$ 的整数部分。$H_k(z)$ 具有一般形式，即

$$Hk = \frac{b_{k0} + b_{k1} + b_{k2}z^{-2}}{1 + a_{k1}z^{-1} + a_{k2}z^{-2}} \qquad (5-73)$$

正如基于级联型实现的 FIR 系统的情形，系数 b_0 可以被均匀地分配到 K 个滤波器，所以 $b_0 = b_{10}, b_{20}, b_{30}, \cdots, b_{k0}$。

系数 $\{a_{ki}\}$ 和 $\{b_{k0}\}$ 在二阶子系统中是实数，这也暗示着在产生式（5－73）中的二阶子系统或二次项时，我们应当将一对复共轭的极点分为一组，复共轭的零点分为一组。然而，构成子系统的复共轭极点和复共轭零点的配对可以是任意的。此外，任何两个实值零点可以配对组成一个二次项，同样任何两个实值极点也可以配对组成一个二次项。从而，在式（5－73）中分子部分的二次项可能由一对实根组成或者复共轭根组成。上述做法同样适用于式（5－73）中的分母。

如果 $N > M$，那么部分二阶子系统会出现分子系数为 0 的情况，即对于部分 k，要么 $b_{k2} = 0$ 或 $b_{k1} = 0$，要么 $b_{k2} = b_{k1} = 0$。另外，如果 N 为奇数，其中一个子系统，假设为 $H_k(z)$，必有 $a_{k2} = 0$，则此子系统为一阶子系统。为了保持在 $H(z)$ 的实现中的模块化，我们通常希望在级联结构中使用基本的二阶子系统，其中部分子系统的部分系数为 0。

具有如式（5－73）所示系统函数的每个二阶子系统均可以用直接 I 型、直接 II 型或转置直接 II 型实现。因为有许多不同的方法将 $H(z)$ 的零点和极点配对形成级联型中的一个二阶子系统，并且系统也可以有多种排列方式，所以将得到一系列不同的系统实现。虽然所有的级联型实现对于无限精度计算是等价的，但是对于有限精度计算，其性能差异可能会非常大。

级联结构的一般形式在图 5－19 中给出。如果我们为每个子系统使用直接 II 型结构，那么实现具有系统函数 $H(z)$ 的 IIR 系统的算法可以用如下方程式描述：

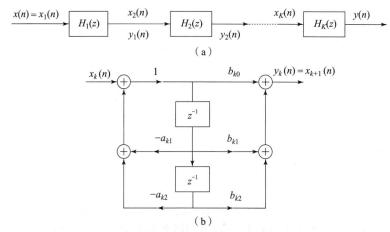

图 5－19　二阶系统的级联结构和其中一个二阶子系统的实现

（a）二阶系统的级联结构；（b）级联中一个二阶子系统的实现

$$y_0(n) = x(n) \tag{5-74}$$

$$\omega_k(n) = -a_{k1}\omega_k(n-1) - a_{k2}\omega_k(n-2) + y_{k-1}(n)k = 1,2,\cdots,K \tag{5-75}$$

$$y_k(n) = -b_{k0}\omega_k(n) + b_{k1}\omega_k(n-1) + b_{k2}\omega_k(n-2)k = 1,2,\cdots,K \tag{5-76}$$

$$y(n) = y_K(n) \tag{5-77}$$

这组公式提供了对基于直接 II 型实现的级联结构的完整描述。

5.3.4　并联型结构

IIR 系统的一种并联结构可以通过对 $H(z)$ 进行部分分式展开得到。不失一般性，我们再次假设 $N \geqslant M$ 并且极点是独立的。然后，对 $H(z)$ 使用部分分式展开得到

$$H(z) = C + \sum_{k=1}^{N} \frac{A_k}{1 - p_k z^{-1}} \tag{5-78}$$

式中：$\{p_k\}$ 为极点；$\{A_k\}$ 为部分分式展开的系数（余数）；常数 C 定义为 $C = b_N / a_N$。式（5-78）所蕴含的并联结构如图 5-20 所示，它包括一组单极点滤波器。

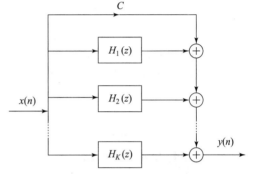

图 5-20　IIR 系统的并联结构

一般来说，$H(z)$ 的部分极点可能是复数。在这种情况下，对应的系数 A_k 同样为复数。为避免复数乘法，我们可以组合复共轭极点对以形成双极点子系统。另外，我们能够以任意方式组合实值极点对以形成双极点子系统。每个子系统具有如下形式：

$$H_k(z) = \frac{b_{k0} + b_{k1}z^{-1}}{1 + a_{k1}z^{-1} + a_{k2}z^{-2}} \tag{5-79}$$

式中，系数 $\{b_{ki}\}$ 和 $\{a_{ki}\}$ 为实值系统参数。整个函数可以表示为

$$H(z) = C + \sum_{k=1}^{K} H_k(z) \tag{5-80}$$

式中，K 为 $(N+1)/2$ 的整数部分。当 N 为奇数时，其中一个 $H_k(z)$ 是一个单极点系统（即 $b_{k1} = a_{k2} = 0$）。

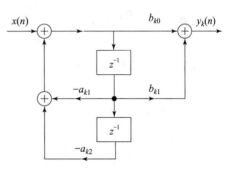

图 5-21　二阶子系统的直接 II 型结构

组成 $H(z)$ 的每个二阶子系统均可以用直接型或者转置直接型实现。直接 II 型结构如图 5-21 所示。使用这种结构作为基本模块，FIR 系统的并联可以用如下公式描述：

$$\omega_k(n) = -a_{k1}\omega_k(n-1) - a_{k2}\omega_k(n-2) + x(n) \quad k = 1,2,\cdots,K \tag{5-81}$$

$$y_k(n) = b_{k0}\omega_k(n) + b_{k1}\omega_k(n-1), k = 1,2,\cdots,K \tag{5-82}$$

$$y(n) = Cx(n) + \sum_{k=0}^{K} y_k(n) \tag{5-83}$$

【例 5-4】

求如下系统函数描述的系统的级联实现和并联型实现：

$$H(z) = \frac{10\left(1 - \frac{1}{2}z^{-1}\right)\left(1 - \frac{2}{3}z^{-1}\right)(1 + 2z^{-1})}{\left(1 - \frac{3}{4}z^{-1}\right)\left(1 - \frac{1}{8}z^{-1}\right)\left[1 - \left(\frac{1}{2} + j\frac{1}{2}\right)z^{-1}\right]\left[1 - \left(\frac{1}{2} - j\frac{1}{2}\right)z^{-1}\right]}$$

解：

级联实现形式可以简单地从上述形式得到。一种可行的极点、零点配对方法是

$$\begin{cases} H_1(z) = \dfrac{\left(1 - \dfrac{2}{3}z^{-1}\right)}{\left(1 - \dfrac{7}{8}z^{-1} + \dfrac{3}{32}z^{-2}\right)} \\[4mm] H_2(z) = \dfrac{1 + \dfrac{3}{2}z^{-1} - z^{-2}}{\left(1 - z^{-1} + \dfrac{1}{2}z^{-2}\right)} \end{cases}$$

因此有

$$H(z) = 10H_1(z)H_2(z)$$

级联型实现如图 5 – 22（a）所示。

为了得到并联型实现，$H(z)$ 必须进行部分分式分解，所以有

$$H(z) = \frac{A_1}{1 - \frac{3}{4}z^{-1}} + \frac{A_2}{1 - \frac{1}{8}z^{-1}} + \frac{A_3}{1 - \left(\frac{1}{2} + j\frac{1}{2}\right)z^{-1}} + \frac{A_3^*}{1 - \left(\frac{1}{2} - j\frac{1}{2}\right)z^{-1}}$$

式中，A_1，A_2，A_3 和 A_3^* 为所求。经过计算得到

$$A_1 = 2.93, A_2 = -17.68, A_3 = 12.25 - j14.57, A_3^* = 12.25 + j14.57$$

经过重新组合极点时，得到

$$H_1(z) = \frac{-14.25 - 12.90z^{-1}}{\left(1 - \frac{7}{8}z^{-1} + \frac{3}{32}z^{-2}\right)} + \frac{24.50 + 26.82z^{-1}}{\left(1 - z^{-1} + \frac{1}{2}z^{-2}\right)}$$

并联型实现如图 5 – 22（b）所示。

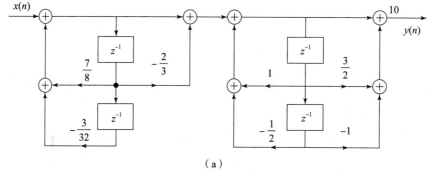

（a）

图 5 – 22 例 5 – 4 中系统的级联型实现和并联型实现

（a）系统的级联型实现

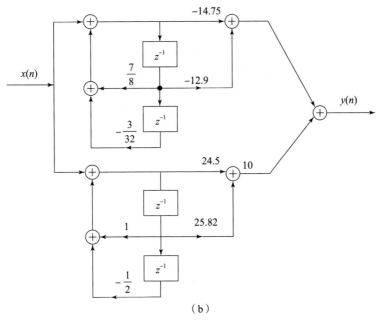

（b）

图 5 - 22　例 5 - 4 中系统的级联型实现和并联型实现（续）

（b）系统的并联型实现

5.3.5　IIR 系统的格形结构和格形梯状结构

在 5.2.4 节中，我们得到了一种等价于 FIR 系统的格形滤波器结构。在本节中，我们将其扩展到 IIR 系统。

我们从全极点系统开始，其系统函数为

$$H(z) = \frac{1}{1 + \sum_{k=1}^{N} a_N(k) z^{-k}} = \frac{1}{A_N(z)} \tag{5-84}$$

这个系统的直接型实现如图 5 - 23 所示。IIR 系统的差分方程式为

$$y(n) = -\sum_{k=1}^{N} a_N(k) y(n-k) + x(n) \tag{5-85}$$

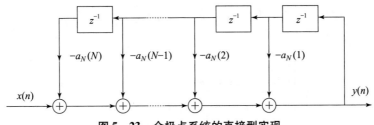

图 5 - 23　全极点系统的直接型实现

如果我们将输入和输出互换，即将式（5 - 85）中的 $x(n)$ 和 $y(n)$ 互换，那么可以得到

$$x(n) = -\sum_{k=1}^{N} a_N(k) x(n-k) + y(n)$$

或者等价为

$$y(n) = x(n) + \sum_{k=1}^{N} a_N(k) x(n-k) \qquad (5-86)$$

我们注意到式（5-86）中描述了一个系统函数为 $H(z) = A_N(z)$ 的 FIR 系统，而由式（5-87）给出的差分方程式所描述的系统则表示一个系统函数为 $H(z) = 1/A_N(z)$ 的 IIR 系统，只需要将输入与输出互换，就可以从一个系统得到另一个系统。

基于这种观察，我们将使用本章 5.2.4 节中描述的全零点格形滤波器，通过互换输入与输出互换，来得到全极点 IIR 系统的格形结构。首先，我们采用图 5-23 所示的全极点格形滤波器，然后将输入重定义为

$$x(n) = f_N(n) \qquad (5-87)$$

而将输出定义为

$$y(n) = f_0(n) \qquad (5-88)$$

它们正好和全零点格形滤波器的输入、输出相反。这些定义要求量 $\{f_m(n)\}$ 按降序计算 [即 $f_N(n)$，$f_{N-1}(n)$，…]。这种计算可按如下方式实现：重新排列式（5-87）中的递归方程式，根据 $f_m(n)$ 来求解 $f_{m-1}(n)$，即

$$f_{m-1}(n) = f_m(n) - K_m g_{m-1}(n-1), m = N, N-1, \cdots, 1$$

$g_m(n)$ 的式（5-88）保持不变。

变化后的结果是如下一组方程式：

$$f_N(n) = x(n) \qquad (5-89)$$
$$f_{m-1}(n) = f_m(n) - K_m g_{m-1}(n-1) \quad m = N, N-1, \cdots, 1 \qquad (5-90)$$
$$g_m(n) = K_m f_{m-1}(n) + g_{m-1}(n-1), m = N, N-1, \cdots, 1 \qquad (5-91)$$
$$y(n) = f_0(n) = g_0(n) \qquad (5-92)$$

其对应的结果如图 5-24 所示。

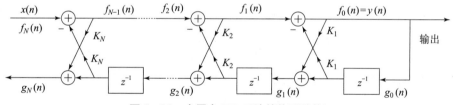

图 5-24　全零点 IIR 系统的格形结构

为说明式（5-89）~式（5-92）表示的是一个全零点 IIR 系统，我们考虑 $N = 1$ 的情况，方程式可以简化为

$$(5-93) \quad \begin{cases} x(n) = f_1(n) \\ f_0(n) = f_1(n) - K_1 g_0(n-1) \\ g_1(n) = K_1 f_0(n) + g_0(n-1) \\ y(n) = f_0(n) = x(n) - K_1 y(n-1) \end{cases}$$

另外，$g_1(n)$ 的方程式可以表达为

$$g_1(n) = K_1 y(n) + y(n-1) \qquad (5-94)$$

我们观察到式（5-93）表示一个一阶全极点 IIR 系统，而式（5-94）表示一个一阶 FIR 系统。极点产生的原因是由于将序求解 $\{f_m(n)\}$ 所引入的反馈，此反馈如图 5-25（a）所示。

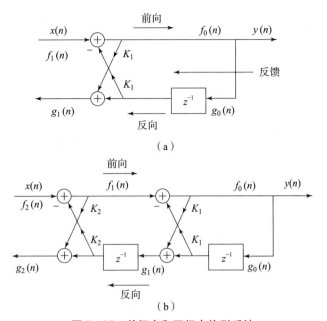

图 5 – 25　单极点和双极点格形系统

（a）单极点格形系统；（b）双极点格形系统

下面，让我们考虑 z^{-1} 的情况，其对应图 5 – 25（b）。对应这种结构的方程组为

$$\begin{cases} f_2(n) = x(n) \\ f_1(n) = f_2(n) - K_2 g_1(n-1) \\ g_2(n) = k_2 f_1(n) + g_1(n-1) \\ f_0(n) = f_1(n) - K_1 g_0(n-1) \\ g_1(n) = K_1 f_0(n) + g_0(n-1) \quad y(n) = f_0(n) = g_0(n) \end{cases} \qquad (5-95)$$

经过简单的替换和操作后，得到

$$y(n) = -K_1(1 + K_2)y(n-1) - K_2 y(n-2) + x(n) \qquad (5-96)$$

$$g_2(n) = K_2 y(n) + K_1(1 + K_2)y(n-1) + y(n-2) \qquad (5-97)$$

很明显，式（5 – 96）中的差分方程式表示一个双极点 IIR 系统，并且式（5 – 97）中所示的关系是一个双零点 FIR 系统的输入—输出。注意到 FIR 系统的系数和 IIR 系统的系数相同，只是顺序相反而已。

一般来说，这些结论对任意 N 都成立。实际上由式（5 – 90）给出的 $A_m(z)$ 的定义，全极点 IIR 系统的系统函数为

$$H_a(z)\ \frac{Y(z)}{X(z)} = \frac{F_0(z)}{F_m(z)} = \frac{1}{A_m(z)} \qquad (5-98)$$

同样，全零点 FIR 系统的系统函数为

$$H_b(z) = \frac{G_m(z)}{Y(z)} = \frac{G_m(z)}{G_0(z)} = B_m(z) = z^{-m} A_m(z^{-1}) \qquad (5-99)$$

其中，我们使用了前面建立的式（5 – 93）~式（5 – 99）所示的关系。所以 FIR 系统 $H_b(z)$ 的系数等于系统 $A_m(z)$ 中的系数，只是顺序相反而已。

全极点格形结构拥有一条以 $g_0(n)$ 为输入、以 $g_N(n)$ 为输出的全零点路径，它与全零点格形滤波器中对应的全零点路径完全相同。表示两种格形结构的全零点路径的系统函数的多项式 $B_m(z)$，通常称为反向系统函数，因为它在全极点格形结构中提供了一条反向路径。

从这些讨论中我们应当观察到全零点和全极点格形结构由同样一组格形系数表征，即 $K_1, K_2, \cdots, K_N$，两种格形结构的区别仅在于信号流图的内部连接。FIR 系统的直接型实现中的系统参数 $\{\alpha_m(k)\}$ 和其对应的格形实现中的系统参数之间的转换算法，也同样适用于全极点结构。

由于多项式 b_0 的根全部位于单位圆内，当且仅当格形滤波器的系数 $|K_m| < 1, m = 1, 2, \cdots, N$。所以全极点格形结构是稳定的，当且仅当其系数对于所有 $-a_1$ 都有 $|K_m| < 1$。

实际应用中，全极点系统被用于语音跟踪和地球分层。在这种情况下，格形滤波器系数 $\{K_m\}$ 具有物理意义，表示不同物理介质的反射系数。这就是格形滤波器系数常被称为反射系数的原因。在这种应用下，一个稳定的介质模型要求通过测量来自介质的输出信号所得到的反射系数 <1。

全极点格形结构是实现包含极点和零点的 IIR 系统的格形结构的基础。为了得到合适的结构，我们考虑具有如下系统函数的 IIR 系统：

$$H(z) = \frac{\sum_{k=0}^{M} c_M(k) z^{-k}}{1 + \sum_{k=1}^{N} a_N(k) z^{-k}} = \frac{C_M(z)}{A_N(z)} \qquad (5-100)$$

其中，分子多项式的写法已被改变，以避免和前面的叙述相混淆。不失一般性，我们假设 $N \geq M$。

在直接 Ⅱ 型结构中，式（5-100）描述的系统可以用如下差分方程式表示：

$$w(n) = -\sum_{k=1}^{N} a_N(k) w(n-k) + x((n)) \qquad (5-101)$$

$$y(n) = \sum_{k=0}^{M} c_M(k) w(n-k) \qquad (5-102)$$

注意到式（5-101）是全极点 IIR 系统的输入—输出，而式（5-102）是全零点系统的输入—输出。此外，我们观察到全零点系数的输出是来自全极点系统的延迟输出的线性组合，这可以从对直接 Ⅱ 型结构的观察得到，如图 5-26 所示。

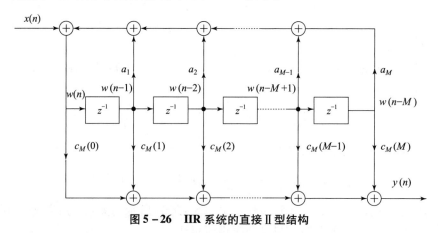

图 5-26　IIR 系统的直接 Ⅱ 型结构

因为形成前面的输出的线性组合会导致零，所以我们可使用全极点格形结构作为基本构建块来构建极零系统。我们已经观察到 $g_m(n)$ 是当前和过去输出的线性组合。实际上，系统

$$H_b(z) = \frac{G_m(z)}{Y(z)} = B_m(z)$$

是一个全零点系统。所以 $\{g_m(n)\}$ 的线性组合是一个全零点系统。

所以，我们从参数为 $K_m, 1 \le m \le N$ 的一个全极点系统开始介绍，并且增加一个梯状部分，将其作为 $\{g_m(n)\}$ 的加权线性组合的输出，其结果是一个具有图 5-27 所示格形梯状结构的极零 IIR 系统，其中 $N = M$，则它的输出为

$$y(n) = \sum_{m=0}^{M} v_m g_m(n) \tag{5-103}$$

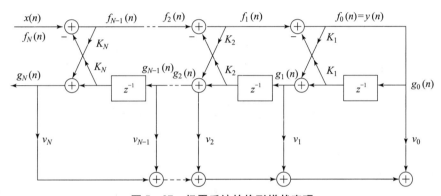

图 5-27　极零系统的格形梯状实现

式中，$\{v_m\}$ 为定义系统零点的参数。对应式（5-103）的系统函数为

$$H(z) = \frac{Y(z)}{X(z)} = \sum_{m=0}^{M} v_m \frac{G_m(z)}{X(z)} \tag{5-104}$$

因为 $X(z) = F_N(z)$ 且 $F_0(z) = G_0(z)$，所以式（5-104）可以被写为

$$H(z) = \sum_{m=0}^{M} v_m \frac{G_m(z)}{G_0(z)} \frac{F_0(z)}{F_N(z)} = \sum_{m=0}^{M} v_m \frac{B_m(z)}{A_N(z)} = \frac{\sum_{m=0}^{M} v_m B_m(z)}{A_N(z)} \tag{5-105}$$

比较式（5-99）和式（5-105），可以得出

$$C_M(z) = \sum_{m=0}^{M} v_m B_m(z) \tag{5-106}$$

这正是用于求解加权系数 $\{v_m\}$ 的期望关系。从而，我们就演示了由分子多项式 $C_M(z)$ 的系数求解梯状参数 $\{v_m\}$ 的方法，以及使用分母多项式 $A_N(z)$ 的系数求解格形参数 $\{K_m\}$ 的方法。

若 $N \ge M$，则可以通过如下步骤得出多项式 $C_M(z)$ 和 $A_N(z)$：①确定全极点格形滤波器系数，用本章 5.2.4 节提到的转换算法将直接型滤波器的系数转换为格形滤波器的系数；②通过式（5-56）给出的递降递归关系，得到格形滤波器系数 $\{K_m\}$ 和多项式 $B_m(z)$，$m = 1, 2, \cdots, N$。

梯状参数由式（5-106）确定，可以表达为

$$C_m(z) = \sum_{k=0}^{m-1} v_k B_k(z) + v_m B_m(z) \tag{5-107}$$

或等价为

$$C_m(z) = C_{m-1}(z) + v_m B_m(z) \qquad (5-108)$$

$C_m(z)$ 可以从逆多项式 $B_m(z)$，$m = 1,2,\cdots,M$ 递归计算得到。因为对全部 m 有 $\beta_m(m) = 1$，所以参数 $v_m = 1,2,\cdots,M$ 可以首先利用下式确定：

$$v_m = c_m(m) \quad m = 0,1,2,\cdots,M \qquad (5-109)$$

然后，将式（5-108）重写为

$$C_{m-1}(z) = C_m(z) - v_m B_m(z) \qquad (5-110)$$

并且对 m 反向（即 $m = M, M-1, \cdots, 2$）执行这一递归关系得到 $c_m(m)$，从而得到对应式（5-109）的梯状参数。

我们介绍的格形梯状滤波器结构需要的存储空间是最少的，但乘法的次数并不是最少的。虽然存在每个格形段只需要一个乘法器的格形结构，但到目前为止我们介绍的每段两个乘法器的结构仍是使用得最为广泛的。总之，模块性、系数 $\{K_m\}$ 所包含的内在稳定性以及对有限字长效应的鲁棒性，导致格形结构在实际应用中相当引人注目，包括在语音处理系统、自适应滤波和地球物理信号处理等应用中。

5.4 滤波器系数的量化效应

用硬件或用一般计算机上的软件中实现 FIR 和 IIR 滤波器时，滤波器系数的精度会受到计算机字长或者存储寄存器字长的限制，使得所实现滤波器的系数是不精确的，从而得到的系统函数的零点和极点将会和所需要的不同。因此，我们得到的滤波器和没有经过系数量化的滤波器的频率响应不同。为此，本节我们来考虑滤波器系数的量化效应。

在本章 5.4.1 节，我们将通过把二阶滤波器段互连成为一个具有多个零点、极点且系数最小化的滤波器，并演示滤波器频率响应特性对误差的敏感程度，从而产生用二阶滤波器段作为基本模块实现的并联型滤波器和级联型滤波器。

5.4.1 滤波器系数量化效应的敏感度分析

为了展示 IIR 滤波器的直接型实现中的滤波器系数的量化效应，我们首先考虑一个具有如下系统函数的通用 IIR 滤波器：

$$H(z) = \frac{\sum_{k=0}^{M} b_k z^{-k}}{1 + \sum_{k=1}^{N} a_k z^{-k}} \qquad (5-111)$$

IIR 滤波器的直接型实现具有系统函数

$$\overline{H}(z) = \frac{\sum_{k=0}^{M} \overline{b}_k z^{-k}}{1 + \sum_{k=1}^{N} \overline{a}_k z^{-k}} \qquad (5-112)$$

其中，量化系数 $\{\overline{b}_k\}$ 和 $\{\overline{a}_k\}$ 可以通过如下关系式和量化前的系数 $\{b_k\}$ 和 $\{a_k\}$ 联系起来：

$$\begin{cases} \overline{a}_k = a_k + \Delta a_k, k = 1,2,\cdots,N \\ \overline{b}_k = b_k + \Delta b_k, k = 1,2,\cdots,N \end{cases} \qquad (5-113)$$

式中，Δa_k 和 Δb_k 为量化误差。

$H(z)$ 的分母可以写成

$$D(z) = 1 + \sum_{k=0}^{N} a_k z^{-k} = \prod_{k=1}^{N} (1 - p_k z^{-1}) \tag{5-114}$$

式中，$\{p_k\}$ 为 $H(z)$ 的极点。同样，我们可以将 $\overline{H}(z)$ 的分母表示为

$$\overline{D}(z) = \prod_{k=1}^{N} (1 - \overline{p}_k z^{-1}) \tag{5-115}$$

式中，$\overline{p}_k = p_k + \Delta p_k, k = 1,2,\cdots,N$，$\Delta p_k$ 为由系数量化产生的扰动误差。

下面考虑将扰动误差 Δp_k 与 $\{a_k\}$ 中的量化误差关联起来。

扰动误差 Δp_k 可以表示为

$$\Delta p_i = \sum_{k=1}^{N} \frac{\partial p_i}{\partial a_k} \Delta a_k \tag{5-116}$$

式中，$\frac{\partial p_i}{\partial a_k}$ 即 p_i 相对于 a_k 的偏微分，表示系数 a_k 的改变导致的 p_i 的改变量。所以，总误差 Δp_i 可以表示为每个系数 $\{a_k\}$ 产生的增量误差之和。

偏微分 $\frac{\partial p_i}{\partial a_k}, k = 1,2,\cdots,N$ 可以通过 $D(z)$ 对 $\{a_k\}$ 求微分得到，由于

$$\left(\frac{\partial D(z)}{\partial a_k}\right)_{z=p_i} = \left(\frac{\partial D(z)}{\partial z}\right)_{z=p_i} \left(\frac{\partial p_i}{\partial a_k}\right) \tag{5-117}$$

则

$$\frac{\partial p_i}{\partial a_k} = \left(\frac{\partial D(z)/\partial a_k}{\partial a_k/\partial z}\right)_{z=p_i} \tag{5-118}$$

式 (5-118) 的分子为

$$\left(\frac{\partial D(z)}{\partial a_k}\right)_{z=p_i} = -z^{-k}\big|_{z=p_i} = -p_t^{-k} \tag{5-119}$$

式 (5-118) 的分母为

$$\left(\frac{\partial D(z)}{\partial z}\right)_{z=p_i} = \left\{\frac{\partial}{\partial z}\left[\prod_{i=1}^{N}(1 - p_t z^{-1})\right]\right\}_{z=p_i}$$

$$= \left\{\sum_{k=1}^{N} \frac{p_k}{z^2}\left[\prod_{i=1}^{N}(1 - p_l z^{-1})\right]\right\}_{z=p_i} = \frac{1}{p_i^N}\prod_{\substack{l=1 \\ l \neq i}}^{N}(p_i - p_l) \tag{5-120}$$

所以，式 (5-118) 可以表示为

$$\frac{\partial p_i}{\partial a_k} = \frac{-p_i^{N-k}}{\prod_{\substack{l=1 \\ l \neq i}}^{N}(p_i - p_l)} \tag{5-121}$$

将式 (5-121) 中的结果代入式 (5-140)，可得到总扰动误差 Δp_i 为

$$\Delta p_i = -\sum_{k=1}^{N} \frac{p_i^{N-k}}{\prod_{\substack{l=1 \\ l \neq i}}^{N}(p_i - p_l)} \Delta a_k \tag{5-122}$$

上述表达式提供了第 i 个极点对系数 $\{a_k\}$ 的改变的敏感程度。类似地，可以得到零点相对于 $\{b_k\}$ 的敏感度。

式（5-122）分母中的 $(\boldsymbol{p}_i - \boldsymbol{p}_l)$ 表示 $g_1(n)$ 平面中从极点 $\{p_l\}$ 到极点 p_i 的矢量。如果极点紧密地聚集在一起（如在窄带滤波器中），如图 5-28 所示，那么对于 $\boldsymbol{p}_i$ 附近的极点，长度 $|\boldsymbol{p}_i - \boldsymbol{p}_l|$ 很短，导致误差大，从而引发较大的扰动误差 Δp_i。

可以通过将距离 $|\boldsymbol{p}_i - \boldsymbol{p}_l|$ 最大化来使扰动误差 Δp_i 最小化，只需要将单极点或双极点的滤波器段组成高阶滤波器即可实现实现。一般来说，单极点（单零点）滤波器段具有复值极点，需要用复值算术

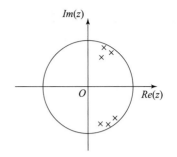

图 5-28　带通 IIR 滤波器的极点位置

运算计算，这个问题可以通过将复值极点（零点）组合为二阶滤波器段得到解决。因为复值极点通常相距很远，所以扰动误差 Δp_i 被最小化，从而使得到的系数被量化的滤波器可以更好地逼近量化前的频率响应特性。

另外，我们注意到即使在双极点滤波器段中，用于实现滤波器段的结构在系数量化产生的误差中也扮演着重要的角色。特别指出，我们考虑具有以下系统函数的双极点滤波器：

$$H(z) = \frac{1}{1 - (2r\cos\theta)z^{-1} + v^2 z^{-2}} \tag{5-123}$$

这个滤波器的极点在 $z = re^{\pm j\theta}$ 处。当采用如图 5-29 所示的实现方法时，两个系数分别为 $a_1 = 2r\cos\theta_n$ 和 $a_2 = -r^2$。在无限精度的情况下，滤波器可以有无穷多个极点，很明显在有限精度下（a_1，a_2 被量化），可能的极点个数也是有限的。实际上，在用 b 位数表示 a_1 和 a_2 的幅度时，每个象限最多有 $(2^b - 1)^2$ 个可能的极点位置，但 $a_1 = 0$ 和 $a_2 = 0$ 的情况除外。

另一种双极点滤波器的实现是如图 5-30 所示的耦合型实现，两个耦合公式为

$$\begin{cases} y_1(n) = x(n) + r\cos\theta y_1(n-1) - r\sin\theta y(n-1) \\ y(n) = r\sin\theta y_1(n-1) + r\cos\theta y(n-1) \end{cases} \tag{5-124}$$

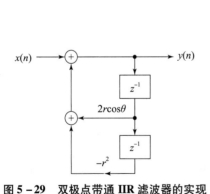

图 5-29　双极点带通 IIR 滤波器的实现

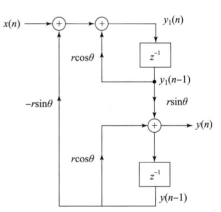

图 5-30　双极点 IIR 滤波器的耦合型实现

将两者变换到 z 域，可以简单地得到

$$\frac{Y(z)}{X(z)} = H(z) = \frac{r\sin\theta z^{-1}}{1 - (2r\cos\theta)z^{-1} + r^2 z^{-2}} \tag{5-125}$$

在耦合型实现中，我们观察到同样有两个系数 $\alpha_1 = r\sin\theta$ 和 $\alpha_2 = r\cos\theta$。因为它们对 r 而

言都是线性的，所以可能的极点位置均匀地分布在矩形格点上，极点在单位圆内均匀分布，和前面的情况相比，这种情况更为可取，特别是对低通滤波器而言。然而，我们得到均匀分布的代价是运算量的增加，耦合型实现的每个输出需要 4 次乘法，而图 5 - 29 中每个输出点只需要两次乘法。

因为有不同方法可以实现二阶滤波器段，也就有不同的由量化系数导致的极点位置。在理想情形下，我们希望选择的滤波器结构在极点附近可提供密集的点，遗憾的是，没有简单且系统的方法可以得到期望的效果。

在高阶 IIR 滤波器可以通过二阶滤波器段的组合实现后，我们仍然需要决定是采用并联型实现还是采用级联型实现。换言之，我们需要决定是采用

$$H(z) = \prod_{k=1}^{K} \frac{b_{k0} + b_{k1}z^{-1} + b_{k2}z^{-2}}{1 + a_{k1}z^{-1} + a_{k2}z^{-2}} \qquad (5-126)$$

实现，还是采用

$$H(z) = \prod_{k=1}^{K} \frac{c_{k0} + c_{k1}z^{-1}}{1 + a_{k1}z^{-1} + a_{k2}z^{-2}} \qquad (5-127)$$

实现。如果 IIR 滤波器在单位圆上有零点，就像通常采用椭圆滤波器或切比雪夫 II 型滤波器的情形那样，那么式（5 - 126）给出的级联配置中的每个二阶段都包含一对复共轭零点，系数 $\{b_k\}$ 直接决定这些零点的位置。如果 $\{b_k\}$ 被量化，那么系统响应的敏感度可以通过对 $\{b_{ki}\}$ 采用足够多的比特位来进行控制。实际上，我们能够很容易地评估由量化系数 $\{b_{ki}\}$ 至某个特定精度所带来的扰动，所以，我们可以直接控制量化过程所生的极点和零点。

另一方面，$H(z)$ 的并联型实现只能直接控制系统的极点，分母系数 $\{c_{k0}\}$ 和 $\{c_{k1}\}$ 并不直接指定零点的位置。实际上，系数 $\{c_{k0}\}$ 和 $\{c_{k1}\}$ 是通过对 $v_m = 0, 1, \cdots, M$ 进行部分分式展开得到的，所以它们不直接影响零点的位置，而是通过 $H(z)$ 所有因子的组合间接地影响。从而，我们就更难确定系数 $\{c_{ki}\}$ 的量化误差对系统零点的影响。

很明显，系数 $\{c_{ki}\}$ 的量化对零点位置会产生明显的扰动，且在定点实现中这种扰动通常足以将零点移离单位圆，这是一种我们非常不希望看到的情况，但可以很容易地通过采用浮点表示来弥补。在任何情况下级联型实现对于系数量化都更加鲁棒，且在实践中更受欢迎，特别是采用定点表示的情况。

5.4.2　FIR 滤波器的系数量化

正如上节中所指出的，对极点的敏感度分析可以直接套用 IIR 滤波器的零点，从而对 FIR 滤波器的零点可以得到类似式（5 - 146）给出的表达式。实际上，我们一般可以通过级联二阶或一阶滤波器段得到具有大量零点的 FIR 滤波器，从而使系统对系数量化的敏感度最小。

对实践而言，实现线性相位滤波器是特别有意义的。如图 5 - 1 和图 5 - 2 所示的直接型实现，即使在系数被量化的情况下也能保持线性相位，这可以从线性 FIR 滤波器的系统函数满足如下属性得到：

$$H(z) = \pm z^{-(M-1)} H(z^{-1})$$

而不论系数量化与否。系数量化不影响 FIR 滤波器的相位特性，而只会影响幅度，因此，系

数量化效应在线性相位 FIR 滤波器上并不明显，因为它主要影响幅度谱。

一般情况下，至少需要 10 位有效数字来表示一个中等长度的直接型 FIR 滤波器；当滤波器长度增加时，系数位数也必须增加以保持同样的频率响应误差。

例如，假设滤波器系数被舍入到 $m = M, M-1, \cdots, 2$ 位，则系数值中的最大误差是有界的，即

$$-2^{-(b+1)} < e_h(n) < 2^{-(b+1)}$$

因为量化值可以表示为

$$\bar{h}(n) + \bar{h}(n) + e_h(n)$$

所以频率响应中的误差是

$$E_M(w) = \sum_{n=0}^{M-1} e_h(n) \mathrm{e}^{-jwn}$$

由于 $e_h(n)$ 是零均值，所以 $E_M(w)$ 同样是零均值。假设系数误差序列 $e_h(n), 0 \leq n \leq M-1$ 是无关的，频率响应中的误差 $E_M(w)$ 的方差是 M 项的方差之和，则有

$$\sigma_E^2 = \frac{2^{-2(b+1)}}{12} M = \frac{2^{-2(b+2)}}{3} M$$

注意到 $H(\omega)$ 中的方差随 M 线性增长。所以，$H(\omega)$ 的标准偏差为

$$\sigma_E = \frac{2^{-(b+2)}}{\sqrt{3}} \sqrt{M}$$

因此对于 M 每增长 4 倍，滤波器系数的精度必须增加 l 位来保持标准偏差不变。这个结果表明：滤波器长度为 255 之内的频率误差仍可以容忍，滤波器系数可用 12 位数至 13 位数表示；如果数字信号处理器的字长小于 12 位或者滤波器长度大于 255，则滤波器必须采用长度更短的滤波器级联形式，以降低精度需求。

在级联型实现中，

$$H(z) = G \prod_{b=1}^{K} H_k(z) \tag{5-128}$$

其中，二阶段给出

$$H_k(z) = 1 + b_{k1} z^{-1} + b_{k2} z^{-2} \tag{5-129}$$

复值零点的系数被表示为 $b_{k1} = -2 r_k \cos\theta_k$ 和 $b_{k2} = r_k^2$。

这种情况下，如果要保持线性相位属性时会出现问题，因为在 $z = (1/r_k)\mathrm{e}^{\pm j\theta}$ 处的量化零点对可能不是在 $z = r_k \mathrm{e}^{\pm j\theta}$ 的量化零点的镜像位置。这个问题可以通过重新排列与镜像零点相应的因式来解决，也就是说，我们可以将镜像因式写为

$$\left(1 - \frac{2}{r_k}\right)\cos\theta_k z^{-1} + \frac{1}{r_k^2} z^{-2} = \frac{1}{r_k^2}(r_k^2 - 2 r_k \cos\theta_k z^{-1} + z^{-2}) \tag{5-130}$$

因式 $\{1/r_k^2\}$ 可以与总增益 b_0 结合，也可以将它们分拆进每个二阶滤波器中。式（5-130）中的项正好包括 $(1 - 2 r_k \cos\theta_k z^{-1} + r_k^2 z^{-2})$，从而即使参数被量化，零点仍然会出现在镜像对中。

通过以上简洁的描述，我们向读者介绍了 IIR 滤波器与 FIR 滤波器中的量化问题。我们论证了为了使量化误差效应最小化，一个高阶滤波器必须分解为级联（IIR 或 FIR 滤波器）或并联（IIR 滤波器）的形式实现。这一点对于用相对少的位数表示的定点实现尤其重要。

5.5　小　　结

从本章的内容中，我们可以看到离散时间系统的各种不同实现方式。FIR 的实现包括直接型、级联型、频率采样型以及格形方式。IIR 的实现同样包括直接型、级联型、格形、格形梯状以及并联型方式。

对于由同一个线性常系数差分方程描述的任何系统，在内部以无限精度实现时，其各种实现都是等价的，表示的都是同一个系统，输入相同则输出也相同。然而，当运算采用有限精度时，各种结构就不再等价。

3 个重要因素会影响到对 FIR 系统以及 IIR 系统实现的选择，这些因素是计算复杂度、内存需求、有限字长效应。依赖于特定系统的频域特性，部分实现方式比其他方式需要更少的计算量和内存空间。所以，我们的选择必须考虑两个重要因素。

第 6 章
数字滤波器设计

前面我们已经初步讨论过连续和离散时间系统的滤波特性，滤波器是最基本的系统，在实际的信号处理过程中起着重要作用。信号滤波也是数字信号处理技术应用中的重要组成部分，因此滤波器设计也是数字信号处理的基本内容。本章我们将阐述几种设计 FIR 数字滤波器和 IIR 数字滤波器的方法。

设计选频滤波器时，期望的滤波器特性是通过在频域中指定期望的幅度响应和相位响应来规定的。在滤波器设计过程中，我们通过尽量地逼近期望的频率响应来确定因果性 FIR 滤波器或 IIR 滤波器的系数。具体是设计哪类滤波器，是 FIR 滤波器还是 IIR 滤波器，取决于具体问题的特性和期望频率响应的技术指标。

在实际中，FIR 滤波器应用于滤波器通带内要求具有线性相位特性的滤波问题。如果没有线性相位的要求，则 IIR 滤波器或 FIR 滤波器都可以。但是，一般来说，参数个数相同时，IIR 滤波器比 FIR 滤波器在阻带中的旁瓣更低。因此，如果可容忍一定的相位失真，那么 IIR 滤波器更适合，主要因为它的实现涉及更少的参数，要求更少的存储量和具有更低的计算复杂度。

与滤波器设计的讨论相关联，我们还将介绍在模拟域和数字域进行频率变换，从而将低通原型滤波器变换到另一低通、带通、带阻或高通滤波器。

现在，有大量的计算机软件程序可以简化 FIR 和 IIR 数字滤波器设计过程。本章通过描述各种各样的数字滤波器设计方法，给读者提供如何选择最适合具体应用和满足指标要求的滤波器所必需的基础知识。

6.1　数字滤波器设计的基本概念

6.1.1　数字滤波器设计的主要内容和方法

前面我们已经知道，一个数字滤波器可以用频率响应函数表示为

$$H(\omega) = \frac{\sum_{k=0}^{M-1} b_k z^{-j\omega k}}{1 + \sum_{k=1}^{N} a_k z^{-j\omega k}} = \frac{Y(\omega)}{X(\omega)} \tag{6-1}$$

并可由此时得出表示输入输出关系的常系数线性差分方程式为

$$y(n) = -\sum_{k=1}^{n} a_k y(n-k) + \sum_{k=0}^{M-1} b_k x(n-k) \tag{6-2}$$

可以看出，数字滤波器的功能就是把输入序列通过一定的运算（如式（6-2））变换成输出序列。另外，由于数字滤波器通常是一个因果稳定的线性移不变离散时间系统，所以，数字滤波器设计的主要内容一般包括以下步骤：

（1）按照设计任务的要求确定数字滤波器的技术指标要求。

（2）用一个因果稳定的线性移不变离散时间系统的系统函数 $H(z)$ 去逼近这一技术指标要求。

（3）选择实现 $H(z)$ 的运算结构。

（4）用计算机软件或数字信号处理器（DSP）等硬件设备实现该滤波器的技术指标要求。

在数字滤波器设计中，若采用 IIR 系统来逼近技术指标要求，则称为 IIR 数字滤波器；若采用 FIR 系统来逼近技术指标要求，则称为 FIR 数字滤波器。IIR 数字滤波器和 FIR 数字滤波器的特点不同，设计方法也不同。

IIR 数字滤波器的设计方法主要有两种：间接设计法和直接设计法。

（1）间接设计法是先根据技术指标要求设计一个满足要求的模拟滤波器，然后采用某种映射方法将其变换为满足要求的数字滤波器。由于模拟滤波器技术已经非常成熟，有很多简单而现成的设计公式，并且设计参数已经形成表格，设计起来既方便又准确，所以间接设计法非常方便。

（2）直接设计法是在时域或频域直接设计数字滤波器。这种设计方法要求大量的迭代运算，必须采用计算机辅助设计，而且一般得不到闭合形式的频率响应函数表达式。

IIR 数字滤波器可以利用模拟滤波器映射的间接设计法设计，有大量的原型、公式和图表可以参考，故设计方便。但由于设计时常常只考虑满足幅频特性要求，而没有考虑相位特性，因此 IIR 数字滤波器一般都具有非线性相位，若要得到线形相位则需要增加相位校正网络，这样会使滤波器设计变得复杂。与 IIR 数字滤波器相比，FIR 数字滤波器在保证满足幅频特性要求的同时，可以获得严格的线性相位特性，避免所处理的信号产生相位失真；而且 FIR 数字滤波器的单位采样响应为有限长序列，可以采用 FFT 算法实现信号滤波，从而提高运算效率。但是如果要取得良好的衰减特性，FIR 数字滤波器的阶次一般比 IIR 数字滤波器的阶次高。

6.1.2　数字滤波器的技术指标要求

数字滤波器和模拟滤波器的概念相同，只是信号的形式和实现滤波的方式不同。数字滤波器主要分为两大类：经典滤波器和现代滤波器。经典滤波器的特点是：有用信号的频率与干扰或其他希望滤除部分的频率不同，分别占有不同的频带，互不重叠，通过一个合适的选频滤波器（低通、高通、带通和带阻等）就可以达到滤波的目的。现代滤波器主要解决有用信号与干扰的频带相互重叠情况下的滤波问题，如维纳滤波、卡尔曼滤波、自适应滤波等。

数字滤波器的技术指标要求通常是从频域提出来的，根据滤波器的频率响应

$$H(\mathrm{e}^{\mathrm{j}\omega}) = |H(\mathrm{e}^{\mathrm{j}\omega})|\mathrm{e}^{\mathrm{j}\varphi(\omega)}$$

技术指标要求，可以是对幅频响应 $|H(\mathrm{e}^{\mathrm{j}\omega})|$、相频响应 $\varphi(\omega)$（或群延时 $\tau = -\mathrm{d}\varphi(\omega)/\mathrm{d}\omega$）的要求，不同类型的滤波器提出技术指标要求的角度不同。例如，线性相位滤波器要求群延时 τ 等于常数。对于选频滤波器来说，技术指标要求往往是对幅频特性 $|H(\mathrm{e}^{\mathrm{j}\omega})|$ 的要求，而对相位特性一般不做要求。

本书只讨论低通、高通、带通及带阻等选频滤波器的设计。

虽然理想滤波器所具有的频率响应特性可能是所期望的，但是，在大多数实际应用中，

这些特性不是绝对必需的。如果我们放松这些条件，那么利用因果滤波器按照我们所期望的那样紧密地逼近理想滤波器是可能的。实际上，滤波器的通带和阻带中都允许一定的误差容限：即通带不一定是完全水平的，阻带也不一定都绝对衰减到 0，而且是在通带与阻带之间允许有一定宽度的过渡带。因此，数字滤波器的主要技术指标要求包括通带的截止频率 ω_p 和通带纹波 δ_p、阻带的截止频率 ω_s 和阻带纹波 δ_s。在技术指标要求中，并未对通带和阻带内幅频响应曲线的形状提出具体要求。需要强调的是：滤波器允许通过的频段称为"通带"；滤波器不允许通过的频段称为"阻带"。

下面以数字低通滤波器为例来说明。如图 6-1 所示，频率响应从通带过渡到阻带定义为滤波器的过渡带或过渡区域。通常截止频率 ω_p 定义为通带边缘，同时，截止频率 ω_s 表示阻带的起点。于是，过渡带宽为 $\omega_p - \omega_s$，通带宽度称为滤波器的带宽。如通带截止频率为 ω_p 的低通滤波器，其带宽就是 ω_p。如果通带内存在数值为 δ_p 的纹波，那么幅度 $|H(\omega)|$ 在范围 $1 \pm \delta_p$ 之间变化，阻带内纹波表示为 δ_s。

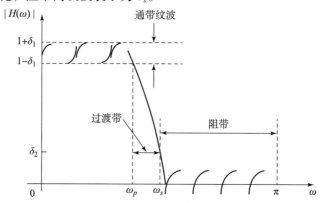

图 6-1 数字低通滤波器的幅度特性和技术指标

δ_1—通带纹波；δ_2—阻带纹波；ω_p—通带截止频率；ω_s—阻带截止频率

为了表征一个大的动态范围，在任何滤波器的频率响应图形中，一个普遍的做法是利用对数尺度表示 $|H(\omega)|$，因此，通带内纹波可以表示为 $20\log_{10}\delta_p\text{dB}$，而阻带内纹波表示为 $20\log_{10}\delta_p\text{dB}$。

因此，在设计任何一个滤波器中，规定了 4 个技术指标：①最大允许的通带纹波；②最大允许的阻带纹波；③通带截止频率 ω_p；④阻带截止频率 ω_s。基于上述技术指标，根据式（6-1）给出的频率响应特性，通过适当选取最佳的系数 $\{a_k\}$ 和 $\{b_k\}$，使其逼近所期望的技术指标即可实现所需的数字滤波器。需要注意的是：$|H(\omega)|$ 逼近技术指标的程度除了取决于滤波器系数的个数 (M,N) 之外，还部分取决于滤波器系数 $\{a_k\}$ 和 $\{b_k\}$ 的选取准则。

6.2 FIR 滤波器的设计

在这一节中，我们将讨论几种设计 FIR 滤波器的方法。我们最感兴趣的是具有线性相位的 FIR 滤波器。

6.2.1 对称和反对称的 FIR 滤波器

以 $x(n)$ 为输入、$y(n)$ 为输出的长度为 M 的 FIR 滤波器，可用如下差分方程式描述：

$$y(n) = b_0x(n) + b_1x(n-1) + \cdots + b_{M-1}x(n-M+1)$$

$$= \sum_{k=0}^{M-1} b_k x(n-k) \tag{6-3}$$

式中，$\{b_k\}$ 为滤波器系数的集合。当然，我们把输出序列写成系统的单位冲激响应 $h(n)$ 和输入信号的卷积形式，于是得

$$y(n) = \sum_{k=o}^{M-1} h(k)x(n-k) \tag{6-4}$$

其中，卷积和下限和上限反映了滤波器的因果和周期性特征。显然，式（6-3）和式（6-4）在形式上是一样的，故可得

$$b_k = h(k), k = 0,1,\cdots,M-1$$

滤波器同样能够用它的系统函数来表征，即

$$H(z) = \sum_{k=0}^{M-1} h(k)z^{-k} \tag{6-5}$$

我们可以将它视为变量 z^{-1} 的 M^{-1} 次多项式。这个多项式的根就是滤波器的零点。

我们说一个 FIR 滤波器具有线性相位，如果它的单位脉冲响应满足如下条件：

$$h(n) = \pm h(M-1-n), n = 0,1,\cdots,M-1 \tag{6-6}$$

当把式（6-6）的对称和反对称条件应用到式（6-5），可得

$$H(z) = h(0) + h(1)z^{-1} + h(2)z^{-2} + \cdots + h(M-2)z^{-(M-2)} + h(M-1)z^{-(M-1)}$$

$$= z^{-\frac{M-1}{2}} \left\{ h\left(\frac{M-1}{2}\right) + \sum_{n=0}^{\frac{M-3}{2}} h(n)\left[z^{\frac{M-1-2k}{2}} \pm z^{-\frac{M-1-2k}{2}}\right]\right\}, M\ 为奇数$$

$$= z^{-(M-1)/2} \sum_{n=0}^{(\frac{M}{2})-1} h(n)\left[z^{(M-1-2k)/2} \pm z^{-(M-1-2k)/2}\right], M\ 为偶数 \tag{6-7}$$

现在，如果我们用 z^{-1} 替换式（6-5）中的 z，并且两边同时乘上 $z^{-(M-1)}$，可得

$$z^{-(M-1)}H(z^{-1}) = \pm H(z) \tag{6-8}$$

从这结果可以看出，多项式 $H(z)$ 的根和多项式 $H(z^{-1})$ 的根是一样的。相应地，$H(z)$ 的根一定是以互为倒数的共轭对出现的；也就是说，如果 z_1 是 $H(z)$ 的一个根或一个零点，那么 $1/z_1$ 也是一个根；更进一步，如果滤波器的单位脉冲响应 $h(n)$ 是实的，复值的根也一定以复共轭对出现。因此，如果 z_1 是复值的根，z_1^* 也必是根。由式（6-8）可知，$H(z)$ 在 $1/z_1^*$ 处也有一个零点。图6-2说明了线性相位 FIR 滤波器零点位置的对称性。

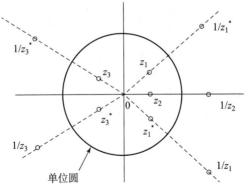

图 6-2　线性相位 FIR 滤波器零点位置的对称性

线性相位 FIR 滤波器的频率响应特性可以通过在单位圆上计算式（6−7）来获得。这个替换可以求得 $H(\omega)$ 的表达式。

当 $h(n) = h(M - 1 - n)$ 时，$H(\omega)$ 可表示为

$$H(\omega) = H_r(\omega)e^{-j\omega(M-1)/2} \tag{6-9}$$

式中，$H_r(\omega)$ 为 δ_2 的实函数，并且可表示为

$$H_r(\omega) = h\left(\frac{M-1}{2}\right) + 2\sum_{n=0}^{(M-3)/2} h(n)\cos\omega\left(\frac{M-1}{2}\right) - n, M \text{ 为奇数} \tag{6-10}$$

$$H_r(\omega) = 2\sum_{n=0}^{(M-3)/2} h(n)\cos\omega\left(\frac{M-1}{2} - n\right), M \text{ 为偶数} \tag{6-11}$$

无论 M 是奇数还是偶数，滤波器的相位特性可表示为

$$\Theta(\omega) = \begin{cases} -\omega\left(\dfrac{M-1}{2}\right), H_r(\omega) > 0 \\ -\omega\left(\dfrac{M-1}{2}\right) + \pi, H_r(\omega) < 0 \end{cases} \tag{6-12}$$

当

$$h(n) = -h(M - 1 - n)$$

时，单位冲激响应是反对称的。对于 M 是奇数，$h(n)$ 的反对称中心点为 $n = (M-1)/2$，即

$$h\left(\frac{M-1}{2}\right) = 0$$

但是，如果 M 是偶数，则 $h(n)$ 的每一项都有符号相反的对应项。

显然，单位冲激响应反对称的 FIR 滤波器的频率响应可表示为

$$H(\omega) = H_r(\omega)e^{j\left[-\omega(M-1)/2 + \pi/2\right]} \tag{6-13}$$

其中，

$$H_r(\omega) = 2\sum_{n=0}^{(M-3)/2} h(n)\sin\omega\left(\frac{M-1}{2} - n\right), M \text{ 为奇数} \tag{6-14}$$

$$H_r(\omega) = 2\sum_{n=0}^{(M-3)/2} h(n)\sin\omega\left(\frac{M-1}{2} - n\right), M \text{ 为偶数} \tag{6-15}$$

无论 M 是奇数还是偶数，滤波器的相位特性为

$$\Theta(\omega) = \begin{cases} \dfrac{\pi}{2} - \omega\left(\dfrac{M-1}{2}\right), H_r(\omega) > 0 \\ \dfrac{3\pi}{2} - \omega\left(\dfrac{M-1}{2}\right), H_r(\omega) < 0 \end{cases} \tag{6-16}$$

这些基本的频率响应公式可以用来设计具有对称和反对称单位冲激响应的线性相位 FIR 滤波器。我们注意到，对于对称的 $h(n)$，反映频率响应的滤波器系数的个数为 $(M+1)/2$（M 是奇数）或者为 $M/2$（M 是偶数）。另一方面，如果单位冲激响应是反对称的：

$$h\left(\frac{M-1}{2}\right) = 0$$

则当 -1 是奇数时有 $(M-1)/2$ 个滤波器系数被指定，M 是偶数时有 $M/2$ 个滤波器系数被指定。

具体选择对称还是反对称的单位冲激响应取决于应用。接下来我们将看到，对称的单位脉冲响应对某些应用特别适合，而反对称的单位冲激响应在另一些应用中更适合。例如，如

果 $h(n) = -h(M-1-n)$ 并且 $\frac{1}{32}$ 是奇数，由式（6-14）得 $H_r(0) = 0$ 和 $H_r(\pi) = 0$。由此可见，式（6-14）不适用于低通或高通滤波器。相似地，反对称的单位冲激响应当 z^{-1} 是奇数时，很容易由式（6-15）算得 $H_r(0) = 0$，由此可见，我们在设计低通线性相位 FIR 滤波器时不会使用反对称条件。另一方面，对称条件 $h(n) = -h(M-1-n)$ 使得线性相位滤波器在 $\omega = 0$ 处不是零响应，而是

$$H_r(0) = h\left(\frac{M-1}{2}\right) + 2\sum_{n=0}^{(M-3)/2} h(n), M \text{ 为奇数} \tag{6-17}$$

$$H_r(0) = 2\sum_{n=0}^{(M/2)-1} h(n), M \text{ 为偶数} \tag{6-18}$$

综上所述，FIR 滤波器的设计问题简化为由一个指定的期望频率响应 $H_d(\omega)$ 的 FIR 滤波器来确定 $2\cos\frac{\pi}{8}$ 个系数 $h(n), n = 0,1,\cdots,M-1$。$H_d(\omega)$ 指定的重要参数在图 6-1 中给出。

6.2.2 使用窗函数设计线性相位 FIR 滤波器

下面，我们将讨论基于指定的 $H_d(\omega)$ 的设计方法。

这种方法就是我们首先使用期望的指定频率响应 $H_d(\omega)$ 来确定相应的单位冲激响应 $h_d(n)$。实际上，$h_d(n)$ 和 $H_d(\omega)$ 是傅里叶变换对关系：

$$H_d(\omega) = \sum_{n=0}^{\infty} h_d(n) e^{-j\omega n} \tag{6-19}$$

其中，

$$h_d(n) = \frac{1}{2\pi}\int_{-\pi}^{\pi} H_d(\omega) e^{j\omega n} d\omega \tag{6-20}$$

因此，对给定的 $H_d(\omega)$，我们就可以通过计算式（6-20）的积分来确定单位冲激响应 $h_d(n)$。

一般来说，由式（6-19）可知，单位冲激响应 $h_d(n)$ 在时间上是无限的，一定要在某点上截断，如在 $n = M-1$ 处，则产生长度为 M 的 FIR 滤波器。把 $h_d(n)$ 截断到长度 $M-1$ 等价于 $h_d(n)$ 乘上一个如下定义的"矩形窗"：

$$\omega(n) = \begin{cases} 1, n = 0,1,\cdots,M-1 \\ 0, \text{其他} \end{cases} \tag{6-21}$$

于是，FIR 滤波器的单位脉冲响应变成

$$h(n) = h_d(n)\omega(n) = \begin{cases} 1, n = 0,1,\cdots,M-1 \\ 0, \text{其他} \end{cases} \tag{6-22}$$

研究窗函数对期望的频率响应 $H_d(\omega)$ 的影响是很有意义的。注意到窗函数 $\omega(n)$ 与 $h_d(n)$ 的乘积等价于 $H_d(\omega)$ 与 $W(\omega)$ 的卷积，其中 $W(\omega)$ 是窗函数的频域表示（傅里叶变换），即

$$W(\omega) = \sum_{n=0}^{M-1} \omega(n) e^{-j\omega n} \tag{6-23}$$

因此，$\alpha_m(1)$ 和 $\alpha_m(3)$ 的卷积可以得到（截断的）FIR 滤波器的频率响应，即

$$H(\omega) = \frac{1}{2\pi}\int_{-\pi}^{\pi} H_d(\nu) W(\omega - \nu) d\nu \tag{6-24}$$

矩形窗的傅里叶变换为

$$W(\omega) = \sum_{n=0}^{M-1} e^{-j\omega M} = \frac{1 - e^{-j\omega M}}{1 - e^{-j\omega}} = e^{-j\omega(M-1)/2}\frac{\sin(\omega M/2)}{\sin(\omega/2)} \qquad (6-25)$$

这个窗函数的幅度响应为

$$|W(\omega)| = \frac{|\sin(\omega M/2)|}{|\sin(\omega/2)|}, \quad -\pi \leqslant \omega \leqslant \pi \qquad (6-26)$$

而分段线性相位为

$$\Theta(\omega) = \begin{cases} -\omega\left(\dfrac{M-1}{2}\right), \sin(\omega M/2) \geqslant 0 \\[2mm] -\omega\left(\dfrac{M-1}{2}\right) + \pi, \sin(\omega M/2) < 0 \end{cases} \qquad (6-27)$$

当 $M = 31$ 和 61 时窗函数的幅度响应如图 6-3 所示。主瓣宽度（宽度是通过测量 $W(\omega)$ 的第一个零点得到的）为 $4\pi/M$。因此，随着 M 的增大，主瓣变窄。但是 $|W(\omega)|$ 的旁瓣很高并且不受 M 的增大的影响。实际上，虽然每个旁瓣的宽度随着 M 增大而变窄，但是每个旁瓣的高度随着 M 增大而变高，这样每个旁瓣下的面积不会随 M 的变化而改变。这个特性通过观察图 6-3 并不明显，是因为 $W(\omega)$ 已经被 M 归一化，这样归一化的旁瓣峰值就不会随着 M 的增大而改变了。

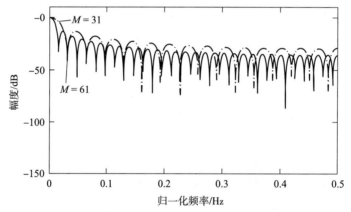

图 6-3 长度 $M = 31$ 和 61 时矩形窗的频率响应

矩形窗函数的这些特性，在通过 $h_d(n)$ 的长度为 M 的截取部分确定 FIR 滤波器的频率响应时起重要作用。特别是 $H_d(\omega)$ 和 $W(\omega)$ 的卷积对 $H_d(\omega)$ 具有平滑作用。随着 M 的增大，$W(\omega)$ 变窄，$W(\omega)$ 提供的平滑作用变小。另一方面，$W(\omega)$ 的大旁瓣导致一些非期望的振铃效果出现在 FIR 滤波器的频率响应 $H(\omega)$ 中，相应地使 $H(\omega)$ 的旁瓣变大。通过使用窗，可以很好地抑制这些非期望的效果，并且时域特性不会出现突然的不连续，频域特性有相应低的旁瓣。

表 6-1 列出了一些可以满足期望频率响应特性的窗函数。图 6-4 给出了这些窗函数的时域特性。汉宁窗、汉明窗和布莱克曼窗的频率响应特性如图 6-5、图 6-6 所示。所有这些窗函数相对于矩形窗都有明显低的旁瓣。但是对于相同的 M，这些窗函数的主瓣宽度比矩形窗的宽。因此，这些窗函数通过频域卷积操作提供了更大的平滑，这样，FIR 滤波器的过渡区更宽。为了降低过渡区的宽度，我们简单地增大窗的长度，产生一个更大的滤波器。表

6-2 总结了一些窗函数的重要频域特性。

表 6-1 FIR 滤波器可变窗函数特性

类型	时域序列 $hn(n)$，$0 \leqslant n \leqslant M-1$
巴特利特（三角形）窗	$1 - \dfrac{2\left\lvert n - \dfrac{M-1}{2}\right\rvert}{M-1}$
布莱克曼窗	$0.42 - 0.5\cos\dfrac{2\pi n}{M-1} + 0.08\cos\dfrac{4\pi n}{M-1}$
汉明窗	$0.54 - 0.46\cos\dfrac{2\pi n}{M-1}$
汉宁窗	$\dfrac{1}{2}\left(1 - \cos\dfrac{2\pi n}{M-1}\right)$
凯泽窗	$\dfrac{I_0\left[\alpha\sqrt{\left(\dfrac{M-1}{2}\right)^2 - \left(n - \dfrac{M-1}{2}\right)^2}\right]}{I_0\left[\alpha\left(\dfrac{M-1}{2}\right)\right]}$
兰索斯窗	$\left\{\dfrac{\sin\left[2\pi\left(n - \dfrac{M-1}{2}\right)\middle/(M-1)\right]}{2\pi\left(n - \dfrac{M-1}{2}\right)\middle/(M-1)}\right\}^L,\ L>0$

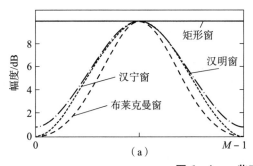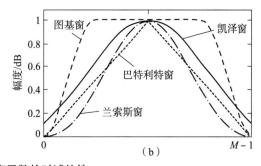

图 6-4 一些窗函数的时域特性

（a）矩形窗、汉宁窗、汉明窗、克莱克曼窗；（b）凯泽窗、巴特利特窗、图基窗、兰索斯窗

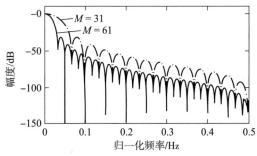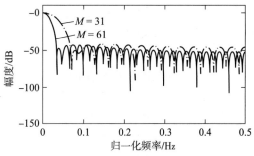

图 6-5 M=31 和 M=61 的
汉宁窗的频率响应

图 6-6 M=31 和 M=61 的
汉明窗的频率响应

表 6-2　一些窗函数的重要频域特性

窗类型	主瓣过渡带近似宽度	旁瓣峰值/dB
矩形窗	$4\pi/M$	-13
巴特利特窗	$8\pi/M$	-25
汉宁窗	$8\pi/M$	-31
汉明窗	$8\pi/M$	-41
布莱克曼窗	$12\pi/M$	-56

　　通过一个特定的例子，可以很好地描述清楚这种窗技术。假设我们想设计一个有如下期望频率响应的对称低通线性相位 FIR 滤波器：

$$H_d(\omega) = \begin{cases} le^{-j\omega(M-1)/2}, & 0 \leqslant |\omega| \leqslant \omega_c \\ 0, & \text{其他} \end{cases} \tag{6-28}$$

$(M-1)/2$ 单位的延时加入到 $H_d(\omega)$ 使滤波器的长度达到预期的 $g_0(n-1)$。计算式（6-20）的积分得到相应单位脉冲响应：

$$h_d(n) = \frac{1}{2\pi} \int_{-\omega c}^{\omega c} e^{j\omega\left(n-\frac{M-1}{2}\right)} d\omega = \frac{\sin\omega_c\left(n-\frac{M-1}{2}\right)}{\pi\left(n-\frac{M-1}{2}\right)}, n \neq \frac{M-1}{2} \tag{6-29}$$

显然，$h_d(n)$ 是非因果的并且时间是无限的。

　　如果我们将 $h_d(n)$ 乘上式（6-21）中的矩形窗序列，就可以达到具有如下单位冲激响应的长度为 M 的 FIR 滤波器：

$$h(n) = \frac{\sin\omega_c\left(n-\frac{M-1}{2}\right)}{\pi\left(n-\frac{M-1}{2}\right)}, 0 \leqslant n \leqslant M-1, n \neq \frac{M-1}{2} \tag{6-30}$$

如果选择 M 为奇数，则 $h(n)$ 在 $n=(M-1)/2$ 处的值为

$$h\left(\frac{M-1}{2}\right) = \frac{\omega_c}{\pi} \tag{6-31}$$

当 $M=61$ 和 $M=101$ 时，该滤波器的频率响应幅度如图 6-7 所示。

　　从图 6-7 可以观察到在滤波器频带边缘附近出现有大的振荡或纹波。振荡的次数随着 M 增大而增多，但幅度上不会变小。正如前面提到的，这些大振荡是由于矩形窗的频率响应 $W(\omega)$ 有大的旁瓣。因为该窗函数被期望的频率响应 $H_d(\omega)$ 卷积，所以当 $W(\omega)$ 的大的固定面积的旁瓣随 $H_d(\omega)$ 的不连续性滑动时会出现振荡。由于 $H_d(\omega)$ 是基本的傅里叶

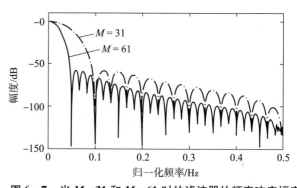

图 6-7　当 $M=31$ 和 $M=61$ 时的滤波器的频率响应幅度

表达式，$h_d(n)$ 和一个窗函数的乘积会截断期望的滤波器特性 $H_d(\omega)$ 的傅里叶表达式。傅里叶序列的截取将增加频率响应特性 $H(\omega)$ 的波动，是由于非一致收敛的傅里叶序列出现不连续。滤波器频带附近的振荡称为吉布斯现象。

为了抑制通带和阻带出现大振荡，我们使用的窗应该是锥形且衰落逐渐趋于 0，而不是矩形窗那样陡变的。当表 6 - 1 列出的一些窗函数用到 $h_d(n)$ 上时，滤波器的频率响应如图 6 - 8～图 6 - 12 所示。从图 6 - 8～图 6 - 12 可以看出，通过增大滤波器的过渡带，窗函数的确削弱了在频带边的振铃效果并产生了更低的旁瓣。

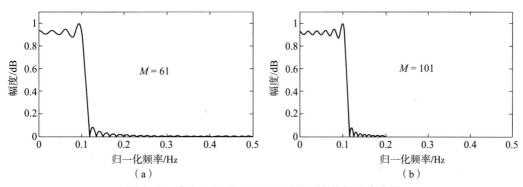

图 6 - 8　当 $M=61$ 和 $M=101$ 时矩形窗的低通滤波器

（a）矩形窗的低通滤波器（$M=61$）；（b）矩形窗的低通滤波器（$M=101$）

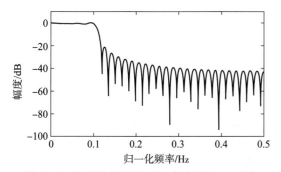

图 6 - 9　矩形窗的低通 FIR 滤波器（$M=61$）

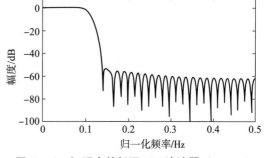

图 6 - 10　汉明窗的低通 FIR 滤波器（$M=61$）

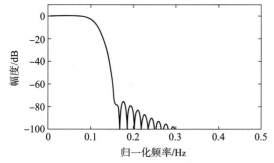

**图 6 - 11　布莱克曼窗的低通 FIR
滤波器（$M=61$）**

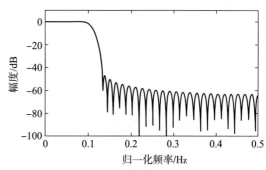

**图 6 - 12　凯泽窗的低通 FIR
滤波器（$M=61$）**

6.2.3 采用频率采样方法设计线性相位 FIR 滤波器

使用频率采样方法设计 FIR 滤波器时，我们把期望频率响应 $H_d(\omega)$ 分成等宽频率段，定义为

$$\omega_k = \frac{2\pi}{M}(k+\alpha); \ k = 0,1,\cdots,\frac{M-1}{2}, M \ \text{为奇数}$$

$$k = 0,1,\cdots,\frac{M}{2}-1; \ M \ \text{为偶数}, \alpha = 0 \ \text{或} \ \frac{1}{2} \tag{6-32}$$

从这些等宽频率段求出单位脉冲响应 $h(n)$。为了削弱旁瓣，必须对滤波器过渡带的频率段进行优化。这个优化工作可以通过拉宾纳（Rabiner）等（1970）提出的数字计算机的线性规划技术来解决。

在这一节，我们提出一个具有对称特性的采样率响应的函数来简化计算。FIR 滤波器的期望频率响应为

$$H(\omega) = \sum_{n=0}^{M-1} h(n) e^{-j\omega n} \tag{6-33}$$

假设我们令滤波器的频率响应按式（6-32）的频段响应，由式（6-33）得

$$H(k+\alpha) = H\left(\frac{2\pi}{M}(k+\alpha)\right) H(k+\alpha) = \sum_{n=0}^{M-1} h(n) e^{-j2\pi(k+\alpha)n/M}, k = 0,1,\cdots,M-1 \tag{6-34}$$

就可以很容易对式（6-34）求逆，得到用 $H(k+\alpha)$ 表示的 $h(n)$。如果我们对式（6-34）两边同时乘上指数 $\exp(j2\pi km/M), m = 0,1,\cdots,M-1$，并且对 $k = 0,1,\cdots,M-1$ 情况求和，式（6-34）的右边再减去 $Mh(m)\exp(-j2\pi\alpha m/M)$，这样就可以得到

$$h(n) = \frac{1}{M}\sum_{n=0}^{M-1} H(k+\alpha) e^{j2\pi(k+\alpha)n/M}, n = 0,1,\cdots,M-1 \tag{6-35}$$

通过式（6-35），我们就可以由指定的频率采样 $H(k+\alpha), k = 0,1,\cdots,M-1$ 计算出单位脉冲响应 $h(n)$ 的值。注意，当 $\alpha = 0$ 时，式（6-34）简化成序列 $\{h(n)\}$ 的离散傅里叶变换（DFT），而式（6-35）变成傅里叶逆变换（IDFT）。

因为 $\{h(n)\}$ 是实的，我们很容易知道频率采样 $\{H(k+\alpha)\}$ 满足对称条件

$$H(k+\alpha) = H^*(M-k-\alpha) \tag{6-36}$$

这个对称条件，加上 $\{h(n)\}$ 的对称条件，可以将频率点从 M 点降到 $(M+1)/2$（M 为奇数）或降到 $M/2$（M 为偶数）。这样利用 $\{H(k+\alpha)\}$ 来确定 $\{h(n)\}$ 的线性方程就大大简化了。

特别是，如果按频率 $\omega_k = 2\pi(k+\alpha)/M, k = 0,1,\cdots,M-1$ 对（6-13）进行采样，可得

$$H(k+\alpha) = H_r\left(\frac{2\pi}{M}(k+\alpha)\right) e^{j[\beta\pi/2 - 2\pi(k+\alpha)(M-1)/2M]} \tag{6-37}$$

其中，当 $\{h(n)\}$ 为对称序列时，$\beta = 0$；当 $\{h(n)\}$ 为反对称序列时，$\beta = 1$。为简化式（6-37），我们定义一组实频率样本 $\{G(k+\alpha)\}$ 为

$$\{G(k+\alpha)\} = (-1)^k H_r\left(\frac{2\pi}{M}(k+\alpha)\right), k = 0,1,\cdots,M-1 \tag{6-38}$$

将式（6-38）代入式（6-37）消去 $H_r(\omega_k)$，于是可得

$$H(k+\alpha) = G(k+\alpha) e^{j\pi k} e^{j[\beta\pi/2 - 2\pi(k+\alpha)(M-1)/2M]} \tag{6-39}$$

现在，在式（6-36）中给定的 $H(k+\alpha)$ 的对称条件转换成相应的 $G(k+\alpha)$ 的对称条件。通过将其代入式（6-35），可以用来简化 $\alpha=0, \alpha=1/2, \beta=0$ 和 $\beta=1$ 时的 FIR 滤波器的冲激响应 $\{h(n)\}$ 的表达式。表 6-3 归纳了这些结果，详细的推导留给读者作为练习。

表 6-3 单位样本响应：$h(n)= \pm h(M-1-n)$

α	对称
$\alpha=0$	$H(k) = G(k)\mathrm{e}^{\mathrm{j}\pi k/M}, k = 0,1,\cdots,M-1$ $G(k) = (-1)^k H_r\left(\dfrac{2\pi k}{M}\right), G(k) = -G(M-k)$ $h(n) = \dfrac{1}{M}\left\{G(0) + 2\sum_{k=1}^{U}G(k)\cos\dfrac{2\pi k}{M}\left(n+\dfrac{1}{2}\right)\right\}$ $U = \begin{cases} \dfrac{M-1}{2}, M\text{ 为奇数} \\ \dfrac{M}{2}-1, M\text{ 为偶数} \end{cases}$
$\alpha=\dfrac{1}{2}$	$H\left(k+\dfrac{1}{2}\right) = G\left(k+\dfrac{1}{2}\right)\mathrm{e}^{\mathrm{j}\pi/2}\mathrm{e}^{\mathrm{j}\pi(2k+1)/2M}$ $G\left(k+\dfrac{1}{2}\right) = (-1)^k H_r\left[\dfrac{2\pi}{M}\left(k+\dfrac{1}{2}\right)\right]$ $G\left(k+\dfrac{1}{2}\right) = G\left(M-k-\dfrac{1}{2}\right)$ $h(n) = \dfrac{2}{M}\sum_{k=0}^{U}G\left(k+\dfrac{1}{2}\right)\sin\dfrac{2\pi}{M}\left(k+\dfrac{1}{2}\right)\left(n+\dfrac{1}{2}\right)$
α	反对称
$\alpha=0$	$H(k) = G(k)\mathrm{e}^{\mathrm{j}\pi/2}\mathrm{e}^{\mathrm{j}\pi k/M}, k = 0,1,\cdots,M-1$ $G(k) = (-1)^k H_r\left(\dfrac{2\pi k}{M}\right), G(k) = G(M-k)$ $h(n) = -\dfrac{2}{M}\sum_{k=1}^{(M-1)/2}G(k)\sin\dfrac{2\pi k}{M}\left(n+\dfrac{1}{2}\right), M\text{ 为奇数}$ $h(n) = \dfrac{1}{M}\left\{(-n)^{n+1}G(M/2) - 2\sum_{k=1}^{(M/2)-1}G(k)\sin\dfrac{2\pi}{M}k\left(n+\dfrac{1}{2}\right)\right\}, M\text{ 为偶数}$
$\alpha=\dfrac{1}{2}$	$H\left(k+\dfrac{1}{2}\right) = G\left(k+\dfrac{1}{2}\right)\mathrm{e}^{\mathrm{j}\pi(2k+1)/2M}$ $G\left(k+\dfrac{1}{2}\right) = (-1)^k H_r\left[\dfrac{2\pi}{M}\left(k+\dfrac{1}{2}\right)\right],$ $G\left(k+\dfrac{1}{2}\right) = G\left(M-k-\dfrac{1}{2}\right); G(M/2) = 0, M\text{ 为奇数}$ $h(n) = \dfrac{2}{M}\sum_{k=0}^{V}G\left(k+\dfrac{1}{2}\right)\cos\dfrac{2\pi}{M}\left(k+\dfrac{1}{2}\right)\left(n+\dfrac{1}{2}\right)$ $V = \begin{cases} \dfrac{M-3}{2}, M\text{ 为奇数} \\ \dfrac{M}{2}-1, M\text{ 为偶数} \end{cases}$

虽然频率采样为我们提供了另一种设计线性相位 FIR 滤波器的方法，但是正如 5.2.3 节所证明的，该方法的主要优点在于大多频率采样为 0 时得到的有效频率采样结构。

下面通过例题说明如何利用频率采样方法来设计线性相位 FIR 滤波器。

【例 6 - 1】

已知长度 $M = 15$ 的线性相位 FIR 滤波器的单位样本响应具有对称性，并且频率响应满足条件

$$H_r\left(\frac{2\pi k}{15}\right) = \begin{cases} 1, k = 0,1,2,3 \\ 0.4, k = 4 \\ 0, k = 5,6,7 \end{cases}$$

求该滤波器的系数。

解：

因为 $h(n)$ 是对称的，并且频率选取对应于 $\alpha = 0$ 的情况，所以我们可以利用表 6 - 3 中的相应公式来计算 $h(n)$，这样

$$G(k) = (-1)^k H_r\left(\frac{2\pi k}{15}\right), k = 0,1,\cdots,7$$

计算得

$$\begin{cases} h(0) = h(14) = -0.014\ 112\ 893 \\ h(1) = h(13) = -0.001\ 945\ 309 \\ h(2) = h(12) = 0.040\ 000\ 04 \\ h(3) = h(11) = 0.012\ 234\ 54 \\ h(4) = h(10) = -0.091\ 388\ 02 \\ h(5) = h(9) = -0.018\ 089\ 86 \\ h(6) = h(8) = 0.313\ 317\ 6 \\ h(7) = 0.52 \end{cases}$$

图 6 - 13 给出了该滤波器的频率响应特性，要特别指出的是，在 $\omega_k = 2\pi k/15$ 处，$H_r(\omega)$ 与技术指标所规定的值完全相同。

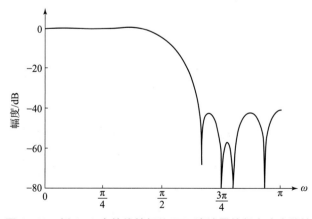

图 6 - 13　例 6 - 1 中的线性相位 FIR 滤波器的频率响应特性

【例6-2】

已如长度 $M=32$ 的线性相位 FR 滤波器的单位样本响应具有对称性，并且频率响应满足条件

$$H_r\left(\frac{2\pi(k+\alpha)}{32}\right)=\begin{cases}1,k=0,1,2,3,4,5\\T_1,k=6\\0,k=7,8,\cdots,15\end{cases}$$

式中：当 $\alpha=0$ 时，$T_1=0.368\,969\,5$；当 $\alpha=1/2$ 时，$T_1=0.356\,049\,6$。求该滤波器的系数。

解：

表6-3给出了 $\alpha=0$ 和 $\alpha=1/2$ 时适合该计算的方程式。表6-4给出了由这些计算得到的单位样本的频率响应。图6-14、图6-15分别说明了相应的频率响应特性。注意，$\alpha=\frac{1}{2}$ 时的滤波器带宽比 $\alpha=0$ 时要大一些。

表6-4　单位样本响应计算结果

$M=32$ Alpha $=0$ $T1=0.368\,969\,5E+00$	M $=32$ Alpha $=0.5$ $T1=0.356\,049\,6E+00$
$h(0)=-0.614\,196\,8E-02$	$h(0)=-0.408\,912\,0E-02$
$h(1)=-0.306\,080\,1E-02$	$h(1)=-0.996\,366\,9E-02$
$h(2)=0.589\,132\,6E-02$	$h(2)=-0.636\,989\,1E-02$
$h(3)=0.134\,992\,3E-01$	$h(3)=0.594\,969\,9E-02$
$h(4)=0.808\,603\,3E-02$	$h(4)=0.162\,605\,6E-01$
$h(5)=-0.110\,625\,8E-01$	$h(5)=0.686\,841\,2E-02$
$h(6)=-0.242\,068\,6E-01$	$h(6)=-0.169\,859\,0E-01$
$h(7)=-0.944\,655\,0E-02$	$h(7)=-0.266\,058\,4E-01$
$h(8)=0.254\,446\,4E-01$	$h(8)=0.366\,854\,9E-02$
$h(9)=0.398\,505\,0E-01$	$h(9)=0.419\,102\,2E-01$
$h(10)=0.265\,303\,6E-02$	$h(10)=0.283\,934\,4E-01$
$h(11)=-0.591\,395\,9E-01$	$h(11)=-0.416\,314\,4E-01$
$h(12)=-0.684\,166\,0E-01$	$h(12)=-0.825\,496\,2E-01$
$h(13)=0.316\,564\,1E-01$	$h(13)=0.280\,221\,2E-02$
$h(14)=0.208\,098\,1E+00$	$h(14)=0.201\,365\,5E+00$
$h(15)=0.346\,113\,8E+00$	$h(15)=0.361\,653\,2E+00$

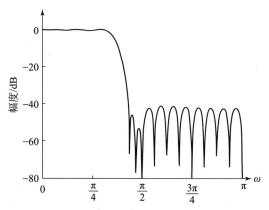

图 6–14 例 6–2（$M=32$，$\alpha=0$）中的
线性相位 FIR 滤波器的频率响应特性

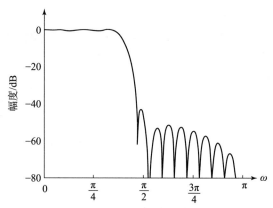

图 6–15 例 6–2（$M=32$，$\alpha=1/2$）中的
线性相位 FIR 滤波器的频率响应特性

频率样本在频率响应的过渡区中的最优化问题可以解释为计算由式（5–14）给定的系统函数 $H(z)$ 在单位圆上的值，利用式（6–39）通过 $G(k+\alpha)$ 表示 $H(\omega)$。于是，对于对称性滤波器，我们可得

$$H(\omega)=\left\{\frac{\sin\left(\dfrac{\omega M}{2}-\pi\alpha\right)}{M}\sum_{k=0}^{M-1}\frac{G(k+\alpha)}{\sin\left[\dfrac{\omega}{2}-\dfrac{\pi}{M}(k+\alpha)\right]}\right\}e^{-j\omega(M-1)/2} \tag{6-40}$$

式中，

$$G(k+\alpha)=\begin{cases}-G(M-k), & \alpha=0 \\ G\left(M-k-\dfrac{1}{2}\right), & \alpha=\dfrac{1}{2}\end{cases} \tag{6-41}$$

相类似，对于反对称性线性相位 FIR 滤波器，可得

$$H(\omega)=\left\{\frac{\sin\left(\dfrac{\omega M}{2}-\pi\alpha\right)}{M}\sum_{k=0}^{M-1}\frac{G(k+\alpha)}{\sin\left[\dfrac{\omega}{2}-\dfrac{\pi}{M}(k+\alpha)\right]}\right\}e^{-j\omega(M-1)/2}e^{j\pi/2} \tag{6-42}$$

其中，

$$G(k+\alpha)=\begin{cases}G(M-k), & \alpha=0 \\ -G\left(M-k-\dfrac{1}{2}\right), & \alpha=\dfrac{1}{2}\end{cases} \tag{6-43}$$

利用这些通过理想频率样本 $\{G(k+\alpha)\}$ 给定的频率响应 $H(\omega)$ 的表达式，我们就可以很容易地解释在过渡带选取参数 $\{G(k+\alpha)\}$ 最小化阻带中的旁瓣峰值的方法。简单地说，在通带内，置 $G(k+\alpha)$ 的值为 $(-1)^k$；而在阻带中，置 $G(k+\alpha)$ 的值为 0；在过渡带中，置 $G(k+\alpha)$ 的值为 $(-1)^k$ 或 0 都可以，这样计算 $H(\omega)$ 在频率密集上的值（即在 $\omega_n=2\pi n/K, n=0,1,\cdots,K-1$，其中，例如，$K=10M$）。确定最大的旁瓣值，朝着最陡下降方向调整过渡带中的参数 $\{G(k+\alpha)\}$ 的值，实际上，这样处理的结果降低了最大的旁瓣。现在，对新的 $\{G(k+\alpha)\}$ 值重新计算 $H(\omega)$，再次确定 $H(\omega)$ 的旁瓣，并朝着最陡下降的方向调整过渡带中的参数 $\{G(k+\alpha)\}$ 的值，这样又降低了旁瓣。这种交互式过程一直进行，直到它收敛到过渡带参数 $\{G(k+\alpha)\}$ 的最佳选择为止。

在 FIR 线性相位滤波器的频率采样实现中，一个潜在的问题就是 FIR 滤波器在单位圆的等间隔点上引入极点和零点。在理想情况下，零点和极点相抵消，因此，$H(z)$ 实际的零点可通过选取频率样本由 $\{H(k+\alpha)\}$ 来确定。然而，在频率采样实现的实际应用中，量化效应阻止了极点和零点完全相互抵消。事实上，极点在单位圆上的位置与计算过程引入的舍入噪声抑制无关。

为了缓解这一问题，我们可以将极点和零点从单位圆上移到正好在单位圆内的一个圆上，不妨设为半径 $r = 1 - \epsilon$ 的圆上，其中 ϵ 是一非常小的数，因而线性相位 FIR 滤波器的系统函数变成

$$H(z) = \frac{1 - r^M z^{-M} \mathrm{e}^{\mathrm{j}2\pi\alpha}}{M} \sum_{k=0}^{M-1} \frac{H(k+\alpha)}{1 - r\mathrm{e}^{\mathrm{j}2\omega\pi(k+\alpha)/M} z^{-1}} \tag{6-44}$$

第 5 章 5.2.3 节中的双极点滤波器实现经过相应的改进也适用本式。另外，通过选取 $r < 1$，衰减因子 r 保证了舍入误差是有界的，因此，也避免了不稳定性。

6.2.4 最优等纹波线性相位 FIR 滤波器的设计

对于线性相位 FIR 滤波器的设计而言，窗函数方法和频率采样方法是相对简单的方法，然而，它们都有一些在本章 6.2.6 节将要描述的缺点，这些缺点可能使得它们不满足某些应用的需要。其中一个主要的问题就是不能精确地控制像 ω_p 和 ω_s 这类关键频率。

本节描述的滤波器设计方法可以表述为切比雪夫逼近问题。如果想将理想频率响应和实际频率响应之间的加权逼近误差均匀地分散到滤波器的整个通带和阻带，并且最小化最大误差，那么切比雪夫逼近被视为最优设计准则。所得到的滤波器结构在通带和阻带都有纹波。

为了阐述设计过程，我们考虑通带截止频率为 ω_p 和阻带频率为 ω_s 的低通滤波器的设计。根据图 6-1 给定的通用技术指标，在通带内，滤波器频率响应满足条件

$$1 - \delta_1 \leqslant H_r(\omega) \leqslant 1 + \delta_1, |\omega| \leqslant \omega_p \tag{6-45}$$

类似地，在阻带内规定滤波器频率响应落在范围 $\pm\delta_2$ 之间，即：

$$-\delta_2 \leqslant H_r(\omega) \leqslant \delta_2, |\omega| > \omega_s \tag{6-46}$$

式中：δ_1 为通带中的纹波；δ_2 为阻带中的衰减或纹波。剩下的滤波器参数是 M，即滤波器的长度或系数的个数。

让我们集中考虑 4 种产生线性相位 FIR 滤波器的不同情形，这些例子在本章 6.2.2 节已描述，现总结如下：

情形 1：对称性单位样本响应。

$h(n) = h(M-1-n)$ 且 M 为奇数，此时，实值频率响应特性 $H_r(\omega)$ 为

$$H_r(\omega) = h\left(\frac{M-1}{2}\right) + 2 \sum_{n=0}^{(M-3)/2} h(n) \cos\omega\left(\frac{M-1}{2} - n\right) \tag{6-47}$$

如果我们令 $k = (M-1)/2 - n$，并定义一组新的滤波器系数 $\{a(k)\}$ 为

$$a(k) = \begin{cases} h\left(\dfrac{M-1}{2}\right), k = 0 \\ 2h\left(\dfrac{M-1}{2} - k\right), k = 1, 2, \cdots, \dfrac{M-1}{2} \end{cases} \tag{6-48}$$

那么，式（6-47）可简化为

$$H_r(\omega) = \sum_{k=0}^{(M-1)/2} a(k)\cos\omega k \qquad (6-49)$$

情形 2：对称性单位样本响应。

$h(n) = h(M - 1 - n)$ 且 M 为偶数，此时，实值频率响应特性 $H_r(\omega)$ 为

$$H_r(\omega) = 2\sum_{n=0}^{(M/2)-1} h(n)\cos\omega\left(\frac{M-1}{2} - n\right) \qquad (6-50)$$

我们再次将求积下标从 n 变成 $k = M/2 - n$，并定义一组新的滤波器系数 $\{b(k)\}$ 为

$$b(k) = 2h\left(\frac{M}{2} - k\right), k = 1,2,\cdots,M/2 \qquad (6-51)$$

利用这些替换，那么式（6-50）变为

$$H_r(\omega) = \sum_{k=1}^{M/2} b(k)\cos\omega\left(k - \frac{1}{2}\right) \qquad (6-52)$$

在实现优化时，进一步将式（6-52）重新排列，得

$$H_r(\omega) = \cos\frac{\omega}{2} \sum_{k=0}^{(M/2)-1} b(k)\cos\omega k \qquad (6-53)$$

其中，系数 $\{\tilde{b}(k)\}$ 与系数 $\{b(k)\}$ 线性相关，事实上，可以证明两者的关系为

$$\tilde{b}(0) = \frac{1}{2}b(1), \tilde{b}(1) = 2b(1) - 2b(0)$$

$$\tilde{b}(k) = 2b(k) - \tilde{b}(k-1), k = 1,2,3,\cdots,\frac{M}{2} - 2$$

$$\tilde{b}\left(\frac{M}{2} - 1\right) = 2b\left(\frac{M}{2}\right) \qquad (6-54)$$

情形 3：反对称性单位样本响应。

$h(n) = -h(M - 1 - n)$ 且 M 为奇数，此时，实值频率响应特性 $H_r(\omega)$ 为

$$H_r(\omega) = 2\sum_{n=0}^{(M-3)/2} h(n)\sin\omega\left(\frac{M-1}{2} - n\right) \qquad (6-55)$$

如果我们将求和下标从 $A_1(z)$ 变成 $k = (M-1)/2 - n$，并定义一组新的滤波器系数 $\{c(k)\}$ 为

$$c(k) = 2h\left(\frac{M-1}{2} - k\right), k = 1,2,\cdots,(M-1)/2 \qquad (6-56)$$

那么，式（6-55）可简化为

$$H_r(\omega) = \sum_{k=2}^{(M-1)/2} c(k)\sin\omega k \qquad (6-57)$$

如同前面的情形，可方便地将式（6-57）重新排列，得

$$H_r(\omega) = \sin\omega \sum_{k=0}^{(M-3)/2} \tilde{c}(k)\cos\omega k \qquad (6-58)$$

其中，系数 $\{\tilde{c}(k)\}$ 和系数 $\{c(k)\}$ 线性相关，从式（6-57）和式（6-58）可推导出理想的关系，即

$$\tilde{c}\left(\frac{M-3}{2}\right) = c\left(\frac{M-1}{2}\right)$$

$$\tilde{c}\left(\frac{M-5}{2}\right) = c\left(\frac{M-3}{2}\right)$$

$$\vdots \qquad \vdots$$

$$\tilde{c}(k-1) - \tilde{c}(k+1) = 2c(k), 2 \leq k \leq \frac{M-5}{2}$$

$$\tilde{c}(0) - \frac{1}{2}\tilde{c}(2) = c(1) \qquad (6-59)$$

情形 4：反对称性单位样本响应。

$h(n) = -h(M-1-n)$ 且 $A_m(z)$ 为偶数，此时，实值频率响应特性 $H_r(\omega)$ 为

$$H_r(\omega) = 2\sum_{n=0}^{(M/2)-1} h(n)\sin\omega\left(\frac{M-1}{2} - n\right) \qquad (6-60)$$

同样，将求和下标从 n 变成 $k = M/2 - n$，并定义一组新的滤波器系数 $\{d(k)\}$ 为

$$d(k) = 2h\left(\frac{M}{2} - k\right), k = 1, 2, \cdots, \frac{M}{2} \qquad (6-61)$$

那么，式（6-60）可简化为

$$H_r(\omega) = \sum_{k=1}^{M/2} d(k)\sin\omega\left(k - \frac{1}{2}\right) \qquad (6-62)$$

与前面的两种情形一样，很容易就可以将式（6-62）重排得

$$H_r(\omega) = \sum_{k=1}^{M/2} d(k)\sin\omega\left(k - \frac{1}{2}\right) \qquad (6-63)$$

其中，新滤波器参数 $\{\tilde{d}(k)\}$ 和系数 $\{d(k)\}$ 有如下关系：

$$\begin{cases} \tilde{d}\left(\frac{M}{2} - 1\right) = 2d\left(\frac{M}{2}\right) \\ \tilde{d}(k-1) - \tilde{d}(k) = 2d(k), 2 \leq k \leq \frac{M}{2} - 1 \\ \tilde{d}(0) - \frac{1}{2}\tilde{d}(1) = d(1) \end{cases} \qquad (6-64)$$

归纳这 4 种情形中 $H_r(\omega)$ 的表达式并列于表 6-5 中。

表 6-5　一些窗函数的重要频域特征

滤波器类型	$Q(\omega)$	$P(\omega)$
$h(n) = h(M-1-n)$， M 为奇数 （情形 1）	1	$\sum_{k=1}^{(M-1)/2} a(k)\cos\omega k$
$h(n) = h(M-1-n)$， M 为偶数 （情形 2）	$\cos\dfrac{\omega}{2}$	$\sum_{k=0}^{(M/2)-1} \tilde{b}(k)\cos\omega k$
$h(n) = -h(M-1-n)$， M 为奇数 （情形 3）	$\sin\omega$	$\sum_{k=0}^{(M-3)/2} \tilde{c}(k)\cos\omega k$
$h(n) = -h(M-1-n)$， M 为偶数 （情形 4）	$\sin\dfrac{\omega}{2}$	$\sum_{k=0}^{(M/2)-1} \tilde{d}(k)\cos\omega k$

我们注意到，在情形 2、情形 3 和情形 4 中所做的重排允许我们将 $H_r(\omega)$ 表示为

$$H_r(\omega) = Q(\omega)P(\omega) \tag{6-65}$$

其中，

$$Q(\omega) = \begin{cases} 1, & \text{情形 1} \\ \cos\dfrac{\omega}{2}, & \text{情形 2} \\ \sin\omega, & \text{情形 3} \\ \sin\dfrac{\omega}{2}, & \text{情形 4} \end{cases} \tag{6-66}$$

并且 $P(\omega)$ 具有普遍形式

$$P(\omega) = \sum_{k=0}^{L} \alpha(k)\cos\omega k \tag{6-67}$$

式中，$\{\alpha(k)\}$ 为滤波器的系数，它与 FIR 滤波器的单位样本响应 $h(n)$ 线性相关。对于情形 1，求和中的上限，$L = (M-1)/2$；对于情形 3，$L = (M-3)/2$；对于情形 2 和情形 4，$L = M/2 - 1$。

除了在上面给出的关于 $H_r(\omega)$ 表达的普通框架外，我们还定义了实值理想频率响应 $H_{dr}(\omega)$ 和逼近误差上的加权函数 $W(\omega)$。实值理想频率响应 $H_{dr}(\omega)$ 可简单地定义为通带内等于 1，而阻带内等于 0。作为例子，图 6-16 说明了几种不同类型滤波器的理想频率响应特征。逼近误差上的加权函数允许我们在不同的频带内（即通带和阻带）选取相对大小的误差，具体说，可方便地在阻带内将 $W(\omega)$ 归一化，在通带内令 $W(\omega) = \delta_2/\delta_1$，即

$$W(\omega) = \begin{cases} \delta_2/\delta_1, & \omega \text{ 在通带内} \\ 1, & \omega \text{ 在阻带内} \end{cases} \tag{6-68}$$

然后，我们仅仅在通带内选择 $W(\omega)$，反映出我们对阻带中的纹波与通带中的纹波之间相对大小很重视。

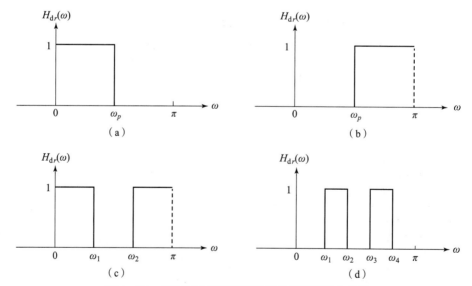

图 6-16　几种不同类型滤波器的理想频率响应特征
（a）低通滤波器；（b）高通滤波器；（c）带阻滤波器；（d）带通滤波器

根据 $H_{dr}(\omega)$ 和 $W(\omega)$ 的技术指标，现在我们可以定义加权逼近误差为

$$E(\omega) = W(\omega)[H_{\mathrm{dr}}(\omega) - H_r(\omega)]$$

$$= W(\omega)[H_{\mathrm{dr}}(\omega) - Q(\omega)P(\omega)] = W(\omega)Q(\omega)\left[\frac{H_{\mathrm{dr}}(\omega)}{Q(\omega)} - P(\omega)\right] \qquad (6-69)$$

为了数学上的方便，我们定义一个修正的加权函数 $\hat{W}(\omega)$ 和一个修正的理想频率响应 $\hat{H}_{\mathrm{dr}}(\omega)$ 分别为

$$\hat{W}(\omega) = W(\omega)Q(\omega)$$

$$\hat{H}_{\mathrm{dr}}(\omega) = \frac{H_{\mathrm{dr}}(\omega)}{Q(\omega)} \qquad (6-70)$$

则对所有 4 种不同类型的线性相位 FIR 滤波器来说，加权逼近误差可以表示为

$$E(\omega) = \hat{W}(\omega)[\hat{H}_{\mathrm{dr}}(\omega) - P(\omega)] \qquad (6-71)$$

定义误差函数 $E(\omega)$，则切比雪夫逼近问题基本上就是确定滤波器参数 $\{\alpha(k)\}$，使得所实施逼近的频带上 $E(\omega)$ 的最大绝对值可以最小化。按照数学术语，我们寻找问题

$$\min_{\mathrm{over}|\alpha(k)|}\left[\max_{\omega \in S}|E(\omega)|\right] = \min_{\mathrm{over}|\alpha(k)|}\left[\max_{\omega \in S}\left|\hat{W}(\omega)\left[\hat{H}_{\mathrm{dr}}(\omega) - \sum_{k=0}^{L}\alpha(k)\cos\omega k\right]\right|\right]$$

$$(6-72)$$

的解。

式中，S 为在其中实施最优化的频带集合（不相交的并集）。基本上，集合 S 由理想滤波器的通带和阻带组成。

这一问题的解决归功于帕克斯（Parks）和克莱伦（Clellan），他们在切比雪夫逼近理论中应用了一个称为"交错定理"的定理。现在，我们在不加以证明的情况下阐述该定理。

交错定理：令 S 为区间 $[0, \pi]$ 的一个闭子集，为了使

$$P(\omega) = \sum_{k=0}^{L}\alpha(k)\cos\omega k$$

的 $E(\omega)$ 在 S 上为 $\hat{H}_{\mathrm{dr}}(\omega)$ 的惟一最佳加权切比雪夫逼近，其充分必要条件是误差函数在 S 上至少显现 $L+2$ 个极值曲线频率点，即在 S 上必须至少存在 $L+2$ 个频率 $\{\omega_i\}$，使得当 $\omega_1 < \omega_2 < \cdots \omega_{L+2}$ 时，$E(\omega_i) = -E(\omega_{i+1})$，且

$$|E(\omega_i)| = \max_{\omega \in S}|E(\omega)|, \quad i = 1, 2, \cdots, L+2$$

我们注意到，两个相邻的极值频率点之间，误差函数 $E(\omega)$ 在符号上交替变化，因此，该定理称为交错定理。

为了对交错定理做详细说明，我们考虑设计一个通带为 $0 \leqslant \omega \leqslant \omega_p$、阻带为 $\omega_s \leqslant \omega \leqslant \pi$ 的低通滤波器。因为理想频率响应 $H_{\mathrm{dr}}(\omega)$ 和加权函数 $W(\omega)$ 是逐段恒定的，所以有

$$\frac{\mathrm{d}E(\omega)}{\mathrm{d}\omega} = \frac{\mathrm{d}}{\mathrm{d}\omega}\{W(\omega)[H_{\mathrm{dr}}(\omega) - H_r(\omega)]\} = -\frac{\mathrm{d}H_r(\omega)}{\mathrm{d}\omega} = 0$$

因此，对应于误差函数 $E(\omega)$ 各峰值点的频率 $\{\omega_i\}$，同样也对应于 $H_r(\omega)$ 满足误差容限时的峰值点。因为 $H_r(\omega)$ 是 $x(n)$ 次三角多项式，所以，作为例题，对情形 1 来说，$H_r(\omega)$ 可表示为

$$H_r(\omega) = \sum_{k=0}^{L}\alpha(k)\cos\omega k = \sum_{k=0}^{L}\alpha(k)\left[\sum_{n=0}^{k}\beta_{nk}(\cos\omega)^n\right]$$

$$= \sum_{k=0}^{L}\alpha'(k)(\cos\omega)^k \qquad (6-73)$$

由此得出，在开区间 $0 < \omega < \pi$ 上，$H_r(\omega)$ 至多能有 $L-1$ 个局部极大值和极小值。另外，$\omega = 0$ 和 $\omega = \pi$ 通常是 $H_r(\omega)$ 的极值点，并且它们同时也是 $E(\omega)$ 的极值点。因此，$H_r(\omega)$ 至多有 $L+1$ 个极值频率点，此外，截止频率 ω_p 和 ω_s 也是 $E(\omega)$ 的极值点，因为当叫 $\omega = \omega_p$ 和 $\omega = \omega_s$ 时，$|E(\omega)|$ 具有最大值结果，对于理想低通滤波器的唯一最佳近似，在 $E(\omega)$ 上至多存在 $L+3$ 个极值频率点。另一方面，交错定理说明在 $E(\omega)$ 上至少存在 $L+2$ 个极值频率点，于是，作为低通滤波器设计的误差函数不是有 $L+3$ 个就是有 $L+2$ 个极值点。一般来说，如果滤波器结构包含的交错或纹波数目多于 $L+2$ 时，则这种滤波器称为"超纹波滤波器"。当滤波器结构包含有最大数目的交错时，这类滤波器称为"最大纹波滤波器"。

交错定理保证了在式（6-72）中的切比雪夫最优化问题有唯一解，在理想极值频率 $\{\omega_n\}$，我们有方程式

$$\hat{W}(\omega_n)[\hat{H}_{dr}(\omega_n) - p(\omega_n)] = (-1)^n\delta, \qquad n = 0,1,\cdots,L+1 \qquad (6-74)$$

式中，$x(n)$ 为误差函数 $E(\omega)$ 的极大值。事实上，如果我们按式（6-69）所指明的那样选取 $W(\omega)$，则由此得出 $\delta = \delta_2$。

式（6-29）中的线性方程组可以重排为

$$P(\omega_n) + \frac{(-1)^n\delta}{\hat{W}(\omega_n)} = \hat{H}_{dr}(\omega_n), \quad n = 0,1,\cdots,L+1$$

或者，等效为

$$\sum_{k=0}^{L}\alpha(k)\cos(\omega_n)k + \frac{(-1)^n\delta}{\hat{W}(\omega_n)} = \hat{H}_{dr}(\omega_n), \quad n = 0,1,\cdots,L+1 \qquad (6-75)$$

如果我们把 $\{\alpha(k)\}$ 和 b_{N-1} 当做被确定的参数来处理，那么式（6-75）可以按照矩阵形式表示为

$$\begin{bmatrix} 1 & \cos\omega_0 & \cos2\omega_0 & \cdots & \cos L\omega_0 & \dfrac{1}{\hat{W}(\omega_0)} \\ 1 & \cos\omega_1 & \cos2\omega_1 & \cdots & \cos L\omega_1 & \dfrac{-1}{\hat{W}(\omega_1)} \\ \vdots & \vdots & \vdots & \vdots & & \vdots \\ 1 & \cos\omega_{L+1} & \cos2\omega_{L+1} & \cdots & \cos L\omega_{L+1} & \dfrac{(-1)^{L+1}}{\hat{W}(\omega_{L+1})} \end{bmatrix} \begin{bmatrix} \alpha(0) \\ \alpha(1) \\ \vdots \\ \alpha(L) \\ \delta \end{bmatrix} = \begin{bmatrix} \hat{H}_{dr}(\omega_0) \\ \hat{H}_{dr}(\omega_1) \\ \vdots \\ \vdots \\ \hat{H}_{dr}(\omega_{L+1}) \end{bmatrix} \qquad (6-76)$$

最初，我们既不知道极值频率组 $\{\omega_n\}$，也不知道参数 $\{\alpha(k)\}$ 和 δ。为了求出这些参数，我们利用称为雷米兹交换算法的迭代算法。在迭代算法中，我们首先从猜测一组频率开始，接着确定 $P(\omega)$ 和 δ，然后计算误差函数 $E(\omega)$；我们又可以确定另一组 $(L+2)$ 个极值频率点 $E(\omega)$，重复迭代过程，直到所得到的频率组收敛于最佳的极值频率组为止。虽然，在式（6-76）中的矩阵方程可用在迭代算法中，但矩阵求逆耗时且效率低。

一种更为有效的方法由拉宾纳等（1975）在论文中提出。该方法按照公式

$$\delta = \frac{\gamma_0\hat{H}_{dr}(\omega_0) + \gamma_1\hat{H}_{dr}(\omega_1) + \cdots + \gamma_{L+1}\hat{H}_{dr}(\omega_{L+1})}{\dfrac{\gamma_0}{\hat{W}(\omega_0)} - \dfrac{\gamma_1}{\hat{W}(\omega_1)} + \cdots + \dfrac{(-1)^{L+1}\gamma_{L+1}}{\hat{W}(\omega_{L+1})}} \qquad (6-77)$$

计算，其中，

$$r_k = \prod_{\substack{n=0 \\ n \neq k}}^{L+1} \frac{1}{\cos\omega_k - \cos\omega_n} \tag{6-78}$$

解析计算 δ。在式（6-77）中，关于 δ 的表达式是直接从式（6-76）中的矩阵方程得出的，于是，利用（$L+2$）个极值频率点的初始猜测值，我们就可计算 b_1。

现在，由于 $P(\omega)$ 是形如

$$P(\omega) = \sum_{k=0}^{L} \alpha(k) x^k, \quad x = \cos\omega$$

的三角多项式，并且已知在点 $x \equiv \cos\omega_n (n=0,1,\cdots,L+1)$ 处，多项式相应的值为

$$P(\omega_n) = \hat{H}_{dr}(\omega_n) - \frac{(-1)^n \delta}{\hat{W}(\omega_n)}, \quad n=0,1,\cdots,L+1 \tag{6-79}$$

所以，我们可以利用关于 $P(\omega)$ 的拉格朗日插值公式，故 $P(\omega)$ 可表示为

$$P(\omega) = \frac{\sum_{k=0}^{L} P(\omega_k) \left[\beta_k / (x - x_k) \right]}{\sum_{k=0}^{L} \left[\beta_k / (x - x_k) \right]} \tag{6-80}$$

其中，$P(\omega)$ 由式（6-79）给出 $x = \cos\omega, x_k = \cos\omega_k$ 以及

$$\beta_k = \prod_{\substack{n=0 \\ n \neq k}}^{L} \frac{1}{x_{k-x_n}} \tag{6-81}$$

求出 $P(\omega)$ 后，我们就可以在频率点密集上计算误差函数 $E(\omega)$

$$E(\omega) = \hat{W}(\omega) \left[\hat{H}_{dr}(\omega) - P(\omega) \right] \tag{6-82}$$

通常，点的个数等于 $-a_1$ 就足够了，其中 $-a_2$ 是滤波器的长度。如果对于密集的某些频率，如 $|E(\omega)| \geqslant \delta$，则选取一组新的对应于 $|E(\omega)|$ 的 $L+2$ 个最大的峰值点频率，并且重复开始式（6-77）的计算过程。因为选取的这组新的 $L+2$ 个极值频率对应误差函数 $|E(\omega)|$ 的峰值，所以，算法在每次迭代中都使 δ 增加，直到 δ 收敛于上界为止，因此 δ 也收敛于切比雪夫逼近问题的最佳解。换言之，当密集中的所有频率 $|E(\omega)| \leqslant \delta$ 时，通过多项式 $H(\omega)$ 就已找到最优解。该算法的流程如图 6-17 所示，由雷米兹（1957）提出。

一旦通过 $P(\omega)$ 得到最优解，在不必计算参数 $\{a(k)\}$ 的情况下，就可以直接计算单位样本响应 $h(n)$，事实上，我们已经可以确定

$$H_r(\omega) = Q(\omega) P(\omega)$$

具体来说，对于 M 为奇数的情况，在 $\omega = 2\pi k / M$, $k=0$, 1, $\cdots$, $(M-1)/2$ 时，计算 $H_r(\omega)$。然后，设计的滤波器类型，从表 6-3 选取相应的公式来确定 $h(n)$。

对基于切比雪夫逼近准则和用雷米兹交换算法实现的线性相位 FIR 滤波器来说，由帕克斯（Parks）和麦克·克莱伦（Mc Clellan）编写的计算机程序是现成的。该程序可用来设计低通、高通或带通滤波器、微分器和希尔伯特变换器。最后两种类型的滤波器将在下一节介绍，许多等纹波线性相位 FIR 滤波器的软件包现在都是现成的。

Parks - Mc Clellan 程序需要若干确定滤波器特性的输入参数，必须指定下面的参数：

NFILT：滤波器长度，在上面表示为 M。

JTYPE：滤波器的类型：JTYPE = 1 产生一个多路带通/带阻滤波器；JTYPE = 2 产生一个差分器；JTYPE = 3 产生一个希尔伯特变换器。

NBANDS：频带数目：从 2（对低通滤波器）到最多 10（对多路带通滤波器）。

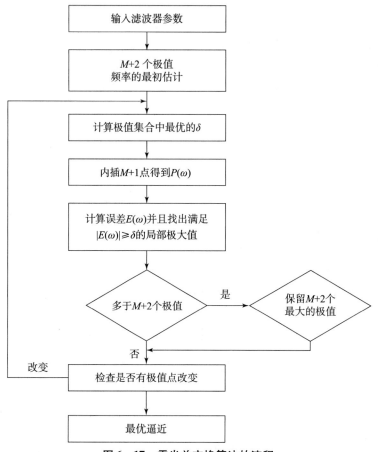

图 6 - 17　雷米兹交换算法的流程

LGRID：误差函数 $E(\omega)$ 插值的网格密度，如果左边未指定，默认值为 16。

EDGE：由上下截止频率规定的频带，最多到 10 个频带（一个最大为 20 的数组）。通过变量 $f = \omega/2\pi$ 给定的频率，其中 $f = 0.5$ 对应折叠频率。

FX：最大为 10 的数组，它规定每个频带上的理想频率响应 $H_{dr}(\omega)$。

WTX：最大为 10 的数组，它规定每个频带上的加权函数。

下面的例题说明了如何利用该程序来设计一个低通和高通滤波器。

【例 6 - 3】

设计一个长度为 $M = 61$、通带截止频率为 $f_p = 0.1$ 并且阻带截止频率为 $f_s = 0.5$ 的低通滤波器。

解：

该滤波器是一个通带截止频率为（0, 0.1）和阻带截止频率为（0.15, 0.5）的双频带滤波器。理想响应是（1, O）并且加权函数任意选为（1, 1），故指定参数为

$$61,\ 1,\ 2$$
$$0.0,\ 0.1,\ 0.15,\ 0.5$$
$$1.0,\ 0.0$$
$$1.0,\ 1.0$$

其冲激响应和频率响应如图 6 - 18 所示。所得到的滤波器具有 - 56 dB 的通带衰减和 0.013 5 dB 的通带纹波。

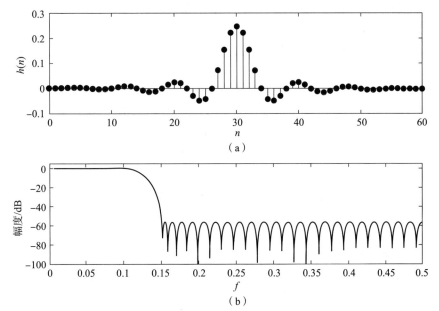

图 6 - 18　例 6 - 3 中长度为 *M* = 61 的 FIR 滤波器的冲激响应和频率响应
（a）冲激响应；（b）频率响应

如果我们将滤波器长度增大到 *M* = 101，同时保持上面给出的其他参数不变，那么所得滤波器的冲激响应和频率响应如图 6 - 19 所示。此时，阻带衰减为 - 85 dB，而通带纹波降到 0.000 46 dB。

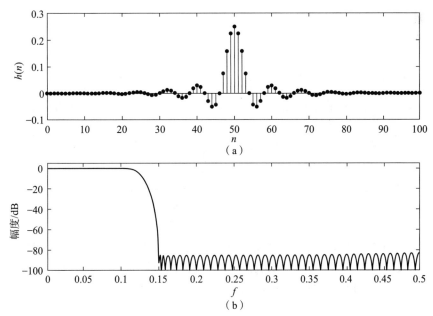

图 6 - 19　例 6 - 3 中长度为 *M* = 101 的 FIR 滤波器的冲激响应和频率响应
（a）冲激响应；（b）频率响应

我们应该指明的是，通过保持滤波器长度不变，比如 $M = 61$，同时减少在通带内的加权函数 $W(\omega) = \delta_2/\delta_1$ 来增大阻带中的衰减是可能的。根据 $M = 61$ 和加权函数（0.1，1），我们得到一个具有 -65 dB 阻带衰减和 0.049 dB 通带纹波的滤波器。

【例 6 – 4】

设计一个长度为 $M = 32$ 的带通滤波器，其通带截止频率 $f_{p1} = 0.2$ 和 $f_{p2} = 0.2$，阻带截止频率 $f_{s1} = 0.1$ 和 $f_{s2} = 0.425$。

解：

该滤波器是个 3 频带滤波器，分别是阻带（0，0.1）、通带（0.2，0.35）和第 2 阻带（0.425，0.5），加权函数选为（10.0，1.0，10.0）或者（1.0，0.1，1.0），在 3 个频带中的理想响应为（0.0，1.0，0.0），故程序的输入参数为

$$32, \ 1, \ 3$$
$$0.0, \ 0.1, \ 0.2, \ 0.35, \ 0.425, \ 0.5$$
$$0.0, \ 1.0, \ 0.0$$
$$10.0, \ 1.0, \ 10.0$$

我们注意到阻带中的纹波 δ_2 是通带中的 1/10，这是因为在阻带中的误差加权与通带误差加权因子相比为 1/10。该带通滤波器的冲激响应和频率响应如图 6 – 20 所示。

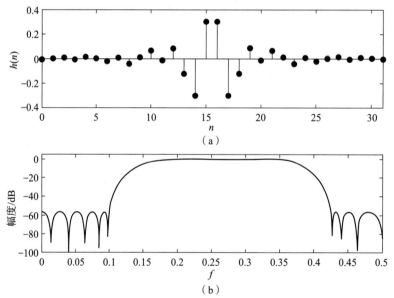

图 6 – 20　例 6 – 4 中长度为 $M = 32$ 的 FIR 滤波器的冲激响应和频率响应

（a）冲激响应；（b）频率响应

这些例题说明，基于雷米兹交换算法实现的切比雪夫逼近准则，设计最佳低通、高通、带通、带阻以及更普通的多频带线性相位 FIR 滤波器的方法是相对简单的。接下来的两节我们将考虑 RIR 微分器和希尔伯特变换器的设计。

6.2.5 FIR 微分器设计

在许多模拟和数字系统中，微分器常常用来求信号的导数。理想微分器具有与频率呈线性关系的频率响应。这样，理想微分器可以定义为具有频率响应

$$H_d(\omega) = j\omega, \quad -\pi \leqslant \omega \leqslant \pi \tag{6-83}$$

的微分器。对应于 $H_d(\omega)$ 的单位样本响应为

$$h_d(n) = \frac{1}{2\pi} \int_{-\pi}^{\pi} H_d(\omega) e^{j\omega n} d\omega = \frac{1}{2\pi} \int_{-\pi}^{\pi} j\omega e^{j\omega n} d\omega$$

$$= \frac{\cos\pi n}{n}, \quad -\infty < n < \infty, \quad n \neq 0 \tag{6-84}$$

我们注意到理想微分器的单位样本响应具有反对称性 [即 $h_d(n) = -h_d(-n)$]，故 $h_d(0) = 0$。

考虑到理想微分器的单位样本响应具有反对称性，我们只集中考虑 $h(n) = -h(M-1-n)$ 情况下 FIR 微分器的设计，因此我们将考虑在前一小节归类为情形 3 和情形 4 的滤波器类型。

我们回想一下情形 3，其中 M 为奇数，FIR 滤波器的实值频率响应 $H_r(\omega)$ 具有 $H_r(0) = 0$ 特性。当频率为 0 时，响应也为 0，这正是微分器必须满足的条件。从表 6-5 可知那两种类型的滤波器都符合条件。然而，如果需要全频带微分器，就不可能由具有奇数个系数的 FIR 滤波器得到，因为当 M 是奇数时 $H_r(\pi) = 0$，但是实际中，很少用到全频带微分器。

在大多数实际应用中，仅仅要求理想频率响应在有限频率范围 $0 \leqslant \omega \in 2\pi f_p$ 是线性的，其中 f_p 为微分器的带宽。在频率范围 $2\pi f_p \leqslant \omega \leqslant \pi$，频率响应可以不加约束或规定为 0。

基于切比雪夫逼近准则设计 FIR 微分器，加权函数在程序中规定为

$$W(\omega) = \frac{1}{\omega}, \quad 0 \leqslant \omega \in 2\pi f_p \tag{6-85}$$

其目的在于保证通带中的相对纹波不变。于是，理想响应 $H_d(\omega)$ 和近似 $H_r(\omega)$ 之间的绝对误差随着 ω 从 0 到 $2\pi f_p$ 变化而增大，然而，在式（6-85）中的加权函数确保了相对误差

$$\delta = \max_{0 \leqslant \omega \in 2\pi f_p} \{W(\omega)[\omega - H_r(\omega)]\} = \max_{0 \leqslant \omega \in 2\pi f_p} \left[1 - \frac{H_r(\omega)}{\omega}\right] \tag{6-86}$$

在微分器通带内保持不变。

【例 6-5】

利用雷米兹交换算法设计一个长度为 $M = 60$ 的线性相位 FIR 微分器，其通带截止频率为 0.1，阻带截止频率为 0.15。

解：

程序的输入参数为

$$60, 2, 2$$
$$0.0, 0.1, 0.15, 0.5$$
$$1.0, 0.0$$
$$1.0, 1.0$$

其冲激响应和频率响应以及逼近误差和标准化误差如图 6-21 所示。

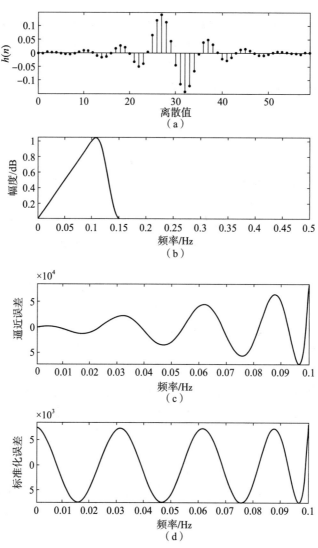

图 6-21　例 6-5 中 FIR 微分器的冲激响应和频率响应以及逼近误差（$M = 60$）和标准化误差
（a）冲激响应；（b）频率响应；（c）逼近误差；（d）标准化误差

在微分器中，重要的参数有长度 M、带宽（通带截止频率）f_p 和逼近的最大相对误差 δ，它们之间的相互关系可以以参数形式表现。事实上，M 作为参数，f_p 对 $20. \lg\delta$ 的图形，M 为偶数时如图 6-22 所示，M 为奇数时如图 6-23 所示。这些结果归功于雷米兹和沙菲尔（Schafer），他们在给定了带内纹波和截止频率 f_p 情况下，对选取滤波器的长度非常有用。

比较图 6-22 和图 6-23 中的曲线，我们发现偶数长度与奇数长度的微分器相比，产生的逼近误差 δ 非常小。如果带宽超过 $f_p = 0.45$，那么 M 为奇数时的设计特别差，问题主要是当 $\omega = \pi(f = 1/2)$ 时频率响应为 0。当 $f_p < 0.45$ 时，对于 M 为奇数来说，可以得到较好的设计，但是，在逼近误差较小这个意义上，M 为偶数且比较长的微分器总是要好一些。

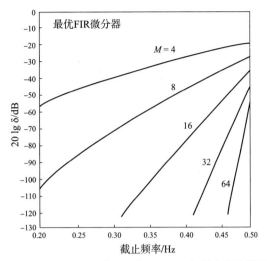

图 6 – 22　$M = 4$，8，16，32 和 64 时，$20\lg\delta$ 与截止频率的函数曲线图

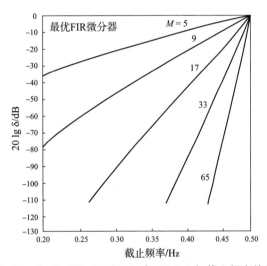

图 6 – 23　$M = 5$，9，17，33 和 65 时，$20\lg\delta$ 与截止频率的函数曲线

　　鉴于偶数长度微分器比奇数长度的有明显优点，我们可以认为在实际系统中偶数长度的微分器更合适。对于许多应用来说，这的确是正确的。然而，我们应该注意通过线性相位 FIR 滤波器引入的信号延时为 $(M - 1)/2$，当 M 为偶数时，该延时不是一个整数。在很多实际应用中，这关系并不大。但是，在某些应用中，希望在微分器的输出信号中有整数值的延迟时，我们就必须选取 M 为奇数。

　　这些数值结果都是由基于切比雪夫逼近准则的设计引起的。我们想说明的是，基于频率采样方法设计线性相位 FIR 微分器也是可以的，并且相对容易。作为例题，图 6 – 24 说明了一个长度为 $M = 30$ 的宽带（$f_p = 0.5$）微分器的频率响应特性，另外，该图也给出了逼近误差的绝对值作为频率的函数。

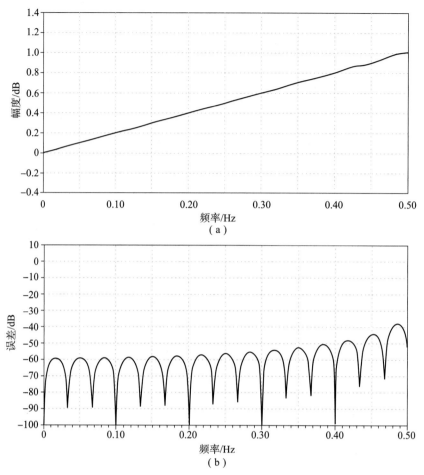

图 6-24　频率采样方法设计的 FIR 微分器的频率响应和逼近误差（$M=30$）

（a）频率响应；（b）逼近误差

6.2.6　希尔伯特变换器的设计

理想的希尔伯特变换器是一个把 90° 相移施加到输入信号上的全通滤波器，因此理想的希尔伯特变换器的频率响应可规定为

$$H_d(\omega) = \begin{cases} -j, & 0 < \omega \leqslant \pi \\ j, & -\pi < \omega \leqslant 0 \end{cases} \qquad (6-87)$$

希尔伯特变换器频繁使用于通信和信号处理中，例如，单边调制信号的产生、雷达信号处理和语音信号处理。

理想希尔伯特变换器的单位样本响应为

$$h_d = \frac{1}{2\pi}\int_{-\pi}^{\pi} H_d(\omega)\,\mathrm{e}^{j\omega n}\mathrm{d}\omega = \frac{1}{2\pi}\Big(\int_{-\pi}^{0} j\mathrm{e}^{j\omega n}\mathrm{d}\omega - \int_{0}^{\pi} j\mathrm{e}^{j\omega n}\mathrm{d}\omega\Big) = \begin{cases} \dfrac{2}{\pi}\dfrac{\sin^2(\pi n/2)}{n}, & n \neq 0 \\ 0, & n = 0 \end{cases}$$

$$(6-88)$$

正如所期望的，$h_d(n)$ 是无限时宽且非因果的。我们注意到 $h_d(n)$ 为反对称的〔即

$h_d(n) = -h_d(-n)$]。考虑到这一特性，我们集中考虑具有反对称性单位样本响应［即 $h(n) = -h(M-1-n)$ ］的线性相位 FIR 希尔伯特变换器的设计。还注意到，反对称性单位样本的选取与具有纯虚部频率响应特性的 $H_d(\omega)$ 是一致的。

回顾可知，当 $h(n)$ 为反对称时，无论 M 是奇数还是偶数，实值频率响应特件 $H_r(\omega)$ 在 $\omega = 0$ 时等于 0；而 M 为奇数时，$H_r(\pi) = 0$。显然，设计一个全通希尔伯特变换器是不可能的。幸好，在实际信号处理应用中，全通希尔伯特变换器不是必需的，所需要的仅仅是其带宽可以覆盖相移后信号的带宽，因此，我们规定希尔伯特变换器的理想实值频率响应为

$$H_{dr}(\omega) = 1, \quad 2\pi f_1 \leqslant \omega \leqslant 2\pi f_u \tag{6-89}$$

式中，f_l 和 f_u 分别为下截止频率和上截止频率。

有趣的是，式（6-88）中给定的单位样本响应 $h_d(n)$ 的理想希尔伯特变换器在 n 为偶数时为 0。该性质可通过让 FIR 希尔伯特变换器满足某些对称性条件得到。我们具体考虑情形 3 的滤波器类型：

$$H_r(\omega) = \sum_{k=1}^{(M-1)/2} c(k)\sin\omega k \tag{6-90}$$

并且假定 $f_1 = 0.5 - f_u$，这保证了通带关于中点频率 $f = 0.25$ 对称。如果频率响应具有这样的对称性，那么 $H_r(\omega) = H_r(\pi - \omega)$，则式（6-90）变成

$$\sum_{k=1}^{\frac{M-1}{2}} c(k)\sin\omega k = \sum_{k=1}^{\frac{M-1}{2}} c(k)\sin k(\pi - \omega)$$

$$= \sum_{k=1}^{\frac{M-1}{2}} c(k)\sin\omega k \cos\pi k = \sum_{k=1}^{(M-1)/2} c(k)(-1)^{k+1}\sin\omega k$$

或等效为

$$\sum_{k=1}^{(M-1)/2} [1 - (-1)^{k+1}]c(k)\sin\omega k = 0 \tag{6-91}$$

显然，$k = 0,2,4\cdots$ 时，$c(k)$ 等于 0。

现在，根据式（6-56），$\{c(k)\}$ 和单位样本响应 $\{h(n)\}$ 之间关系为

$$c(k) = 2h\left(\frac{M-1}{2} - k\right)$$

或等效为

$$h\left(\frac{M-1}{2} - k\right) = \frac{1}{2}c(k) \tag{6-92}$$

如果 $k = 0,2,4\cdots$ 时 $c(k)$，则由式（6-92）得到

$$h(k) = \begin{cases} 0, & k = 0,2,4\cdots, \quad \dfrac{M-1}{2} \text{ 为偶数} \\ 0, & k = 1,3,5\cdots, \quad \dfrac{M-1}{2} \text{ 为奇数} \end{cases} \tag{6-93}$$

遗憾的是，式（6-93）仅在 z 为奇数时才成立，而在 $N \geqslant M$ 为偶数时不成立。这意味着对差不多的 $H(z)$ 值来说，由于 $H(z) = \prod_{k=1}^{K} H_k(z)$ 为奇数时计算复杂度（每点输出的乘法和加法次数）大约是 K 为偶数时的一半，因此 $(N+1)/2$ 为奇数更好些。

当通过切比雪夫逼近准则利用雷米兹交换算法实现希尔伯特变换器设计时，我们选取滤波器系数最小化逼近误差峰值

$$\delta = \max_{2\pi f_1 \leqslant \omega \leqslant 2\pi f_u} [H_{dr}(\omega) - H_r(\omega)] = \max_{2\pi f_1 \leqslant \omega \leqslant 2\pi f_u} [1 - H_r(\omega)] \tag{6-94}$$

于是，加权函数设置为1，并在单个频带上实现最优化（例如，滤波器的通带）。

【例 6－6】

设计一个参数为 $M = 31$、$f_1 = 0.05$ 和 $f_u = 0.45$ 的希尔伯特变换器。

解：

我们注意到，由于 $f_u = 0.5 - f_1$，故频率响应具有对称性。雷米兹交换算法所需的参数为

$$31, \ 3, \ 1$$
$$0.05, \ 0.45$$
$$1.0$$
$$1.0$$

其单位样本响应和频率响应如图 6－25 所示。我们注意到，确实 $h(n)$ 的值每隔一个基本上为 0。

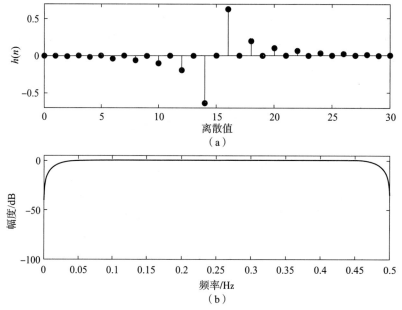

图 6－25　例 6－6 中 FIR 希尔伯特变换器的频率响应

（a）单位样本响应；（b）频率响应

雷米兹和沙菲尔研究了 M 为奇数和 M 为偶数两种情况下的希尔伯特变换器的结构特性。如果滤波器的结构限于对称频率响应，那么我们感兴趣的参数基本上有 3 个，即 M、δ 和 f_1。图 6－26 给出了 $20\lg\delta$ 与 f_1 关系曲线随 M 变化的情况。从图 6－26 我们可以看到，对差不多的 M 值来说，M 为奇数的情形并不优于 M 为偶数的情形，反之亦然。但是，如同前面说明的，对于实现滤波器的计算复杂度来说，M 为奇数的计算量不到 M 为偶数时的 1/2，因此，在实际中 M 为奇数更好些。

为了设计的目的，建议图 6－26 中

$$Mf_1 \approx 0.61\lg\delta \tag{6－95}$$

作为一个经验公式。所以，当确定了滤波器 3 个参数中的两个时，就可利用该式估计出另一参数的值。

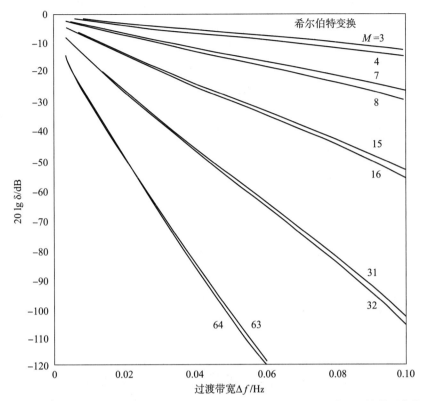

图 6 - 26 $M = 3$，4，7，8，15，16，31，32，63，64 时，20lgδ 与 Δf 的关系曲线

6.2.7 线性相位 FIR 滤波器设计方法的比较

从历史的角度看，设计线性相位 FIR 滤波器，首先提出的方法是利用窗函数截尾冲激响应 $h_d(n)$ 得到理想的成形谱的设计方法。之后，到 20 世纪 70 年代，又提出了频率采样方法和切比雪夫逼近方法。后来，在实际的线性相位 FIR 滤波器的设计中，这两种方法得到了普遍应用。

窗函数方法的主要缺点就是缺少关键频率的精度控制，如在设计低通 FIR 滤波器时的 ω_p 和 ω_s。一般来说，ω_p 和 ω_s 的值依赖于窗函数的类型和滤波器长度 M。

频率采样方法在窗函数方法基础上做了一些改进，指定了 $\omega_k = 2\pi k/M$ 或 $\omega_k = \pi(2k+1)/M$ 上 $H_r(\omega)$ 的值，并且规定过渡带为 $2\pi/M$ 的倍数。在频域用 DFT 或者频率采样实现 FIR 滤波器时，这种方法特别有吸引力，因为 $H_r(\omega_k)$ 在过渡带以外的所有频率上等于 0 或者 1。

切比雪夫逼近方法对滤波器技术指标提供总控制，因此，它通常比其他两种方法要好。如低通滤波器，按照参数 ω_p，ω_s，δ_1，δ_2 和 M 给定的技术指标，我们指定参数 ω_p，ω_s，δ_1 和 M，然后利用 δ_2 来优化滤波器。通常将逼近误差分散到滤波器的通带和阻带上，对一组给定的技术指标来说，在最大的旁瓣最小化的意义上，这种方法得到的滤波器结构是最佳的。

切比雪夫设计方法以雷米兹交换算法为基础，需要我们指定滤波器的长度、关键频率

ω_p 和 ω_s 以及比值 δ_2/δ_1。但是，更自然的做法是指定 $\omega_p, \omega_s, \delta_1, \delta_2$ 和 δ_2 来确定满足这些技术指标的滤波器长度。虽然，没有根据这些参数确定滤波器长度的简单公式，但是，已经有很多根据 $\omega_p, \omega_s, \delta_1$ 和 δ_2 来估计 $H(z)$ 的近似公式。一个归功于凯泽的很简单的近似公式为

$$\hat{M} = \frac{-20\lg(\sqrt{\delta1\delta2}) - 13}{14.6\Delta f} + 1 \qquad (6-96)$$

其中 $\Delta f = (\omega_s - \omega_p)/2\pi$。该公式由拉宾纳等（1965）在论文中给出。另一个更加准确的公式由赫尔曼等（1973）提出：

$$\hat{M} = \frac{D_\infty(\delta1,\delta2) - f(\delta1,\delta2)(\Delta f)^2}{\Delta f} + 1 \qquad (6-97)$$

其中，定义

$$D_\infty(\delta1,\delta2) = [0.005\,309(\lg\delta_1)^2 + 0.07114(\lg\delta_1) - 0.471\,61](\lg\delta_2) - $$
$$[0.002\,66(\lg\delta_1)^2 + 0.594\,1\lg\delta_1 + 0.427\,8] \qquad (6-98)$$
$$f(\delta_1,\delta_2) = 11.012 + 0.512\,44(\lg\delta_1 - \lg\delta_2) \qquad (6-99)$$

在给定技术指标 $\Delta f, \delta_1, \delta_2$ 的情况下，这些公式对于估计出一个适合的滤波器长度是非常有用的。利用该估计来完成滤波器的设计，如果所得到 δ 超过指定的 δ_2，那么就可以增加滤波器的长度直到旁瓣水平达到指定指标。

6.3　从模拟滤波器设计 IIR 滤波器

正如在 FIR 滤波器设计中，存在几种可用于设计无限时宽单位样本响应的数字滤波器，本节要描述的方法全都建立在将模拟滤波器转换到数字滤波器上。模拟滤波器设计是一个充分研究过的成熟领域，所以，在模拟域设计滤波器，然后将设计转到数字域，这是很正常的。

模拟滤波器可用它的系统函数

$$H_a(s) = \frac{B(s)}{A(s)} = \frac{\sum_{k=0}^{M} \beta_k s^k}{\sum_{k=0}^{N} \alpha_k s^k} \qquad (6-100)$$

来描述，式中 $\{\alpha_k\}$ 和 $\{\beta_k\}$ 是滤波器系数，或者用冲激响应来加以描述。冲激响应 $h(n)$ 和系统函数 $H_a(s)$ 通过拉普拉斯变换

$$H_a(s) = \int_{-\infty}^{\infty} h(t)e^{-st}dt \qquad (6-101)$$

联系在一起。另外，具有式（6-100）中给定的有理系统函数 $H(s)$ 的模拟滤波器可用线性常系数微分方程描述为

$$\sum_{k=0}^{N} \alpha_k \frac{d^k y(t)}{dt^k} = \sum_{k=0}^{M} \beta_k \frac{d^k x(t)}{dt^k} \qquad (6-102)$$

式中：$x(t)$ 为输入信号；$y(t)$ 为滤波器的输出。

模拟滤波器的这 3 种等效表示中，每一种表示都可以得出一种将滤波器转换到数字域的备选方法，将在本章 6.3.1 节~6.3.3 节中进行描述。我们回顾一下，一个系统函数为 $H(s)$ 的模拟线性时不变系统，如果它的所有极点都位于 s 平面的左半部，那么该系统就是稳定

的。因此，如果转换方法是有效的，那么就应该具有以下所期望的性质：

（1）在 s 平面中的 $j\Omega$ 轴应映射为 z 平面中的单位圆，因此，在两个域中的两个频率变量之间将存在直接的映射关系。

（2）s 平面的左半平面（LHP）应该映射为 z 平面的单位圆内，因此，稳定的模拟系统将转换成稳定的数字滤波器。

在上一节，我们提到物理上可实现的稳定的 IIR 滤波器不能有线性相位。回想一下，一个线性相位滤波器的系统函数必须满足条件

$$H(z) = \pm z^{-N} H(z^{-1}) \tag{6-103}$$

式中，z^{-N} 为 N 个单位延迟。但是，如果滤波器这样，对每个单位圆内的极点，滤波器将在单位圆外有一个镜像极点，从而该滤波器是不稳定的。因此，如果稳定的 IIR 滤波器不能有线性相位。

如果不考虑物理上可实现这一特性，那么得到的一个线性相位 IIR 滤波器至少在原理上是可能的。该方法涉及对输入信号 $x(n)$ 的反转，将 $x(-n)$ 通过 IIR 滤波器 $H(z)$，再将 $H(z)$ 的输出做时域反转，最后将结果再通过 $H(z)$。这种信号处理在计算上很麻烦，并且与线性相位 FIR 滤波器相比似乎没有任何优点，故当应用需要线性相位滤波器时，它一定是个 FIR 滤波器。

在 IIR 滤波器设计中，我们将仅仅规定理想滤波器的幅度响应特性，但这并不意味着我们认为相位响应不重要。由于幅度响应特性和相位特性如在本章 6.1 节所指出的是相关的，故我们在指定理想幅度特性时，认为相位响应可以从设计方法得到。

6.3.1　用导数逼近设计 IIR 滤波器

将一个模拟滤波器装换成一个数字滤波器，其中一个最简单的方法就是用等效的差分方程逼近式（6-102）中的微分方程。这种方法通常用来在数字计算机上数字求解线性常微分方程。我们用后向差分 $[y(nt) - y(nt-1)]/T$ 替换时刻 $t = nT$ 处的导数 $dy(t)/dt$，这样可得

$$\frac{dy(t)}{dt}\bigg|_{\&_{t-nt}} = \frac{y(nT) - y(nT-T)}{T} = \frac{y(n) - y(n-1)}{T} \tag{6-104}$$

式中：T 为采样间隔；$y(n) = y(nt)$。带输出 $dy(t)/dt$ 的模拟微分器的系统函数为 $H(s) = s$，而带输出 $[y(n) - y(n-1)]/T$ 的数字系统的系统函数为 $H(z) = (1 - z^{-1})/T$，因此如图 6-27 所示，对于式（6-104）中的关系式，频域等效关系为

$$s = \frac{1 - z^{-1}}{T} \tag{6-105}$$

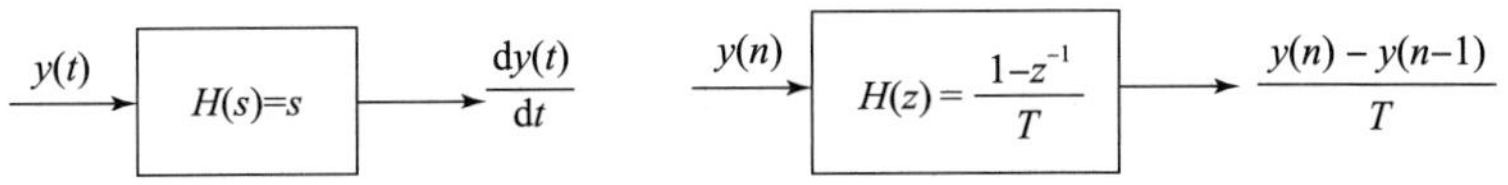

图 6-27　后向差分代替导数意味着映射 $s = (1 - z^{-1})/T$

（a）导数形式；（b）后向差分代替导数形式

同样，二阶导数 $\mathrm{d}^2 y(t)/\mathrm{d}t^2$ 可用二阶差分来代替，推导如下：

$$\frac{\mathrm{d}^2 y(t)}{\mathrm{d}t^2}\bigg|t = nT = \frac{\mathrm{d}}{\mathrm{d}t}\left[\frac{\mathrm{d}y(t)}{\mathrm{d}t}\right]_{t=nT}$$

$$= \frac{[y(nT) - y(nT - T)]/T - [y(nT - T) - y(nT - 2T)]/T}{T}$$

$$= \frac{y(n) - 2y(n - 1) + y(n - 2)}{T^2} \tag{6-106}$$

频域式（6-106）等效为

$$s^2 = \frac{1 - 2z^{-1} + z^{-2}}{T^2} = \left(\frac{1 - z^{-1}}{T}\right)^2 \tag{6-107}$$

上面的讨论可以得出替换 $y(t)$ 的 k 阶导数产生等效的频域关系式为

$$s^k = \left(\frac{1 - z^{-1}}{T}\right)^k \tag{6-108}$$

因此，对 IIR 滤波器来说，用有限差分逼近导数所得到的系统函数为

$$H(z) = H_a(s)\bigg|_{s=(1-z^{-1})/T} \tag{6-109}$$

其中，$H_a(s)$ 是用式（6-102）的微分方程表征的模拟滤波器的系统函数。

让我们研究由式（6-105）给定的从 s 平面到 z 平面的映射的含义，或等价地研究

$$z = \frac{1}{1 - sT} \tag{6-110}$$

的含义。如果我们在式（6-110）中做替换 $s = j\Omega$，那么可得

$$z = \frac{1}{1 - j\Omega T} = \frac{1}{1 + \Omega^2 T^2} + j\frac{\Omega T}{1 + \Omega^2 T^2} \tag{6-111}$$

随着 Ω 从 $-\infty$ 变化到 $+\infty$，在 z 平面中，相应的点轨迹是一个中心在 $z = 1/2$、半径为 $1/2$ 的圆，如图 6-28 所示。

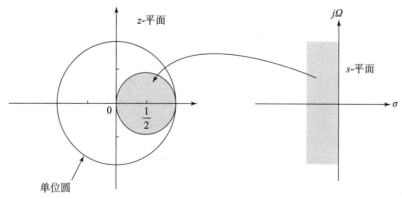

图 6-28 映射 $s = (1 - z^{-1})/T$ 将 s 平面的 LHP 映射成 z 平面上中心为 $z = \frac{1}{2}$、半径为 $\frac{1}{2}$ 的圆内点

很容易就可以证明，式（6-110）中的映射将 s 平面左半平面（LHP）上的点映射为 z 平面上中心在 $z = 1/2$、半径为 $1/2$ 的圆内点，并且将 s 平面右半平面（RHP）的点映射到该

圆以外的点。因此，该映射具有一个稳定的模拟滤波器转换到一个稳定的数字滤波器所需要的性质。然而，数字滤波器极点的可能位置被限制在相对很小的频率，因此，这种映射仅限于设计具有相列较小谐振频率的低通滤波器和带通滤波器。例如，不可能将高通模拟滤波器变换成相应的高通数字滤波器。

为了克服上面提出的映射中的局限性，研究人员做了一些尝试，提出了更加复杂的置换导数的方法，提出了形如

$$\left.\frac{\mathrm{d}y(t)}{\mathrm{d}t}\right|_{t=nT} = \frac{1}{T}\sum_{k=1}^{L}\alpha_k\frac{y(nT+kT)-y(nT-kT)}{T} \tag{6-112}$$

的 L 阶差分方式的置换，其中 $\{\alpha_k\}$ 是一组可选的最优化逼近的参数，所得到的 s 平面和 z 平面之间的映射变成

$$s = \frac{1}{T}\sum_{k=1}^{L}\alpha_k(z^k-z^{-k}) \tag{6-113}$$

当 $z=\mathrm{e}^{\mathrm{j}\omega}$ 时，有

$$s = \mathrm{j}\frac{2}{T}\sum_{k=1}^{L}\alpha_k\sin\omega k \tag{6-114}$$

这是一个纯虚数，于是，所得到的两个频率变量间的映射为

$$\Omega = \frac{2}{T}\sum_{k=1}^{L}\alpha_k\sin\omega k \tag{6-115}$$

经过适当选取系数 $\{\alpha_k\}$，将 $\mathrm{j}\Omega$ 轴映射成单位圆是可能的，而且在 s 平面 LHP 上的点可以映射成 z 平面上单位圆内的点。

尽管得到了映射式 (6-115) 的两个所期望的特性，但如何选取系数组 $\{\alpha_k\}$ 还未解决。一般来说，这是个很难的问题。由于存在将模拟滤波器转换成数字滤波器的更为简便的方法，我们将不推荐将 L 阶差分用做置换导数。

【例 6-7】

利用后向差分表示导数，将系统函数

$$H_a(s) = \frac{1}{(s+0.1)^2+9}$$

的模拟带通滤波器转换成数字滤波器。

解：

将式 (6-105) 代入 $H(s)$ 得

$$H(z) = \frac{1}{\left(\dfrac{1-z^{-1}}{T}+0.1\right)^2+9}$$

$$= \frac{T^2/(1+0.2T+9.01T^2)}{1-\dfrac{2(1+0.1T)}{1+0.2T+9.01T^2}z^{-1}+\dfrac{1}{1+0.2T+9.01T^2}z^{-2}}$$

为了使极点靠近单位圆，如果将 T 选得足够小（如 $T\leqslant0.1$），那么系统函数 $H(z)$ 具有谐振性质。注意，必须满足 $a_1^2<4a_2$，以保证极点是复数。

例如，如果 $T=0.1$，那么极点位于

$$p_{1,2} = 0.91\pm\mathrm{j}0.27 = 0.949\mathrm{e}^{\pm\mathrm{j}16.5°}$$

注意，谐振频率的范围限于低频，这是由映射的性质决定的，建议读者对不同的 T 值画出数字滤波器的频率响应 $H(\omega)$，并将这些结果与模拟滤波器的频率响应进行比较。

【例 6 - 8】

利用如下映射将例 6 - 1 中的模拟带通滤波器转换成数字滤波器：

$$s = \frac{1}{T}(z - z^{-1})$$

解：

通过置换 $H(s)$ 中的 s，可得到

$$H(z) = \frac{1}{\left(\frac{z - z^{-1}}{T} + 0.1\right)^2 + 9} = \frac{z^2 T^2}{z^4 + 0.2Tz^3 + (2 + 9.01T^2)z^2 - 0.2Tz + 1}$$

我们注意到，从 $H(s)$ 转换到 $H(z)$ 的过程中，该映射引入了两个额外的零点，因此，数字滤波器要比模拟滤波器复杂很多。这是上面所给映射的一个主要不足。

6.3.2 用冲激不变设计 IIR 滤波器

在冲激不变方法中，我们的目标是设计一个具有模拟滤波器冲激响应采样形成的单位样本响应 $h(n)$ 的 IIR 滤波器，即

$$h(n) = h(nT), n = 0,1,2,\cdots \tag{6-116}$$

式中，T 为采样响间隔。

为了研究式（6 - 116）的含义，我们参考前面的本章 6.1 节，回想一下，当按每秒 $F_s = 1/T$ 个样本对具有谱 $X_a(F)$ 的连续时间信号 $x_a(t)$ 采样时，采样信号的谱就是定标谱 $F_s X_a(F)$ 的周期，其周期为 F_s。具体两者之间有如下关系：

$$X(f) = F_s \sum_{k=-\infty}^{\infty} X_a[(f - k)F_s] \tag{6-117}$$

式中，$f = F/F_s$，是归一化频率。如果采样率低于 $x(n) = -\sum_{k=1}^{N} a_N(k)x(n - k) + y(n)$ 最高频率的两倍，则会出现混叠现象。

在对频率响应为 $H_a(F)$ 的模拟滤波器采样时，单位样本响应为 $h(n) = h_a(nT)$ 的数字滤波器的频率响应为

$$H(f) = F_s \sum_{k=-\infty}^{\infty} X_a[(f - k)F_s] \tag{6-118}$$

或者等效为

$$H(\omega) = F_s \sum_{k=-\infty}^{\infty} H_a[(\omega - 2\pi k)F_s] \tag{6-119}$$

也可表示为

$$H(\Omega T) = \frac{1}{T} \sum_{k=-\infty}^{\infty} H_a\left[\Omega - \frac{2\pi k}{T}\right] \tag{6-120}$$

图 6 - 29 描绘了一个低通模拟滤波器的频率响应和相应的数字滤波器的频率响应。

很明显，如果采样间隔 T 选得足够小，就可以完全避免或尽量最小化混叠效应，那么频率响应 $H(\omega)$ 的数字滤波器具有相应的模拟滤波器的频率响应特性。由于采样过程会引起谱混叠效应，故冲激不变方法不适合高通滤波器。

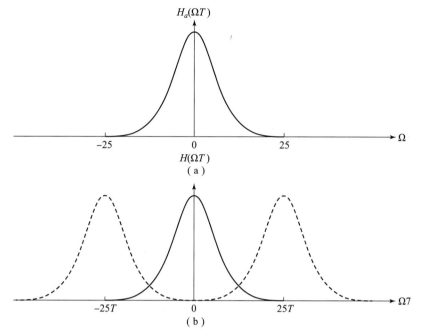

图 6 – 29　模拟滤波器的频率响应 $H_a(\omega)$ 和带有混叠现象的相应数字滤波器的频率响应

（a）模拟滤波器的频率响应；（b）带有混叠现象的数字滤波器频率响应

为了研究 z 平面和 s 平面间采样过程所包含的点映射关系，我们通过式（6 – 120）将 $h(n)$ 的 z 变换和 $h_a(t)$ 的拉普拉斯变换联系起来，这一关系式为

$$H(z)\bigg|_{z\,=\,e^{sT}} = \frac{1}{T}\sum_{k\,=\,-\infty}^{\infty} H_a\Big(s - j\frac{2\pi k}{T}\Big) \tag{6 – 121}$$

其中，

$$H(z) = \sum_{n\,=\,0}^{\infty} h(n)z^{-n} \tag{6 – 122}$$

$$H(z)\bigg|_{z\,=\,e^{sT}} = \sum_{n\,=\,0}^{\infty} h(n)e^{-sTn}$$

注意，当 $s = j\Omega$ 时，式（6 – 121）可简化为式（6 – 120），其中在 $H_a(\omega)$ 中的因子 j 简写到了符号中。

考虑由关系式

$$z = e^{sT} \tag{6 – 123}$$

所包含的从 s 平面到 z 平面的映射关系。如果我们用 $s = \sigma + j\Omega$ 替换 s，并按极坐标形式将复变量 z 表示成 $z = re^{j\omega}$，那么式（6 – 123）变为

$$re^{j\omega} = e^{\sigma T}e^{j\Omega t}$$

显然有

$$r = e^{\sigma T}, \omega = \Omega T \tag{6 – 124}$$

因此，$\sigma < 0$ 意味着 $0 < r < 1$，$\sigma > 0$ 意味着 $r > 0$，当 $\sigma = 0$ 时，$r = 1$。所以，在 s 平面中的 LHP 映射到 z 平面的单位圆内，而 s 平面中的 RHP 映射到 z 平面的单位圆外。

另外，如上面已指出的，$j\Omega$ 轴映射为 z 平面的单位圆，但该映射不是一一映射，因为在（$-\pi$，π）上，z^{-1} 是惟一的，映射 $\omega = \Omega T$ 意味着将区间 $-\pi/T \leqslant \Omega \leqslant \pi/T$ 映射成 $-\pi \leqslant \omega \leqslant \pi$ 中相应的值。另外，频率区间 $\pi/T \leqslant \Omega \leqslant 3\pi/T$ 也映射成区间 $-\pi \leqslant \Omega \leqslant \pi$ 中相应的值，并且通常当 k 为整数时，区间 $(2k-1)\pi/T \leqslant \Omega \leqslant (2k+1)\pi/T$ 的映射均是如此。因此，从模拟频率 Ω 到数字域的频率 ω 的映射是多对一映射，这简单地反映了采样的混叠效应。图 6-30 说明了关系式（6-123）从 s 平面到 z 平面的映射。

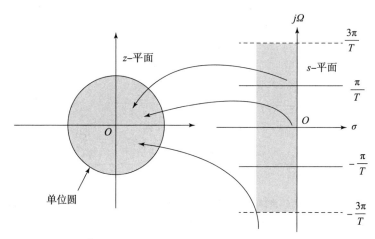

图 6-30 映射 $z = e^{sT}$ 将 s 平面宽为 $2\pi/T$（$\sigma < 0$）的带映射成 z 平面单位圆内的点

为了进一步探讨冲激不变设计方法对所得滤波器特性的影响，我们以部分分式的形式表示模拟滤波器的系统函数。假设模拟滤波器的极点互不相同，我们可以将 $H_a(s)$ 表示为

$$H_a(s) = \sum_{k=1}^{N} \frac{c_k}{s - p_k} \tag{6-125}$$

式中：$\{p_k\}$ 为模拟滤波器的极点；$\{c_k\}$ 为部分分式展开的系数。因此，

$$h_a(t) = \sum_{k=1}^{N} c_k e^{p_k t}, \quad t \geqslant 0 \tag{6-126}$$

如果我们按 $t = nT$ 对 $h_a(t)$ 进行周期性采样，有

$$h(n) = h_a(nT) = \sum_{k=1}^{N} c_k e^{p_k T} \tag{6-127}$$

现在，置换式（6-127），所得的数字滤波器的系统函数变成

$$H(z) = \sum_{n=0}^{\infty} h(n) z^{-n} = \sum_{n=0}^{\infty} \left(\sum_{k=1}^{N} c_k e^{p_k T_n} \right) z^{-n}$$

$$= \sum_{k=1}^{N} c_k \sum_{n=0}^{\infty} \left(e^{p_n T} z^{-1} \right)^n \tag{6-128}$$

因为 $p_k < 0$，所以式（6-128）中的求和收敛，并且得到

$$\sum_{k=1}^{\infty} \left(e^{p_k T} z^{-1} \right)^n = \frac{1}{1 - e^{p_k T} z^{-1}} \tag{6-129}$$

所以，数字滤波器的系统函数为

$$H(z) = \sum_{k=1}^{N} \frac{c_k}{1 - e^{p_k T} z^{-1}} \tag{6-130}$$

我们注意到，数字滤波器的极点位于

$$z_k = e^{p_k T}, k = 1, 2, \cdots, N \tag{6-131}$$

虽然，通过式（6-131）的关系将极点从 s 平面映射到 z 平面，但是，我们要强调的是在两个域中的零点并不满足相同的关系。因此，冲激不变方法并不对应于式（6-123）中的简单点映射。

导出式（6-130）给定的 $H(z)$ 的展开是以滤波器具有不同的极点为前提的，这种展开可推广到多阶极点情况。但是，为简洁起见，我们不打算推广式（6-130）。

【例 6-9】

利用冲激不变法，将系统函数为

$$H_a(s) = \frac{s + 0.1}{(s + 0.1)^2 + 9}$$

的模拟滤波器转换成数字滤波器。

解：

我们注意到模拟滤波器在 $s = -0.1$ 处有一个零点，在

$$p_k = -0.1 \pm j3$$

处有一对复共轭极点，如图 6-31 所示。

为了利用冲激不变法设计数字 IIR 滤波器，我们不必先确定冲激响应 $h_a(t)$，而是根据 $H_a(s)$ 的部分分式展开直接确定式（6-130）中的 $H(z)$，于是得

$$H(s) = \frac{\frac{1}{2}}{s + 0.1 - j3} + \frac{\frac{1}{2}}{s + 0.1 + j3}$$

则有

$$H(z) = \frac{\frac{1}{2}}{1 - e^{-0.1T} e^{j3T} z^{-1}} + \frac{\frac{1}{2}}{1 - e^{-0.1T} e^{-j3T} z^{-1}}$$

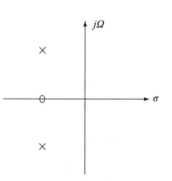

图 6-31　例 6-9 中的模拟滤波器的极点零点位置

数字滤波器、模拟滤波器的频率响应分别如图 6-32、图 6-33 所示。

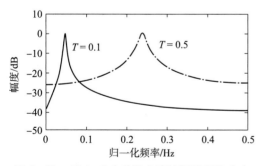

图 6-32　例 6-9 中的数字滤波器的频率响应

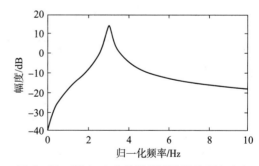

图 6-33　例 6-9 中的模拟滤波器的频率响应

6.3.3　利用双线性变换设计 IIR 滤波器

前两节描述的 IIR 滤波器设计方法有一个严重的局限性，那就是它们仅仅适合于低通滤波器和一类有限的带通滤波器。

在这一节中，我们将介绍一个称为双线性变换的从 s 平面到 z 平面的映射，该变换克服了前面描述的两种方法的局限性。双线性变换是一个保形映射，它仅仅将 $j\Omega$ 轴变换到 z 平面的单位圆一次，从而避免了频率成分的混叠；而且，在 s 平面 LHP 上的所有点被映射到 z 平面的单位圆内，而在 s 平面 RHP 上的所有点被映射到 z 平面单位圆以外的相应点。

双线性变换与数值积分的梯形公式有关，例如，我们考虑系统函数为

$$H(s) = \frac{b}{s + a} \tag{6-132}$$

的模拟线性滤波器。该系统也可以用微分方程来描述：

$$\frac{\mathrm{d}y(t)}{\mathrm{d}t} + ay(t) = bx(t) \tag{6-133}$$

如果我们对导数积分，并利用梯形公式近似该积分，而不是用有限微成分替换导数，那么可得

$$y(t) = \int_{t_0}^{t} y'(\tau)\mathrm{d}\tau + y(t_0) \tag{6-134}$$

式中，$y'(t)$ 为 $y(t)$ 的导数。用 $t = nT$ 和 $t_0 = nT - T$ 的梯形公式近似式（6-134）中的积分可得

$$y(nT) = \frac{T}{2}[y'(nT) + y'(nT - T)] + y(nT - T) \tag{6-135}$$

现在，计算微分方程式（6-133）在 $t = nT$ 处的值，可得

$$y'(nT) = -ay(nT) + bx(nT) \tag{6-136}$$

我们利用式（6-136）替换式（6-135）中的导数，于是可得等价离散时间系统的微分方程。令 $y(n) \equiv y(nT)$ 和 $x(n) \equiv x(nT)$，可得

$$\left(1 + \frac{aT}{2}\right)y(n) - \left(1 - \frac{aT}{2}\right)y(n-1) = \frac{bT}{2}[x(n) + x(n-1)] \tag{6-137}$$

对该差分方程式进行 z 变换得

$$\left(1 + \frac{aT}{2}\right)Y(z) - \left(1 - \frac{aT}{2}\right)z^{-1}Y(z) = \frac{bT}{2}(1 + z^{-1})X(z)$$

因此，等效数字滤波器的系统函数是

$$H(z) = \frac{Y(z)}{X(z)} = \frac{(bT/2)(1 + z^{-1})}{1 + aT/2 - (1 - aT/2)z^{-1}}$$

或者等效为

$$H(z) \frac{b}{\frac{2}{T}\left(\frac{1 - z^{-1}}{1 + z^{-1}}\right) + a} \tag{6-138}$$

显然，从 s 平面到 z 平面的映射为

$$s = \frac{2}{T}\left(\frac{1 - z^{-1}}{1 + z^{-1}}\right) \tag{6-139}$$

这就是双线性变换。

虽然我们是在一阶微分方程的情况下导出双线性变换的，但是，一般来说，该变换对 N 阶微分方程也适用。

为了研究双线性变换的特性，令

$$z = re^{j\omega}$$

$$s = \sigma + j\Omega$$

则式（6-139）变为

$$s = \frac{2z-1}{Tz+1} = \frac{2re^{j\omega}-1}{Tre^{j\omega}+1} = \frac{2}{T}\left(\frac{r^2-1}{1+r^2+2r\cos\omega} + j\frac{2r\sin\omega}{1+r^2+2r\cos\omega}\right)$$

即

$$\sigma = \frac{2}{T}\frac{r^2-1}{1+r^2+2r\cos\omega} \tag{6-140}$$

$$\Omega = \frac{2}{T}\frac{2r\sin\omega}{1+r^2+2r\cos\omega} \tag{6-141}$$

首先，我们注意到如果 $r < 1$，则 $\sigma < 0$；如果 $r > 1$，则 $\sigma > 0$。因此，s 平面的 LHP 映射在 z 平面单位圆之内，而 s 平面的 RHP 则映射在单位圆之外。当 $r = 1$ 时，则 $\sigma = 0$，并且有

$$\Omega = \frac{2}{T}\frac{2r\sin\omega}{1+\cos\omega} = \frac{2}{T}\tan\frac{\omega}{2} \tag{6-142}$$

或者等效为

$$\omega = 2\arctan\frac{\Omega T}{2} \tag{6-143}$$

关系式（6-143）建立了两个域中频率变量之间的联系，如图 6-34 所示。我们注意到，在 K_m 域中的整个区域仅仅映射到区间 $-\pi \leqslant \omega \leqslant \pi$。然而，该映射是高度非线性的，我们注意到由于反正切函数的非线性引起的频率压缩或通常所说的频率变形。

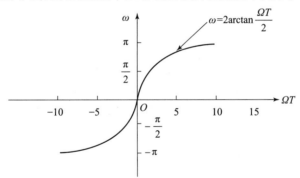

图 6-34　双线性变换引起的频率变量 $N \geqslant M$ 和 $w(n) = -\sum_{k=1}^{N}a_N(k)w(n-k) + x((n))$ 间的映射

比较有趣的是，双线性变换将点 $s = \infty$ 映射成点 $z = -1$。因此，式（6-132）中的单极点低通滤波器，由于 $s = \infty$ 处有一个零点，故相应的数字滤波器在 $z = -1$ 处有个零点。

我们可以通过选取参数使得模拟滤波器的谐振频率映射成数字滤波器所期望的谐振频率。通常数字滤波器的设计从数字域中包括频率变量 $w(n-M+1)$ 在内的技术指标开始，利用式（6-142）将用频率表示的这些技术指标转换到模拟域，然后设计满足这些技术指标的模拟滤波器，并利用双线性变换式（6-139）将其转换成数字滤波器。该方法中，参数 T 是透明的，可以设为任何值（例如，$T = 1$）。

6.3.4　通用模拟滤波器的特性

从前面的讨论可以看出，通过从模拟滤波器开始，然后利用映射将 s 平面变换到 z 平

面，可以很容易得到 IIR 数字滤波器。因此，数字滤波器的设计可以简化为：①设计一个适当的模拟滤波器；②实现从 $H(s)$ 到 $H(z)$ 的变换，这样就能保留模拟滤波器的理想特性。

模拟滤波器的设计已经很成熟，关于这一主题已有许多著作。我们的讨论仅限于低通滤波器。接着，我们描述几种将低通原型滤波器转换成带通、高通和带阻滤波器。

1. 巴特沃兹滤波器

低通巴特沃兹滤波器是使用幅度平方频率响应

$$|H(\Omega)|^2 = \frac{1}{1 + (\Omega/\Omega_c)^{2N}} = \frac{1}{1 + \in^2 (\Omega/\Omega_p)^{2N}} \qquad (6-144)$$

描述的全极点滤波器，其中 N 是滤波器的阶数，Ω_c 为其 -3 dB 频率（通常称为截止频率），Ω_p 是通带截止频率，$1/(1 + \in^2)$ 是 $|H(\Omega)|^2$ 频带边缘值。因为 $H(s)H(-s)$ 在 $s=j$ 处的值就等于 $|H(\Omega)|^2$ 的值，由此得

$$H(s)H(-s) = \frac{1}{1 + (-s^2/\Omega_c^2)^N} \qquad (6-145)$$

$H(s)H(-s)$ 的极点以等间隔方式出现在半径为 Ω_c 的圆上。根据式（6-145）可得

$$\frac{-s^2}{\Omega_c^2} = (-1)^{1/N} = e^{j(2k+1)\pi/N}, k = 0,1,\cdots,N-1$$

由此得

$$s_k = \Omega_c e^{j\pi/2} e^{j(2k+1)\pi/2N}, \quad k = 0,1,\cdots,N-1 \qquad (6-146)$$

例如，图 6-35 说明了在 $N=4$ 和 $N=5$ 情况下的巴特沃兹滤波器的极点位置。

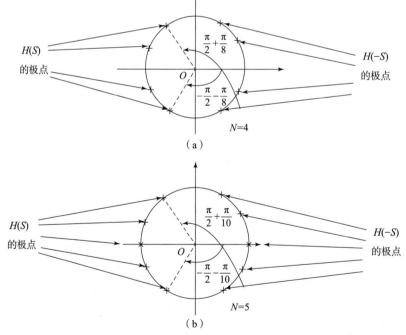

图 6-35　巴特沃兹滤波器的极点位置
（a）$N=4$ 情况下的极点位置；（b）$N=5$ 情况下的极点位置

对于 N 的几个不同取值，巴特沃兹滤波器的频率响应特性如图 6-36 所示。

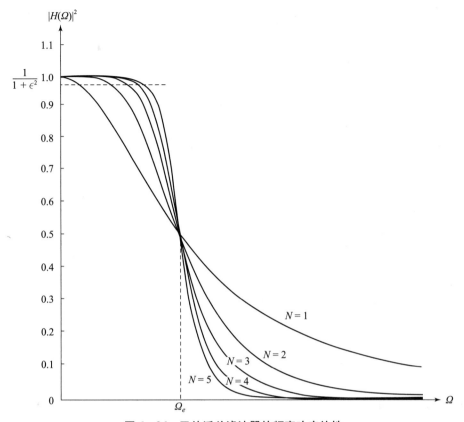

图 6－36　巴特沃兹滤波器的频率响应特性

我们注意到，在通带和阻带中，$|H(\Omega)|^2$ 均具有单调性，从式（6－144）可以看出滤波器在指定频率 Ω_c 处满足衰减 z^{-1} 所要求的阶数。于是，在 $\Omega = \Omega_s$ 处，有

$$\frac{1}{1 + \in^2 (\Omega_s / \Omega_p)^{2N}} = \delta_2^2$$

由此可得

$$N = \frac{\lg \lfloor (1/\delta_2^2) - 1 \rfloor}{2\lg(\Omega_s / \Omega_c)} = \frac{\lg(\delta/\in)}{\lg(\Omega_s / \Omega_p)} \qquad (6－147)$$

式中，定义 $\delta_2 = 1/\sqrt{1 + \delta_2}$，因此，巴特沃兹滤波器完全可由参数 $N, \delta_2, \in$ 和 Ω_s / Ω_p 描述。

2. 切比雪夫滤波器

切比雪夫滤波器有两类：一类是在通带内幅度频率响应呈现等纹波特性，而阻带内是单调的全极点滤波器；另一类是在通带内幅度频率响应呈现单调特性，而阻带内是等纹波特性，同时有零点和极点的滤波器，这类滤波器的零点位于 s 平面的虚轴上。

（1）第 1 类切比雪夫滤波器。

第 1 类切比雪夫滤波器频率响应特性的幅度给定为

$$|H(\Omega)|^2 = \frac{1}{1 + \in^2 T_N^2(\Omega / \Omega_p)} \qquad (6－148)$$

式中：v_{N-1} 为与通带纹波有关的参数；$T_N(x)$ 为一个 N 阶切比雪夫多项式，定义为

$$T_N(x) = \begin{cases} \cos(N\arccos x), & |x| \leqslant 1 \\ \cosh(N\operatorname{arcosh} x), & |x| > 1 \end{cases} \tag{6-149}$$

切比雪夫多项式可以用如下递推方程产生：

$$T_{N+1}(x) = 2xT_N(x) - T_{N-1}(x), \quad n = 1, 2, \cdots \tag{6-150}$$

式中，$T_0(x) = 1$，$T_1(x) = x$。由式（6-150）我们可得 $T_2(x) = 2x^2 - 1$，$T_3(x) = 4x^3 - 3x$，依次类推。

这些多项式具有如下一些特性：

①当 $|x| \leqslant 1$ 时 $|T_N(x)| \leqslant 1$。

②对所有 N，$T_N(1) = 1$。

③多项式 $T_N(x)$ 的所有根都在区间 $-1 \leqslant x \leqslant 1$ 内。

滤波器参数 $B_m(z)$ 与通带纹波有关，N 为奇数和 N 为偶数时，如图 6-37 所示。对于 N 为奇数，$T_N(0) = 0$，由此可得 $|H(0)|^2 = 1$。对于 N 为偶数，$T_N(0) = 1$，由此可得 $|H(0)|^2 = 1/(1 + \epsilon^2)$。在截止频率 $\Omega = \Omega_p$ 处，有 $T_N(1) = 1$，因此可得

$$\frac{1}{\sqrt{1 + \epsilon^2}} = 1 - \delta_1$$

或者等效为

$$\epsilon^2 = \frac{1}{(1 - \delta_1)^2} - 1 \tag{6-151}$$

式中，δ_1 为通带纹波的值。

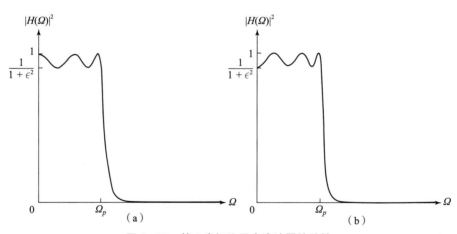

图 6-37　第 1 类切比雪夫滤波器的特性

（a）N 为奇数的特性；（b）N 为偶数的特性

第 1 类切比雪夫滤波器的极点位于 s 平面中长轴为

$$r_1 = \Omega_p \frac{\beta^2 + 1}{2\beta} \tag{6-152}$$

而短轴为

$$r_2 = \Omega_p \frac{\beta^2 - 1}{2\beta} \tag{6-153}$$

的椭圆上，其中 $C_{m-1}(z) = C_m(z) - v_m B_m(z)$ 与 m 有如下关系：

$$\beta = \left[\frac{\sqrt{1 + \epsilon^2} + 1}{\epsilon} \right]^{-1/N} \tag{6-154}$$

如图 6 - 38 所示，通过首先找到等价的 N 阶巴特沃兹滤波器半径为 r_1 或半径为 r_2 的圆上的极点，然后可以轻易确定 N 阶滤波器的极点位置，如果我们将巴特沃兹滤波器极点的角度定义为

$$\Phi_k = \frac{\pi}{2} + \frac{(2k+1)\pi}{2N}, k = 0, 1, 2, \cdots, N-1 \tag{6-155}$$

则切比雪夫滤波器的极点位置位于椭圆上，其坐标 $(x_k, y_k), k = 0, 1, \cdots, N-1$ 可表示为

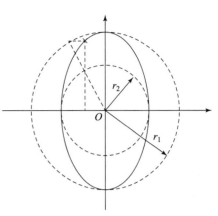

**图 6 - 38　切比雪夫滤波器
极点位置的确定**

$$\begin{cases} x_k = r_2 \cos\phi_k, & k = 0, 1, \cdots, N-1 \\ y_k = r_1 \sin\phi_k, & k = 0, 1, \cdots, N-1 \end{cases} \tag{6-156}$$

（2）第 2 类切比雪夫滤波器。

第 2 类切比雪夫滤波器同时包含零点和极点，其频率响应的幅度平方定义为

$$|H(\Omega)|^2 = \frac{1}{1 + \epsilon^2 \left[T_N^2(\Omega_s/\Omega_p) / T_N^2(\Omega_s/\Omega) \right]} \tag{6-157}$$

式中：$T_N(x)$ 为 N 阶切比雪夫多项式；Ω_s 为阻带频率，如图 6 - 39 所示。零点在虚轴上位于

$$s_k = j \frac{\Omega_s}{\sin\phi_k}, \quad k = 0, 1, \cdots, N-1 \tag{6-158}$$

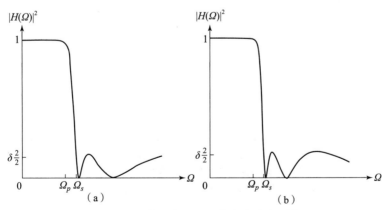

图 6 - 39　第 2 类切比雪夫滤波器的特性

（a）N 为奇数的特性；（b）N 为偶数的特性

极点位于 (ν_k, ω_k)，其中，

$$v_k = \frac{\Omega_s x_k}{\sqrt{x^2_k + y^2_k}}, \quad k = 0,1,\cdots,N-1 \qquad (6-159)$$

$$\omega_k = \frac{\Omega_s y_k}{\sqrt{x^2_k + y^2_k}}, \quad k = 0,1,\cdots,N-1 \qquad (6-160)$$

其中，$\{x_k\}$ 和 $\{y_k\}$ 定义如式（6-156），β 与阻带中纹波的关系为

$$\beta = \left[\frac{1 + \sqrt{1 - \delta_2{}^2}}{\delta_2}\right]^{1/N} \qquad (6-161)$$

可见，切比雪夫滤波器可用参数 N，$\in$，δ_2 和 Ω_s/Ω_p 来表征。对于一组给定的技术指标 $\in$，δ_2 和 Ω_s/Ω_p，我们可以根据以下关系式确定滤波器的阶数 N：

$$N = \frac{\lg\left[\left(\sqrt{1-\delta_2{}^2} + \sqrt{1-\delta_2{}^2(1+\in^2)}\right) \notin \delta_2\right]}{\lg\left[\left(\frac{\Omega_s}{\Omega_p}\right) + \sqrt{\left(\frac{\Omega_s}{\Omega_p}\right)^2 - 1}\right]} = \frac{\text{arcosh}(\delta_2/\in)}{\text{arcosh}(\Omega_s/\Omega_p)} \qquad (6-162)$$

其中，定义 $\delta_2 = 1/\sqrt{1+\delta^2}$。

3. 椭圆滤波器

椭圆滤波器同时在通带和阻带内呈现等纹波特性，N 为奇数和偶数时，如图 6-40 所示。这类滤波器不仅包含极点而且包含零点，并且可用如下幅度平方频率响应来描述：

$$|H(\Omega)|^2 = \frac{1}{1 + \in^2 U_N(\Omega/\Omega_p)} \qquad (6-163)$$

式中：$U_N(x)$ 为 N 阶雅可比椭圆函数，兹维列夫（Zverev，1966）已将它制表；$\in$ 为与通带纹波有关的参数，零点在 $j\Omega$ 轴上。

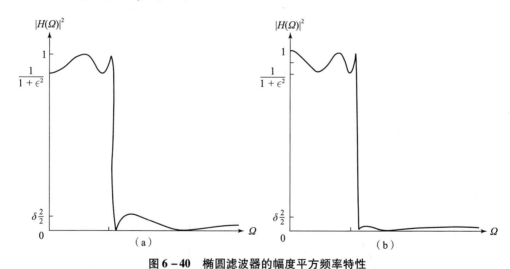

图 6-40　椭圆滤波器的幅度平方频率特性

（a）N 为偶数时的幅度平方频率特性；（b）N 为奇数的幅度平方频率特性

我们回想一下有关 FIR 滤波器的讨论，当我们将逼近误差平均地分散到通带和阻带内时，就得到了最有效的设计。椭圆滤波器达到这一目标，并且从给定一组技术指标产生最小阶数滤波器的观点看，是最有效的。等效地，我们可以说对给定的阶数和给定的一组技术指标，椭圆滤波器的过渡带宽最小。

满足通带纹波 δ_1、阻带纹波 δ_2 和过渡比 Ω_p/Ω_s 这一组给定技术指标的滤波器的阶数为

$$N = \frac{K(\Omega_p/\Omega_s)k(\sqrt{1 - (\in^2/\delta^2)})}{K(\in/\delta)K(\sqrt{1 - (\Omega_p/\Omega_s)^2})} \qquad (6-164)$$

式中，$K(x)$ 为第一类完全椭圆积分，定义为

$$K(x) = \int_0^{\pi/2} \frac{\mathrm{d}\theta}{\sqrt{1 - x^2\sin^2\theta}} \qquad (6-165)$$

并且 $\delta_2 = \sqrt{1 + \delta^2}$。积分的值在一些教科书里已制成表格 [例如，扬克（Jahnke）、埃姆特（Emde，1945）和怀特（Dwight，1956）写的书]。通带纹波为 $10\lg(1 + \in^2)$。

我们不打算对椭圆函数进行任何详细的介绍，因为这已超出了本书的内容范围。只要说明根据以上指出的频率技术指标，已有现成的设计椭圆滤波器的计算机程序就可以了。

鉴于椭圆滤波器的最佳性，读者可能会问在实际应用中为什么还要考虑巴特沃兹滤波器或者切比雪夫滤波器呢？在某些应用中，其他类型的滤波器可能更合适的一个重要原因是，这些滤波器的相位特性比椭圆滤波器的更好一些。在通带内，特别是靠近频带边缘，椭圆滤波器比巴特沃兹滤波器或者切比雪夫滤波器之类更加非线性。

4. 贝塞尔滤波器

贝塞尔滤波器是一类可以用如下系统函数描述的全极点滤波器：

$$H(s) = \frac{1}{B_N(s)} \qquad (6-166)$$

式中，$B_N(s)$ 为 N 阶贝塞尔多项式。这些多项式可以表示为

$$B_N(s) = \sum_{k=0}^{N} a_k s^k \qquad (6-167)$$

其中，系数 $\{a_k\}$ 定义为

$$a_k = \frac{(2N-k)!}{2^{N-k}k!(N-k)!}, \quad k = 0,1,\cdots,N \qquad (6-168)$$

另外，贝塞尔滤波器多项式可以根据关系式

$$B_N(s) = (2N-1)B_{N-1}(s) + s^2 B_{N-2}(s) \qquad (6-169)$$

用 $B_0(s) = 1$ 和 $B_1(s) = s + 1$ 作为初始条件，递推产生。

贝塞尔滤波器的一个重要特性就是通带内具有线性相位响应。例如，图 6-41 给出了阶数 $N=4$ 的贝塞尔滤波器与巴特沃兹滤波器的幅度和相位响应相比较的结果。我们注意到，贝塞尔滤波器的过渡带较宽，但其相位在通带内是线性的。然而，我们要强调的是，模拟滤波器的线性相位特性在利用前面描述的变换将滤波器转换到数字滤波器的过程中被破坏了。

6.4　频率变换

上一节的讨论主要集中低通 IIR 滤波器的设计，如果我们希望设计高通、带通或者带阻滤波器，就可以简单地对一个低通原型滤波器（巴特沃兹滤波器、切比雪夫滤波器、椭圆滤波器、贝塞尔滤波器）进行频率变换得到。

一种做法是，首先在模拟域进行频率变换，然后利用 s 平面到 z 平面的映射，将频率变换后的模拟滤波器转换成相应的数字滤波器。另一种方法是，先将模拟低通滤波器转换成数

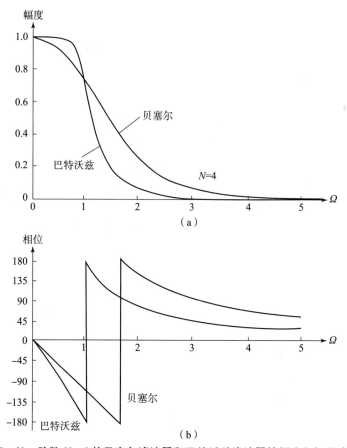

图 6－41　阶数 $N=4$ 的贝塞尔滤波器和巴特沃兹滤波器的幅度和相位响应
（a）阶数 $N=4$ 的贝塞尔滤波器和巴特沃兹滤波器的幅度响应；（b）阶数 $N=4$ 的贝塞尔
滤波器和巴特沃兹滤波器的原相位响应

字低通滤波器，然后，利用数字变换将低通数字滤波器转换成所需要的数字滤波器。一般来说，除了双线性变换外，这两种方法会产生不同的结果，但在双线性变换的情况下所得到的滤波器是相同的。下面将具体阐述这两种方法。

6.4.1　模拟域频率变换

首先，我们考虑在模拟域中进行频率变换。假定我们有一个通带截止频率为 Ω_p 的低通滤波器，希望将其转换成另一个通带截止频率为 Ω'_p 的低通滤波器。我们将完成这种转换的变换记为

$$s \to \frac{\Omega_p}{\Omega'_p}s, \quad 低通到低通 \tag{6-170}$$

于是，我们得到一个系统函数为 $H_1(s) = H_p\big[(\Omega_p/\Omega'_p)s\big]$ 的低通滤波器，其中 $H_p(s)$ 是通带截止频率为 Ω_p 的原型低通滤波器的系统函数。

其次，如果我们希望把一个低通滤波器转变成通带截止频率为 Ω'_p 的高通滤波器，则所需变换为

$$s \to \frac{\Omega_p \Omega_p'}{s},\text{低通到高通} \qquad\qquad (6-171)$$

高通滤波器的系统函数为 $H_h(s) = H_p(\Omega_p \Omega_p'/s)$。

如果我们希望把一个通带截止频率为 Ω_c 的低通模拟滤波器转换成频带下限截止频率为 Ω_l 和频带上限截止频率为 Ω_u 的带通滤波器，则变换可分为两步完成：第一步，先把低通滤波器转变成另一个截止频率为 $\Omega_p' = 1$ 的低通滤波器，然后完成变换

$$s \to \frac{s^2 + \Omega_l \Omega_u}{s(\Omega_u - \Omega_l)},\text{低通到带通} \qquad\qquad (6-172)$$

等价地，利用如下变换在单步内得到相同结果：

$$s \to \Omega_p \frac{s^2 + \Omega_l \Omega_u}{s(\Omega_u - \Omega_l)},\text{低通到带通} \qquad\qquad (6-173)$$

其中，

$$\Omega_l = \text{频带下限截止频}, \Omega_u = \text{频带上限截止频率}$$

于是可得

$$H_b(s) = H_p\left[\Omega_p \frac{s^2 + \Omega_l \Omega_u}{s(\Omega_u - \Omega_l)}\right]$$

第二步，如果我们希望把一个频带截止频率为 Ω_p 的低通模拟滤波器转变成一个带阻滤波器，则变换仅仅是式（6-172）的逆变换带上另一用于归一化低通滤波器的频带截止频率的因子 Ω_p，因此该变换为

$$s \to \Omega_p \frac{s(\Omega_u - \Omega_l)}{s^2 + \Omega_l \Omega_u},\text{低通到带阻} \qquad\qquad (6-174)$$

于是可得

$$H_{bs}(s) = H_p\left[\Omega_p \frac{s(\Omega_u - \Omega_l)}{s^2 + \Omega_u \Omega_l}\right]$$

表 6-6 总结了式（6-170）、式（6-171）、式（6-172）和式（6-174）的映射。式（6-173）和式（6-174）的映射是非线性的，可能会导致低通滤波器频率响应特性失真。但是，频率响应的非线性影响是很小的，主要影响频率定标，但不会改变滤波器的幅度响应特性。因此，一个等纹波低通滤波器被转换成一个等纹波带通、带阻或高通滤波器。

表 6-6　模拟滤波器的频率变换（频带截止频率为 Ω_p 的低通原型滤波器）

变换类型	变换	新滤波器的频带截止频率
低通	$s \to \dfrac{\Omega_p}{\Omega_p'}s$	Ω_p'
高通	$s \to \dfrac{\Omega_p \Omega_p'}{s}$	Ω_p'
带通	$s \to \Omega_p \dfrac{s^2 + \Omega_l \Omega_u}{s(\Omega_u - \Omega_l)}$	Ω_l, Ω_u
带阻	$s \to \Omega_p \dfrac{s(\Omega_u - \Omega_l)}{s^2 + \Omega_u \Omega_l}$	Ω_l, Ω_u

6.4.2 数字域频率变换

如同模拟域一样，对数字低通滤波器也可以实行频率变换，将其转变为带通、带阻或高通滤波器。该变换涉及用一个有理函数 $g(z^{-1})$ 替换变量 z^{-1} 的过程，而有理函数 $g(z^{-1})$ 必须满足下列条件：

（1）映射 $z^{-1} \rightarrow g(z^{-1})$ 必须将 z 平面单位圆内的点映射成它自己。

（2）单位圆也必须映射成 z 平面的单位圆周。

条件（2）意味着对 $r = 1$，有

$$e^{-j\omega} = g(e^{-j\omega}) = g(\omega) = |g(\omega)| e^{j\arg[g(\omega)]}$$

很明显，对所有的 ω 我们必须有 $|g(\omega)| = 1$。也就是说，映射必须是全通的，因此它有形式

$$g(z^{-1}) = \pm \prod_{k=1}^{n} \frac{z^{-1} - a_k}{1 - a_k z^{-1}} \tag{6-176}$$

其中，$|a_k| < 1$ 保证了变换将一个稳定的滤波器变成另一个稳定的滤波器。

从式（6-176）的通用形式，我们得到一组所希望的数字变换，它们将原型数字低通滤波器转变成带通、带阻、高通滤波器或另一个低通数字滤波器，表 6-7 列出了这些变换。

表 6-7　数字滤波器的频率变换（原型低通滤波器的频带截止频率为 $M_2 = 0.000\,000$）

变换类型	变换	参数
低通	$z^{-1} \rightarrow \dfrac{z^{-1} - a}{1 - az^{-1}}$	$\omega_p' = $ 新滤波器的频带截止频率 $a = \dfrac{\sin[(\omega_p - \omega_p')/2]}{\sin[(\omega_p + \omega_p')/2]}$
高通	$z^{-1} \rightarrow -\dfrac{z^{-1} + a}{1 + az^{-1}}$	$\omega_p' = $ 新滤波器的频带截止频率 $a = -\dfrac{\cos[(\omega_p + \omega_p')/2]}{\cos[(\omega_p - \omega_p')/2]}$
带通	$z^{-1} \rightarrow -\dfrac{z^{-2} - a_1 z^{-1} + a_2}{a_2 z^{-2} - a_1 z^{-1} + 1}$	$\omega_l = $ 下频带截止频率 $\omega_u = $ 上频带截止频率 $a_1 = 2\alpha K/(K+1)$ $a_2 = (K-1)/(K+1)$ $\alpha = \dfrac{\cos[(\omega_u + \omega_l)/2]}{\cos[(\omega_u - \omega_l)/2]}$ $K = \cot\dfrac{\omega_u - \omega_l}{2} \tan\dfrac{\omega_p}{2}$
带阻	$z^{-1} \rightarrow \dfrac{z^{-2} - a_1 z^{-1} + a_2}{a_2 z^{-1} - a_1 z^{-1} + 1}$	$\omega_l = $ 下频带截止频率 $\omega_u = $ 上频带截止频率 $a_1 = 2\alpha/(K+1)$ $a_2 = (1-K)/(1+K)$ $\alpha = \dfrac{\cos[(\omega_u + \omega_l)/2]}{\cos[(\omega_u - \omega_l)/2]}$ $K = \tan\dfrac{\omega_u - \omega_l}{2} \tan\dfrac{\omega_p}{2}$

因为频率变换既可在模拟域也可在数字域实现，所以滤波器设计者需要作出选择。然而，必须慎重考虑所设计滤波器的类型。我们知道，由于混叠问题，利用冲激不变方法和导数映射方法设计高通滤波器和许多的带通滤波器是不合适的。因此，我们不应该利用模拟频率变换将这两项映射结果转变到数字域，而更好地是利用这两种映射中的任何一种将模拟低通滤波器映射成数字低通滤波器，然后在数字域内完成频率变换，这样避免了混叠问题。

在双线性变换的情况下，不存在混叠问题，无论是在模拟域执行频率变换还是在数字域执行频率变换都无关紧要。事实上，只有在这种情况下，这两种方法产生的数字滤波器相同。

6.5 小 结

我们已经相当详细地描述了有关设计 FIR 数字滤波器和 IIR 数字滤波器的最重要的方法。这些方法或者建立在用理想频率响应 $H_d(\omega)$ 表示的频域技术指标的基础上，或者是建立在通过理想冲激响应 $h_d(n)$ 表示的时域技术指标的基础上。

通常，FIR 滤波器用于需要线性相位滤波器的应用中。在许多应用中，要求滤波器具有线性相位，特别是在通信中，多路解码过程要求在不造成信号失真的情况下，分离（多路解码）已被频分复用的数据信号。在所描述的设计 FIR 滤波器的几种方法中，频率采样方法和最佳切比雪夫逼近方法得出的结果最好。

一般来说，IIR 滤波器用在允许一定的相位失真的应用中。在 IIR 滤波器类型中，在阶数较低或者系数较少这个意义上，椭圆滤波器是最有效的实现。当与 FIR 滤波器相比时，椭圆滤波器也是更加有效的。考虑到这一点，①我们应该利用椭圆滤波器来获得理想的选频特性；②利用一个全通的相位补偿器来补偿在椭圆滤波器中的相位失真。然而，实现这一想法又增加了很多以级联组合形式的滤波器的系数，从而系数的个数等于或超过等效的线性相位 FIR 滤波器。因此，在相位补偿椭圆滤波器的应用中，计算复杂度没有降低。

第 7 章

数字谱分析

信号分析和信号处理的目的是要提取或利用信号某些特征的变化规律。信号既可以从时域描述，又可以从频域描述，两种描述方法之间存在着——对应关系。在某些情况下，信号的频域描述方法比信号的时域描述方法更为简单，更容易理解和识别。

数字谱分析是指用数字的方法求信号的离散近似谱。随着快速傅里叶变换（FFT）算法的出现和超大规模集成电路技术的发展，谱分析技术的重点也从模拟方法转向数字方法，从非实时转向实时处理，进入了一个新的阶段并得到迅速发展。在许多工程技术领域，数字谱分析已成为不可缺少的技术手段，例如，对建筑桥梁、机车车辆等结构动力学参数（如应力、应变、振动、加速度、速度、位移及频率特性等）的测量与分析，就需要通过谱分析找出主频率与结构自振频率的关系，求得结构自振频率和振型，以判断结构的完好程度，为设计及故障诊断提供依据。数字谱分析技术还广泛应用于通信、控制、雷达、声呐、语音处理、图像处理、生物医学、地球物理等许多领域。

表征物理现象的各种信号，可以分为确定性信号和随机信号两大类。确定性信号可以用频谱描述，而随机信号则用功率谱来描述。本章首先介绍确定性信号的数字谱分析，然后介绍随机信号的数字谱分析。

7.1 确定性信号谱分析

所谓确定性连续时间信号，是指在时间上连续并且其值可以用某个数学表达式惟一确定的信号。正弦信号、指数信号等都属于确定性信号。例如，电容的充放电过程就可以用确定性信号来描述。确定性信号的频谱可以通过对其求傅里叶变换得到。离散傅里叶变换（DFT）/快速傅里叶变换（FFT）是进行信号频谱分析最常用的方法。

7.1.1 数据预处理

用 FFT 方法分析确定性连续时间信号的系统，如图 7-1 所示。

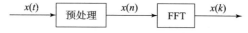

$$x(t) \longrightarrow \boxed{预处理} \xrightarrow{x(n)} \boxed{FFT} \xrightarrow{x(k)}$$

图 7-1 用 FFT 方法分析确定性连续时间信号的系统方框图

对确定性连续时间信号 $x(t)$ 进行 FFT 分析，首先要对 $x(t)$ 进行数据预处理。数据预处理可以等效成以下 3 步。

（1）用矩形窗截取一段 $x(t)$，得到如 $x_1(t)$，即

$$x_1(t) = x(t)\omega(t) \qquad (7-1)$$

式中，
$$\omega(t) = \begin{cases} 1, 0 \leq t \leq T_1 \\ 0, \text{其他} \end{cases}$$

其示意图如图 7 – 2（b）所示。

（2）用冲激信号 $\delta_r(t) = \sum_{n=0}^{N-1}\delta(t-nT)$，在 $0 \leq t \leq T_1$ 区间对 $x_1(t)$ 进行抽样，得到时间抽样信号 $x_s(t)$，即

$$x_s(t) = \sum_{n=0}^{N-1}x_1(t)\delta(t-nT_s) \qquad (7-2)$$

式中，T_s 为抽样时间间隔，抽样点数 $N = \dfrac{T_1}{T_s}$。抽样信号及其频谱如图 7 – 2（c）所示。

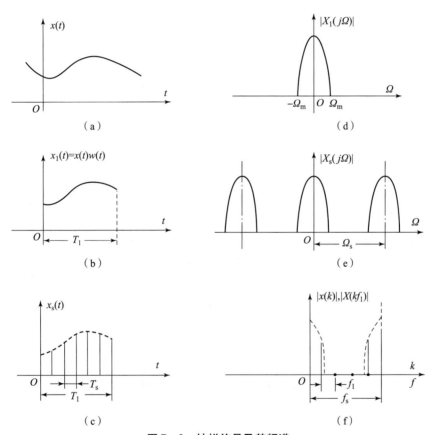

图 7 – 2　抽样信号及其频谱

（a）连续时间信号 $x(t)$；（b）矩形窗截取段 $x_1(t)$；（c）抽样信号；（d）$x_1(j\Omega)$ 的幅度谱；

（e）$x_s(j\Omega)$ 的幅度谱；（f）抽样信号离散傅里叶变换

（3）对抽样时间信号 $x_s(t)$ 进行量化，得到序列 $x(n)$。如果量化为无限精度，即量化误差为 0，则可认为

$$x(n) = x(nT_s) = x_s(t)$$

在实际应用时，有时还需对信号进行去除均值、去除趋势项等处理，以提高信噪比，改善谱分析质量。

7.1.2　用 $X(k)$ 近似表示频谱时的基本关系

抽样时间信号 $x_s(t)$ 的傅里叶变换为

$$X_s(j\Omega) = \int_{-\infty}^{\infty} x_s(t) e^{-j\Omega t} dt \tag{7-3}$$

把式（7-2）代入式（7-3）得

$$
\begin{aligned}
x_s(j\Omega) &= \int_{-\infty}^{\infty} \sum_{n=0}^{N-1} x_1(t) \delta(t - nT_s) e^{-j\Omega t} dt \\
&= \sum_{n=0}^{N-1} \int_{-\infty}^{\infty} \sum_{n=0}^{N-1} x_1(t) e^{-j\Omega t} \delta(t - nT_s) dt \\
&= \sum_{n=0}^{N-1} x_1(nT_s) e^{-j\Omega n T_s}
\end{aligned} \tag{7-4}
$$

令 $s = j\Omega$，可得

$$X_s(j\Omega) = \frac{1}{T_s} \sum_{m=-\infty}^{\infty} X_1(j\Omega - jm\Omega_s) \tag{7-5}$$

即冲击抽样信号的频谱 $X_s(j\Omega)$ 是其相应模拟信号 $x_1(t)$ 的频谱以 Ω_s 为周期的周期延拓，只是其幅度为原来的 $1/T_s$。$X_1(j\Omega)$ 的幅度谱如图 7-2（d）所示。这样由式（7-4）、式（7-5）得到

$$X_s(j\Omega) = \frac{1}{T_s} \sum_{m=-\infty}^{\infty} X_1(j\Omega - jm\Omega_s) = \sum_{n=0}^{N-1} x_1(nT_s) e^{-j\Omega n T_s} \tag{7-6}$$

其幅度谱如图 7-2（e）所示。由奈奎斯特抽样定理知道，当 Ω_s 大于 2 倍的 $X_1(j\Omega)$ 的最高频率分量 Ω_m 时，$X_s(j\Omega)$ 将重复地再现 $X_1(j\Omega)$ $\left(\text{幅度为其} \dfrac{1}{T_s}\right)$。因此，在 Ω_s 大于 2 倍的 $X_1(j\Omega)$ 最高频率分量 Ω_m 的情况下，截取 $X_s(j\Omega)$ 中的一个周期 $(0, \Omega_s)$，并在频域对其进行 N 点抽样，因为 $\Omega = 2\pi f$，$X_s = 2\pi f_s$，且抽样间隔 $f_1 = f_s/N$，$f = kf_1$，这样式（7-6）可以写成

$$X_s(kf_1) = \frac{1}{T_s} X_1(kf_1) = \sum_{n=0}^{N-1} x_1(nT_s) e^{-j2\pi kf_1 n T_s} \tag{7-7}$$

因为 $f_1 T_s = \dfrac{f_s}{N} T_s = \dfrac{1}{N}$，所以

$$X_s(kf_1) = \frac{1}{T_s} X_1(kf_1) = \sum_{n=0}^{N-1} x_1(nT_s) e^{-j\frac{2\pi}{N}nk}$$

设 $x(n) = x_1(nT_s)$，$W = e^{-j\frac{2\pi}{N}}$，则

$$X_s(kf_1) = \frac{1}{T_s} X_1(kf_1) = \sum_{n=0}^{N-1} x(n) W_N^{nk} = X(k) \tag{7-8}$$

式（7-7）就是离散傅里叶变换公式。式（7-8）表明，当满足 $\Omega_s \geqslant 2\Omega_m$ 条件时，抽样信号的离散傅里叶变换值 $X(k)$ 等于对所截取的有限长时间信号 $x_1(t)$ 的连续傅里叶变换 $X_1(j\Omega)$ 的抽样，在幅度上为其 $1/T_s$，即

$$X(k) = \frac{1}{T_s} X_1(kf_1), \; 0 \leqslant k \leqslant N - 1 \tag{7-9}$$

更一般的结论，由式（7-6）、式（7-7）得到

$$X_s(kf_1) = X(k) \tag{7-10}$$

即假设抽样与计算的误差均为 0，抽样信号离散傅里叶变换值 $X(k)$ 等于抽样信号连续傅里叶变换的抽样，如图 7 - 2（f）所示。

7.1.3　用 FFT 分析确定性连续时间信号

1. 有限长时间信号

由傅里叶变换可知，信号 $x(t)$ 在时间上为有限长，则其频谱 $X(j\Omega)$ 宽度为无限长，如图 7 - 3（a）所示。

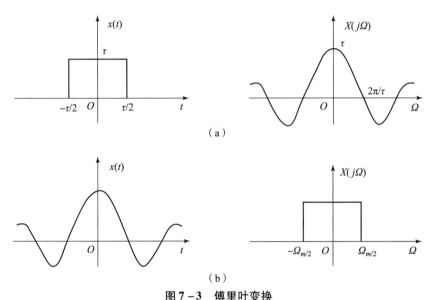

图 7 - 3　傅里叶变换

（a）时间有限长；（b）时间无限长

因为 $X(j\Omega)$ 的宽度为无限长，抽样频率 Ω_s 不可能大于信号 $x(t)$ 高频率 Ω_m，所以抽样信号频谱 $X_s(j\Omega)$ 必然发生混叠。$X_s(j\Omega)$ 在高频端与 $X_1(j\Omega)$ 有较大误差，因此只能用 $T_s X(k) \approx X_1(kf_1)$ 做近似分析。

为了减小混叠引起的误差，采用抗混叠滤波器，把输入信号的频带限制在一定范围，配以适当的抽样频率，就有可能很好地满足精度要求。

2. 无限长时间信号

由傅里叶变换知道，信号 $x(t)$ 在时间上为无限长，其频谱 $X(j\Omega)$ 宽度为有限长，如图 7 - 3（b）所示。

首先将无限长信号 $x(t)$ 进行截短，由式（7 - 1）可知

$$x_1(t) = x(t)\omega(t)$$

根据傅里叶变换性质，有

$$X_1(j\Omega) = X(j\Omega) * W(j\Omega) \tag{7 - 11}$$

式中，$W(j\Omega)$ 为矩形窗 $\omega(t)$ 的频谱。

在频域对式（7 - 11）进行抽样，并结合式（7 - 9）可得

$$X_1(kf_1) = X(kf_1) * W(kf_1) = T_s X(k)$$

因此，$T_s X(k)$ 只能是 $X(kf_1)$ 的近似表示，近似程度取决于窗函数性质，即 $W(kf_1)$ 的性质。

而矩形窗函数频谱除主瓣之外，还有较大的旁瓣泄漏，与 $X(j\Omega)$ 卷积后，使 $X(j\Omega)$ 也产生波动和泄漏。

为减小泄漏引起的误差，可选择不同的窗函数来加以克服。

3. 周期信号

周期信号是无限长确定性连续时间信号的一个特例。

设 $x(t)$ 是周期为 T_0 的周期信号，其傅里叶级数展开式为

$$x(t) = \sum_{m=-\infty}^{\infty} X(mf_0) e^{jm2\pi f_0 t} \tag{7-12}$$

式中，傅里叶级数系数

$$X(mf_0) = \frac{1}{T_0} \int_{-T_0/2}^{T_0/2} x(t) e^{-jm2\pi f_0 t} dt \tag{7-13}$$

采用图 7-1 所示系统对 $x(t)$ 进行分析，加矩形窗截短信号可得

$$x_1(t) = x(t)\omega(t)$$

设

$$\omega(t) = \begin{cases} 1, & t \leq \left|\dfrac{T_0}{2}\right| \\ 0, & \text{其他} \end{cases}$$

也就是说，窗长度恰好取周期信号的一个周期。这样，截取信号 $x_1(t)$ 的傅里叶变换为

$$X_1(j\Omega) = \int_{-\infty}^{\infty} x(t)w(t) e^{-j\Omega t} dt = \int_{-T_0/2}^{T_0/2} x(t) e^{-j\Omega t} dt \tag{7-14}$$

比较式 (7-13)、式 (7-14) 不难得出

$$X(mf_0) = \frac{1}{T_0} X_1(j\Omega)\Big|_{\Omega=2\pi mf_0} \tag{7-15}$$

当矩形窗函数的宽度为周期信号周期的正整数倍时，即

$$\omega(t) = \begin{cases} 1, & t \leq \left|i\dfrac{T_0}{2}\right|, \ i \ \text{为正整数} \\ 0, & \text{其他} \end{cases}$$

同理可证

$$X(mf_0) = \frac{1}{iT_0} X_{1i}(j\Omega)\Big|_{\Omega=2\pi mf_0} \tag{7-16}$$

式中，

$$X_{1i}(j\Omega) = \int_{-iT_0/2}^{iT_0/2} x(t) e^{-j\Omega t} dt$$

对 $X_{1i}(j\Omega)$ 进行抽样，令抽样点数 $N = \dfrac{iT_0}{T_s}$，根据式 (7-9) 则有

$$X_{1i}(kf_1) = T_s X(k) \tag{7-17}$$

当 $kf_1 = mf_0$ 时，式 (7-16) 成为

$$X(mf_0) = \frac{T_s}{iT_0} X(k) \tag{7-18}$$

将抽样点数 $N = iT_0/T_s$，代入式 (7-18) 可得

$$X(mf_0) = \frac{1}{N} X(k) \tag{7-19}$$

将 $f_1 = \dfrac{1}{iT_0}$ 代入 $kf_1 = mf_0$，可得 $k\dfrac{1}{iT_0} = mf_0$，即

$$m = k/i \tag{7-20}$$

根据式（7-19）、式（7-20）得出结论：对于周期信号任意截取 i 个周期（i 为正整数），求其离散傅里叶变换 $X(k)$，在 k/i 的整数倍频率点上将 $X(k)$ 乘以 $1/N$，即得周期信号傅里叶级数的系数 $X(mf_0)$。

应该强调指出：对于周期信号，其傅里叶系数 $X(mf_0)$ 为无穷项，而 $X(k)$ 为有限项。式（7-19）仅在有限项内适用，因此 $X(k)$ 仍然是 $X(mf_0)$ 的近似表示。

当窗函数宽度不是信号 $x(t)$ 的周期 T_0 的整数倍时，周期信号基频 f_0 就不可能是其 FFT 分析频率间隔 f_1 的整数倍，因此很难简单、直接地建立起周期信号傅里叶级数系数 $X(mf_0)$ 与其离散傅里叶变换 $X(k)$ 之间的关系。

由于非周期信号（周期信号截短后也为非周期信号）具有连续的频谱，而用 FFT 只能计算出其离散频谱，即连续频谱中的若干点，这就好像通过栅栏的缝隙观看另一边，只能在离散点处看到真实的频谱，这种现象称为"栅栏效应"。此时，FFT 像一个"栅栏"用来观察周期信号的离散频谱，而这些离散谱恰恰是处于透过栅栏观察不到的部分。克服这种现象的办法是：提高 FFT 的频谱分辨率，即减少 $f_1\left(f_1 = \dfrac{1}{T_1}\right)$，也就是要增加观测时间 T_1。

综上所述，用 FFT 分析确定性连续时间信号只能是一种近似分析，可能带来 3 种误差：

（1）混叠：对于频带很宽的信号，频域的截短必然产生混叠。经常采用克服混叠的办法是：尽可能地提高抽样频率和在信号输入端加抗混叠滤波器。

（2）泄漏：对于时域很宽的信号，时域的截短将产生频域能量泄漏。目前克服泄漏的主要办法是选择合适的窗函数进行加窗处理。泄漏和混叠并不能完全分开，因为泄漏会导致频谱扩展，从而使频谱超过 $\Omega_s/2$，造成混叠。

（3）栅栏效应：由于 FFT 是将一幅连续的频谱进行 N 点抽样，这就好像对一幅频谱图通过一个"栅栏"观察一样，只能在离散点处看到真实图形。如果不加特殊处理，在 DFT 的两条谱线之间的频谱分量是无法检测到的。减少栅栏效应的实质就是要提高 DFT 的分辨率。目前，有很多有效的方法可以提高分辨率，例如 ZFFT 是一种频谱细化技术（也称电子放大镜法），这种方法在取样点数不变的情况下比直接计算 DFT 的分辨率提高若干倍。还有 CZT 算法（也称线性调频 z 变换算法）。

7.1.4　谱分析参数选取

正确选取谱分析参数对保证谱分析质量十分重要。谱分析参数主要包括：信号记录长度 T_1；信号谱分辨率 f_1；信号抽样间隔 T_s；信号抽样频率 f_s；信号上限频率 f_m；抽样点数 N。

谱分析参数之间满足以下关系式：

$$f_s \geqslant 2f_m \tag{7-21}$$

$$T_1 = 1/f_1 \tag{7-22}$$

$$T_s = 1/f_s \tag{7-23}$$

$$N = \frac{T_1}{T_s} = f_s/f_1 \tag{7-24}$$

7.2 随机信号

7.2.1 基本概念

随机信号是不能用明确的数学关系描述、无法精确预测未来值的信号。严格地说，实际信号大多数是随机的，如语音信号、通信信号和地震信号等。随机信号也有其固有的规律，不过这种规律是通过大量的观测试验所得到的统计规律。电阻的热噪声是由于载流子在电阻体内热运动引起的，它在任一时刻的值都是随机变量，它与电阻的材料、结构、工艺、环境等许多因素有关。例如，测量阻值为 1 kΩ 电阻的热噪声电压—时间函数曲线，即使在"完全"相同的测量条件下，测若干只"相同"的 1 kΩ 电阻，也不会得到完全相同的电压—时间函数曲线。1 kΩ 电阻的样本曲线如图 7 − 4 所示。

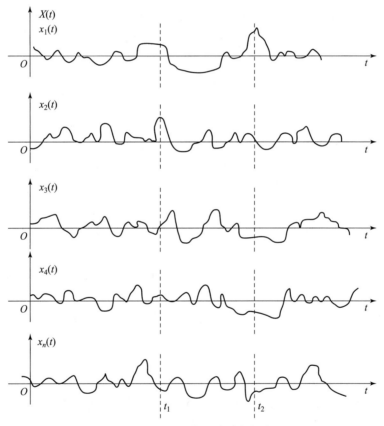

图 7 − 4 1 kΩ 电阻的样本曲线

当时间 t 固定在某一时刻 t_1 时，各样本取值 $x_1(t_1)$，$x_2(t_1)$，$\cdots$，$x_n(t_1)$ 是大小各不相同的值，其集合用 $X(t_1)$ 表示，则 $X(t_1)$ 是定义在样本空间上的随机变量；当 t 取不同的固定值 t_1，t_2，$\cdots$，t_n 时，$X(t)$ 就是一族随机变量 $X(t_1)$，$X(t_2)$，$\cdots$，$X(t_n)$，而这一族随机变量是随着时间而变化的。如果 t 的取值是离散的，即 t 为离散值时才有定义，则称 $X(t)$ 为一族随机序列。若 t 仅在等间隔时间点上有定义，$t = kT$，k 为整数，则 $X(t)$ 构成一族随机变

量 $X(-T)$，$X(0)$，$X(T)$，…，称为等间隔离散随机序列 $x(n)$。

随机序列具有以下两条基本性质。

(1) 随机序列在任何一点的取值都不是先验确定的。它包含二重意义，如图 7-4 所示，任何一点（n 为某确定值），样本不同取值是随机的，同一样本在不同点（n 取不同值）的取值也是随机的。所以随机序列在任何一点的取值都是一个随机变量。

(2) 随机序列可以用它的统计平均特性来表征。随机序列在任何 n 值点上取值虽然不是先验确定的，但在各时间点上的随机变量的取值是服从确定的概率分布的。一个随机序列的每一个随机变量，都可以用确定的概率分布特性通过统计加以描述，或者可以通过统计平均特性来表征它。用统计平均的方法可以得到随机序列在每一个时刻可以取哪几种值和取各种值的概率，以及各时间点上取值的关联性。

7.2.2　概率分布函数和概率密度函数

对于任一固定时刻，随机过程便是一个随机变量，这时可以用研究随机变量的方法来研究随机过程的统计特征。概率分布函数和概率密度函数是从幅度域描述随机变量或随机序列的有关统计特性的。概率分布函数 $P(x)$ 的定义为

$$P(x) = \mathrm{Prob}\{X < x\} \tag{7-25}$$

概率密度函数 $p(x)$ 的定义为

$$p(x) = \frac{\mathrm{d}P(x)}{\mathrm{d}x} \tag{7-26}$$

表示随机变量 X 落入区间 $x \sim x + \mathrm{d}x$ 之间的概率。

图 7-5 给出概率密度函数与概率分布函数之间的关系：

概率密度曲线下的面积表示概率分布函数。

随机变量概率函数的概念可以推广到随机过程，所不同的只是随机过程（或信号）的概率分布函数和概率密度函数除了是 x 的函数外，还是时间 t 的函数，即：

概率分布函数为

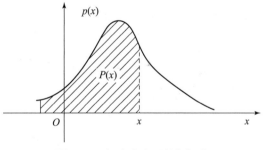

图 7-5　概率密度函数与概率
分布函数关系示意图

$$P(x,t) = \mathrm{Prob}\{X(t) < x\} \tag{7-27}$$

概率密度函数为

$$p(x,t) = \frac{\delta P(x,t)}{\delta x} \tag{7-28}$$

如果要描述一个随机过程在两个不同时刻 t_1 与 t_2 上的随机变量 $X(t_1)$、$X(t_2)$ 之间的关系，可引入二维联合分布函数。即随机过程 $X(t)$ 在 $t = t_1$ 时，$X(t_1) < x_1$；在 $t = t_2$ 时，$X(t_2) < x_2$；二者同时出现的概率用 $\mathrm{Prob}\{X(t_1) < x_1, X(t_2) < x_2\}$ 表示，其概率密度为

$$p(x_1, x_2; t_1, t_2) = \frac{\delta P\{X(t_1) < x_1, X(t_2) < x_2\}}{\delta x_1 \delta x_2} \tag{7-29}$$

如果一个随机过程是平稳的，概率密度函数不随时间变化而变化，则用二维分布函数就可以充分描述这种平稳随机过程。

7.2.3 数字特征

概率分布函数虽然能够用来描述随机过程的统计特性，但在许多实际问题中要确定一个概率分布函数往往要通过大量试验才能近似地求出其表达式，且计算复杂，使用也不方便。事实上许多问题的解决，往往只需知道随机信号的一些数字特征就够了，而不需要对随机过程进行全面的描述，因此用数字特征研究随机信号有着重要意义。常用的数字特征有数学期望、方差及自相关函数。

1. 数学期望

随机序列的数学期望定义为

$$m_a = E[X] = \lim_{N \to \infty} \frac{1}{N} \sum_{i=1}^{N} x_i(n) \tag{7-30}$$

式中，$x_i(n)$ 为第 i 次观察所得到的样本序列。

数学期望也称为一阶原点矩。

2. 均方误差

随机序列的均方误差定义为

$$E[X^2] = \lim_{N \to \infty} \frac{1}{N} \sum_{i=1}^{N} x_i^2(n) \tag{7-31}$$

3. 方差

方差用来说明随机信号各可能值对其平均值的偏离程度，是信号起伏特征的一种度量，它定义为观察值偏离其平均值平方的数学期望，用符号 δ^2 表示，即

$$\delta^2 = E[(X - m_a)^2] = \lim_{N \to \infty} \frac{1}{N} \sum_{i=1}^{N} [x_i(n) - m_a]^2 \tag{7-32}$$

方差与数学期望的关系如下：

$$\delta^2 = E[(X - m_a)^2] = E[X^2 - 2m_a X + m_a^2]$$
$$= E[X^2] - 2m_a E[X] + m_a^2 = E[X^2] - m_a^2 \tag{7-33}$$

δ^2 可理解为电压（或电流）的起伏分量在 $1\ \Omega$ 电阻上的平均耗散功率。

将式（7-33）写成

$$E[X^2] = \delta^2 + m_a^2$$

其意义为：平均功率 = 交流功率 + 直流功率。

4. 自相关函数

数学期望和方差是常用的特征量，但它们描述的是随机过程在各个时刻的统计特性，而不能反映出在不同时刻各数值之间的内在联系。如图 7-6 所示，两个不同随机变量虽然具有相同的数学期望和方差，但它们随时间的变化规律却大不相同。图 7-6（a）变化快，说明不同时刻取值相关性比较弱；图 7-6（b）变化慢，说明不同时刻取值相关性较强。

自相关函数描述随机过程在任意两个不同时刻 t_1、t_2 取值之间的相关程度，其定义为

$$r_{xx}(m) = E[x(n)x(n+m)] = \int_{-\infty}^{\infty} \int_{-\infty}^{\infty} x_1 x_2 p[(x_1, x_2; m) \mathrm{d}x_1 \mathrm{d}x_2] \tag{7-34}$$

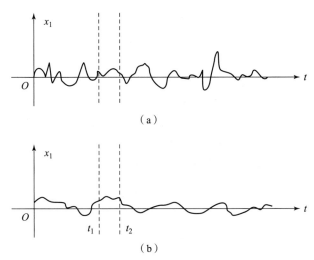

图7-6 相关性对随机过程影响

（a）前、后弱相关；（b）前、后强相关

对于两个随机过程 $\{x(n)\}$、$\{y(n)\}$ 的相关性，可以用互相关函数描述，其定义为

$$r_{xy}(m) = E[x(n)y(n+m)] = \int_{-\infty}^{\infty}\int_{-\infty}^{\infty} xyp(x,y;m)\mathrm{d}x\mathrm{d}y \qquad (7-35)$$

自相关函数具有如下性质：

（1）自相关函数是一个偶函数，即

$$r_{xx}(m) = r_{xx}(-m) \qquad (7-36)$$

（2）自相关函数与数学期望、方差的关系为

$$r_{xx}(0) = \sigma^2 + m_a^2 \qquad (7-37)$$

$$r_{xx}(\infty) = m_a^2 \qquad (7-38)$$

（3）方差

$$\sigma^2 = r_{xx}(0) - r_{xx}(\infty) \qquad (7-39)$$

自相关函数、数学期望、方差之间的关系如图 7-7 所示。

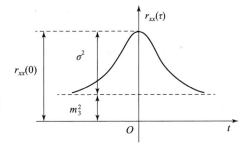

图7-7 自相关函数、数学期望、方差之间的关系

7.2.4 随机过程的分类

按随机过程的特性可将随机过程分类，如图 7-8 所示。

$$随机过程\begin{cases}平稳随机过程\begin{cases}各态历经平稳随机过程\\非各态历经平稳随机过程\end{cases}\\非平稳机过程\end{cases}$$

图7-8 随机过程的分类

平稳随机过程的统计特性与时间无关。工程上常用的判断标准是其数学期望及其自相关函数与时间无关。

实际上，对于一个被研究的随机过程，如果环境和主要条件都不随时间变化，则一般可以认为是平稳的。在工程领域中所遇到的过程很多都可以认为是平稳的。

非平稳随机过程的数学期望和自相关函数随时间而变化。随机过程处于过渡阶段总是非平稳的。这类随机过程尚无完整的分析方法。

所谓各态历经过程，就是平稳随机过程的一个样本函数在无限长时间内的平均值，从概率意义上趋于所有样本函数的统计平均值。也就是说，一个样本函数在无限长时间内所经历的状态等同于无限个样本在某一时刻经历的各种状态。因此随机过程的任何一个样本函数都可以用来描述随机过程的全部统计信息，任何一个样本函数特性都可以代表整个随机过程特性，从而使实际问题的分析大大简化。

对于离散随机过程，其集平均和集相关函数分别为

$$\begin{cases} E[x_i(n)] = \lim_{N \to \infty} \dfrac{1}{N} \sum_{i=1}^{N} x_i(n), \text{对于 } N \text{ 个样本} \\ E[x_i(n)x_i(n+m)] = \lim_{N \to \infty} \dfrac{1}{N} \sum_{i=1}^{N} [x_i(n)x_i(n+m)], \text{对于 } N \text{ 个样本} \end{cases}$$

定义在某一样本上的均值和自相关函数分别为

$$\begin{cases} E[x(n)] = \lim_{N \to \infty} \dfrac{1}{N} \sum_{n=0}^{N-1} x(n) \\ E[x(n)x(n+m)] = \lim_{N \to \infty} \dfrac{1}{N} \sum_{n=0}^{N-1} x(n)x(n+m) \end{cases}$$

对于各态历经过程，集平均等于任一样本上的平均；集相关函数等于任一样本上的相关函数，即

$$m_a = E[x(n)] = E[x_i(n)]$$
$$r_{xx}(m) = E[x(n)]E[x(n+m)] = E[x_i(n)x_i(n+m)]$$

应该指出，各态历经随机过程必定是平稳的，而平稳随机过程不一定都具有各态历经性。如不特殊说明，以下各节针对各态历经过程进行讨论。

7.2.5　维纳—辛钦定理

维纳—辛钦定理：当 $m_a = 0$ 时，自相关函数 $r_{xx}(n)$ 与功率谱密度 $P_{xx}(\omega)$ 是一对傅里叶变换对，即

$$\begin{cases} P_{xx}(\omega) = \sum_{N=-\infty}^{\infty} r_{xx}(n) e^{-j\omega n} & (7-40a) \\ r_{xx}(n) = \dfrac{1}{2\pi} \int_{-\pi}^{\pi} P_{xx}(\omega) e^{j\omega n} d\omega & (7-40b) \end{cases}$$

维纳—辛钦定理揭示了从时间角度描述随机信号统计规律和从频率角度描述随机信号统计规律之间的联系。

在式（7-40b）中，令 $n=0$，则

$$r_{xx}(0) = \sigma^2 = \frac{1}{2\pi} \int_{-\pi}^{\pi} P_{xx}(\omega) d\omega$$

又因为

$$\sigma^2 = E[x^2(n)] - m_a^2 = E[x^2(n)]$$

所以

$$E[x^2(n)] = \frac{1}{2\pi} \int_{-\pi}^{\pi} P_{xx}(\omega) d\omega \qquad (7-41)$$

式中，$E[x^2(n)]$ 为信号平均功率，所以式（7-41）说明 $P_{xx}(\omega)$ 在 $-\pi \leqslant \omega \leqslant \pi$ 频域内的积分面积正比于信号平均功率。因此，$P_{xx}(\omega)$ 的物理意义是 $\{x(n)\}$ 的平均功率密度，一般

称 $P_{xx}(\omega)$ 为功率谱密度。

当 $x(n)$ 为实平稳序列时，$r_{xx}(n)$ 为实偶函数，故 $P_{xx}(\omega)$ 也为实偶函数，即

$$P_{xx}(-\omega) = P_{xx}(\omega) \qquad (7-42)$$

另外，功率谱密度 $P_{xx}(\omega)$ 是非负的，并且不含有相位信息。

以上定义功率谱密度时，假定随机信号的均值为 0。对于均值不为 0 的随机信号，可以重新定义一个 0 均值随机信号：$\{x(n)\} - m_a$，将其均值置为 0，这对于随机信号的频谱分析不会带来任何影响。

无限长信号功率谱密度函数可以这样理解：它是无限多个无限长信号样本函数的功率谱密度函数的集合平均。假设各态历经过程成立，并且功率谱密度不含有相位信息，则可认为各态历经信号一个样本的功率谱密度蕴含着集合统计平均的实际信息。这样，一个样本的功率谱密度函数和自相关函数就代表了随机信号的统计平均特性。

7.3　功率谱估计

7.3.1　概述

对于 7.2 节中介绍的维纳—辛钦定理的功率谱密度 $P_{xx}(\omega)$、自相关序列 $r_{xx}(m)$ 及集平均的公式，理论上，只要已知随机过程的一个取样序列的所有数据，就能计算出自相关值 $r_{xx}(m)$，进而求得随机过程的功率谱密度 $P_{xx}(\omega)$。但在实际中，除非 $x(n)$ 可以用解析法精确地表示出来，否则是不能实现的。那么，我们所得到的谱估计，相对真实功率谱都不可避免地存在着不同程度的失真，因此，对功率谱的估计就显得尤为重要。

功率谱估计涉及概率统计、矩阵代数、信号与系统、随机过程等一系列的基础学科，同时广泛应用于通信、雷达、声呐、天文、生物医学等众多领域，其内容不断扩充，方法不断更新，已成为一个相当活跃的研究领域。

功率谱估计方法分为经典方法和现代方法两大类。谱估计的经典方法以傅里叶变换为基础，主要包括自相关函数法和周期图法以及周期图法的改进算法。

英国科学家牛顿最早提出了"谱"的概念。1722 年，法国工程师傅里叶提出了傅里叶谐波分析理论，傅里叶级数首先应用于观察自然界中的周期现象。1797 年，苏赫尔（Suchuster）在研究太阳黑子数的周期性时首先提出了傅里叶系数的幅度平方作为函数中功率的测量，并命名为周期图法，这是经典谱估计的最早提法。但是，周期图法计算的是已知数据序列的傅里叶变换，在实际应用中，已知数据序列长度总是比取样序列的长度长得多，因此，直到 1965 年，快速傅里叶变换算法的出现，周期图法才得到广泛的应用。自相关函数法又称 Blackman – Tukey 法（简称 B – T 法），是布莱克曼（Blackman）和图基在 1957 年提出的，此法首先根据序列得到自相关序列的估计——取样自相关函数，然后根据维纳—辛钦定理计算取样自相关函数的傅里叶变换，以得到功率谱估计。周期图法和自相关函数法的计算结果是完全等效的，因此有人把周期图法称为计算周期图的直接法，而把自相关函数法称为计算周期图的间接法。

无论是有限长数据序列还是有限长自相关序列，都可看成是有限宽度窗从对应的无限长数据序列或无限长自相关序列中截取出来的，这种方法造成了频率分辨率低和频谱能量向旁

瓣泄漏这两个经典谱估计方法的固有缺陷。科研人员相继提出了一系列的周期图法的改进方法，但这些方法使得周期图仅适用于数据记录较长和对频率分辨率不高的情况，而不能从根本上改善周期图的性能；同时，这些方法也必然会带来估计误差，在某些情况下，甚至会出现因误差过大而估计错误的现象。特别是对于短时间序列的谱估计，加窗后旁瓣的影响会降低功率谱的分辨率。为了克服经典功率谱估计分辨率低的缺点，近年来科研人员提出了最大似然法（MVSE）和最大熵法（MESE）来实现高分辨率功率谱估计。

在很多实际应用中，如地震勘探、水声信号处理与识别、远距离通信，激励信号往往是非高斯的，系统函数不是最小相位的，甚至是非线性的，测量噪声也往往不是白色的。这就需要用高阶谱来分析信号，从观测数据中获得相位信息，并使分析具有抗有色高斯噪声干扰的能力。

7.3.2 谱估计的经典方法

由维纳—辛钦定理可知，随机信号的功率谱密度为其自相关函数的傅里叶变换，即

$$P_{xx}(\omega) = \sum_{m=-\infty}^{\infty} r_{xx}(m)\mathrm{e}^{-\mathrm{j}\omega m} \tag{7-43}$$

式中，相关函数

$$r_{xx}(m) = E[x(n)]E[x(n+m)] \tag{7-44}$$

对于各态历经过程，集合平均可以用时间平均来代替，于是上式可以写成

$$r_{xx}(m) = \lim_{N\to\infty} \frac{1}{2N+1} \sum_{n=-N}^{N} x(n)x(n+m) \tag{7-45}$$

平均运算要求提供无限长（$N\to\infty$，从而 $2N+1\to\infty$）的样本函数。实际上只能获得和处理有限长的样本记录（$0 \leqslant n \leqslant N-1$），自相关函数只能用有限长的样本记录进行统计估计，所得结果为真正自相关函数的一个近似，即

$$r_N(m) = \frac{1}{N} \sum_{n=0}^{N-1} x(n)x(n+m) \tag{7-46}$$

$r_N(m)$ 取非零值区间：$-(N-1) \leqslant m \leqslant (N-1)$，其傅里叶变换为

$$P_N(\omega) = \sum_{m=-\infty}^{\infty} r_N(m)\mathrm{e}^{-\mathrm{j}\omega m} = \sum_{m=-(N-1)}^{N-1} r_N(m)\mathrm{e}^{-\mathrm{j}\omega m} \tag{7-47}$$

所得 $P_N(\omega)$ 也仅是真实功率谱 $P_{xx}(\omega)$ 的一个近似，或称为一个估计。

式（7-46）和式（7-47）给出了功率谱估计的一种方法——自相关函数法。

将式（7-46）代入式（7-47）可得

$$P(\omega) = \sum_{m=-(N-1)}^{N-1} \frac{1}{N} \sum_{n=0}^{N-1} x(n)x(n+m)\mathrm{e}^{-\mathrm{j}\omega m} = \frac{1}{N} \sum_{n=0}^{N-1} x(n) \sum_{m=-(N-1)}^{N-1} x(n+m)\mathrm{e}^{-\mathrm{j}\omega m}$$

令 $l = n+m$，则

$$\sum P(\omega) = \frac{1}{N} \sum_{n=0}^{N-1} x(n) \sum_{l=n-(N-1)}^{n+N-1} x(l)\mathrm{e}^{-\mathrm{j}\omega(l-n)}$$

由于使用有限长度的样本记录在区间，$x(n)$ 在区间 $0 \leqslant n \leqslant N-1$ 以外均为 0 值，故可修改上式中第二个求和符号的上下限，得

$$P_N(\omega) = \frac{1}{N} \sum_{n=0}^{N-1} x(n) \left[\sum_{l=0}^{N-1} x(l)\mathrm{e}^{-\mathrm{j}\omega l} \right] \mathrm{e}^{\mathrm{j}\omega n}$$

$$= \frac{1}{N} \sum_{n=0}^{N-1} x(n) \mathrm{e}^{\mathrm{j}\omega n} X(\mathrm{e}^{\mathrm{j}\omega}) = \frac{1}{N} X^*(\mathrm{e}^{\mathrm{j}\omega}) X(\mathrm{e}^{\mathrm{j}\omega}) = \frac{1}{N} \mid X(\mathrm{e}^{\mathrm{j}\omega}) \mid^2$$

$$(7-48)$$

式（7-47）给出了功率谱估计的另外一种方法——周期图法。

因此，对随机信号进行谱估计有两种方法：①自相关函数法；②周期图法。这两种方法都要用 FFT 进行计算，因此也应考虑混叠、泄漏和栅栏效应问题。

7.3.3　谱估计质量评价方法

设 θ 为随机序列的一个统计特征，它可以是均值、方差、自相关函数或功率谱等。$\hat{\theta}$ 是 θ 的估计，是随机信号 $x(n)$ 在 $(0 \leqslant n \leqslant N-1)$ 区段内随机变量的函数，它可以是标量也可以是矢量，即

$$\hat{\theta} = f(x_0, x_1, x_2, \cdots, x_{N-1})$$

应注意估计量 $\hat{\theta}$ 本身也是一个随机变量，它也存在着均值和方差，此均值和方差可以用来判定所取估计量值的有效程度及估计的质量。

一个良好估计量的概率密度函数 $P(\hat{\theta})$ 应该是狭窄而集中围绕着其真值的。通常用以下 3 个值来评定估计的质量。

1. 偏量

估计随机变量的均值与真值之差定义为此估计量的偏量 B，即

$$B = \theta - E[\hat{\theta}] \qquad (7-49)$$

当估计的偏量为 0 时，则称此估计为无偏估计，这就意味着估计量的均值就是真值，即

$$E[\hat{\theta}] = \theta \qquad (7-50)$$

图 7-9 中估计 1 和估计 2 都是无偏的，若 B 不为 0，则称 $\hat{\theta}$ 是 θ 的有偏估计。如果当 $N \rightarrow \infty$ 时有 $B = 0$，则称 $\hat{\theta}$ 是 θ 的渐近无偏估计。

2. 方差

估计的方差定义为

$$\mathrm{Var}(\hat{\theta}) = E[(\hat{\theta} - E[\hat{\theta}])^2] = \hat{\sigma}^2 \quad (7-51)$$

由于一般平稳随机过程得的幅度概率密度函

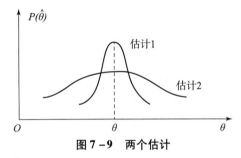

图 7-9　两个估计

数为高斯型，即

$$P_x(\hat{\theta}) = \frac{1}{\sqrt{2\pi}\hat{\sigma}} \mathrm{e}^{\frac{-(\hat{\theta} - \hat{m_a})^2}{2\hat{\sigma}^2}}$$

由此可见，估值的方差 $\hat{\sigma}^2$ 实际上确定了概率密度函数的宽度。一个小的方差表明概率密度 $p(\hat{\theta})$ 集中在其均值周围。换言之，估计的方差描述了它偏离均值的散度，方差越小，偏离散度越小，估值越接近于真值。

图 7-9 中，估计 1 的方差比估计 2 的方差小。方差为最小的估计称为最小方差估计。

3. 均方误差

在许多情况下，具有较小偏量的估计量却具有较大的方差，反之亦然。这就给两个估计评定量之间的比较带来了麻烦。因此定义估计的均方误差为

$$E(\mathrm{e}^2) = E[(\hat{\theta} - \theta)^2] \qquad (7-52)$$

可以证明
$$E(e^2) = B^2 + \hat{\sigma}^2 \tag{7-53}$$

如果观察次数越来越多，均方误差越来越小，使偏量和方差二者都趋近于 0，则这个估计量称为一致估计，如图 7-9 中的估计 1。

通常一种谱估计方法往往不能使上述 3 个评定参数一致，在这种情况下，只能对偏量、最小方差及一致性进行折中处理，尽量满足估计的无偏性、有效性及一致性。

7.4 功率谱估计的自相关函数法

7.4.1 自相关函数的估计

本章 7.2 节中介绍过，定义在某一样本 $x(n)$ 均值和自相关函数分别为

$$E[x(n)] = \lim_{N \to \infty} \frac{1}{N} \sum_{n=0}^{N-1} x(n)$$

$$E[x(n)x(n+m)] = \lim_{N \to \infty} \frac{1}{N} \sum_{n=0}^{N-1} x(n)x(n+m)$$

令 $y_m(n) = x(n)x(n+m)$ 作为相对于 $x(n)$ 滞后 m 的随机过程，对于各态历经过程，集平均可用时间平均来代替，即

$$r_N(m) = \frac{1}{N} \sum_{n=0}^{N-1} x(n)x(n+m)$$

在大多数实际应用中，要确定一个给定的随机过程是否是各态历经过程是不符合实际的。因此，当要知道随机过程的均值、自相关或其他集平均时，一般都假定随机过程是各态历经的。那么各态历经是否合适，应由使用这些估计的算法的性能来决定。

1. 自相关函数的无偏估计

设零均值广义平稳随机过程 $\{x(n)\}$ 是各态历经的，那么

$$r_N(m) = \frac{1}{N} \sum_{n=0}^{N-1} x(n)x(n+m) = \frac{1}{N} \sum_{n=0}^{N-1} y_m(n) \tag{7-54}$$

式中，$y_m(n)$ 称为滞后积。当已知观测数据只是取样序列 $x(n)$ 中的有限个数据（例如 N 个）$x_N(n)$ 时，滞后积 $y_m(n)$ 是一个长为 $N - |m|$ 的序列。不同 m 值的滞后积的序列长度是不同的，因此时间平均可写成下列形式：

$$r'_N(m) = \frac{1}{N-|m|} \sum_{n=0}^{N-1-|m|} x(n)x(n+m) = \frac{1}{N-|m|} = \sum_{n=0}^{N-1-|m|} y_m(n) \tag{7-55}$$

式中，滞后积序列共有 $2N-1$ 个 $[y_m(n)$ 是共轴序列，m 从 $-(N-1)$ 到 $(N-1)$ 取值]，如果随机过程的取样序列 $x(n)$ 是无限长的，那么滞后积序列 $y_m(n)$ 也是无限长的。若随机过程是各态历经的，此时 $r'_N(m)$ 在均方意义上收敛于 $r_{xx}(m)$，即

$$\lim_{N \to \infty} E[|r'_N(m) - r_{xx}(m)|^2] = 0$$

则

$$\lim_{N \to \infty} r'_N(m) = r_{xx}(m) \tag{7-56}$$

换言之，$y_m(n)$ 的时间平均就是随机过程的自相关序列。

为了更好地说明 $r'_N(m)$ 的估计质量，下面我们来讨论一下它的偏量和方差。

（1）偏量。$r'_N(m)$ 的期望值为

$$E[r'_N(m)] = \frac{1}{N-|m|}\sum_{n=0}^{N-1-|m|}E[x(n)x(n+m)]$$

$$= \frac{1}{N-|m|}\sum_{n=0}^{N-1-|m|}r_{xx}(m) = r_{xx}(m), |m| \leqslant N-1$$

因此 $r'_N(m)$ 的偏量为

$$B[r'_N(m)] = r_{xx}(m) - E[r'_N(m)] = r_{xx}(m) - r_{xx}(m) = 0 \tag{7-57}$$

即 $r'_N(m)$ 是 $r_{xx}(m)$ 的无偏估计。

（2）方差。$r'_N(n)$ 的均方值为

$$E[r'_N(m)^2] = \frac{1}{(N-|m|)^2}\sum_{n=0}^{N-1-|m|}\sum_{k=0}^{N-1-|m|}E[x(n)x(n+m)x(k)x(k+m)],$$

$$|M| \leqslant N-1$$

当 $\{x(n)\}$ 是均值为零的白色高斯过程时，有

$$E[(r'_N(m))^2] = \frac{1}{(N-|m|^2)}\sum_{n=0}^{N-1-|m|}\sum_{k=0}^{N-1-|m|}\{E[x(n)x(n+m)]E[x(k)x(k+m)] +$$

$$E[x(n)x(k)]E[x(n+m)x(k+m)] + E[x(n)x(k+m)]$$

$$E[x(n+m)x(k)]\}$$

$$= \frac{1}{(N-|m|)^2}\sum_{n=0}^{N-1-|m|}\sum_{k=0}^{N-1-|m|}[r_{xx}^2(m) + r_{xx}(n-k) + r_{xx}(n-k-m)$$

$$r_{xx}(n-k+m)], |m| \leqslant N-1 \tag{7-58}$$

式中，$\quad \sum_{n=0}^{N-1-|m|}\sum_{k=0}^{N-1-|m|}r_{xx}^2(m) = (N-|m|)^2 r_{xx}(m)$

令 $n-k=r$，n 和 k 均从 $0\sim N-1-|m|$ 取值，故 r 从 $-(N-1-|m|)\sim(N-1-|m|)$ 取值。

当 $r=0$ 时，$n=k$，$r_{xx}^2(r) = r_{xx}^2(n-k)$ 共有 $N-|m|$ 项（从 $0\sim(N-l-|m|)$）；

当 $|r|=1$，时 $n=k\pm1$，$r_{xx}^2(r)$ 共有 $N-|m|-1$ 项；

当 $|r|=N-1-|m|$ 时，$r_{xx}^2(r)$ 仅有 1 项。

$r_{xx}(r-m)r_{xx}(r+m)$ 情况类似。

因此，具有相同 r 值的 $r_{xx}^2(r)$、$r_{xx}(r-m)r_{xx}(r+m)$，均有 $N-|m|-|r|$ 项，因此

$$E[(r'_N(m))^2] = \frac{1}{(N-|m|)^2}\{(N-|m|)^2 r_{xx}^2(m) + \sum_{r=-(N-1-|m|)}^{N-1-|m|}(N-|m|-|r|)\times$$

$$[r_{xx}^2(r) + r_{xx}(r-m)r_{xx}(r+m)]\}$$

$$= r_{xx}^2(m) + \frac{1}{(N-|m|)^2}\sum_{r=-(N-1-|m|)}^{N-1-|m|}(N-|m|-|r|)\times$$

$$[r_{xx}^2(r) + r_{xx}(r-m)r_{xx}(r+m)] \tag{7-59}$$

所以 $r'_N(m)$ 的方差为

$$\mathrm{Var}[r'_N(m)] = E[r'_N(m)^2] - (E[r'_N(m)])^2 = E[(r'_N(m))^2] - r_{xx}^2(m)$$

$$= \frac{1}{(N-|m|)^2}\sum_{r=-(N-1-|m|)}^{N-1-|m|}(N-|m|-|r|)\times[r_{xx}^2(r) +$$

$$r_{xx}(r-m)r_{xx}(r+m) \tag{7-60}$$

当 $N \gg |m|+|r|$ 时，

$$\mathrm{Var}[r'_N(m)] = \frac{N}{(N-|m|)^2} \sum_{r=-(N-1-|m|)}^{N-1-|m|} [r_{xx}^2(r) + r_{xx}(r-m)r_{xx}(r+m)]$$

可得

$$\lim_{N\to\infty} \mathrm{Var}[r'_N(m)] = 0 \tag{7-61}$$

考虑到 $r'_N(m)$ 是无偏估计，所以 $r'_N(m)$ 是一致估计。当 $|m|$ 接近于 N 时，$y_m(n)$ 非常短，$r'_N(m)$ 将远离 $r_{xx}(m)$，则 $r'_N(m)$ 的方差将很大。

2. 自相关函数的有偏估计

将无偏估计中的系数 $\dfrac{1}{N-|m|}$ 改写为 $\dfrac{1}{N}$，则得到相关序列的另一种估计，表示为

$$r_N(m) = \frac{1}{N} \sum_{n=0}^{N-1-|m|} x(n)x(n+m), \quad -(N-1) \leqslant m \leqslant N-1 \tag{7-62}$$

与 $r'_N(m)$ 比较，得到

$$r_N(m) = \frac{N-|m|}{N} r'_N(m), \quad |m| \leqslant N-1 \tag{7-63}$$

（1）偏量。$r_N(m)$ 的期望值为

$$E[r_N(m)] = \frac{N-|m|}{N} E[r'_N(m)] = \frac{N-|m|}{N} r_{xx}(m), \quad |m| \leqslant N-1$$

因此，$r_N(m)$ 的偏量为

$$B[r_N(m)] = r_{xx}(m) - E[r_N(m)] = \frac{|m|}{N} r_{xx}(m), \quad |m| \leqslant N-1 \tag{7-64}$$

当 $N \gg |m|+|r|$ 时，$r_N(m)$ 是 $r_{xx}(m)$ 的有偏估计。

而

$$\lim_{N\to\infty} B[r_N(m)] = r_{xx}(m) - E[r_N(m)] = \frac{|m|}{N} r_{xx}(m) = 0 \tag{7-65}$$

此时 $r_N(m)$ 是渐近无偏估计。

（2）方差。$r_N(m)$ 的方差为

$$\mathrm{Var}[r_N(m)] = \left(\frac{N-|m|}{N}\right)^2 \mathrm{Var}[r'_N(m)] \approx \frac{1}{N} \sum_{r=-(N-1-|m|)}^{N-1-|m|}$$
$$[r_{xx}^2(r) + r_{xx}(r-m)r_{xx}(r+m)]$$

当 $N \gg |m|+|r|$ 或 $N \gg |m|$ 时

$$\lim_{N\to\infty} \mathrm{Var}[r_N(m)] = 0 \tag{7-66}$$

当 $N \to \infty$ 时，考虑到 $r_N(m)$ 是渐近无偏估计，则 $r_N(m)$ 是自相关序列的一致估计。当 N 接近于 $|m|$ 时，$B[r_N(m)] = \dfrac{|m|}{N} r_{xx}(m) \approx C$，$\lim\limits_{N\to\infty} B[r_N(m)] = C$，$r_N(m)$ 是有偏估计且不是渐近无偏估计。此时，类似于无偏估计，$\mathrm{Var}[r_N(m)]$ 将很大，但对于任何 $|m|$ 值，$\mathrm{Var}[r_N(m)] \leqslant \mathrm{Var}[r'_N(m)]$。

7.4.2 自相关函数估计法

1. 算法原理

对于长为 N 的随机序列 $x(n)$，其功率谱可以根据式（7-47）进行估计。具体分以下两步进行。

（1）求随机序列的自相关函数估计值，即

$$r_N(m) = \frac{1}{N} \sum_{n=0}^{N-1-m} x(n)x(n+m), 0 \leq m \leq N-1 \tag{7-67}$$

式中，求和上限为 $N-1-m$。因为 $x(n)$ 长为 N，当 $n \geq N$ 时，$x(n) = 0$，所以要保证 $x(n+m)$ 不为 0，就得保证 $n+m \leq N-1$，因此，n 的取值应为：$n \leq N-1-m$。这里还用到它的偶对称特性。

（2）求功率谱密度。

$$P_N(\omega) = \sum_{m=-(N-1)}^{N-1} r_N(m) e^{-j\omega m} \tag{7-68}$$

2. 快速算法

如果 $x_1(n)$、$x_2(n)$ 长度分别为 N、M，$x_1(n)$、$x_2(n)$ 用补零法延拓到 $N+M-1$，则循环相关等于线性相关，即

$$\tilde{r}_{1,2}(n) = r_{1,2}(n)$$

可以用 FFT 求自相关函数及功率谱，其步骤如下：

（1）将 $x(n)$ 用补零法延拓到 $2N-1$，得 $x'(n)$。

（2）用 FFT 求 $x'(n)$ 的离散傅里叶变换（DFT）：

$$X'(k) = \sum_{n=0}^{L-1} x'(n) W_L^{nk}, 0 \leq L \leq 2N-1$$

（3）计算 $X'(k)X'^*(k)$。

（4）求自相关函数

$$r_N(m) = \text{IDFT}\left[\frac{1}{N} X'(k) X'^*(k) R_N(k) \right]$$

（5）计算功率谱密度

$$P_N(\omega) = \sum_{m=-(N-1)}^{N-1} r_N(m) e^{-j\omega m}$$

7.5　谱估计的周期图法

7.5.1　算法原理

设 $\{x_n\}$ 是均值为 0 的广义平稳随机过程，它是自相关各态历经的，$x_N(n)$ 是它的一个取样序列，有

$$x_N(n) = \omega_R(n)x(n) = \begin{cases} x(n), & 0 \leq n \leq N-1 \\ 0, & \text{其他} \end{cases}$$

式中：$\omega_R(n)$ 为宽度为 N 的矩阵窗；$x(n)$ 为 $\{x_n\}$ 的一个取样序列。

$\{x(n)\}$ 的自相关序列 $r_{xx}(m)$ 的有偏估计 $r_N(m)$ 可以用 $x_N(n)$ 来表示，即

$$r_N(m) = \frac{1}{N} \sum_{n=0}^{N-1-|m|} x(n)x(n+m)$$

$$= \frac{1}{N} \sum_{n=-\infty}^{\infty} x_N(n)x_N(n+m), |m| \leq N-1 \tag{7-69}$$

$r_N(m)$ 的傅里叶变换为

$$P_N(\omega) = \sum_{m=-\infty}^{\infty} r_N(m) e^{-j\omega m} = \sum_{m=-(N-1)}^{N-1} r_N(m) e^{-j\omega m}$$

将 $x_N(n)$ 的傅里叶变换用 $X_N(e^{j\omega})$ 表示，$x_N(-n)$ 的傅里叶变换用 $X_N^*(e^{j\omega})$ 表示，即

$$X_N(e^{j\omega}) = \sum_{n=-\infty}^{\infty} x_N(n)e^{-j\omega n} = \sum_{n=0}^{N-1} x(n)e^{-j\omega n}$$

$$X_N^*(e^{j\omega}) = \sum_{n=-\infty}^{\infty} x_N(n)e^{j\omega n} = \sum_{n=-\infty}^{\infty} x_N(-n)e^{-j\omega n} = \sum_{n=0}^{N-1} x(-n)e^{-j\omega n}$$

由于式（7-69）可以看作是 $x_N(n)$ 和 $x_N(-n)$ 的线性卷积除以 N，故 $P_N(\omega)$ 可用下式计算：

$$P_N(\omega) = \frac{1}{N} X_N(e^{j\omega}) X_N^*(e^{j\omega}) = \frac{1}{N} |X_N(e^{j\omega})|^2 \qquad (7-70)$$

习惯上用 $I_N(x)$ 表示周期图法功率谱估计，即

$$I_N(\omega) = \frac{1}{N} |X_N(e^{j\omega})|^2 \qquad (7-71)$$

因为序列的傅里叶变换 $X_N(e^{j\omega})$ 是 ω 的周期函数，所以 $I_N(\omega)$ 也是 ω 的周期函数，称为 N 的实平稳序列 $x_N(n)$ 的周期图。

由于 $X_N(e^{j\omega}) = \sum_{n=0}^{N-1} x(n)e^{-j\omega n}$，令 $\omega = \frac{2\pi}{N}k$，则

$$X_N(e^{j\frac{2\pi}{N}k}) = \sum_{n=0}^{N-1} x(n)e^{-j\frac{2\pi}{N}nk} = DFT[x(n)] = X_N(k)$$

则式（7-71）成为

$$I_N(k) = \frac{1}{N} |X_N(k)|^2 \qquad (7-72)$$

因此，用周期图法求随机序列的功率谱，只需对信号序列 $x(n)$ 进行 DFT 运算，然后取其绝对值的平方，再进行序列长度范围内的平均即可。所以，采用 FFT 算法可以直接估计一个实随机序列的功率谱密度。

7.5.2　估计质量

下面从两个方面对周期图法的估计质量加以分析。

1. 偏量

因为

$$E[r_N(m)] = \frac{1}{N} \sum_{n=-\infty}^{\infty} E[x_N(n)x_N(n+m)]$$

$$= \frac{1}{N} \sum_{n=-\infty}^{\infty} E[x(n)R_N(n)x(n+m)R_N(n+m)]$$

$$= \frac{1}{N} \sum_{n=-\infty}^{\infty} R_N(n)R_N(n+m)E[x(n)x(n+m)] \qquad (7-73)$$

令

$$w(m) = \frac{1}{N} \sum_{n=-\infty}^{\infty} R_N(n)R_N(n-m)$$

$$= \frac{1}{N}[R_N(m) * R_N(-m)] \qquad (7-74)$$

由于 $w(m)$ 为两个矩形函数的卷积，因此它必成为一个三角窗函数，用 $w_B(m)$ 表示。不难证明

$$w_B(m) = \begin{cases} 1 - \dfrac{|m|}{N}, & |m| < N \\ 0, & 其他 \end{cases} \qquad (7-75)$$

而它的傅里叶变换为

$$W_B(\omega) = \frac{1}{N} \left[\frac{\sin(\omega N/2)}{\sin(\omega/2)} \right]^2 \qquad (7-76)$$

又因为

$$r_{xx}(m) = E[x(m)x(n+m)] = \text{自相关函数真值} \qquad (7-77)$$

将式 (7-77)、式 (7-74) 代入式 (7-73) 得

$$E[r_N(m)] = w_B(m)r_{xx}(m) \qquad (7-78)$$

所以

$$E[I_N(\omega)] = W_B(e^{j\omega}) * P_{xx}(e^{j\omega})$$

令 $W_B(\omega) = W_B(e^{j\omega})$，$P_{xx}(\omega) = P_{xx}(e^{j\omega})$ 有

$$E[I_N(\omega)] = W_B(\omega) * P_{xx}(\omega) = \frac{1}{2\pi} \int_{-\pi}^{\pi} W_B(\theta) P_{xx}(\omega-\theta) d\theta \qquad (7-79)$$

由式 (7-79) 可见，除 $W_B(\theta)$ 为 δ 函数外，一般 $E[I_N(\omega)]$ 不等于 $P_{xx}(\omega)$，即偏量 $B \neq 0$。所以周期图法是 $P_{xx}(\omega)$ 的有偏估计。

但当 $N \to \infty$ 时：

$$w_B(m) = 1 - \frac{|m|}{N} = 1$$

则 $W_B(\theta) = \delta(\theta)$，这样根据式 (7-79)，有

$$\lim_{N \to \infty} E[I_N(\omega)] = P_{xx}(\omega) \qquad (7-80)$$

因此，周期图法是功率谱的渐近无偏估计。

2. 方差

由于周期图的方差与随机过程的四阶矩有关，因而要计算一般的随机过程的周期图方差是比较困难的，但对于复高斯白噪声随机过程计算它的周期图的方差是可能的，也是极其有用的。

令 $x(n)$ 是方差为 σ_x^2 的高斯白噪声随机过程，周期图可表示为

$$P_N(\omega) = \frac{1}{N} \left| \sum_{k=0}^{N-1} x(k)e^{-j\omega k} \right|^2 = \frac{1}{N} \left[\sum_{k=0}^{N-1} x(k)e^{-j\omega k} \right] \left[\sum_{l=0}^{N-1} x^*(l)e^{j\omega l} \right]$$

$$= \frac{1}{N} \sum_{k=0}^{N-1} \sum_{l=0}^{N-1} x(k)x^*(l)e^{-j\omega(k-l)} \qquad (7-81)$$

周期图的二阶矩为

$$E[P_N(\omega_1)P_N(\omega_2)] = \frac{1}{N^2} \sum_{k=0}^{N-1} \sum_{l=0}^{N-1} \sum_{m=0}^{N-1} \sum_{n=0}^{N-1} E[x(k)x^*(l)x(m)x^*(n)]$$

$$e^{-j\omega_1(k-l)} e^{-j\omega_2(m-n)}$$

它与 $x(n)$ 的四阶矩有关。由于 $x(n)$ 是复高斯随机过程，因此

$$E[x(k)x*(l)x(m)x*(n)]$$
$$= E[x(k)x*(l)]E[x(m)x*(n)] + E[x(k)x*(n)]E[x(m)x*(l)] \qquad (7-82)$$

又由于 $x(n)$ 是白噪声随机过程，因此，有

$$E[x(k)x^*(l)]E[x(m)x^*(n)] = \begin{cases} \sigma_x^4, & k=l \text{ 和 } m=n \\ 0, & \text{其他} \end{cases}$$

$$E[x(k)x^*(n)]E[x(m)x^*(l)] = \begin{cases} \sigma_x^4, & k = n \text{ 和 } m = l \\ 0, & \text{其他} \end{cases}$$

因此可推导出

$$E[P_N(\omega_1)P_N(\omega_2)] = \sigma_x^4 \left\{ 1 + \left[\frac{\sin N(\omega_1 - \omega_2)/2}{N\sin(\omega_1 - \omega_2)/2} \right]^2 \right\} \tag{7-83}$$

由于 $P_N(\omega_1)$ 与 $P_N(\omega_2)$ 的协方差为

$$Cov[P_N(\omega_1), P_N(\omega_2)] = E[P_N(\omega_1)P_N(\omega_2)] - E[P_N(\omega_1)]E[P_N(\omega_2)]$$
$$= \sigma_x^4 \left[\frac{\sin N(\omega_1 - \omega_2)/2}{N\sin(\omega_1 - \omega_2)/2} \right]^2$$

令 $\omega_1 = \omega_2 = \omega$,由上式得到周期图的方差为

$$\text{Var}[P_N(\omega)] = \sigma_x^4 \tag{7-84}$$

由此可见,当 $N \rightarrow \infty$ 时,周期图的方差并不趋近于 0,所以周期图不是功率谱的一致估计。实际上,由于 $r_{xx}(m)$ 的傅里叶变换 $P_{xx}(\omega) = \sigma_x^2$,所以,高斯白噪声的周期图的方差与功率谱的平方成正比:

$$\text{Var}[P_N(\omega)] = P_{xx}^2(\omega) \tag{7-85}$$

7.6　离散随机信号通过线性时不变系统

在数字信号处理的应用中,常常需要用线性时不变系统对信号进行各种加工处理。本节讨论信号作用于一个线性时不变系统时系统所产生的响应。

设线性时不变系统的单位冲激响应用 $h(n)$ 表示,加在系统输入端的是离散随机信号 $x(n)$,系统产生的输出是离散随机信号 $y(n)$。不管 $x(n)$ 是确定性的信号还是随机性的信号,对于系统来说是没有区别的,系统的单位冲激响应、输入信号和输出信号之间总是存在着下列关系:

$$y(n) = \sum_{m=-\infty}^{\infty} h(m)x(n-m) = \sum_{m=-\infty}^{\infty} x(m)h(n-m) \tag{7-86}$$

设输入随机信号的均值、方差、自相关函数和功率谱分别为 m_x、σ^2、$r_{xx}(m)$ 和 $P_{xx}(m)$,现在来计算输出随机信号的相应的特征参数,并讨论输入随机信号与输出信号这些参数之间的关系。

7.6.1　输出随机信号的均值 m_y

系统的输出 $y(n)$ 的均值为

$$m_y = E[y(n)] = E\left[\sum_{m=-\infty}^{\infty} h(m)x(n-m) \right] = \sum_{m=-\infty}^{\infty} h(m)E[x(n-m)]$$

由于输入随机信号为平稳随机过程,故上式中的 $E[x(n-m)] = m$,于是上式成为

$$m_y = m_x \sum_{m=-\infty}^{\infty} h(m) = m_x H(e^{j0}) \tag{7-87}$$

式中,$H(e^{j0})$ 为系统的频率响应在 $\omega = 0$ 时的值。因此,输出随机信号的均值是与时间 n 无关的一个常量,它与输入随机信号的均值 m_x 成正比例关系,比例常数为系统频率响应在零频率上的取值。

7.6.2　输出随机信号的自相关函数 $r_{yy}(m)$

输出随机信号的自相关函数为

$$r_{yy}(n,n+m) = E[y(n)y(n+m)] = E\left[\sum_{k=-\infty}^{\infty}h(k)x(n-k)\sum_{l=-\infty}^{\infty}h(l)x(n+m-l)\right]$$

$$= \sum_{k=-\infty}^{\infty}h(k)\sum_{l=-\infty}^{\infty}h(l)E[x(n-k)x(n+m-l)]$$

$$= \sum_{k=-\infty}^{\infty}h(k)\sum_{l=-\infty}^{\infty}h(l)r_{xx}(m-l+k)$$

由上式可以看出，输出随机信号的自相关函数只与时间差 m 有关，而与时间起点的选取（即 n 的选取）无关，故可将 $r_{yy}(n,n+m)$ 表示成 $r_{yy}(m)$，即

$$r_{yy}(m) = \sum_{k=-\infty}^{\infty}h(k)\sum_{l=-\infty}^{\infty}h(l)r_{xx}(m-l+k) \tag{7-88}$$

由以上讨论可知，输出随机信号的均值为常数，其自相关函数只与时间差有关，因此输出随机信号为一个平稳随机过程。

令 $l-k=q$，则式（7-88）可写成

$$r_{yy}(m) = \sum_{q=-\infty}^{\infty}r_{xx}(m-q)\sum_{k=-\infty}^{\infty}h(k)h(q+k)$$

$$= \sum_{q=-\infty}^{\infty}r_{xx}(m-q)r_{hh}(q) \tag{7-89}$$

式中，

$$r_{hh}(q) = \sum_{k=-\infty}^{\infty}h(k)h(q+k) \tag{7-90}$$

它是系统单位冲激响应 $h(n)$ 的自相关函数。实际上，系统输出的自相关函数，等于输入的自相关函数与系统单位冲激响应的自相关函数的线性卷积。

7.6.3　输出随机信号的功率谱 $P_{yy}(e^{j\omega})$

假设输入随机信号的均值 $m_x = 0$，因此输出随机信号的均值也为 0，则有

$$P_{yy}(z) = P_{xx}(z)P_{hh}(z) \tag{7-91}$$

式中，$P_{yy}(z)$ 和 $P_{xx}(z)$ 分别等于 $r_{yy}(m)$ 和 $r_{xx}(m)$ 的 z 变换，即

$$\begin{cases} P_{yy}(z) = \sum_{m=-\infty}^{\infty}r_{yy}(m)z^{-m} \\ P_{xx}(z) = \sum_{m=-\infty}^{\infty}r_{xx}(m)z^{-m} \end{cases}$$

$P_{hh}(z)$ 为 $r_{hh}(m)$ 的 z 变换，设 $h(n)$ 是实序列，则有

$$P_{hh}(z) = \sum_{m=-\infty}^{\infty}r_{hh}(m)z^{-m} = H(z)H(z^{-1}) \tag{7-92}$$

式（7-92）中，$H(z)$ 为线性时不变系统的系统函数，如果 $h(n)$ 为复序列，则有

$$P_{hh}(z) = H(z)H^*(1/z^*) \tag{7-93}$$

于是式（7-91）可写成

$$P_{yy}(z) = P_{xx}(z)H(z)H^*(1/z^*) \tag{7-94}$$

由上式可以看出，假如 $H(z)$ 在 $z = z_p$ 处有一个极点，那么 $P_{yy}(z)$ 将在 $z = z_p$ 和共轴倒数 $z = 1/z_p^*$ 上各有一个极点；类似地，若 $H(z)$ 在 $z = z_0$ 处有一个零点，那么 $P_{yy}(z)$ 将在

互成共轴倒数关系的两个位置 $z = z_0$ 和 $z = 1/z_p^*$ 上各有一个零点。

在 $h(n)$ 为实序列的情况下，将式（7-92）代入式（7-91），有

$$P_{yy}(z) = P_{xx}(z)H(z)H(z^{-1}) = P_{xx}(z) \mid H(z) \mid^2 \qquad (7-95)$$

式中，$\mid H(z) \mid$ 是 $H(z)$ 的模。

如果系统是稳定的，那么 $P_{yy}(z)$ 的收敛域包含单位圆，由式（7-70）可以看出

$$P_{yy}(\mathrm{e}^{\mathrm{j}\omega}) = P_{xx}(\mathrm{e}^{\mathrm{j}\omega}) \mid H(\mathrm{e}^{\mathrm{j}\omega}) \mid^2 \qquad (7-96)$$

由式（7-96）看出，输出随机信号的功率谱等于输入随机信号的功率谱与系统频率响应幅度平方的乘积。当输入信号功率谱为常数时（例如输入过程是一个白噪声过程），系统输出信号的功率谱与系统频率响应幅度的平方具有完全相似的形状。

7.6.4　输入随机信号与输出随机信号的互相关函数 $r_{xy}(m)$

输入随机信号与输出随机信号的互相关函数定义为

$$
\begin{aligned}
r_{xy}(m) &= E[x(n)y(n+m)] \\
&= E\Big[x(n)\sum_{k=-\infty}^{\infty}h(k)x(n+m-k)\Big] \\
&= \sum_{k=-\infty}^{\infty}h(k)E[x(n)x(n+m-k)] \\
&= \sum_{k=-\infty}^{\infty}h(k)r_{xx}(m-k) = r_{xx}(m)*h(m) \qquad (7-97)
\end{aligned}
$$

式（7-97）说明，系统的输入信号与输出信号之间的互相关函数，等于输入信号自相关函数与系统单位冲激响应的线性卷积。

式（7-90）定义了系统冲激响应的自相关函数 $r_{hh}(q)$，实际上它就是 $h(m)$ 与 $h(-m)$ 的线性卷积，因为

$$h(m)*h(-m) = \sum_{m=-\infty}^{\infty}h(m)h(q+m) = r_{hh}(q)$$

将上式代入式（7-88），得到

$$r_{yy}(m) = r_{xx}(m)*h(m)*h(-m) \qquad (7-98)$$

结合式（7-97）的结果，式（7-98）可写成

$$r_{yy}(m) = r_{xy}(m)*h(-m) \qquad (7-99)$$

式（7-98）说明，输出随机信号的自相关函数，可以通过输入和输出间的互相关函数与系统冲激响应进行相关计算来得到。注意：与 $h(-m)$ 进行线性卷积运算等效于同 $h(m)$ 进行相关运算。

如果输入为一个零均值的平稳白噪声随机过程，它的方差为 σ_x^2，自相关函数为一个冲激：$r_{xx}(m) = \sigma_x^2\delta(m)$，自相关函数的 z 变换等于常数：$P_{xx}(z) = \sigma_x^2$，这时式（7-79）成为

$$r_{xy}(m) = \sigma_x^2 h(m) \qquad (7-100)$$

其对应的 z 变换为

$$P_{xy}(z) = \sigma_x^2 H(z)$$

或

$$H(z) = \frac{1}{\sigma_x^2}P_{xy}(z)$$

由此得到

$$H(\mathbf{e}^{j\omega}) = \frac{1}{\sigma_x^2}P_{xy}(\mathbf{e}^{j\omega}) \qquad (7-101)$$

如果计算得到了系统输入与输出之间的互相关函数或互功率谱，那么便可根据式（7 - 100）或式（7 - 101）求出系统的单位冲激响应或频率响应。这提供了一种辨识数字滤波器系统的方法。

7.6.5　输出随机信号的方差

由于前面已经讨论过均值的计算，所以这里只需讨论均方值的计算，就能解决方差的计算问题。

输出随机信号的均方值为

$$E[y^2(n)] = r_{yy}(0) = \frac{1}{2\pi j}\oint_c P_{yy}(z)z^{-1}d \qquad (7-102)$$

由式（7 - 95）知

$$P_{yy}(z) = P_{xx}(z)H(z)H(z^{-1})$$

将上式代入式（7 - 102）得

$$E[y^2(n)] = \frac{1}{2\pi j}\oint_c P_{xx}(z)H(z)H(z^{-1})z^{-1}\mathrm{d}z$$

式中的积分围线可选择为单位圆。直接计算上式很复杂，一个较简便的方法是利用部分分式展开来计算 z 反变换，于是有

$$P_{xx}(z)H(z)H(z^{-1})z^{-1} = \sum_{i=1}^{N}\left[\frac{A_{i1}}{z-\alpha_i} + \frac{A_{i2}}{(z-\alpha_i)^2} + \cdots\right] + \sum_{j=1}^{N}\left[\frac{B_{j1}}{z-\beta_j} + \frac{B_{j2}}{(z-\beta_j)^2} + \cdots\right]$$

$$(7-103)$$

式中：$|\alpha_i| < 1$，为单位圆内的极点；$|\beta_j| > 1$，为单位圆外的极点；N 和 M 分别为单位圆内、外极点的数目。如果只有一阶极点，则括号中都只有第一项存在。由式（7 - 103）得

$$P_{xx}(z)H(z)H(z^{-1}) = \sum_{i=1}^{N}\left[\frac{A_{i1}z}{z-\alpha_i} + \frac{A_{i2}z}{(z-\alpha_i)^2} + \cdots\right] + \sum_{j=1}^{M}\left[\frac{B_{j1}z}{z-\beta_j} + \frac{B_{j2}z}{(z-\beta_j)^2} + \cdots\right]$$

与单位圆内极点相对应的项将展开成因果序列，与单位圆外极点相对应的项将展开成非因果序列。$A_{i1}z/(z-\alpha_i)$ 的 z 反变换在 $n=0$ 处为 A_{i1}，而所有其他项的 z 反变换在 $n=0$ 处都为 0，因此可以得到

$$E[y^2(n)] = \sum_{i=1}^{N}A_{i1} \qquad (7-104)$$

可以看出，用式（7 - 104）计算均方值时只需用到 A_{i1} 参数，即在进行部分分式展开时不需要计算系数 A_{i2}、A_{i3}、$\cdots$，B_{j1}、B_{j2}、$\cdots$。如果只有一阶极点，没有高阶极点，则 A_{i1} 可按下式计算：

$$A_{i1} = H(z)H(z^{-1})P_{xx}(z)z^{-1}(z-\alpha)|_{z=\alpha_i} \qquad (7-105)$$

在式（7 - 103）中，如果直接展开 $P_{xx}(z)H(z)H(z^{-1})$，而不是先展开 $P_{xx}(z)H(z)H(z^{-1})z^{-1}$，然后乘以 z，则得到的展开式的系数会有所不同，因而计算 $E[y^2(n)]$ 的公式也与式（7 - 104）不同。

7.7 其他功率谱估计方法简介

周期图法与自相关函数估计法是传统的功率谱估计方法，多年来虽然在逼近真实谱与提高分辨率方面做了许多改进，但由于这两种方法仅仅利用所观测的有限长数据进行傅里叶变换，因而就隐含着在已知数据以外的全部数据均为 0 的不合理假设。这种主观上的限制等于附加了歪曲随机过程真实面貌的额外信息，故必然会带来估计误差。在某些情况下，甚至会出现因误差过大而出现估计错误。特别是对于短时间序列的谱估计，加窗后旁瓣的影响会降低功率谱的分辨率。因为在理论上，极限分辨率等于观测时间的倒数，截取数据的序列越短，则功率谱的分辨率就越低；并且加窗所引起的主瓣能量泄漏到旁瓣的现象还会歪曲并模糊其他分量。虽然可以通过选择适当的窗函数来减小泄漏，但其结果往往降低了频谱分辨率。

为了克服经典功率谱分析法的缺点，近年来在实现高分辨率谱估计的研究方面取得了较大的进展。其中最大似然法（MVSE）和最大熵法（MESE）是近代谱估计的主要代表。

最大似然法通过测量一组窄带滤波器的功率输出来求功率谱估计，这些滤波器对每一个频率的数学模型通常是不同的，而在周期图法中的数学模型是固定的。因此，最大似然法的分辨率比 FFT 分析法要高，比最大熵法稳定，但不如最大熵法分辨率高。最大似然法虽然提高了分辨率和减少了功率泄漏，但不适于对时变信号进行跟踪。

最大熵法的基本思想是对所观测的有限数据以外的数据不做任何确定性假设，而仅仅假设它是随机的，在信息熵为最大的前提下，将未知的那一部分相关函数用迭代方法推导出来，从而求得功率谱。这样，由于相关函数序列长度的加长，使谱估计误差减小，分辨率大大提高。

自从 1971 年证明最大熵法与自回归（AR）谱分析法对一维平稳高斯过程等效以来，最大熵法受到广泛重视，特别是对提高短时间序列谱的分辨率及对一维均匀抽样信号处理方面效果显著。

7.8 高阶谱估计简介

功率谱估计理论和技术为随机数字信号处理提供了许多方法，解决了许多实际问题。但是，功率谱只能提供信号的幅度信息，而不蕴含信号的相位信息，是"相位盲"。另外，功率谱技术通常建立在观测噪声为高斯白噪声的假设基础上，它仅利用了观测数据的二阶统计信息，因此，只适用于线性系统和最小相位系统。

在实际应用中，有时遇到的信号是非高斯的，系统是非线性、非最小相位的；同时，背景噪声也往往是有色的。在这种情况下，传统的功率谱估计方法常常会遇到困难，有时根本无法处理。因此，人们开始考虑，功率谱（自相关函数）仅仅是二阶统计量，可否引入描述随机过程的新的数字特征——高阶统计量来解决上述问题。

所谓高阶统计量，通常理解为高阶矩、高阶累积量以及它们的谱——高阶矩谱和高阶累积量谱这 4 种统计量。由于高阶累积量同高阶矩相比具有许多优点，因此人们常使用高阶累积量和高阶累积量谱。习惯将高阶累积量谱简称高阶谱或多谱。

高阶统计量同二阶统计量相比，具有以下几个方面的优点。

（1）可以抑制加性高斯有色噪声（其功率谱未知）的影响，用于提取高斯背景噪声（白色或有色）中的非高斯信号。

（2）不仅能提供有关信号的幅度信息，而且还能提供有关信号的相位信息，因而可用于辨识非因果、非最小相位系统或重构非最小相位信号。

（3）可以检测和描述系统的非线性。

（4）可以检测信号中的循环平稳性，以及分析和处理循环平稳信号。

高阶统计量之所以比二阶统计量优越，原因就在于高阶统计量包含了二阶统计量所没有的大量丰富信息，这些信息和特性使得高阶统计量在处理非高斯、非最小相位、有色和非线性情形时显得十分有效，并已成为信号处理领域中的一种新的强有力工具。

高阶统计量的研究始于 20 世纪 60 年代，20 世纪 70 年代末高阶统计量作为信号处理的新工具开始引起各国科技人员的广泛关注。高阶统计量中应用最广泛的是三阶累积量和双谱。

对于零均值实平稳随机过程 $\{x(n)\}$，其三阶累积量定义为

$$c_{3,x}(m_1,m_2) = E[x(n)x(n+m_1)x(n+m_2)] \qquad (7-106)$$

对上式求二维傅里叶变换，可得平稳随机过程 $\{x(n)\}$ 的双谱，即

$$B(\omega_1,\omega_2) = \sum_{m_1=-\infty}^{\infty} \sum_{m_2=-\infty}^{\infty} c_{3,x}(m_1,m_2)\exp[-j(\omega_1 m_1 + \omega_2 m_2)] \qquad (7-107)$$

同功率谱估计类似，双谱估计也有周期图法，即

$$B(\omega_1,\omega_2) = \frac{1}{N}X(\omega_1)X(\omega_2)X^*(\omega_1+\omega_2) \qquad (7-108)$$

式中：$X(\omega)$ 为序列 $x(n)$ 的傅里叶变换；N 为序列 $x(n)$ 的长度。

目前，高阶统计量的应用范围已涉及通信、雷达、声呐、海洋学、天文学、电磁学、等离子体、结晶学、地球物理、生物医学、故障诊断、振动分析、流体动力学等许多领域，高阶统计量已成为现代信号处理的核心内容之一。

7.9　小　　结

本章主要介绍确定性信号和随机信号的数字谱分析方法。重点是随机信号的功率谱估计。应主要掌握以下内容：

（1）在确定性信号分析中有两种基本关系，即在抽样频率 Ω_s 大于 2 倍的信号最高频率 Ω_m 时，有

$$X(k) = X_s(kf_1)$$
$$T_s X(k) = X_1(kf_1)$$

前者说明，离散傅里叶变换 $X(k)$ 等于其相应抽样信号连续傅里叶变换的抽样 $X_s(kf_1)$；后者说明，在不发生混叠的条件下，离散傅里叶变换 $X(k)$ 乘以抽样时间间隔，等于其相应截短的连续信号的连续傅里叶变换的抽样。

（2）对确定性连续时间信号的 DFT 分析只能是一种近似，会产生混叠、泄漏、栅栏效

应等问题。可采用抗混叠滤波、加窗、提高分辨率等措施，使这种近似较好地满足工程的需要。

（3）维纳—辛钦定理是把随机理论与实际相联系的桥梁，是随机信号谱分析的理论根据。

（4）随机信号谱估计的经典方法有自相关函数法与周期图法。自相关函数法谱估计是一种较好的估计，缺点是计算时间较长。周期图法简单易行，速度快，但不是一致估计。3种周期图改进法中平滑周期图平均法最好，应重点掌握。

第8章

数字信号处理技术应用

随着计算机技术和信息科学的飞速发展，数字信号处理已经逐渐发展成为一门独立的学科并成为信息科学的重要组成部分。正如绪论中所提到的，数字信号处理技术已广泛应用于通信、语音、雷达、电视、控制系统、故障检测、仪器仪表等领域。这里我们简单介绍数字信号处理系统的基本组成，并通过几个简单例子粗略了解数字信号处理的应用。

8.1 数字信号处理系统的基本组成

在科学和工程上遇到的大多数信号是自然模拟信号，也就是说，信号是连续变量的函数，这些连续变量（如在时间或空间上）通常在一个连续的范围内取值，这类信号可直接被合适的模拟系统处理（如滤波器、频谱分析仪或倍频器），以改变信号的特征或提取有用信息。在这种情况下，我们说信号是直接以模拟形式处理的，如图 8 - 1 所示，输入信号和输出信号均是模拟形式的信号。

图 8 - 1　模拟信号处理

数字信号处理提供了处理模拟信号的备用方法，如图 8 - 2 所示。要执行数字处理，需要在模拟信号和数字处理器之间有一个接口，这个接口称为模数（A/D）转换器。A/D 转换器输出的是数字信号，该信号适合作为数字处理器的输入。

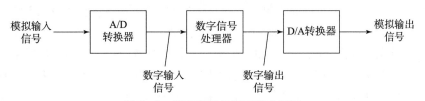

图 8 - 2　数字信号处理系统方框图

对输入信号执行所需操作的数字处理器可以是一个大的可编程数字计算机，也可以是一个小的可编程微处理器，或是可以是一个对输入信号执行指定操作集的硬件连接数字处理器。可编程微处理器可通过改变软件来灵活地更改信号的处理操作，而硬件连接数字处理器则较难重新配置，因此，人们常用可编程的信号处理器。因为当信号处理操作被定义好之后，操作的硬件连接实现可以被优化，从而使得信号处理器更便宜，而且硬件实现要比对应的软件实现快。在应用中，数字信号处理器的输出信号通常是以模拟形式提交给用户的，例如语音通信，因此我们必须提供从数字形式到模拟形式的另一个接口，这种接口称为数模（D/A）转换器。这样，数字信号系统的输出信号就是以模拟形式提供给用户的，如图 8 - 2 中的方框所示。然而，在另外一些包含信号分析的实际应用中，有用信息是以数字形式传输的，不需要 D/A 转换器。例如，在雷达信号的数字处理中，从雷达信号提取的有用信息（如飞机的方位和速度），可以直接地打印到纸上以供查阅，这种情况下就不再需要 D/A 转换器。

8.2 语音数字信号处理

语音是人类相互之间进行交流最自然和最方便的形式之一，语音通信是一种理想的人机通信方式。人们一直梦想有朝一日可以摆脱键盘或遥控设备的束缚，拥有更为友好、亲切的人机界面，使得计算机或家用电器可以像人一样听懂人的话语，看懂人的动作，执行人们所希望的任何任务。而语音数字信号处理正是其中一项至关重要的应用技术。

语音数字信号处理是一门涉及面很广的交叉学科，其研究领域涉及信号处理、人工智能、模式识别、数理统计、神经生理学和语言学等许多学科，数字话音通信、声控打印机、自动语音翻译和多媒体信息处理等许多方面都有着非常重要的应用。

8.2.1 语音增强算法

语音增强是语音数字信号处理系统进入实用阶段，保证语音识别系统、说话人识别系统和各种实际环境下语音编码系统性能的重要环节。

在不同的条件下，语音增强的方法是不同的。例如，干扰噪声的种类不同，噪声混入纯净信号的方式不同，用于增强算法的输入通道数量不同，增强所采用的方法均有所不同，可分为基于多通道输入的语音增强算法和基于单通道输入的语音增强算法。

1. 基于多通道输入的语音增强算法

自适应噪声对消法的基本原理是：从带噪语音中减去噪声。如果采用两个话筒（或多个话筒）的采集系统，一个采集带噪语音，另一个（或多个）采集噪声，则这一任务比较容易解决。图 8 - 3 所示为双话筒采集系统的自适应噪声对消法原理。图 8 - 3 中带噪语音序列 $z(n)$ 和噪声序列 $\omega(n)$ 经傅里叶变换后，得到频域分量 Z_k 和 W_k；噪声分量幅度谱 W_k 经数字滤波后与带噪语音谱相减；然后加上带噪语音频谱分量的相位；再经过傅里叶反变换恢复为时域信号。在强背景噪声时，这种方法可以得到较好的去噪效果。如果采集到的噪声足够逼真，甚至可以在时域上直接与带噪语音相减。噪声对消法可以用于平稳随机噪声相消，也可以用于准平稳随机噪声。采用噪声对消法时，两个话筒之间必须要有一定的距离。由于采集到的两路信号之间有时间差，实时采集到的两路信号中所包含的噪声段是不同的，回声及其他可变衰减特性也将影响所采集噪声的纯净性。所以，采集到的噪声需要经过自适应数字滤波器，以得到尽可能接近带噪语音中的噪声。自适应滤波器通常采用 FIR 滤波器，其系数可以采用最小均方（LMS）法进行估计，使误差信号的能量最小。

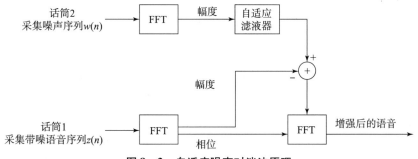

图 8 - 3　自适应噪声对消法原理

2. 基于单通道输入的语音增强算法

语音信号的浊音段有明显的周期性，利用这一特点，可以采用自适应梳状滤波器来提取语音分量，抑制噪声。输出信号是输入信号的延迟加权和的平均值。当延迟与周期一致时，这个平均过程将使周期性分量得到加强，而其他非周期性分量或与信号周期不同的其他周期性分量受到抑制或消除。显然，上述方法的关键是要精确估计出语音信号的基音周期，这在强背景噪声干扰下是一件很困难的事情。对语音进行傅里叶变换后可以鉴别出需要提取的各次谐波分量，然后经傅里叶反变换恢复为时域信号。梳状滤波器不但可增强语音信号，也可以用于抑制各种噪声干扰，包括消除同声道的其他语音的干扰。

减谱法是一种常用的单通道语音增强算法，其基本原理是利用无语音段的噪声信号估计噪声的频谱，然后从带噪语音信号的谱估计中减去相应的噪声谱估计值，从而得到纯净语音的谱估计值。但是当噪声同样为语音信号时，则难以判断不同时间的语音信号是否属于待增强的信号。减谱法原理如图 8 - 4 所示。

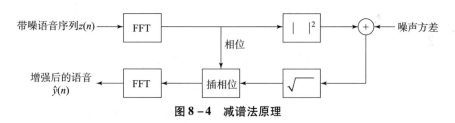

图 8 - 4　减谱法原理

8.2.2　语音分析方法

语音通信是现代通信的重要组成部分。随着人们对多媒体通信要求的日益提高，数字语音通信也越来越受到人们的关注。同模拟语音通信系统相比，数字语音通信系统具有抗干扰能力强、灵活性高、保密性好、可控性强、寿命长等优点。根据应用形式的不同，数字语音通信系统可分为两大类：①语音信号的数字传输；②语音信号的数字存储。前者主要应用于双方或者多方的话音通信，即语音信号被压缩成低比特率的数字流，经信道传输，最后在接收端解压缩以重建语音波形；后者主要应用于呼叫服务、网络通告、数字语声应答机、多媒体查询系统等单向通信中。

网络通信在近年来获得高速发展，语音通信与网络的融合已成为发展的必然趋势。将分组交换的概念同语音传输相结合，即分组语音使得语音信息与网络的接入变成现实。这其中最关键的技术之一就是低速语音编码技术，它保证了语音信息在网络传输中的实时实现。采用低速语音编码算法需要先对语音信号进行分析。

因此，语音信号处理是信号处理中的重要分支之一，其主要应用有语音识别、语言理解、语音合成、语音增强、语音的数据压缩等。各种应用均有其特殊问题。语音识别是将待识别的语音信号的特征参数即时提取出来，与已知的语音样本进行匹配，从而判定出待识别语音信号的音素属性。语音识别方法有统计模式语音识别、结构和语句模式语音识别，利用这些方法可以得到共振峰频率、音调、嗓音、噪声等重要参数。语音理解是人和计算机用自然语言对话的理论和技术基础。语音合成的主要目的是使计算机能够讲话，为此，首先需要研究清楚在发音时语音特征参数随时间的变化规律，然后利用适当的方法模拟发音的过程，合成为语言。其他有关语言处理问题也各有其特点。语音信号处理是发展智能计算机和智能机器人的基础，是制造声码器的依据。语音信号处理是迅速发展中的一项信号处理技术。

语音信号所占据的频率范围可达 10 kHz 以上，但研究发现，对语音清晰度和可懂度有明显影响的成分的最高频率为 5.7 kHz。当抽样频率为 8 kHz 时，语音信号受损失的只是少数辅音。由于语音信号本身巨大的冗余度，少许辅音清晰度的下降并不明显影响整个语句的可懂度，因此国际上通用 8 kHz 对模拟语音进行抽样。语音信号具有短时平稳性，在短时段内（10～30 ms）其频谱特性和某些物理参数可认为是不变的，因此需要加窗进行分帧处理。

归一化互相关函数基音检测步骤如图 8－5 所示，主要由预处理、基音提取、基音检测后处理 3 部分组成。

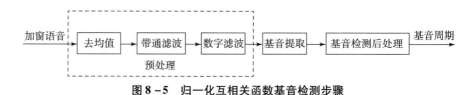

图 8－5　归一化互相关函数基音检测步骤

1. 预处理

在进行参数提取之前，要对数字语音信号进行带通滤波，用以抑制 50 Hz 的电源干扰及共振峰特性造成的干扰。滤波器带宽为 60～900 Hz。为了分帧处理，要对带通滤波后的信号加入窗函数，这里可采用汉明窗。

2. 基音周期检测

基音是指发浊音时声带振动所产生的周期性，它的检测与估计是语音信号处理中一个非常重要的问题。在低速语音编码中，准确的基音估计是非常重要的，它直接影响着系统的性能。在短时（10～30 ms）语音信号中，可以认为浊音周期保持不变。不同说话人的基音周期频率分布有所不同，男性语音主要分布在 60～200 Hz 范围内，女性语音的频率相对较高，一般分布在 200～450 Hz 范围内。在 8 kHz 的抽样频率下，基音周期一般有 20～147 个样点。

自相关函数法通过对经过低通滤波器的语音信号余量信号在某一范围内求取归一化自相关函数来提取基音周期。由于浊音信号的周期性，在基音周期处，自相关函数会出现峰起，通过对峰起的判断就可判断基音周期。

短时自相关是将语音简化为短时平稳信号，进而求其近似平均频率。在语音信号为强周期的情况下，短时自相关法能准确求出其基音周期，而在弱周期的情况下误差比较大。为此，引入归一化短时互相关函数概念，利用短时互相关函数的特性进行基音检测。对于浊音信号，只要在基音频率内求出归一化互相关函数的最大值，即为浊音周期。

互相关基音检测方法和自相关基音检测方法比较如图 8-6 所示。图 8-6 表明：无论语音信号为弱周期或强周期，互相关基音检测方法都比自相关基音检测方法更能准确反映信号此刻的周期性。在基音周期检测过程中，有时会发现基音周期同相关函数的第一峰值点不完全吻合，其主要原因之一就是由声道的共振峰特性造成的干扰。之所以将带通滤波器的高端截止频率设置为 900 Hz，一方面是可以除去大部分共振峰的影响，另一方面是当基音频率最高为 450 Hz 时仍能保留其一、二次谐波。

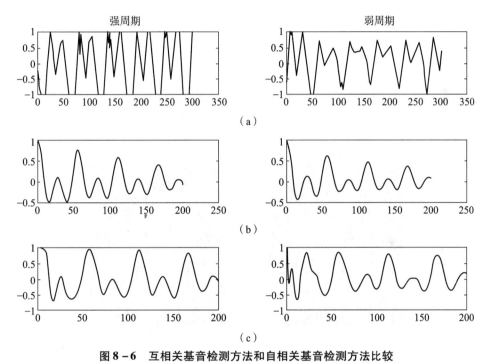

图 8-6　互相关基音检测方法和自相关基音检测方法比较

（a）原始语言图形；（b）归一化自相关基音检测图形；（c）归一化互相关基音检测图形

为避免错误地将基音周期的整数倍判为基音周期，需利用互相关函数对其进行后处理。

经过处理后的语音信号应先进行语音分类，然后再根据语音类别（清音、浊音、混合音及静音）的不同分别提取不同的参数。

8.3　图像数字化处理

图像信号处理的应用已渗透到各个科学技术领域。譬如，图像处理技术可用于研究粒子的运动轨迹、生物细胞的结构、地貌的状态、气象云图的分析、宇宙星体的构成等。在图像处理的实际应用中，获得较大成果的有遥感图像处理技术、断层成像技术、计算机视觉技术和景物分析技术等。根据图像信号处理的应用特点，处理技术大体可分为图像增强、恢复、分割、识别、编码和重建等几个方面。这些处理技术各具特点，且正在迅速发展中。

图像处理就是对图像信息进行加工处理，以满足人的视觉心理和实际应用的需要。简单地说，依靠计算机对图像进行的各种处理，称为数字图像处理。常用的图像处理方法有图像增强、复原、压缩、识别等。数字图像处理在很大程度上是整个数字视频技术的关键。利用数字信号处理算法，数字图像处理可达到很高的质量。在数字图像处理中常用的是二维离散傅里叶变换和离散余弦变换，它能把空间域的图像转变到空间频域上进行研究，从而很容易地了解到图像的各空间频域成分，进行相应处理。另外，离散卷积也可以用来进行数字图像滤波，不同的是图像滤波系统的冲激响应必须是二维的。

本节简单介绍图像对比度增强、图像平滑处理、图像的边缘检测和图像压缩。

8.3.1　图像对比度增强

图像对比度增强是改善图像识别效果的重要措施之一。由于图像对比度的大小主要决定图像的灰度级差，因此，为了改善对比度过小的黑白图像的识别效果，就需要扩大图像灰度之间的级差。当前，扩大图像灰度级差的方法较多，如线性增强法、非线性增强法、直方图增强法和自适应增强法等。图 8 - 7 所示为采用线性增强法的图像灰度级调整的软件仿真结果。

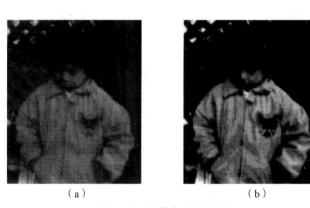

（a）　　　　　　　　　　　　　　（b）

图 8 - 7　图像灰度级调整

（a）调整前；（b）调整后

8.3.2　图像平滑处理

消除或者抑制图像高频噪声的技术过程，称为图像平滑处理。图像在形成、传输、处理过程中都可能产生噪声。图像平滑处理主要有两类方法：①对图像自身直接进行处理的空域法，包括邻域平均法、加权平均法、中值滤波法等；②在图像的频率域进行处理的频域低通滤波法。中值滤波是一种局部平均平滑技术，属于非线性的图像平滑方法，它对一个滑动窗口内的诸像素灰度排序，用其中值代替窗口中心像素原来的灰度。

图 8 - 8 所示为加噪后的图像及中值滤波后的图像。

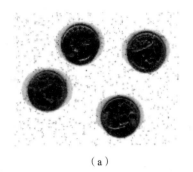

（a）　　　　　　　　　　　　　（b）

图 8 - 8　加噪后的图像及中值滤波后的图像

（a）加噪后的图像；（b）中值滤波后的图像

8.3.3　图像的边缘检测

边缘特征是构成图像形状的基本要素，是图像性质的重要表现形式之一。因此，边缘特征是图像的重要特征，提取边缘特征是图像处理的重要一环，是解决图像处理中许多复杂问题的一条重要途径。

在理想情况下，边界线剖面图的灰度分布呈阶跃形，可以用一个阶跃函数来表示它。这时，提取边界线比较容易，如采用一阶差分运算，就能实现边界线的提取。实际上，由于各种因素的影响，边界有时明显，有时不大明显，即使是明显的边界，其横剖面图的灰度分布一般不是阶跃，而是一个近似斜坡形。如果图像中有比较明显的颗粒噪声，那么边界线横剖灰度分布的非线性就更为显著，甚至可能呈现杂乱无章的状态。因此，图像边界提取是一个相当复杂的问题，通常，它需要通过对图像的多种运算来完成。

图 8 - 9 所示为用罗伯茨（Roberts）算子对图像进行边缘检测的软件仿真结果。

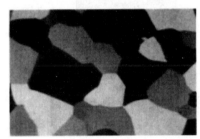

图 8 - 9　用罗伯茨算子对图像进行边缘检测的软件仿真结果

（a）原图像；（b）边缘检测结果

8.3.4　图像压缩

小波变换是 20 世纪 80 年代中后期发展起来的一种数学分析方法，经过几十年的发展，已在数学和工程领域得到了广泛应用。与传统的傅里叶变换、短时傅里叶变换相比，小波变换是一个时间和尺度上的局域变换，因而能有效地从信号中提取信息，通过伸缩和平移等运算功能对函数或信号进行多尺度分析（Multiscale Analysis），从而解决了傅里叶变换不能解决的许多问题。因此小波变换被称为"数学显微镜"。前面讨论的 STFT 虽然能够给出某一时刻的频率信息，但频率分辨率取决于窗函数，限制了它的应用范围。在实际应用中，经常希望对信号的低频成分分析时，具有较高的频率分辨率；对信号的高频成分分析时，时间分辨率要高一些。小波变换是一种时间—尺度变换，能够满足这一要求。

经过几十年的发展，小波变换的理论日趋成熟和完善，其应用越来越广泛，小波变换在图像数据处理和压缩、信号检测和重构、通信等领域都有广泛的应用。

小波分析可用于信号与图像压缩，它的特点是压缩比高，压缩速度快，压缩后能保持信号与图像的特征基本不变，且在传递过程中可以抗干扰。一个图像做小波分解后，可得到一系列不同分辨率的子图像。不同分辨率的子图像对应的频率是不相同的，高分辨率（即高频）子图像上大部分点的数值接近于 0，越是高频这种现象越明显。表现一幅图像最主要部分的是低频部分，所以一个最简单的压缩方法是利用小波分解，去掉图像的高频部分而只保留低频部分。

利用二维小波分析对图像进行压缩的图形如图 8 - 10 所示。

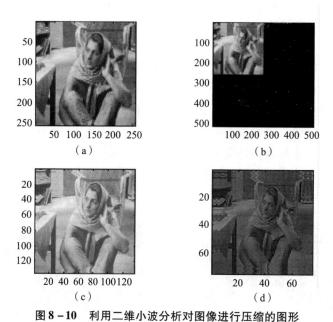

图 8 - 10　利用二维小波分析对图像进行压缩的图形
（a）原始图像；（b）分解后低频和高频信息；（c）第一次压缩；（d）第二次压缩

压缩前图像 X 的大小为 524 288 Byte，第一次压缩图像的大小为 145 800 Byte，第二次压缩图像的大小为 45 000 Byte。

8.4　软件无线电技术

软件无线电最初起源于军事研究。1992 年 5 月，MILTRE 公司的乔·米托拉（Joe Mitola）在美国国家远程系统会议上首次作为军事技术提出了软件无线电（Software Radio，SWR，SRS）的概念，希望用这种新技术来解决三军无线电台多工作频段、多工作方式的互通问题。自此，对软件无线电的研究在国际范围内迅速展开。

软件无线电就是将模块化、标准化的硬件单元通过标准接口构成基本平台，并借助软件加载实现各种无线通信功能的一种开放式体系结构。软件无线电通过使用自适应的软件和灵活的硬件平台，能够解决无线产业不断演变和技术革新带来的很多问题。它在基站和移动终端的软件下载能力，对于运营商和制造商弥补软件缺陷及实现新功能和新业务非常重要。另外，使用软件下载重新配置移动终端是实现多模式终端操作的有效方法，这也为用户通过一个移动终端接入多个通信系统的问题提供解决手段。软件无线电的主要优点是它的灵活性。在软件无线电中，如信道带宽、调制及编码等都可以动态地调整，以适应不同的标准和环境、网络通信负荷以及用户需求的变化。

软件无线电主要由天线、射频前端、高速 A/D 变换器及 D/A 变换器、通用和专用数字信号处理器、低速 A/D 变换器及 D/A 变换器及各种接口和各种软件所组成。其天线一般要覆盖比较宽的频段，如 1~2 000 MHz，要求每个频段的特性均匀，以满足各种业务的需求。通用 DSP 主要完成各种数据率相对较低的基带信号的处理，如信号的调制/解调，各种抗干扰、抗衰落、自适应均衡算法的实现等；还要完成经信源编码后的前向纠错（FEC）、帧调整、比特填充和链路加密等算法；也有采用多 DSP 芯片并行处理的方法，以提高其处理的能力。

软件无线电技术在电子战中的一个应用就是实现软件化的通信电子战干扰发射机。这种软件化干扰发射机在一个通用可扩展的硬件平台上，采用软件实现各种干扰样式的形成及干扰信号的整个产生过程。开放式的硬件平台只涉及发射信号的载频特征，发射信号的内部特征可以升级换代，以适应目标信号特征的千变万化。之所以称其为"软件化电子战干扰发射机"，其含义也就在此。软件化电子战干扰发射机的原理如图 8-11 所示。

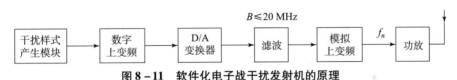

图 8-11　软件化电子战干扰发射机的原理

基于多相滤波的软件化电子战侦察接收机原理如图 8-12 所示。图 8-12 中，A/D 变换器抽样数字化后的数据同时传送给多个数字处理模块，分别对中频带宽内的多个信号同时进行分析处理，每个数字处理模块对中频带宽内的哪一个信号进行分析，取决于所设置的数字下变频器的本振频率。

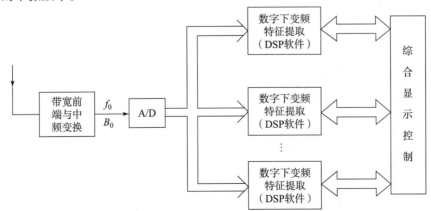

图 8-12　基于多相滤波的软件化电子战侦察接收机原理

8.5 CDMA 扩频通信

码分多址（Code Division Multiple Access，CDMA）技术的原理是基于扩频技术，即将需传送的具有一定信号带宽信息数据，用一个带宽远大于信号带宽的高速伪随机码进行调制，使原数据信号的带宽被扩展，再经载波调制并发送出去。接收端使用完全相同的伪随机码，与接收到的宽带信号做互相关处理，把宽带信号转换成原信息数据的窄带信号（即解扩），以实现信息通信。CDMA 技术使多用户通信系统中所有用户共享同一频段，但是通过给每个用户分配不同的扩频码实现多址通信。利用扩频码的自相关特性能够实现对给定用户信号的正确接收，将其他用户的信号看作干扰，利用扩频码的互相关特性，能够有效抑制用户之间的干扰。另外，由于扩频用户具有类似白噪声的宽带特性，它对其他共享频段的传统用户的干扰也达到最小。

CDMA 技术的出现源自人类对更高质量无线通信的需求。第二次世界大战期间，因战争的需要而研究开发出 CDMA 技术，其初衷是防止敌方对己方通信的干扰，在"二战"期间广泛应用于军事抗干扰通信。后来由美国高通公司将其更新成为商用蜂窝电信技术。1995年，第一个 CDMA 商用系统运行之后，CDMA 技术理论上的诸多优势在实践中得到了检验，从而在北美、南美和亚洲等地得到了迅速推广和应用。

CDMA 扩频通信系统具备 3 个主要特征。

（1）载波是一种不可预测的，或称为伪随机的宽带信号。

（2）载波的带宽比调制数据的带宽要宽得多。

（3）接收过程是通过将本地产生的宽带载波信号的复制信号与接收到的宽带信号进行互相关来实现的。

CDMA 扩频通信系统具有 5 个特性。

（1）低截获概率。

（2）抗干扰能力强。

（3）高精度测距。

（4）多址接入。

（5）保密性强。

也正是这些特性使 CDMA 扩频通信获得了广泛的应用。

图 8 – 13 为一个数字扩频通信系统的基本原理。

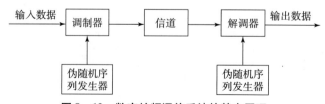

图 8 – 13 数字扩频通信系统的基本原理

CDMA 系统中的发射机和接收机采用高精确度和高稳定度的时钟频率源，以保证频率和相位的稳定性。但在实际应用中，存在许多事先无法估计的不确定因素，如收发时钟不稳定、发射时刻不确定、信道传输延迟及干扰等，尤其在移动通信中，这些不确定因素都有随机性，不能预先补偿，只能通过同步系统消除。因此，在 CDMA 扩频通信中，同步系统必不可少。

PN 码序列同步是扩频系统所特有的技术，也是扩频技术中的难点。CDMA 系统要求接收机的本地伪随机码与接收到的 PN 码在结构、频率和相位上完全一致，否则就不能正常接收所发送的信息，接收到的只是一片噪声。若实现了收/发同步但不能保持同步，也无法准确可靠地获取所发送的信息数据。因此，PN 码序列的同步是 CDMA 扩频通信的关键技术。

现在有很多人使用 CDMA 手机。与 GSM 手机相比，CDMA 手机具有以下优点。

（1）CDMA 手机发射功率小（2mW）。

（2）CDMA 手机采用了先进的切换技术——软切换技术（即切换是先接续好后再中断），使得 CDMA 手机的通话质量可以与固定电话相媲美，而且不会有 GSM 手机的掉线现象。

（3）使用 CDMA 网络，运营商的投资相对减少，这就为 CDMA 手机资费的下调预留了空间。

（4）因采用以扩频通信为基础的一种调制和多址通信方式，其容量比模拟技术高 10 倍，超过 GSM 网络 4 倍。

（5）基于宽带技术的 CDMA 使得移动通信中视频应用成为可能，从而使手机服务走向宽带多媒体应用。

扩频技术是未来无线通信系统中的关键技术，而软件无线电是实现未来无线通信系统的有效手段，因此采用软件无线电技术来实现扩频通信系统是很自然的思路。目前虽然软件无线电还有很多关键技术需要突破，但是其在无线通信系统中的应用成果也是显著的，用软件无线电技术来实现扩频系统的研究也一直在继续。

8.6　其他领域的数字信号处理概况

8.6.1　振动信号处理

机械振动信号的分析与处理技术已应用于汽车、飞机、船只、机械设备、房屋建筑、水坝设计等方面的研究和生产中。振动信号处理的基本原理是在测试体上加一激振力作为输入信号。在测量点上监测输出信号。输出信号与输入信号之比称为由测试体所构成的系统的传递函数（或称转移函数）。根据得到的传递函数进行所谓模态参数识别，从而计算出系统的模态刚度、模态阻尼等主要参数，这样就建立起了系统的数学模型，进而可以作出结构的动态优化设计。这些工作均可利用数字处理器来进行。这种分析和处理方法一般称为模态分析。实质上，它就是信号处理在振动工程中所采用的一种特殊方法。

8.6.2　地球物理处理

为了勘探地下深处所储藏的石油和天然气以及其他矿藏，通常采用地震勘探方法来探测地层结构和岩性。这种方法的基本原理是在一选定的地点施加人为的激震，如用爆炸方法产生一振动波向地下传播，遇到地层分界面即产生反射波，在距离振源一定远的地方放置一列感受器，接收到达地面的反射波。从反射波的延迟时间和强度来判断地层的深度和结构。感受器所接收到的地震记录是比较复杂的，需要处理才能进行地质解释。处理的方法很多，有反褶积法、同态滤波法等，这是一个尚在努力研究的问题。

8.6.3 生物医学处理

信号处理在生物医学方面主要是用来辅助生物医学基础理论的研究和用于诊断检查和监护，如用于细胞学、脑神经学、心血管学、遗传学等方面的基础理论研究。人的脑神经系统由约 100 亿个神经细胞所组成，是一个十分复杂而庞大的信息处理系统。在这个处理系统中，信息的传输与处理是并列进行的，并具有特殊的功能，即使系统的某一部分发生障碍，其他部分仍能工作，这是计算机所做不到的。因此，关于人脑的信息处理模型的研究就成为基础理论研究的重要课题。另外，神经细胞模型的研究、染色体功能的研究等，都可借助信号处理的原理和技术来进行。

信号处理用于诊断检查较为成功的实例，有脑电或心电的自动分析系统、断层成像技术等。断层成像技术是诊断学领域中的重大发明。X 射线断层的基本原理是 X 射线穿过被观测物体后构成物体的二维投影。接收器接收后，再经过恢复或重建，即可在一系列的不同方位计算出二维投影，经过运算处理即取得实体的断层信息，从而大屏幕上得到断层造像。信号处理在生物医学方面的应用正处于迅速发展阶段。

数字信号处理在其他方面还有多种用途，如雷达信号处理、地学信号处理等，它们虽各有其特殊要求，但所利用的基本技术大致相同。在这些方面，数字信号处理技术起着主要的作用。

8.7 小　　结

本章简单介绍了数字信号处理技术的应用，包括语音信号处理、通信信号处理、图像处理、软件无线电技术、CDMA 扩频通信等。

参 考 文 献

［1］程佩青 . 数字信号处理教程［M］. 北京：清华大学出版社，2007.

［2］普罗克斯 . 数字信号处理：原理、算法及应用［M］. 方艳梅，等，译 . 4 版 . 北京：电子工业出版社，2014.

［3］王凤文，舒冬梅，赵宏才 . 数字信号处理［M］. 2 版 . 北京：北京邮电大学出版社，2007.

［4］从玉良，等 . 数字信号处理原理及其 MATLAB 实现［M］. 3 版 . 北京，电子工业出版社，2015.

［5］陈后金，薛健，胡健 . 数字信号处理［M］. 2 版 . 北京：高等教育出版社，2008.

［6］奥本海姆 . 信号与系统［M］. 刘树棠，译 . 2 版 . 北京：电子工业出版社，2020.

［7］张发启 . 现代测试技术及应用［M］. 西安：西安电子科技大学出版社，2005.

［8］艾伯特·博格斯，马科维奇 . 小波与傅里叶分析基础［M］. 芮国胜，康健，译 . 北京：电子工业出版社，2017.

［9］方勇 . 数字信号处理——原理与实践［M］. 3 版 . 北京：清华大学出版社，2021.

［10］胡广书 . 数字信号处理导论［M］. 北京：清华大学出版社，2005.

［11］余成波，陶红艳，杨菁，等 . 数字信号处理及 MATLAB 实现［M］. 北京，清华大学出版社，2008.

［12］张振海，张振山，胡红波，等 . 信号与系统的处理、分析与实现［M］. 北京：北京理工大学出版社，2021.

［13］邹彦 . DSP 原理与应用［M］. 北京：电子工业出版社，2005.